2025

일반기계기사 실기
·필답형 과년도·

- 최근 기출문제 수록하여 출제경향을 파악할 수 있도록 하였음
- 최신 출제 경향과 수시로 바뀌는 법령 분석 정리
- 한국산업인력공단의 출제기준 철저히 분석 반영
- 계산문제 풀이 과정과 공식을 상세하게 정리

한번에 합격

명인북스
Myungin Books

머 릿 말

본 도서는 일반기계기사 기계요소 설계의 필답시험에 대비하는 학습용 도서로써, 과년도 14년 (2011~2024) 간의 기출문제에 대한 상세풀이와 해설을 수록하고 있다.

기계요소 설계의 구체적인 세부 사항을 20개의 항목으로 구분하여, 자격시험을 준비하는 수험생들의 단기 학습 및 Topic 별 개념의 정리가 용이하도록 하였으며, 수식의 변수들은 도서의 전체과정에서 가능한 일치하도록 구성하였고, 그림과 오류는 모두 수정되었다.

또한, 답안 작성에서는 생략해도 무방하지만, 개인적으로 학습할 때 이해가 쉽도록 수식들의 물리적 의미를 풀이 과정에 포함하였다.

시험장에서의 수험요령은 다음과 같다.

- 각 항목에서의 기본적인 중요공식들은 반드시 암기한다.
- 적용 공식의 전반적인 이해와 가장 쉽고 최적한 풀이 방법을 선택한다.
- 풀이가 가능한 문제부터 푼다.
- 시간이 다소 많이 소요되는 문항은 우선 pass 한 후, 나중에 다시 시도한다.
- 정해진 시험시간 내에 문제를 풀어내기 위해서는 문제 지문의 정확한 이해와 적합한 수식의 적용 및 기본단위의 풀이와 최종 단위 환산이 필요하다. (유효숫자 검토포함)

본 도서의 효과적인 학습 방법은 다음과 같이 요약된다.

　1 단계 : 기계요소 설계 기초이론의 선행학습.
　2 단계 : 시험에 대비한 필수적인 기본공식들의 암기 과정.
　3 단계 : 수식들의 응용 및 과년도 기출문제의 최종 점검.

**모쪼록, 수험생 여러분들의 성공과 건투를 기원하며,
도서의 출간에 동의하여 주신 도서출판 명인 대표님께 감사드린다.**

　　　　　　　　　　　　　　　　　　　　　　　　　　　2025년 3월
　　　　　　　　　　　　　　　　　　　　　　　　　　공학박사　이 상 만

목 차

기계요소의 분류 005

◉ 2024년 1회, 2회, 4회 007

◉ 2023년 1회, 2회, 4회 037

◉ 2022년 1회, 2회, 4회 067

◉ 2021년 1회, 2회, 4회 099

◉ 2020년 1회, 2회, 3회, 4회 125

◉ 2019년 1회, 2회, 4회 157

◉ 2018년 1회, 2회, 4회 186

◉ 2017년 1회, 2회, 4회 214

◉ 2016년 1회, 2회, 4회 248

◉ 2015년 1회, 2회, 4회 278

◉ 2014년 1회, 2회, 4회 305

◉ 2013년 1회, 2회 333

◉ 2012년 1회, 2회 351

◉ 2011년 1회, 4회 367

기계요소의 분류

◉ 결합용 기계요소 : 2 이상의 기계부품을 결합시키는 용도

01. 나사
02. 나사 (볼트, 너트)
03. 키, 핀, 코터, 스플라인
04. 용접, 리벳

◉ 축용 기계요소 : 축 부분에 사용하는 용도

05. 베어링
06. 축
07. 저널
08. 커플링 (축이음)
09. 클러치 (축이음)

◉ 전동용 기계요소 : 운동이나 동력을 전달하는 용도

10. 마찰차
11. 기어
12. 벨트 (풀리)
13. 체인
14. 로프

◉ 제어, 완충용 기계요소 : 운동이나 동력의 제어 및 충격을 완화시키는 용도

15. 브레이크
16. 스프링
17. 플라이 휠

◉ 기타 기계요소

18. 배관용 기계요소
19. 압력용기
20. 레칫 휠

일반기계기사 2024년 1회

01. 스크루 잭에 $25\,kN$의 축 하중을 올리기 위하여 레버에 가하는 힘은 $1.0\,kN$, 자리면의 평균지름과 마찰계수가 각각 $40\,mm$, 0.2이고 나사의 유효지름 $22.05\,mm$, 피치 $2.89\,mm$, 나사부 마찰계수 0.24이다. 다음을 구하라. (단, 스크루 잭은 미터 사다리꼴 나사이다.

   (1) 너트자리면 토크 T_f와 나사를 죌 때 토크 T_B는 각각 몇 J 인가?

   (2) 레버의 길이 l 은 몇 mm 인가?

풀이 < 나사 >

  (1) 너트자리면 토크

$$T_f = \mu_f W \frac{d_f}{2} = 0.2 \times 25000 \times \frac{40}{2} = 100000\,N\cdot mm = 100\,J$$

나사산의 각도가 $\beta = 30°$ **이므로**

상당마찰계수 $\quad \mu' = \dfrac{\mu}{\cos\dfrac{\beta}{2}} = \dfrac{0.24}{\cos\dfrac{30°}{2}} = 0.2485$

$\tan\rho' = \mu' \;\Rightarrow\; \rho' = \tan^{-1}\mu' = \tan^{-1}0.2485 = 13.9553°$

$\tan\alpha = \dfrac{np}{\pi d_e} \;\Rightarrow\; \alpha = \tan^{-1}\dfrac{np}{\pi d_e} = \tan^{-1}\left(\dfrac{1\times 2.89}{\pi \times 22.05}\right) = 2.389°$

$$T_B = W\tan(\rho'+\alpha)\cdot\frac{d_e}{2}$$

$$= 25000 \times \tan(13.9553° + 2.389°) \times \frac{22.05}{2}$$

$$= 80829.77\,N\cdot mm = 80.83\,N\cdot m = 80.83\,J$$

  (2) $T = Fl \;\Rightarrow\; T_f + T_B = Fl$

$$\Rightarrow\; l = \frac{T_f + T_B}{F} = \frac{100+80.83}{1000}\times 10^3 = 180.83\,mm$$

02. 200 rpm으로 회전하는 스플라인의 호칭지름이 82 mm, 바깥지름이 88 mm, 잇수 4개일 때 다음을 구하라. (단, 허용 면 압력이 40 MPa이고 보스 길이가 130 mm, 접촉효율이 75 % 이다.)

    (1) 전달토크 $T\,[N \cdot m]$는?
    (2) 전달동력 $H\,[kW]$는?

풀이 < 스플라인 >

(1) 스플라인 평균직경 $\quad D_m = \dfrac{d_1 + d_2}{2} = \dfrac{82 + 88}{2} = 85\,mm$

    스플라인의 높이 $\quad h = \dfrac{d_2 - d_1}{2} = \dfrac{88 - 82}{2} = 3\,mm$

$$T = q\,A_q \times Z \times \dfrac{D_m}{2}$$

$\Rightarrow\ T = \eta\, q\, A_q \times Z \times \dfrac{D_m}{2} = \eta\, q\, h\, l \times Z \times \dfrac{D_m}{2}$ (접촉효율 고려, 모따기 없음)

$\qquad = 0.75 \times 40 \times 3 \times 130 \times 4 \times \dfrac{85}{2}$

$\qquad = 1989000\,N \cdot mm = 1989\,N \cdot m$

(2) 동력 $\quad H = T\omega = T \times \dfrac{2\pi N}{60} = 1989 \times \dfrac{2\pi \times 200}{60}$

$\qquad\qquad\qquad = 41657.52\,W = 41.66\,kW$

03. 그림과 같이 $h = 12\,mm$로 온둘레 필렛용접을 했을 때 지름 $D = 50\,mm$인 둥근 봉에 비틀림 모멘트 $T = 120\,J$이 작용하고 있다. 다음을 구하라.

 (1) 용접부의 극 단면 2차 모멘트 $I_p\,[\,mm^4\,]$는?
 (2) 용접부에 발생하는 전단응력 $\tau\,[\,MPa\,]$는?

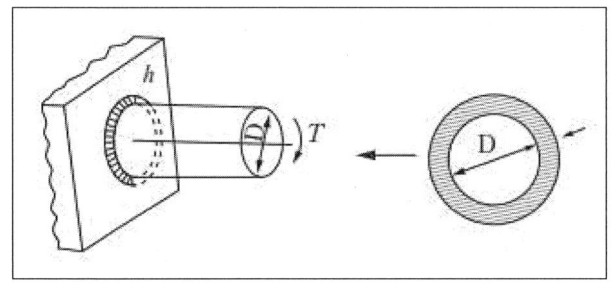

풀이 < 용접 >

 (1) 용접부의 목 두께 $t = h\cos 45° = 0.707\,h$

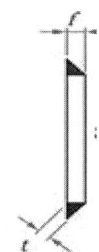

$$I_p = \frac{\pi}{32}[(D+2t)^4 - D^4] = \frac{\pi}{32} \times [(50 + 2 \times 0.707 \times 12)^4 - 50^4]$$
$$= 1,360,962.57\,mm^4$$

 (2) 중앙에서 용접부까지의 거리 $y = \dfrac{D + 2t}{2}$

$$T = \tau Z_p$$

$$\Rightarrow \tau = \frac{T}{Z_p} = \frac{T}{I_p/y} = \frac{Ty}{I_p} = \frac{120 \times 10^3 \times \dfrac{50 + 2 \times 0.707 \times 12}{2}}{1360962.57}$$

$$= 2.9524\,MPa$$

04. 그림과 같은 편심하중을 받고 있는 리벳이음에 대하여 다음을 구하라.
(단, 리벳의 허용전단응력이 $80\,MPa$, 안전계수는 1.5 이다.)

(1) 리벳에 작용하는 최대전단력 $F_{max}\,[kN]$ 은?

(2) 리벳의 허용전단력을 고려할 때 리벳의 지름 $d\,[mm]$

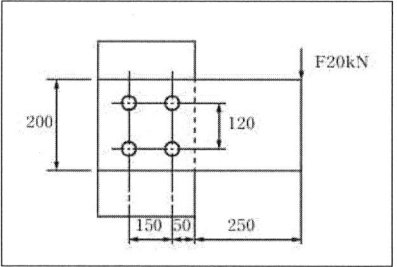

풀이 < 리벳 >

(1) P 에 의한 전단력은 작용하중과 비틀림모멘트를 리벳이음의 중심으로 이전시켜 렌치를 구성하는 직접전단력(F_1)과 굽힘모멘트에 의한 굽힘전단력(F_2)으로 구분하여 적용한다.

직접전단력 $\quad F_1 = \dfrac{P}{Z} = \dfrac{20}{4} = 5\,kN$

비틀림모멘트에 의한 굽힘전단력 (F_2)

$$T = Pl = 4F_2 r \quad \Rightarrow \quad F_2 = \dfrac{Pl}{4r} = \dfrac{20 \times (75 + 50 + 250)}{4 \times \sqrt{75^2 + 60^2}} = 19.52\,kN$$

∴ 리벳이음의 최대전단력은

$$F_{max} = \sqrt{F_1^2 + F_2^2 + 2F_1 F_2 \cos\theta} \quad \Leftarrow \quad \cos\theta = \dfrac{75}{\sqrt{75^2 + 60^2}} = 0.78$$

$$= \sqrt{5^2 + 19.52^2 + 2 \times 5 \times 19.52 \times 0.78}$$

$$= 23.63\,kN$$

(2) $\tau_a = S\,\tau_{max} = S\,\dfrac{F_{max}}{A} = S\,\dfrac{4F_{max}}{\pi d^2}$

$$\Rightarrow \quad d = \sqrt{S\,\dfrac{4F_{max}}{\pi \tau_a}} = \sqrt{1.5 \times \dfrac{4 \times 23.63}{\pi \times 80} \times 10^3} = 23.75\,mm$$

05. 가스터빈 기관의 칼라 베어링이 $450\,rpm$으로 추력 $8330\,N$을 받고 있다. 이 축의 직경은 $100\,mm$, 칼라지름은 $180\,mm$ 이다. 다음을 구하라.
(단, 베어링 부의 마찰계수가 0.015, 허용 발열계수는 $0.5292\,MPa \cdot m/s$ 이다.)
(1) 칼라 수 $Z\,[개]$
(2) 베어링 압력 $p\,[MPa]$

풀이 < 베어링 >

(1) $d_m = \dfrac{d_1 + d_2}{2} = \dfrac{100 + 180}{2} = 140\,mm$

$T = \mu W \dfrac{d_m}{2} = 0.015 \times 8330 \times \dfrac{140}{2} \times 10^{-3} = 8.75\,N \cdot m$

$p v_a = \dfrac{W}{A} v = \dfrac{4W}{\pi(d_2^2 - d_1^2)Z} \times v = \dfrac{8T}{\mu(d_2^2 - d_1^2)Z} \times \dfrac{N}{60 \times 1000}$

$\Rightarrow Z = \dfrac{8T}{\mu(d_2^2 - d_1^2)p v_a} \times \dfrac{N}{60 \times 1000}$

$= \dfrac{8 \times 8.75 \times 10^3}{0.015 \times (180^2 - 100^2) \times 0.5292} \times \dfrac{450}{60 \times 1000}$

$= 2.953 \fallingdotseq 3개$

(2) 허용 발열계수 $p v_a = p \times \dfrac{\pi d_m N}{60 \times 1000}$

베어링 압력 $\Rightarrow p = (p v_a) \times \dfrac{60 \times 1000}{\pi d_m N} = 0.5292 \times \dfrac{60 \times 1000}{\pi \times 140 \times 450}$

$= 0.16\,MPa$

06. SM45C의 중공축이 $200\,rpm$으로 $20\,kW$를 전달하고자 한다. 다음을 구하라.
(단, 내외경비가 0.5이고 축의 허용전단응력은 $39.2\,MPa$이다.)
  (1) 중공축의 바깥지름 $d_2\,[\,mm\,]$
  (2) 중공축의 안지름 $d_1\,[\,mm\,]$

풀이 < 축 >

  (1) 전달동력 $H = T\omega$

    비틀림모멘트 $\Rightarrow T = \dfrac{H}{\omega} = \dfrac{20 \times 10^6}{\left(\dfrac{2\pi \times 200}{60}\right)} = 955414.01\,N \cdot mm$

$$T = \tau_a Z_P = \tau_a \frac{\pi d_2^3}{16}(1 - x^4)$$

$$\Rightarrow d_2 = \sqrt[3]{\frac{16\,T}{\pi \tau_a (1 - x^4)}} = \sqrt[3]{\frac{16 \times 955414.01}{\pi \times 39.2 \times (1 - 0.5^4)}} = 50.98\,mm$$

  (2) $x = \dfrac{d_1}{d_2} \Rightarrow d_1 = x d_2 = 0.5 \times 50.98 = 25.49\,mm$

07. 그림과 같이 전동기와 플랜지 커플링으로 연결된 평벨트 전동장치가 있다.
원통풀리의 접촉각은 $162°$, $35\,kW$, $1200\,rpm$을
바로걸기로 종동풀리에 전달하고 있으며 플랜지
커플링의 볼트 전단응력은 $20\,MPa$, 볼트의 피치
원 직경 $80\,mm$, 볼트 수가 4개일 때 다음을 구하라.

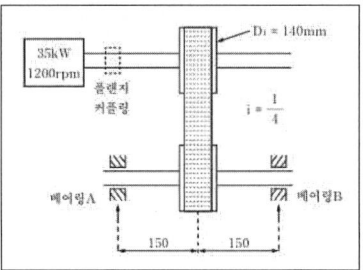

(1) 플랜지 커플링의 볼트 지름 $\delta\,[\,mm\,]$?
(2) 벨트의 이완측 장력 $T_s\,[\,N\,]$? (단, 벨트 접촉부 마찰계수는 0.15 이다.)
(3) 종동축을 지지하는 볼 베어링 B부의 수명시간 $L_h\,[\,h\,]$?
    (단, 동정격 부하용량 $C = 130\,kN$, 베어링 하중계수는 1.8로 고려하라.)

풀이 < 커플링, 벨트, 베어링 >

(1) 동력 $H = T\omega \;\Rightarrow\; T = \dfrac{H}{\omega} = \dfrac{35 \times 10^3}{\left(\dfrac{2\pi \times 1200}{60}\right)} \times 10^3 = 278521.15\,N\cdot mm$

볼트에 걸리는 토크 = 볼트 전단응력 × 볼트 단면적 × 볼트 수 × 볼트 중심부 피치원 지름/2

$\Rightarrow T = \tau_B A_B Z \dfrac{D_B}{2} = \tau_B \times \dfrac{\pi d^2}{4} \times Z \times \dfrac{D_B}{2}$

$\Rightarrow d = \sqrt{\dfrac{8T}{\tau_B \pi Z D_B}} = d = \sqrt{\dfrac{8 \times 278521.15}{20 \times \pi \times 4 \times 80}} = 10.53\,mm$

(2) 회전속도 $v = \dfrac{\pi D_1 N_1}{60 \times 1000} = \dfrac{\pi \times 140 \times 1200}{60 \times 1000} = 8.8\,m/s \;\Leftarrow\; $ 부가장력 무시

장력비 $e^{\mu\theta} = e^{0.15 \times 162° \times \frac{\pi}{180°}} = 1.53$

$H = T_e v \;\Rightarrow\;$ 유효장력 $T_e = \dfrac{H}{v} = \dfrac{35 \times 10^3}{8.8} = 3977.27\,N$

이완측장력 $T_s = \dfrac{1}{e^{\mu\theta} - 1} \times T_e = \dfrac{1}{1.53 - 1} \times 3977.27 = 7504.29\,N$

(3) 긴장측장력 $T_t = e^{\mu\theta} \times T_e = 1.53 \times 7504.29 = 11481.56\,N$

축 하중 $W = \sqrt{T_t^2 + T_s^2 - 2T_t T_s \cos\theta} \quad \Leftarrow\; \theta = 162°$
$\qquad\qquad = 18762.42\,N$

베어링 하중 $P_{r_B} = W/2 = 9381.21\,N$

베어링 수명시간 $L_h = 500 \times \dfrac{1}{i} \times \dfrac{33.3}{N} \times \left(\dfrac{C}{f_w P_{r_B}}\right)^r \quad \Leftarrow\; i = \dfrac{1}{4}$

$\qquad\qquad\qquad\quad = 500 \times \dfrac{4 \times 33.3}{1200} \times \left(\dfrac{130 \times 10^3}{1.8 \times 9381.21}\right)^3 = 25323.8\,hr$

08. 접촉면의 안지름 $285\,mm$, 바깥지름 $315\,mm$, 접촉면의 폭 $75\,mm$, 원추면의 경사각이 $11°$인 원추 클러치가 $200\,rpm$으로 회전할 때 다음을 구하라. (단, 마찰계수는 0.2, 접촉면 압력은 $0.3\,MPa$이다.)
  (1) 전달토크 $T\,[N\cdot m]$
  (2) 전달동력 $H\,[kW]$

풀이 < 클러치 >

(1) $q = 0.3 \times 10^6\,N/m^2 = 0.3\,N/mm^2$, $D_m = (285+315)/2 = 300\,mm$

$$Q = q \cdot \pi D_m\,b = 0.3 \times \pi \times 300 \times 75 = 21205.75\,N$$

$$T = \mu Q \times \frac{D_m}{2} = 0.2 \times 21205.75 \times \frac{300}{2} \times 10^{-3} = 636.17\,N\cdot m$$

(2) $H = T\omega = 636.17 \times \left(\dfrac{2\pi \times 200}{60}\right) \times 10^{-3} = 13.32\,kW$

09. $5.88\,kW$의 동력을 전달하는 중심거리 $450\,mm$의 두 축이 홈 마찰차로 연결되어 주동축 회전수가 $400\,rpm$, 종동축 회전수는 $150\,rpm$이며 홈 각이 $40°$, 허용접촉 선압은 $38\,N/mm$, 마찰계수는 0.25이다. 다음을 구하라. (단, 홈의 높이 $h = 0.3\sqrt{\mu' W}$ 이다.)
 (1) 상당 마찰계수 μ'
 (2) 홈의 수 Z [개] ? (단, 홈 마찰차의 평균속도는 $5.14\,m/s$이다.)

풀이 < 마찰차 >

(1) 상당 마찰계수 $\mu' = \dfrac{\mu}{\sin\alpha + \mu\cos\alpha} = \dfrac{0.25}{\sin 20° + 0.25\cos 20°} = 0.43$

(2) 속도비 $i = \dfrac{N_2}{N_1} = \dfrac{D_1}{D_2} \Rightarrow N_1 D_1 = N_2 D_2 \Rightarrow 400 \times D_1 = 150 \times D_2$

$$\Rightarrow D_2 = \dfrac{8}{3} D_1$$

축간거리 $C = 450 = \dfrac{D_1 + D_2}{2} \Rightarrow D_1 + D_2 = 2 \times 450 = 900\,mm$

$$\Rightarrow D_1 + \dfrac{8}{3} D_1 = 900 \Rightarrow D_1 = \dfrac{900}{\left(1 + \dfrac{8}{3}\right)} = 245.45\,mm$$

회전속도 $v = \dfrac{\pi D_1 N_1}{60 \times 1000} = \dfrac{\pi \times 245.45 \times 400}{60 \times 1000} = 5.14\,m/s$

전달동력 $H' = \mu' W v \Rightarrow W = \dfrac{H'}{\mu' v} = \dfrac{5.88 \times 10^3}{0.43 \times 5.14} = 2660.39\,N$

홈의 높이 $h = 0.3\sqrt{\mu' W} = 0.3\sqrt{0.43 \times 2660.39} = 10.15\,mm$

$\mu Q = \mu' W \Rightarrow$ 수직력 $Q = \dfrac{\mu' W}{\mu} = \dfrac{0.43 \times 2660.39}{0.25} = 4575.88\,N$

접촉 선압력 $f = \dfrac{Q}{l} \approx \dfrac{Q}{2h \cdot Z}$

$\Rightarrow$ 홈의 수 $Z = \dfrac{Q}{2h \cdot f} = \dfrac{4575.88}{2 \times 10.15 \times 38} = 5.932 \approx 6$개

10. $6\,kW$의 동력을 전달하는 다음과 같은 조건의 스퍼기어가 있다. 모듈을 구하라.

구분	하중계수	압력각	치폭 [mm]	중심거리	회전수	허용굽힘응력	치형계수 (Y=πy)
피니언	0.8	α=20°	b=10m	258mm	450rpm	300 MPa	0.346
기어					150rpm	130 MPa	0.433

풀이 < 기어 >

속도비 $i = \dfrac{N_2}{N_1} = \dfrac{150}{450} = \dfrac{1}{3} = \dfrac{D_1}{D_2} \;\Rightarrow\; D_2 = 3\,D_1$

축간거리 $C = \dfrac{D_1 + D_2}{2} = \dfrac{D_1}{2}(1+3) = 258 \;\Rightarrow\; D_1 = 129\,mm$

회전속도 $v = \dfrac{\pi D_1 N_1}{60 \times 1000} = \dfrac{\pi \times 129 \times 450}{60 \times 1000} = 3.04\,m/s$

전달동력 $H = Fv \;\Rightarrow\;$ 전달하중 $F = \dfrac{H}{v} = \dfrac{6 \times 10^3}{3.04} = 1973.68\,N$

속도계수 $f_v = \dfrac{3.05}{3.05 + v} = \dfrac{3.05}{3.05 + 3.04} = 0.5$

피니언 $\sigma_b = 300\,MPa = 300\,N/mm^2,\; p = \pi m,\; b = 10\,m,\; Y = \pi y = 0.346$
기준 $F = \sigma_b b p y = f_w f_v \sigma_b b \pi m y = f_w f_v \sigma_b b m Y$

$$\therefore\; m = \sqrt{\dfrac{F}{f_w f_v \sigma_b b Y}} = \sqrt{\dfrac{1973.68}{0.8 \times 0.5 \times 300 \times 10 \times 0.346}} = 2.18\,mm$$

기어 $\sigma_b = 130\,MPa = 130\,N/mm^2,\; p = \pi m,\; b = 10\,m,\; Y = \pi y = 0.433$
기준 $F = \sigma_b b p y = f_w f_v \sigma_b b \pi m y = f_w f_v \sigma_b b m Y$

$$\therefore\; m = \sqrt{\dfrac{F}{f_w f_v \sigma_b b Y}} = \sqrt{\dfrac{1973.68}{0.8 \times 0.5 \times 130 \times 10 \times 0.433}} = 2.96\,mm$$

∴ **2값 중 큰 값인** $m = 2.96\,mm$**을 선택한다.**

11. 그림과 같은 블록브레이크에서 조작력이 $150\,N$일 때 다음을 구하라.
 (단, 허용면 압력 $0.23\,MPa$, 마찰계수 0.27이고 $a = 900\,mm$, $b = 90\,mm$, $c = 30\,mm$, $d = 500\,mm$ 이다.)
 (1) 제동토크 $T\,[N\cdot m]$
 (2) 접촉면적 $A\,[mm^2]$

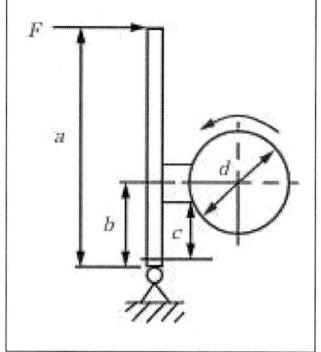

풀이 < 브레이크 >

(1) 접촉부 수직반력을 W라 하면 마찰력은 $F_f = \mu W$ (↓) 이므로

$$\sum M_o = 0 \;\Rightarrow\; Fa - Wb + \mu W c = 0$$

$$\Rightarrow\; W = \frac{Fa}{b - \mu c} = \frac{150 \times 900}{90 - 0.27 \times 30} = 1648.35\,N$$

$$T = F_f \times \frac{D}{2} = \mu W \times \frac{D}{2} = 0.27 \times 1648.35 \times \frac{0.5}{2} = 111.26\,N\cdot m$$

(2) $q = \dfrac{W}{A} \;\Rightarrow\; A = \dfrac{W}{q} = \dfrac{1648.35}{0.23} = 7166.74\,mm^2$

---

12. 전체중량이 $10\,kN$인 일반기계 장치를 4개소에서 균등하게 지지하는 원통코일스프링이 있다. 이 스프링 소선의 직경은 $16\,mm$이고 유효권수는 4개이다. 다음을 구하라.
 (단, 코일스프링의 지수 $C = 9$, 횡탄성계수 $G = 78.4\,GPa$ 이다.)
 (1) 코일 스프링의 처짐 $\delta\,[mm]$
 (2) 소선에 작용하는 최대전단응력 $\tau_{\max}\,[MPa]$

풀이 < 스프링 >

(1) 스프링지수 $C = \dfrac{D}{d} \;\Rightarrow\; D = Cd = 9 \times 16 = 144\,mm$

처짐 $\delta = \dfrac{1}{4} \times \dfrac{8nD^3 W}{Gd^4} = \dfrac{1}{4} \times \dfrac{8 \times 4 \times 144^3 \times 10 \times 10^3}{78.4 \times 10^3 \times 16^4} = 46.49\,mm$

(2) 왈의 응력수정계수 $K = \dfrac{4C - 1}{4C - 4} + \dfrac{0.615}{C} = \dfrac{4 \times 9 - 1}{4 \times 9 - 4} + \dfrac{0.615}{9} = 1.162$

$$\tau_{\max} = \frac{1}{4} \times K \frac{8WD}{\pi d^3} = \frac{1}{4} \times 1.162 \times \frac{8 \times 10 \times 10^3 \times 144}{\pi \times 16^3} = 260.2\,MPa$$

일반기계기사 2024년 2회

01. $10\,kN$의 축 하중을 들어올리기 위한 나사잭의 유효지름 $36.5\,mm$, 골지름 $33\,mm$, 피치 $7\,mm$인 $30°$의 사다리꼴나사가 있다. 나사부의 마찰계수가 0.1, 칼라부의 마찰계수는 0.15, 스러스트 칼라부의 마찰 평균직경이 $40\,mm$, 볼트의 허용 전단응력이 $50\,MPa$일 때 다음을 구하라.
   (1) 나사부에 발생하는 인장응력 $\sigma_t\,[MPa]$
   (2) 나사 잭에 걸리는 총괄 비틀림모멘트 $T\,[N\cdot m]$
   (3) 나사부의 최대전단응력 $\tau_{\max}$를 구하고 안전성을 판단하라.

풀이 < 나사 >

(1) $\sigma_t = \dfrac{W}{A} = \dfrac{4 \times W}{\pi d_1^2} = \dfrac{4 \times 10 \times 10^3}{\pi \times 33^2} = 11.692\,N/mm^2$

(2) 나사산의 각도가 $\beta = 30°$ 이므로

상당마찰계수 $\mu' = \dfrac{\mu}{\cos\dfrac{\beta}{2}} = \dfrac{0.1}{\cos\dfrac{30°}{2}} = 0.1035$

$$T = W\left(\dfrac{p + \mu'\pi d_e}{\pi d_e - \mu' p}\right) \cdot \dfrac{d_e}{2} + \mu_m W \dfrac{D_m}{2}$$

$$= 10 \times 10^3 \times \left(\dfrac{7 + 0.1035 \times \pi \times 36.5}{\pi \times 36.5 - 0.1035 \times 7}\right) \times \dfrac{36.5}{2} + 0.15 \times 10 \times 10^3 \times \dfrac{40}{2}$$

$$= 60220.54\,N\cdot mm = 60.22\,N\cdot m$$

(3) $T = \tau Z_P \Rightarrow \tau = \dfrac{T}{Z_P} = \dfrac{T}{\dfrac{\pi d_1^3}{16}} = \dfrac{60220.54}{\dfrac{\pi \times 33^3}{16}} = 8.534\,N/mm^2$

$$\therefore \tau_{\max} = \dfrac{1}{2}\sqrt{\sigma_t^2 + 4\tau^2} = \dfrac{1}{2}\sqrt{11.69^2 + 4 \times 8.534^2}$$

$$= 10.344\,MPa\ <\ 50\,MPa$$

< 안전하다. >

02. $55\,mm$ 직경의 축에 보스를 끼웠을 때 사용한 묻힘키의 길이가 $60\,mm$, 나비가 $10\,mm$, 높이가 $10\,mm$이다. 이 축에 $2\,kW$, $250\,rpm$이 작용할 때 다음을 구하라. (단, 키는 $\dfrac{1}{2}h$만큼 묻혀 있다.)

  (1) 키의 전단강도 $\tau\,[N/mm^2]$
  (2) 키의 압축강도 $\sigma_c\,[N/mm^2]$

풀이 < 키 >

(1) $H = T\omega \;\Rightarrow\; T = \dfrac{H}{\omega} = \dfrac{2}{\left(\dfrac{2\pi \times 250}{60}\right)} \times 10^3 = 76.39\,N\cdot mm$

$$\tau = \dfrac{2T}{bld} = \dfrac{2 \times 76.39 \times 10^3}{10 \times 60 \times 55} = 4.63\,N/mm^2$$

(2) $\sigma_c = \dfrac{4T}{hld} = \dfrac{4 \times 76.39 \times 10^3}{10 \times 60 \times 55} = 9.26\,N/mm^2$

03. 1줄 겹치기 리벳이음에서 리벳직경 $14\,mm$, 피치 $40\,mm$, 판 두께 $8\,mm$일 때 다음을 구하라. (단, 리벳의 허용전단응력 $48\,MPa$이고 리벳의 직경과 판의 리벳구멍 직경은 같다.)

  (1) 강판의 효율 $\eta_p\,[\%]$
  (2) 리벳의 전단저항과 판의 압축저항이 같을 때 압축강도
  (3) 리벳의 전단저항과 판의 인장저항이 같을 때 판의 인장강도

풀이 < 리벳 >

(1) $\eta_p = 1 - \dfrac{d}{p} = 1 - \dfrac{14}{40} = 0.65 = 65\,\%$

(2) $\tau_r A_\tau = \sigma_c d t \;\Rightarrow\; \sigma_c = \dfrac{\tau_r A_\tau}{dt} = \dfrac{48 \times \dfrac{\pi \times 14^2}{4}}{14 \times 8} = 65.97\,MPa$

(3) $\tau_r A_\tau = \sigma_t (p-d) t \;\Rightarrow\; \sigma_t = \dfrac{\tau_r A_\tau}{(p-d)t} = \dfrac{48 \times \dfrac{\pi \times 14^2}{4}}{(40-14) \times 8} = 35.52\,MPa$

04. 단열 레이디얼 볼 베어링($No\ 6311$)에 베어링 하중 $1950\ N$이 작용하고 있다. 다음을 구하라. (단, 볼 베어링의 한계속도지수는 $200000\ mm\cdot rpm$이고 기본 동정격 하중은 $48\ kN$이다.)
    (1) 최대회전수 $N\ [\ rpm\ ]$
    (2) 수명시간 $L_h\ [\ hr\ ]$

풀이 < 베어링 >

(1) 베어링의 내경은 6311로부터 $d = 11 \times 5 = 55\ mm$ 이므로

$$\therefore\ N = \frac{dN}{d} = \frac{dN}{60} = \frac{200000}{55} = 3636.4\ rpm$$

(2) 수명시간 $L_h = 500 \times \frac{33.3}{N} \times \left(\frac{C}{P_r}\right)^r$

$$= 500 \times \frac{33.3}{3636.4} \times \left(\frac{48 \times 10^3}{1950}\right)^3 = 68290.84\ hr$$

---

05. $7.85\ kJ$의 비틀림모멘트를 받는 중실축과 중공축이 있다. 중실축과 중공축은 동일 재료로 허용 비틀림응력 $\tau_a = 47\ MPa$일 때 중실축과 중공축의 중량비를 구하라. (단, 중공축의 내·외경비는 0.5 이고 축의 길이는 동일하다.)

풀이 < 축 >

중실축 $T = \tau_a Z_P = \tau_a \frac{\pi d^3}{16}$

$$\Rightarrow d = \sqrt[3]{\frac{16\ T}{\pi \tau_a}} = \sqrt[3]{\frac{16 \times 7.85 \times 10^3 \times 10^3}{\pi \times 47}} = 94.75\ mm$$

중공축 $T = \tau_a Z_P = \tau_a \times \frac{\pi (d_2^4 - d_1^4)}{16\ d_2} = \tau_a \times \frac{\pi d_2^3 (1 - x^4)}{16}$

$$\Rightarrow d_2 = \sqrt[3]{\frac{16\ T}{\pi \tau_a (1 - x^4)}} = \sqrt[3]{\frac{16 \times 7.85 \times 10^3 \times 10^3}{\pi \times 47 \times (1 - 0.5^4)}} = 96.81\ mm$$

중량비 $\frac{W_실}{W_공} = \frac{\gamma V_실}{\gamma V_공} = \frac{\gamma A_실 l}{\gamma A_공 l} = \frac{A_실}{A_공} = \frac{\frac{\pi d^2}{4}}{\frac{\pi (d_2^2 - d_1^2)}{4}} = \frac{d^2}{d_2^2 (1 - x^2)}$

$$= \frac{94.75^2}{96.81^2 \times (1 - 0.5^2)} = 1.28\ 배$$

06. 축각 (θ) $80°$일 때 원추마찰차의 접촉나비 $b = 150\,mm$, 허용접촉 선압력 $q_0 = 19.6\,N/mm$일 때 다음을 구하라. (단, 속도비 $i = \dfrac{N_B}{N_A} = \dfrac{1}{2}$이다.)

(1) 원동차의 원추 반각 $\alpha\,[\,°\,]$
(2) 원동차의 스러스트 하중 $Q_A\,[\,N\,]$

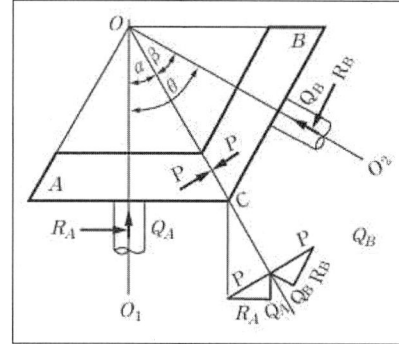

풀이 < 마찰차 >

(1) $i = \dfrac{N_B}{N_A} = \dfrac{1}{2}$

$\tan\alpha = \dfrac{\sin\theta}{\dfrac{1}{i} + \cos\theta} = \dfrac{\sin 80°}{2 + \cos 80°} = 0.453$

$\Rightarrow \alpha = \tan^{-1} 0.453 = 24.37°$

(2) $P = q_0 b = 19.6 \times 150 = 2940\,N$

$Q_A = P\sin\alpha = 2940 \times \sin 24.37° = 1213.13\,N$

---

07. 치직각모듈 $m_n = 4.5$인 헬리컬기어의 나선각 $\beta = 25°$, 잇수 $Z_1 = 30, Z_2 = 70$이다. 피니언과 기어는 SM45C 재질로 허용굽힘응력은 $300\,MPa$이고 이 나비 $b = 10\,m_n$, 면압계수 $C_w = 0.75$, 접촉면 응력계수 $K = 1.3\,N/mm^2$일 때 아래 표를 이용하여 다음을 구하라. (단, 피니언 회전수는 $500\,rpm$, 헬리컬기어의 공구압력각 $20°$이다.)

(1) 기어의 굽힘강도를 고려한 전달하중 F_1과 F_2를 N으로 구하라. (단, F_1은 피니언의 전달력, F_2는 기어의 전달력이다.)
(2) 기어의 면압강도를 고려한 전달하중 F_3를 N으로 구하라.
(3) 전달동력 $H\,[\,kW\,]$

잇수	계수 α=14.5 표준 기어	α=20 표준 기어	잇수	계수 α=14.5 표준 기어	α=14.5 표준 기어
12	0.355	0.415	28	0.534	0.597
13	0.377	0.443	30	0.540	0.606
14	0.399	0.468	34	0.553	0.628
15	0.415	0.490	38	0.565	0.650
16	0.430	0.503	43	0.575	0.672
17	0.446	0.512	50	0.587	0.694
18	0.459	0.522	60	0.603	0.713
19	0.471	0.534	75	0.613	0.735
20	0.481	0.543	100	0.622	0.757
21	0.490	0.553	150	0.635	0.779
22	0.496	0.559	300	0.650	0.801
24	0.509	0.572	래크	0.660	0.823
26	0.522	0.587			

풀이 < 기어 >

축직각 모듈 $m_s = \dfrac{m_n}{\cos\beta} = \dfrac{4.5}{\cos 25°} = 4.97$

피니언 상당잇수 $Z_e = \dfrac{Z_1}{\cos^3\beta} = \dfrac{30}{\cos^3 25°} = 40.3$개

기어 상당잇수 $Z_e = \dfrac{Z_2}{\cos^3\beta} = \dfrac{70}{\cos^3 25°} = 94.03$개

피니언 치형계수 $Y_{c_1} = 0.650 + \dfrac{40.3 - 38}{43 - 38} \times (0.672 - 0.650) = 0.66012$

기어 치형계수 $Y_{c_2} = 0.735 + \dfrac{94.03 - 75}{100 - 75} \times (0.757 - 0.735) = 0.7517464$

피니언의 지름 $D_1 = \dfrac{m_n Z_1}{\cos\beta} = \dfrac{4.5 \times 30}{\cos 25°} = 148.96\,mm$

회전속도 $v = \dfrac{\pi D_1 N_1}{60 \times 1000} = \dfrac{\pi \times 148.96 \times 500}{60 \times 1000} = 3.9\,m/s$

속도계수 $f_v = \dfrac{3.05}{3.05 + v} = \dfrac{3.05}{3.05 + 3.9} = 0.44$

(1) $\therefore F_1 = \sigma_b b p_n y = f_v f_w \sigma_b b \pi m_n y = f_v \sigma_b b m_n Y_{c_1}$
$= 0.44 \times 300 \times 10 \times 4.5^2 \times 0.66012 = 17645\,N$

$F_2 = f_v \sigma_b b m_n Y_{c_2}$
$= 0.44 \times 300 \times 10 \times 4.5^2 \times 0.7517464 = 20094.18\,N$

(2) $F_3 = f_v K b m_s \dfrac{C_w}{\cos^2\beta} \dfrac{2 Z_1 Z_2}{Z_1 + Z_2}$
$= 0.44 \times 1.3 \times (10 \times 4.5) \times 4.97 \times \dfrac{0.75}{\cos^3 25°} \left(\dfrac{2 \times 30 \times 70}{30 + 70} \right)$
$= 4905.96\,N$

(3) $H = \dfrac{F_3 v}{1000} = \dfrac{4905.96 \times 3.9}{1000} = 19.13\,kW$

08. 평벨트 전동에서 유효장력이 $1470\ N$이고 긴장측 장력 (T_t)이 이완측 장력 (T_s)의 3배일 때 다음을 구하라. (단, 이음효율 85%, 벨트의 두께는 $5\ mm$, 허용 인장응력은 $4.9\ MPa$이다.)

   (1) 긴장측 장력 $T_t\ [N]$
   (2) 벨트의 나비 $b\ [mm]$

풀이 < 벨트 (풀리) >

   (1) 장력비 $\quad e^{\mu\theta} = \dfrac{T_t}{T_s} = 3$

      긴장측장력 $\quad T_t = \dfrac{e^{\mu\theta}}{e^{\mu\theta}-1} \times T_e = \dfrac{3}{3-1} \times 1470 = 2205\ N$

   (2) $\sigma_a = \dfrac{T_t}{bt\eta} \ \Rightarrow\ b = \dfrac{T_t}{\sigma_a t \eta} = \dfrac{2205}{4.9 \times 5 \times 0.85} = 105.88\ mm$

09. 피치 $p = 15.875\ mm$, 중심거리 $1400\ mm$, 잇수 $Z_1 = 20$, $Z_2 = 52$인 체인전동 장치에서 다음을 구하라.
   (1) 체인링크 수 (L_n)를 정수로 구하라. (단, 짝수로 결정하라.)
   (2) 체인길이 $L\ [mm]$

풀이 < 체인 >

   (1) $L_n = \dfrac{2C}{p} + \dfrac{Z_1 + Z_2}{2} + \dfrac{0.0257\,p\,(Z_2 - Z_1)^2}{C}$

      $= \dfrac{2 \times 1400}{15.875} + \dfrac{20+52}{2} + \dfrac{0.0257 \times 15.875\,(52-20)^2}{1400}$

      $= 212.68 \fallingdotseq 214$ 개

   (2) 체인길이 $\quad L = L_n \times p = 214 \times 15.875 = 3397.25\ mm$

10. 그림과 같은 캘리퍼 브레이크(디스크 브레이크) 제동토크가 $1300\ N\cdot m$, 접촉각 $\alpha = 40°$, 원추각 $\beta = 100°$, 접촉패드의 안쪽 반지름 $R_1 = 100\ mm$, 바깥쪽 반지름 $R_2 = 150\ mm$, 마찰계수 $\mu = 0.3$일 때 다음을 구하라.

  (1) 한쪽 브레이크에서 받는 힘(작용력) $F\ [N]$
  (2) 접촉면 압력 $q\ [MPa]$

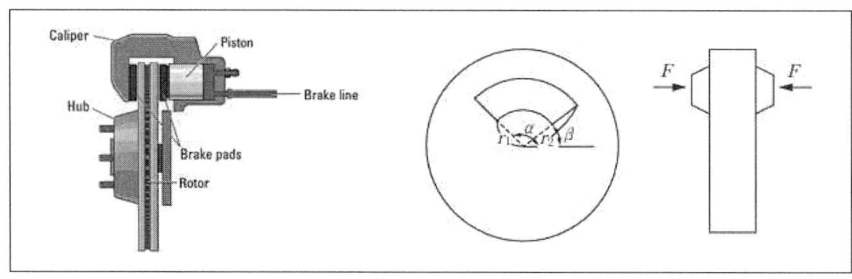

풀이 < 브레이크 >

(1) 디스크 접촉패드 유효지름

$$D_e = \frac{2}{3}\frac{(D_2^3 - D_1^3)}{(D_2^2 - D_1^2)} = \frac{2}{3} \times \frac{(300^3 - 200^3)}{(300^2 - 200^2)} = 253.33\ mm$$

$$T = \mu F_n \frac{D_e}{2} \Rightarrow \text{축방향 힘}\ F_n = \frac{2T}{\mu D_e} = \frac{2 \times 1300 \times 10^3}{0.3 \times 253.33} = 34210.98\ N$$

$$\therefore F = F_n \sin\beta = 34210.98 \times \sin 100° = 33691.24\ N$$

(2) Disk 접촉면적 $A = bL = b(r\theta) = 50 \times \left(125 \times 40° \times \frac{\pi}{180°}\right) = 4363.32\ mm^2$

접촉면 압력 $q = \dfrac{F_n}{nA} = \dfrac{F_n}{nbL} = \dfrac{34210.98}{1 \times 4363.32} = 7.84\ N/mm^2 = 7.84\ MPa$

< 참고 >

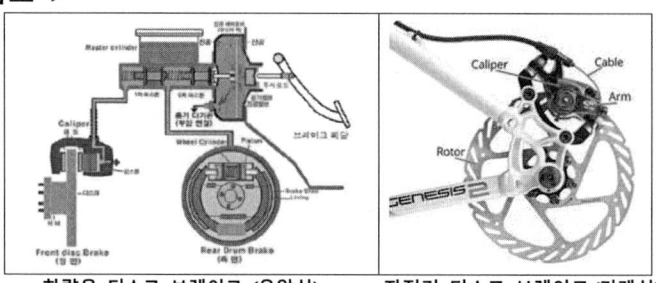

차량용 디스크 브레이크 (유압식)   자전거 디스크 브레이크 (기계식)

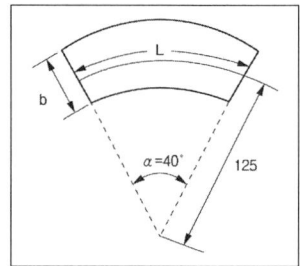

Disk 접촉면적계산 참조

  자동차용 브레이크 시스템 중에서 유압식이 가장 일반적이며, 작동원리는 운전자가 브레이크 페달을 밟으면 페달이 마스터 실린더에 연결된 피스톤을 밀어내며 마스터 실린더 내부의 브레이크액에 압력이 형성된다.

  캘리퍼는 바퀴 쪽에 위치하며 브레이크 패드가 장착된 기구로 디스크를 잡아 마찰열을 만들며, 마찰열을 잘 일으키기 위하여 알루미늄이나 주철재료로 제작한다.

  피스톤의 개수로 캘리퍼의 크기가 결정되며, 자전거에서 활용하는 디스크 브레이크는 림 브레이크 보다 강력하므로 디스크 브레이크 자전거의 포크는 훨씬 더 강한 재질이다.

11. $300\,N$의 하중을 가하면 $100\,mm$의 변형이 발생하는 원통 코일스프링이 있다. 코일의 평균지름은 소선 지름의 7.5배이고 이 스프링의 횡탄성계수가 $83.3\,GPa$일 때 다음을 구하라. (단, 이 스프링의 허용 전단응력은 $343\,MPa$이다.)
 (1) 스프링 선재의 지름 $d\,[\,mm\,]$
 (2) 유효 감김수 n

풀이 < 스프링 >

(1) 스프링지수 $C = \dfrac{D}{d} = 7.5 \;\Rightarrow\; D = 7.5\,d$

$$K = \frac{4C-1}{4C-4} + \frac{0.615}{C} = \frac{4\times 7.5 - 1}{4\times 7.5 - 4} + \frac{0.615}{7.5} = 1.1974$$

비틀림모멘트 $T = \tau_a Z_p = P\,\dfrac{D}{2}$

$$\Rightarrow \tau_a = K\frac{PD}{2Z_p} = K\frac{PD}{2\times \dfrac{\pi d^3}{16}} = K\frac{8P\times 7.5 d}{\pi d^3} = K\frac{8P\times 7.5}{\pi d^2}$$

선재의 지름 $\Rightarrow d = \sqrt[2]{K\dfrac{60P}{\pi \tau_a}} = \sqrt[2]{1.1974 \times \dfrac{60\times 300}{\pi \times 343}} = 4.472\,mm$

(2) 처짐 $\delta = \dfrac{8nD^3 W}{Gd^4} = \dfrac{8nD^3 P}{Gd^4} = \dfrac{8n(7.5d)^3 P}{Gd^4}$

유효권수

$$\Rightarrow n = \frac{Gd^4 \delta}{8(7.5d)^3 P} = \frac{Gd\,\delta}{8(7.5)^3 P} = \frac{83.3\times 10^3 \times 4.472 \times 100}{8\times 421.875 \times 300}$$

$$= 36.79 \fallingdotseq 37\,권$$

12. 인장강도가 $98\,MPa$인 연강제 파이프에 $1\,L/s$의 물이 내압 $54\,MPa$을 받고 있다. 이 파이프 내 물의 평균속도가 $2.65\,m/s$일 때 다음을 구하라. (단, 안전율 2, 부식여유 $1.25\,mm$, 이음효율은 85%이다.)
   (1) 연강판의 두께 $t\,[\,mm\,]$
   (2) 파이프의 외경 $D\,[\,mm\,]$

풀이 < 배관 >

   (1) 유량 $Q = Av = \dfrac{\pi d^2}{4}v$

   $\Rightarrow d = \sqrt{\dfrac{4Q}{\pi v}} = \sqrt{\dfrac{4\times 1\times 10^{-3}}{\pi \times 2.65}}\times 10^3 = 21.92\,mm$

   $\sigma_a = \dfrac{pd}{2t\eta} \Rightarrow t = \dfrac{pd}{2\sigma_a\eta} + C = \dfrac{54\times 21.92}{2\times(98/2)\times 0.85} + 1.25 = 15.46\,mm$

   (2) 외경 $D = d + 2t = 21.92 + 2\times 15.46 = 52.84\,mm$

일반기계기사 2024년 4회

01. 나사의 유효지름 $63.5\,mm$, 피치 $3.17\,mm$의 나사잭으로 $50\,kN$의 중량을 들어올리려 할 때 다음을 구하라. 단, 레버를 누르는 힘을 $200\,N$, 마찰계수를 0.1로 한다.
  (1) 회전토크 $T\,[\,N\cdot m\,]$
  (2) 레버의 길이 $l\,[\,mm\,]$

풀이 < 나사 >

(1) $\tan\rho = \mu \;\Rightarrow\; \rho = \tan^{-1}\mu = \tan^{-1}0.1 = 5.7106°$

$\tan\alpha = \dfrac{p}{\pi d_e} \;\Rightarrow\; \alpha = \tan^{-1}\dfrac{p}{\pi d_e} = \tan^{-1}\left(\dfrac{3.17}{\pi \times 63.5}\right) = 0.9104°$

$W = 50\,kN = 50000\,N$

$T = W\tan(\rho+\alpha)\cdot \dfrac{d_e}{2}$

$\quad = 50000 \times \tan(5.7106° + 0.9104°) \times \dfrac{63.5}{2}$

$\quad = 184269.68\,N\cdot mm = 184.27\,N\cdot m$

(2) $T = Fl \;\Rightarrow\; l = \dfrac{T}{F} = \dfrac{184.27}{200} \times 10^3 = 921.35\,mm$

02. 그림과 같은 너클핀에서 $5000\,N$의 하중이 작용할 때 다음을 구하라. (단, 핀 재료의 허용전단응력 $12\,MPa$, 허용굽힘응력 $300\,MPa$이며 $a = 14\,mm$, $b = 18\,mm$이다.)
   (1) 전단응력만 고려한 경우, 핀의 지름 $d\,[\,mm\,]$
   (2) 굽힘응력만 고려한 경우, 핀의 지름 $d\,[\,mm\,]$

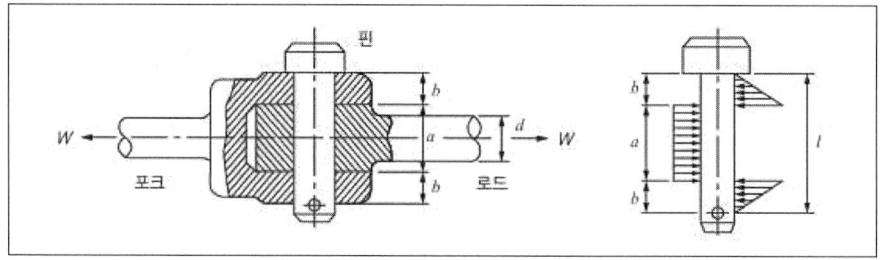

풀이 < 핀 >

   (1) 전단에 의한 핀의 파손단면은 2개이므로

$$\tau_a = \frac{W}{2A} = \frac{W}{2 \times \frac{\pi d^2}{4}} = \frac{2W}{\pi d^2}$$

$$\Rightarrow d = \sqrt{\frac{2W}{\pi \tau_a}} = \sqrt{\frac{2 \times 5000}{\pi \times 12}} = 16.29\,mm$$

   (2) 굽힘에 의한 핀의 파손단면은 1개이며 핀 중심부에서 최대 굽힘모멘트가 발생

$$M = \sigma_b Z \quad \Rightarrow \quad \frac{Wl}{8} = \sigma_{b_a} \frac{\pi d^3}{32}$$

$$\therefore\ d = \sqrt[3]{\frac{4 \times Wl}{\pi \sigma_{b_a}}} = \sqrt[3]{\frac{4 \times 5000 \times (14 + 2 \times 18)}{\pi \times 300}} = 10.2\,mm$$

03. 두께 $10\,mm$, 리벳의 지름 $15\,mm$인 강판 2개를 겹쳐 평행하게 2줄 리벳이음을 하였을 때 다음을 구하라. (단, 강판의 효율은 60%이고 강판의 허용인장응력이 $343\,MPa$, 허용전단응력은 $294\,MPa$이다.)
   (1) 피치 $p\,[\,mm\,]$
   (2) 리벳효율 $\eta_p\,[\,\%\,]$

풀이 < 리벳 >

   (1) $\eta_p = 1 - \dfrac{d}{p} \quad \Rightarrow \quad p = \dfrac{d}{1 - \eta_p} = \dfrac{15}{1 - 0.6} = 37.5\,mm$

   (2) $\eta_r = \dfrac{\tau_r \dfrac{\pi}{4} d^2 \times n}{\sigma_t\, p\, t} = \dfrac{294 \times \dfrac{\pi}{4} \times 15^2 \times 2}{343 \times 37.5 \times 10} = 0.8078 = 80.78\,\%$

04. 회전수 $800\,rpm$, 베어링하중 $4000\,N$을 받는 엔드저널 베어링이 있다.
허용 베어링 압력이 $0.6\,MPa$, $pv = 0.98\,MPa \cdot m/s$일 때 다음을 구하라.
 (1) 베어링의 저널길이 $l\,[mm]$
 (2) 베어링 압력을 고려한 저널직경 $d\,[mm]$

풀이 < 저널 >

(1) 압력속도계수 $pv = \dfrac{\pi WN}{60 \times 1000 \times l} \;\Rightarrow\; l = \dfrac{\pi WN}{60 \times 1000 \times pv}$

$$= \dfrac{\pi \times 4000 \times 800}{60 \times 1000 \times 0.98} = 170.97\,mm$$

(2) $p_a = \dfrac{W}{dl} \;\Rightarrow\; d = \dfrac{W}{p_a l} = \dfrac{4000}{0.6 \times 170.97} = 38.99\,mm$

---

05. 접촉면의 평균지름이 $380\,mm$, 원추면의 경사각이 $10°$인 원추클러치에서 $800\,rpm$, $14.7\,kW$를 전달한다. 마찰계수가 0.3일 때 다음을 구하라.
 (1) 축 토크 $T\,[N \cdot m]$
 (2) 축 방향으로 미는 힘 $W\,[N]$

풀이 < 클러치 >

(1) 전달동력 $H = T\omega \;\Rightarrow\;$ 토크 $T = \dfrac{H}{\omega} = \dfrac{14.7 \times 10^3}{\left(\dfrac{2\pi \times 800}{60}\right)} = 175.47\,N \cdot m$

(2) 토크 $T = \mu Q \times \dfrac{D_m}{2} \;\Rightarrow\; Q = \dfrac{2T}{\mu D_m} = \dfrac{2 \times 175.47}{0.3 \times 380 \times 10^{-3}} = 3078.42\,N$

축 방향 전압력하중 $Q = \dfrac{W}{\sin\alpha + \mu\cos\alpha}$

$\Rightarrow$ 축 방향 하중 $W = Q(\sin\alpha + \mu\cos\alpha)$
$= 3078.42 \times (\sin 10° + 0.3\cos 10°)$
$= 1444.06\,N$

06. 평 마찰차에서 원동차가 $800\,rpm$으로 $286.36\,N$의 회전력을 종동축에 전달하고 있다. 종동차는 지름 $500\,mm$, $400\,rpm$으로 회전할 때 다음을 구하라. (단, 마찰계수는 0.3 이고 외접형이다.)

(1) 전달동력 $H_{kW}\,[\,kW\,]$

(2) 최대 전달토크 $T\,[\,J\,]$

풀이 < 마찰차 >

(1) $v = \dfrac{\pi D N}{60 \times 1000} = \dfrac{\pi \times 500 \times 400}{60 \times 1000} = 10.47\,m/s$

$\therefore H_{kW} = Pv = 286.36 \times 10.47 \times 10^{-3} = 3.0\,kW$

(2) $T = 974 \times 9.8 \dfrac{H_{kW}}{N} = 974 \times 9.8 \times \dfrac{3.0}{400} = 71.59\,J$

별해 (원동차 기준)

$N_1 D_1 = N_2 D_2 \;\Rightarrow\; 800 \times D_1 = 400 \times 500 \;\Rightarrow\; D_1 = 250\,mm$

$T_{\max} = 2 \times P \dfrac{D_1}{2} = 2 \times 286.36 \times \dfrac{250}{2} \times 10^{-3} = 71.59\,J$

07. 모듈 $m = 5$, 이 폭 $b = 40\,mm$, 한 쌍의 외접스퍼기어에서 작은 기어(피니언)의 허용 굽힘응력은 $180\,MPa$이고 기어잇수 $z_1 = 20$개, 큰기어의 허용굽힘응력은 $120\,MPa$, $z_2 = 100$개, $N = 1500\,rpm$으로 동력을 전달한다. (단, 속도계수 $f_v = \dfrac{3.05}{3.05 + v}$, 하중계수는 $f_w = 0.8$, 치형계수 $Y_1 = \pi y_1 = 0.322$, $Y_2 = \pi y_2 = 0.446$ 이다.)

(1) 작은 기어의 최대 전달하중 $P_1\,[N]$
(2) 큰 기어의 최대 전달하중 $P_2\,[N]$
(3) 면압강도를 고려한 기어 장치의 최대 전달하중 $P_3\,[N]$ (단, 비 응력계수 $K = 0.382\,N/mm^2$ 이다.)
(3) 기어 장치에서의 최대 전달동력 $H\,[kW]$

풀이 < 기어 >

회전속도 $v = \dfrac{\pi D_1 N_1}{60 \times 1000} = \dfrac{\pi m Z_1 N_1}{60 \times 1000} = \dfrac{\pi \times 5 \times 20 \times 1500}{60 \times 1000} = 7.85\,m/s$

속도계수 $f_v = \dfrac{3.05}{3.05 + v} = \dfrac{3.05}{3.05 + 7.85} = 0.283$

(1) $\therefore P_1 = \sigma_b b p_n y = f_v f_w \sigma_b b \pi m_n y = f_v f_w \sigma_b b m_n Y_1$
$= 0.283 \times 0.8 \times 180 \times 40 \times 5 \times 0.322 = 2594.91\,N$

(2) $P_2 = \sigma_b b p_n y = f_v f_w \sigma_b b \pi m_n y = f_v f_w \sigma_b b m_n Y_2$
$= 0.283 \times 0.8 \times 120 \times 40 \times 5 \times 0.446 = 2396.12\,N$

(3) $P_3 = f_v K b m \dfrac{2 Z_1 Z_2}{Z_1 + Z_2}$
$= 0.283 \times 0.382 \times 40 \times 5 \times \left(\dfrac{2 \times 20 \times 100}{20 + 100} \right) = 712.6\,N$

(4) 전달동력 $H = \dfrac{P_3 v}{102} = \dfrac{712.6 \times 7.85}{102 \times 9.8} = 5.6\,kW$

08. 다음 그림과 같은 유성기어를 참고하여 물음에 답하라.

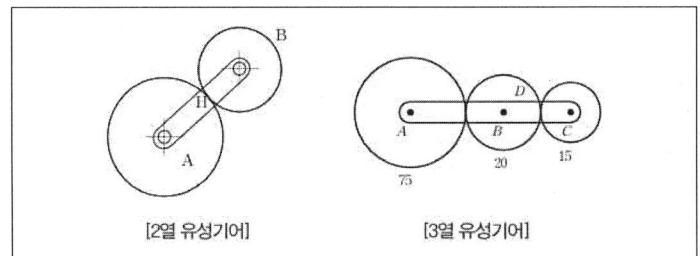

[2열 유성기어]   [3열 유성기어]

(1) 2열, 기어 A의 잇수가 30개, B의 잇수가 20개인 그림과 같은 유성기어에서 A는 고정되어 있고 B가 시계방향으로 10회전할 때, 암 H의 회전수는?

(2) 3열, 그림과 같은 유성기어열에서 기어 A가 고정되고, 암 D를 시계방향으로 3회전시키면 기어 C는 어느 방향으로 몇 회전하는가? (단, 그림의 숫자는 잇수를 나타낸다.)

풀이 < 기어 >

(1)

	기어 A	기어 B	암 H
전체고정	N_H	N_H	N_H
암고정	$-N_H$	$(-1)(-N_H)\dfrac{Z_A}{Z_B}$	0
실제회전수	0	10	N_H

$$N_B = N_H + (-1)(-N_H)\dfrac{Z_A}{Z_B}$$

$$\Rightarrow N_H = N_B \dfrac{1}{\left(1+\dfrac{Z_A}{Z_B}\right)} = N_B \dfrac{1}{\left(1+\dfrac{30}{20}\right)} = 10 \times \dfrac{2}{5} = 4 \ \text{(시계방향)}$$

(2)

	기어 A	기어 B	기어 C	암 D
전체고정	3	3	3	3
암고정	-3	$(-1)(-3)\dfrac{75}{20}$	$(-3)\dfrac{75}{20}\dfrac{20}{15}$	0
실제회전수	0		-12	3

$$N_C = N_D - N_A \dfrac{Z_A}{Z_B}\dfrac{Z_B}{Z_C} = 3 - 3 \times \dfrac{75}{20} \times \dfrac{20}{15} = -12 \ \text{(반시계방향)}$$

09. 다음 그림과 같은 벨트전동(1 – 2 단)과 기어전동(2 – 3 단)이 결합된 동력전달장치가 있다. 다음을 구하라. (단, 동력손실은 없다.)

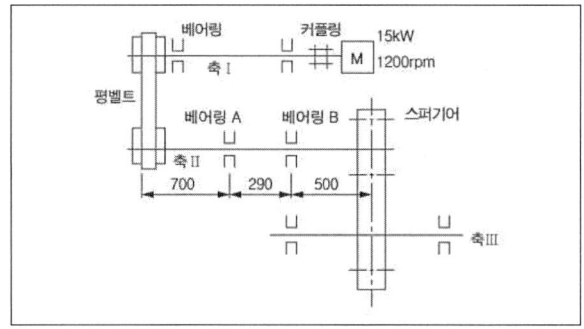

(1) 평벨트 장치 원동풀리의 지름이 $250\,mm$, 감속비가 $1/3$, 마찰계수는 0.2, 장력비가 1.83일 때 벨트의 유효장력 $P_c\,[N]$을 구하라. (단, 벨트의 단위 길이당 무게는 $14.7\,N/m$ 이다.)

(2) 기어 회전력 $F_g\,[N]$를 구하라. (단, 스퍼기어의 모듈은 3, 피니언의 잇수는 40, 압력각은 $14.5\,°$ 이다.)

(3) 2단 축에 있는 베어링 2개의 주어진 수명에서 동정격하중 $C\,[N]$을 구하라.
(단, 2단축 볼 베어링의 수명을 60000시간, 하중계수를 1.2로 한다.)

풀이 < 벨트(풀리), 기어, 베어링 >

(1) $v_b = \dfrac{\pi D_1 N_1}{60 \times 1000} = \dfrac{\pi \times 250 \times 1200}{60 \times 1000} = 15.71\,m/s$ ⇦ **부가장력(T_c) 고려**

$H = T_e v = P_e v \Rightarrow P_e = \dfrac{H}{v} = \dfrac{15 \times 10^3}{15.71} = 954.81\,N$

(2) **속도비** $i = \dfrac{N_2}{N_1} = \dfrac{N_2}{1200} = \dfrac{1}{3} \Rightarrow N_2 = 400\,rpm$

$v_g = \dfrac{\pi D_2 N_2}{60 \times 1000} = \dfrac{\pi m Z_2 N_2}{60 \times 1000} = \dfrac{\pi \times 3 \times 40 \times 400}{60 \times 1000} = 2.5133\,m/s$

$H = F_g v_g \Rightarrow F_g = \dfrac{H}{v_g} = \dfrac{15 \times 10^3}{2.5133} = 5968.25\,N$

(3) **부가장력** $T_c = ma = \dfrac{wv^2}{g} = \dfrac{14.7 \times 15.71^2}{9.8} = 370.21\,N$,

장력비 $e^{\mu\theta} = 1.83$

긴장측 장력 $T_t = \dfrac{e^{\mu\theta}}{e^{\mu\theta}-1} \times P_e + T_c = \dfrac{1.83}{1.83-1} \times 954.81 + 370.21 = 2475.39\,N$

이완측 장력 $T_s = \dfrac{1}{e^{\mu\theta}-1} \times P_e + T_c = \dfrac{1}{1.83-1} \times 954.81 + 370.21 = 1520.58\,N$

전하중 $F_n = \dfrac{F_g}{\cos\alpha} = \dfrac{5698.25}{\cos 14.5°} = 6164.67\ N$

$$W = T_t + T_s = 2475.39 + 1520.58 = 3995.97\ N$$

최대 베어링 하중은

$$\sum M_A = 0 \ \Rightarrow\ R_B \times 200 = 6164.67 \times 790 - 3995.97 \times 700$$

$$R_B = 7147.97\ N$$

수명시간 $L_h = 500 \times \dfrac{33.3}{N} \times \left(\dfrac{C}{f_w R_B}\right)^r$

$$60000 = 500 \times \dfrac{33.3}{400} \times \left(\dfrac{C}{1.2 \times 7167.97}\right)^3$$

$\Rightarrow\ C = 96893.87\ N$

10. 축간거리 $40\ m$의 로프 풀리에서 로프가 $750\ mm$ 처졌다. 로프 단위길이 당 무게 $w = 7.85\ N/m$이다. 다음을 구하라.
 (1) 로프에 생기는 인장력 T는 몇 N인가?
 (2) 풀리와 로프의 접촉점에서 접촉점까지의 길이 L은 몇 m인가?

풀이 < 로프 >

 (1) 로프 인장력 $T = \dfrac{w l^2}{8h} + wh = \dfrac{7.85 \times 40^2}{8 \times 0.75} + 7.85 \times 0.75 = 2099.22\ N$

 (2) 접촉점 간의 로프길이 $L = l\left(1 + \dfrac{8h^2}{3l^2}\right) = 40 \times \left(1 + \dfrac{8 \times 0.75^2}{3 \times 40^2}\right) = 40.04\ m$

11. 그림과 같이 하중 W에 의한 추의 자유낙하를 방지하기 위해 내작용선형 블록브레이크를 사용한다. 조작력 $F = 392\,N$일 때 다음을 결정하라. (단, $a = 900\,mm$, $b = 200\,mm$, $c = 60\,mm$, $\mu = 0.3$, 허용접촉면 압력은 $0.196\,N/mm^2$ 이다.)

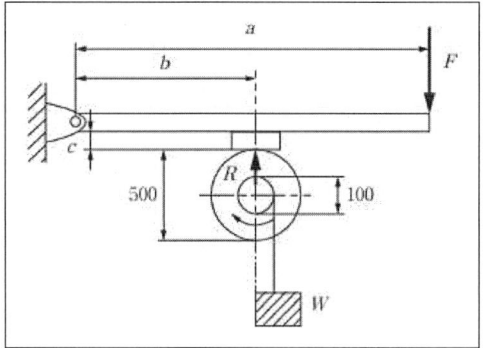

 (1) 제동토크 $T\,[N \cdot m]$
 (2) 하중 $W\,[N]$와 블록의 마찰면적 $A\,[mm^2]$
 (3) 최대회전수 $N\,[rpm]$
  (단, 제동동력은 $18.38\,kW$ 이다.)

풀이 < 브레이크 >

 (1) 수직반력 R
  $$\sum M_c = 0$$
  $$\Rightarrow Fa - Rb - \mu R c = 0$$
  $$\Rightarrow R = \frac{Fa}{(b + \mu c)} = \frac{392 \times 900}{(200 + 0.3 \times 60)} = 1618.35\,N$$

  $$\therefore T = \mu R \cdot \frac{D}{2} = 0.3 \times 1618.35 \times \frac{500}{2} \times 10^{-3} = 121.38\,N \cdot m$$

 (2) $T = W \cdot \frac{d}{2} \Rightarrow W = T \cdot \frac{2}{d} = 121.38 \times \frac{2}{100} \times 10^3 = 2427.6\,N$

  $q = \frac{R}{A} \Rightarrow A = \frac{R}{q} = \frac{1618.35}{0.196} = 8256.89\,mm^2$

 (3) $T = 974 \times 9.8 \frac{H_{kW}}{N}$

  $\Rightarrow N = 974 \times 9.8 \frac{H_{kW}}{T} = 974 \times 9.8 \times \frac{18.38}{121.38} = 1445.39\,rpm$

12. 스팬의 길이 $750\,mm$, 판 두께 $6\,mm$, 폭 $60\,mm$, 조임 폭 $100\,mm$인 겹판스프링이 있다. 이 겹판스프링의 판 수는 8 개이고 종탄성계수는 $210\,GPa$, 허용굽힘응력은 $170\,MPa$, 스프링의 유효길이는 $l_e = l - 0.6e$ 이다. 다음을 구하라.

   (1) 굽힘응력에 따른 최대하중 $W_{\max}\,[N]$
   (2) 처짐 $\delta\,[mm]$
   (3) 고유진동수 $f\,[Hz]$

풀이 < 스프링 >

(1) $l_e = l - 0.6e = 750 - 0.6 \times 100 = 690\,mm$

$$\sigma_b = \frac{3\,W_{\max}\,l_e}{2\,n\,b\,h^2} \Rightarrow W_{\max} = \frac{2\,n\,b\,h^2\,\sigma_b}{3\,l_e} = \frac{2 \times 8 \times 60 \times 6^2 \times 170}{3 \times 690}$$
$$= 2838.26\,N$$

(2) $\delta = \dfrac{3\,W_{\max}\,l_e^3}{8\,n\,b\,h^3\,E} = \dfrac{3 \times 2838.26 \times 690^3}{8 \times 8 \times 60 \times 6^3 \times 210 \times 10^3} = 16.06\,mm$

(3) $f_n = \dfrac{\omega_c}{2\pi} = \dfrac{1}{2\pi}\sqrt{\dfrac{g}{\delta}} = \dfrac{1}{2\pi}\sqrt{\dfrac{9800}{16.06}} = 3.932\,Hz$

일반기계기사 2023년 1회

01. 나사의 유효지름이 $63.5\,mm$, 피치 $4\,mm$의 나사잭으로 $49\,kN$의 중량물을 들어 올리는 기계장치가 있다. 다음을 구하라. (단, 레버에 작용하는 힘은 $294\,N$이고 나사부 마찰계수 0.11이다.)
　(1) 나사부 비틀림모멘트 $T\,[J]$
　(2) 레버의 길이 $l\,[mm]$

풀이 < 나사 >

　(1) 나사부 비틀림모멘트

$$T = W\left(\frac{p+\mu\pi d_e}{\pi d_e - \mu p}\right) \cdot \frac{d_e}{2} = 49\times 10^3 \times \left(\frac{4 + 0.11\times\pi\times 63.5}{\pi\times 63.5 - 0.11\times 4}\right)\times\frac{63.5}{2}$$

$$= 202274.11\,N\cdot mm \fallingdotseq 202.27\,N\cdot m$$

$$= 202.27\,J$$

　(2) $T = Fl \;\Rightarrow\; l = \dfrac{T}{F} = \dfrac{202274.36}{294} = 688.0\,mm$

02. $300\,rpm$, $66\,kW$를 전달하는 축의 지름이 $30\,mm$일 때 묻힘키를 설계하고자 한다. 묻힘키의 폭과 높이는 $22\,mm \times 14\,mm$이고 키 재료의 항복강도는 $333.2\,MPa$이다. 다음을 구하라. (단, 묻힘키의 안전계수는 2이다.)
　(1) 회전토크 $T\,[J]$
　(2) 허용전단응력을 구하고 이것을 만족하는 키의 길이 $l\,[mm]$을 구하라.

풀이 < 키 >

　(1) 동력 $H = T\omega$

　　회전토크 $\Rightarrow\; T = \dfrac{H}{\omega} = \dfrac{66\times 10^3}{\left(\dfrac{2\pi\times 300}{60}\right)} = 2100.85\,N\cdot m$

　(2) $\tau_k = \dfrac{\tau_Y}{S} = \dfrac{333.2}{2} = 166.6\,MPa$

　　$\tau_k = \dfrac{2T}{bld}$

　　키의 길이 $\Rightarrow\; l = \dfrac{2T}{bd\tau_k} = \dfrac{2\times 2100.85\times 10^3}{22\times 30\times 166.6} = 38.21\,mm$

03. 그림과 같은 상하 2축 필렛용접 이음에서 하중 $9800\,N$이 작용하고 있을 때 다음을 구하라. [단, 용접 사이즈 $f=5\,mm$이고 용접부 단면의 극 단면 2차모멘트는 $I_o = \dfrac{a(3b^2+a^2)}{6}$ 이다.]

(1) 직접 전단응력 $\tau_1\ [MPa]$
(2) 비틀림 전단응력 $\tau_2\ [MPa]$
(3) 최대전단응력 $\tau_{max}\ [MPa]$

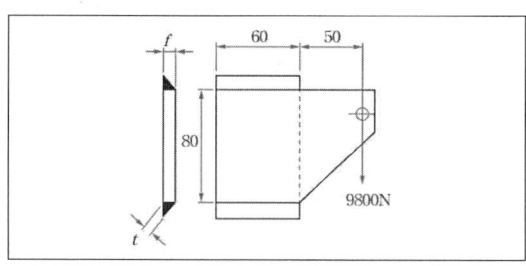

풀이 < 용접 >

F에 의한 전단응력은 작용하중과 굽힘모멘트를 필렛부의 중심으로 이전시켜 렌치를 구성하는 직접전단(τ_1)과 굽힘모멘트에 의한 비틀림전단(τ_2)으로 구분하여 적용.

(1) 직접 전단응력 (τ_1)

목 두께 $t = h\cos 45° = 0.707h$ 이므로

$$\tau_1 = \frac{F}{A} = \frac{F}{2bt} = \frac{9800}{2 \times 60 \times 5 \times 0.707} = 23.1\,MPa$$

(2) 회전모멘트 M에 의한 비틀림전단응력 (τ_2)

$$r_{max} = \sqrt{\left(\frac{b}{2}\right)^2 + \left(\frac{d}{2}\right)^2} = \sqrt{30^2 + 40^2} = 50\,\text{이며},$$

$$I_o = \frac{a(3b^2+a^2)}{6} = \frac{60 \times (3 \times 80^2 + 60^2)}{6} = 228000\,mm^3\,\text{이므로}$$

$$\therefore\ \tau_2 = \frac{T r_{max}}{t I_o} = \frac{F(50+30)r_{max}}{5 \times \cos 45° \times I_o} = \frac{9800 \times (50+30) \times 50}{5 \times 0.707 \times 228000}$$

$$= 48.64\,MPa$$

(3) 최대전단응력 $\tau_{max}\ [MPa]$

비틀림 각이 $\cos\theta = \dfrac{a/2}{r_{max}} = \dfrac{30}{50} = 0.6$ 이므로

$$\therefore\ \tau_{max} = \sqrt{\tau_1^2 + \tau_2^2 + 2\tau_1\tau_2\cos\theta}$$
$$= \sqrt{23.1^2 + 48.64^2 + 2 \times 23.1 \times 48.64 \times 0.6}$$
$$= 65.18\,MPa$$

04. 대형 방류펌프 구동 디젤기관의 칼라 베어링이 $450\,rpm$, $0.41\,kW$로 회전하고 있다. 이 축의 직경은 $100\,mm$, 칼라의 바깥지름이 $180\,mm$ 라 할 때 다음을 구하라.
(단, 허용 발열계수 값은 $52.92 \times 10^{-2}\,MPa \cdot m/s$, 베어링 접촉부 마찰계수는 0.015 이다.)
 (1) 칼라 베어링의 칼라수 $Z\,[\,개\,]$
 (2) 베어링의 압력 $p\,[\,kPa\,]$
 (3) 추력 $W\,[\,N\,]$

풀이 < 베어링 >

(1) $T = 974 \times 9.8 \dfrac{H_{kW}}{N} = 974 \times 9.8 \times \dfrac{0.41}{450} = 8.7\,J$

$$pv_a = \dfrac{W}{A}v = \dfrac{4W}{\pi(d_2^2 - d_1^2)Z} \times v = \dfrac{8T}{\mu(d_2^2 - d_1^2)Z} \times \dfrac{N}{60 \times 1000}$$

$$\Rightarrow Z = \dfrac{8T}{\mu(d_2^2 - d_1^2)pv_a} \times \dfrac{N}{60 \times 1000}$$

$$= \dfrac{8 \times 8.7 \times 10^3}{0.015 \times (180^2 - 100^2) \times 52.92 \times 10^{-2}} \times \dfrac{450}{60 \times 1000}$$

$$= 2.94 \fallingdotseq 3\,개$$

(2) $d_m = \dfrac{d_1 + d_2}{2} = \dfrac{100 + 180}{2} = 140\,mm$

허용 발열계수 $pv_a = p \times \dfrac{\pi d_m N}{60 \times 1000}$

베어링 압력 $\Rightarrow p = pv_a \times \dfrac{60 \times 1000}{\pi d_m N} = 52.92 \times 10^{-2} \times \dfrac{60 \times 1000}{\pi \times 140 \times 450}$

$$= 0.16042818\,MPa \fallingdotseq 160.43\,kPa$$

(3) $T = \mu W \dfrac{d_m}{2}$

추력 $\Rightarrow W = \dfrac{2T}{\mu d_m} = \dfrac{2 \times 8.7 \times 10^3}{0.015 \times 140} = 8285.71\,N$

05. 그림과 같은 $1\,m$의 축에 $600\,N$의 회전체가 $0.3\,m$와 $0.7\,m$ 사이에 매달려 있다. 이 축의 전달동력은 $3\,kW$이고 회전수는 $350\,rpm$이다. 다음을 구하라.
 (단, 이 축의 허용전단응력은 $40\,MPa$이고 허용굽힘응력은 $50\,MPa$이다.)
(1) 상당 비틀림모멘트와 상당 굽힘모멘트를 구하라. (단, 단위는 J 이다.)
(2) 최소 축 지름 $d\,mm$

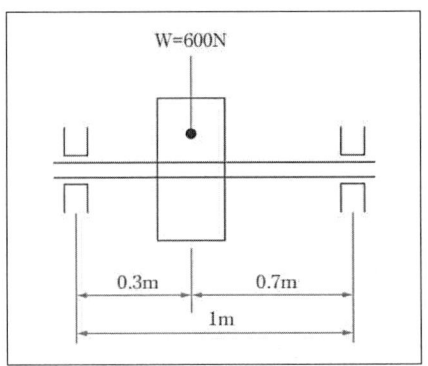

풀이 < 축 >

(1) 전달동력 $H = T\omega$

비틀림모멘트 $\Rightarrow T = \dfrac{H}{\omega} = \dfrac{3 \times 10^3}{\left(\dfrac{2\pi \times 350}{60}\right)} = 81.85\,N\cdot m$

좌측 끝단 지지부의 반력을 R_A 라 하면

굽힘모멘트 $M_{\max} = M = R_A\,x = (600 \times 0.7) \times 0.3 = 126\,N\cdot m = 126\,J$

∴ 상당 비틀림모멘트

$$T_e = \sqrt{M^2 + T^2} = \sqrt{126^2 + 81.85^2} = 150.25\,N\cdot m = 150.25\,J$$

상당 굽힘모멘트

$$M_e = \frac{1}{2}(M + T_e) = \frac{1}{2}(126 + 150.25) \fallingdotseq 138.13\,J$$

(2) 상당 비틀림모멘트 기준 최소 축 지름

$$T_e = \tau_a Z_P = \tau_a \times \frac{\pi d^3}{16}$$

$$\Rightarrow d = \sqrt[3]{\frac{16\,T_e}{\pi \tau_a}} = \sqrt[3]{\frac{16 \times 150.25 \times 10^3}{\pi \times 40}} = 26.75\,mm$$

상당 굽힘모멘트 기준 최소 축 지름

$$M_e = \sigma_a Z = \sigma_a \times \frac{\pi d^3}{32}$$

$$\Rightarrow d = \sqrt[3]{\frac{32\,M_e}{\pi \sigma_a}} = \sqrt[3]{\frac{32 \times 138.13 \times 10^3}{\pi \times 50}} = 30.42\,mm$$

∴ 2 값 중에서 안전을 고려한 최소 축 지름값은 $d = 30.42\,mm$ 이다.

06. 150 rpm으로 29.4 kN을 지지하는 엔드저널 베어링의 압력속도계수(pv)가 1.96 $MPa \cdot m/s$일 때 다음을 구하라. (단, 마찰계수는 0.01, 허용 베어링압력 $p_a = 4.9\ MPa$ 이다.)
   (1) 저널의 길이 $l\ [mm]$
   (2) 저널의 지름 $d\ [mm]$

풀이 < 저널 >

(1) 압력속도계수 $pv = \dfrac{\pi WN}{60 \times 1000 \times l} \Rightarrow l = \dfrac{\pi WN}{60 \times 1000 \times pv}$

$$= \dfrac{\pi \times 29.4 \times 10^3 \times 150}{60 \times 1000 \times 1.96}$$

$$= 117.8\ mm$$

(2) $p_a = \dfrac{W}{dl} \Rightarrow d = \dfrac{W}{p_a l} = \dfrac{29.4 \times 10^3}{4.9 \times 117.8} = 50.93\ mm$

---

07. 5.88 kW의 동력을 전달하는 중심거리 450 mm의 두 축이 홈 마찰차로 연결되어 주동축 회전수가 400 rpm, 종동축 회전수는 150 rpm이며 홈각이 40°, 허용접촉 선압은 38 N/mm, 마찰계수는 0.3이다. 다음을 구하라.
   (1) 평균속도 $v\ [m/s]$
   (2) 밀어붙이는 힘 $W\ [N]$

풀이 < 마찰차 >

(1) 속도비 $i = \dfrac{N_2}{N_1} = \dfrac{D_1}{D_2} \Rightarrow \dfrac{150}{400} = \dfrac{D_1}{D_2} \Rightarrow D_2 = \dfrac{8}{3}D_1$

축간거리 $C = 450 = \dfrac{D_1 + D_2}{2} = \dfrac{D_1 + 8/3\ D_1}{2} \Rightarrow D_1 = 245.46\ mm$

평균속도 $v = \dfrac{\pi D_1 N_1}{60 \times 1000} = \dfrac{\pi \times 245.46 \times 400}{60 \times 1000} = 5.14\ m/s$

(2) 상당 마찰계수 $\mu' = \dfrac{\mu}{\sin \alpha + \mu \cos \alpha} = \dfrac{0.3}{\sin 20° + 0.3 \cos 20°} = 0.48$

전달동력 $H' = \mu' W v$

밀어붙이는 힘 $\Rightarrow W = \dfrac{H'}{\mu' v} = \dfrac{5.88 \times 10^3}{0.48 \times 5.14} = 2383.27\ N$

08. 웜기어 동력전달 장치에서 감속비가 $1/20$, 웜축의 회전수 $1500\,rpm$, 축직각 방향 웜의 모듈 6, 압력각 $20°$, 줄 수 3, 피치원 지름 $56\,mm$, 웜휠의 치폭 $45\,mm$, 유효 이나비는 $36\,mm$이다. 아래의 표를 이용하여 다음을 구하라. (단, 웜의 재질은 담금질 강이고 웜휠은 인청동이다.)

(1) 웜의 리드각 $\beta\,[\deg]$
(2) 웜휠의 굽힘강도를 고려한 전달하중 $F_1\,[kN]$
(3) 웜휠의 면압강도를 고려한 전달하중 $F_2\,[kN]$
(4) 최대 전달동력 $H_{kW}\,[kW]$

〈표 2-1〉 웜과 웜휠의 특성

	웜	웜휠	비고
굽힘강도 σ_b[MPa]		166.6MPa	
속도계수		$f_v = \dfrac{6.1}{6.1+v_g}$	
치형계수 y		0.125	
리드각[β]에 의한 계수 ϕ	1.25		$\beta = 10 \sim 25°$

〈표 2-2〉 웜과 웜휠의 내마멸계수

웜의 재료	웜휠의 재료	내마멸계수 K[MPa]
강	인청동	411.6×10^{-3}
담금질 강	주철	343×10^{-3}
담금질 강	인청동	548.8×10^{-3}
담금질 강	합성수지	833×10^{-3}
주철	인청동	$1,038.8 \times 10^{-3}$

풀이 < 기어 >

(1) $l = Z_w p = Z_w \pi m = 3 \times \pi \times 6 = 56.55\,mm$

$\tan\beta = \dfrac{l}{\pi D_w}\ \Rightarrow\ \beta = \tan^{-1}\left(\dfrac{l}{\pi D_w}\right) = \tan^{-1}\left(\dfrac{56.55}{\pi \times 56}\right) = 17.82°$

(2) $p_n = p\cos\beta = \pi m \cos\beta = \pi \times 6 \times \cos 17.82° = 17.95\,mm$

$v_g = \dfrac{\pi D_g N_g}{60 \times 1000} = \dfrac{\pi \times 360 \times 75}{60 \times 1000} = 1.41\,m/s$

속도계수 $f_v = \dfrac{6.1}{6.1+v_g} = \dfrac{6.1}{6.1+1.41} = 0.81$

웜휠의 굽힘강도를 고려한 전달하중

$F_1 = f_v \sigma_b b p_n y = 0.81 \times 166.6 \times 45 \times 17.95 \times 0.125 \times 10^{-3} = 13.63\,kN$

(3) 웜휠의 면압강도를 고려한 전달하중

$$F_2 = f_v \phi D_g b_e K = 0.81 \times 1.25 \times 360 \times 36 \times 548.8 \times 10^{-6} = 7.20\ kN$$

(4) 안전을 고려하여 작은 값을 선택해야 하므로

최대 전달동력 $H_{kW} = F_2 v_g = 7.2 \times 1.41 = 10.15\ kN \cdot m/s \fallingdotseq 10.15\ kW$

09. 지름이 각각 $100\ mm$, $500\ mm$의 주철제 벨트 풀리에 1겹 가죽벨트를 사용하여 평행걸기로 $1.84\ kW$를 전달하고자 한다. 축간거리는 $2\ m$이고 작은풀리의 회전수는 $1200\ rpm$일 때 다음을 구하라. (단, 가죽벨트의 마찰계수는 0.2이고 종탄성계수는 $100\ MPa$, 두께는 $5\ mm$이며, 벨트굽힘에 대한 보정계수 $K = 0.5$를 적용한다.)
 (1) 원통풀리의 접촉각 $\theta\ [deg]$
 (2) 벨트의 폭 $b\ [mm]$ (단, 가죽벨트의 허용인장응력은 $1.96\ MPa$이고 가죽벨트의 이음은 이음쇠를 사용했으며 이음효율은 50%이다.)
 (3) 벨트의 굽힘응력 $\sigma_b\ [MPa]$

풀이 < 벨트 (풀리) >

(1) 원동풀리의 접촉각 $\theta = 180° - 2\phi$

$$C \sin\phi = \frac{D_2 - D_1}{2}$$

$$\Rightarrow \phi = \sin^{-1}\frac{D_2 - D_1}{2C} = \sin^{-1}\frac{500 - 100}{2 \times 2000} = 5.74°$$

$$\therefore \theta = 180° - 2\phi = 180° - 2 \times 5.74° = 168.52°$$

(2) $v = \dfrac{\pi D_1 N_1}{60 \times 1000} = \dfrac{\pi \times 100 \times 1200}{60 \times 1000} = 6.28\ m/s$ ⇐ **부가장력 무시**

장력비 $e^{\mu\theta} = e^{0.2 \times 168.52° \times \frac{\pi}{180°}} = 1.8$

$$H = T_e v \Rightarrow T_e = \frac{H}{v} = \frac{1.84 \times 10^3}{6.28} = 292.99\ N$$

$$\therefore T_t = \frac{e^{\mu\theta}}{e^{\mu\theta}-1} \times T_e = \frac{1.8}{1.8-1} \times 292.99 = 659.24\ N$$

$$\sigma_a = \frac{T_t}{bt\eta} \Rightarrow b = \frac{T_t}{\sigma_a t \eta} = \frac{659.24}{1.96 \times 5 \times 0.5} = 134.54\ mm$$

(3) 벨트의 굽힘응력

$$\sigma_b = E\epsilon = K_1 \frac{Et}{D} = 0.5 \times \frac{100 \times 5}{100} = 2.5\ MPa$$

10. $No.40$인 롤러체인의 피치 $12.7\,mm$, 잇수가 각각 $Z_1 = 20$, $Z_2 = 40$, 구동 스프로킷 휠의 회전수는 $1200\,rpm$, 축간거리는 $500\,mm$일 때 다음을 구하라. (단, 체인의 파단하중은 $15.3\,kN$이고, 안전율은 10, 다열계수는 1.7이며 1일 운전시 부하계수 1.3을 고려한다.)

   (1) 롤러체인의 평균속도 $v\,[m/s]$
   (2) 전달동력 $H\,[kW]$
   (3) 체인링크 수 $L_n\,[개]$ (단, 옵셋링크를 고려하여 짝수로 결정하라.)

풀이 < 체인 >

   (1) $v = \dfrac{p\,Z_1 N_1}{60 \times 1000} = \dfrac{12.7 \times 20 \times 1200}{60 \times 1000} = 5.08\,m/s$

   (2) $H = \dfrac{F_B\,n}{S\,K}\,v = \dfrac{15.3 \times 1.7}{10 \times 1.3} \times 5.08 = 10.164\,kW$

   (2) $L_n = \dfrac{2\,C}{p} + \dfrac{Z_1 + Z_2}{2} + \dfrac{0.0257\,p\,(Z_2 - Z_1)^2}{C}$

         $= \dfrac{2 \times 500}{12.7} + \dfrac{20 + 40}{2} + \dfrac{0.0257 \times 12.7 \times (40 - 20)^2}{500}$

         $= 109.52 ≒ 110\,개$

11. 그림과 같은 단식블록 브레이크를 가진 중량물의 자유낙하를 방지하려고 한다. 다음을 구하라. (단, 마찰계수 $\mu = 0.25$ 이다.)
   (1) 제동토크 $T\,[\,J\,]$
   (2) 제동력 $Q\,[\,N\,]$
   (3) 조작력 $F\,[\,N\,]$

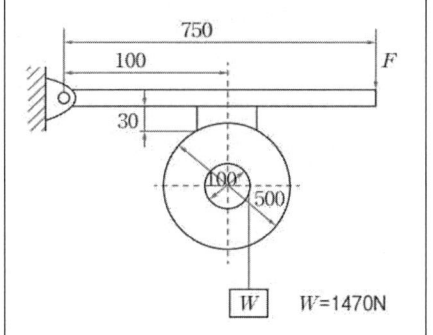

풀이 < 브레이크 >

(1) 제동토크

$$T = W \times \frac{d}{2} = 1470 \times \frac{100 \times 10^{-3}}{2} = 73.5\,N \cdot m = 73.5\,J$$

(2) $T = Q \times \dfrac{D}{2}$ ⇨ 제동력 $Q = \dfrac{2T}{D} = \dfrac{2 \times 73.5 \times 10^3}{500} = 294\,N$

(3) 수직반력을 N 이라 하면 제동력은 $F_f = Q = \mu N$

$\sum M_o = 0$

⇨ $Fa - Nb - Qc = 0$ ⇨ $Fa = \dfrac{Q}{\mu}b + Qc$

∴ 조작력 ⇨ $F = \dfrac{\dfrac{Q}{\mu}b + Qc}{a} = \dfrac{\dfrac{294}{0.25} \times 100 + 294 \times 30}{750}$

$\qquad = 168.56\,N$

12. $3.6\,kN$의 압축하중이 작용하는 겹판스프링에서 스팬의 길이가 $1400\,mm$, 강판의 나비 $80\,mm$, 두께 $15\,mm$, 밴드 폭이 $100\,mm$일 때 다음을 구하라. (단, 스프링의 굽힘응력 $\sigma_b = 93\,MPa$, 스팬의 유효길이 $l_e = l - 0.6\,e$ 스프링의 종탄성계수 $E = 20.58 \times 10^4\,MPa$이다.)

  (1) 겹판의 수 $n\,[개]$
  (2) 겹판스프링의 수축량 $\delta\,[mm]$
  (3) 고유주파수 $f\,[Hz]$

풀이   < 스프링 >

(1) $l_e = l - 0.6\,e = 1400 - 0.6 \times 100 = 1340\,mm$

$$\Uparrow e\text{는 밴드 허리조임 폭}$$

$$\sigma_b = \frac{3\,W\,l_e}{2\,n\,b\,h^2} \;\Rightarrow\; n = \frac{3\,W\,l_e}{2\,b\,h^2\,\sigma_b} = \frac{3 \times 3.6 \times 10^3 \times 1340}{2 \times 80 \times 15^2 \times 93} = 4.323 \fallingdotseq 5\,\text{장}$$

(2) $\delta = \dfrac{3\,W\,l_e^3}{8\,n\,b\,h^3\,E} = \dfrac{3 \times 3.6 \times 10^3 \times 1340^3}{8 \times 5 \times 80 \times 15^3 \times 20.58 \times 10^4} = 11.69\,mm$

(3) $f = \dfrac{\omega_c}{2\pi} = \dfrac{1}{2\pi}\sqrt{\dfrac{g}{\delta}} = \dfrac{1}{2\pi}\sqrt{\dfrac{9800}{11.69}} = 4.608\,Hz$

일반기계기사 2023년 2회

01. 그림과 같은 아이볼트에 $F_1 = 6\,kN$, $F_2 = 8\,kN$의 하중과 $F = 15\,kN$이 작용할 때 다음을 구하라.
  (1) T의 각도 $\theta\,[\deg]$ 와 크기$[kN]$는?
  (2) 호칭지름 $10\,cm$, 피치 $3\,cm$, 골 지름 $8\,cm$ 일 때 최대 인장응력은 몇 $[MPa]$인가?

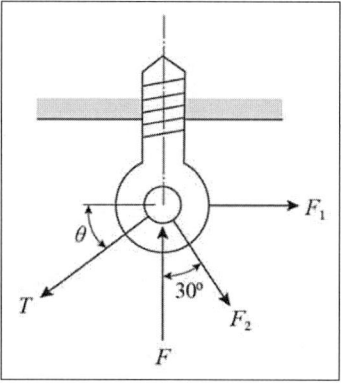

풀이 < 나사 (볼트) >

  (1) 아이볼트의 eye 중심부에 대한 힘의 평형으로부터

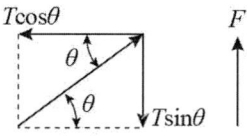 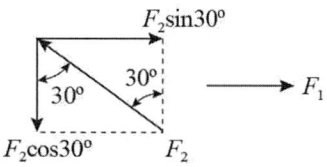

$$\sum F_x = 0 \;\Rightarrow\; T\cos\theta = F_1 + F_2 \sin 30°$$
$$\Rightarrow\; T\cos\theta = 6 + 8\sin 30° = 10\,kN \ldots \text{❶}$$
$$\sum F_y = 0 \;\Rightarrow\; T\sin\theta = F - F_2\cos 30°$$
$$\Rightarrow\; T\sin\theta = 15 - 8\cos 30° = 8.07\,kN \ldots \text{❷}$$

❷ / ❶ $\;\Rightarrow\; \tan\theta = \dfrac{8.07}{10}$

∴ $\theta = \tan^{-1} 0.807 = 38.9°$ $\;\Rightarrow\;$ ❶식에서 $T = \dfrac{10}{\cos 38.9°} = 12.58\,kN$

  (2) $\sigma_{\max} = \dfrac{F}{A} = \dfrac{F}{\dfrac{\pi}{4}d_1^2} = \dfrac{15 \times 10^3}{\dfrac{\pi}{4} \times 80^2} = 2.9842\,N/mm^2 \fallingdotseq 2.98\,MPa$

02. $D_1 = 32\,mm$, $D_2 = 36\,mm$, 보스길이 $58\,mm$인 스플라인 축이 있다. 잇수는 6개이고 이 측면의 허용 면압력은 $35\,MPa$이다. $300\,rpm$으로 회전하고 있을 때 다음을 구하라. (단, 이 높이 $2\,mm$, 모따기 $0.15\,mm$, 접촉효율은 $75\,\%$ 이다.)
   (1) 최대 전달토크 $T\,[N \cdot m]$
   (2) 최대 전달동력 $H\,[kW]$

풀이 < 스플라인 >

(1) 스플라인 평균직경 $D_m = \dfrac{d_1 + d_2}{2} = \dfrac{32 + 36}{2} = 34\,mm$

스플라인의 높이 $h = \dfrac{d_2 - d_1}{2} = \dfrac{36 - 32}{2} = 2\,mm$

$$T = q\,A_q \times Z \times \dfrac{D_m}{2}$$

$\Rightarrow T = \eta\,q\,A_q \times Z \times \dfrac{D_m}{2} = \eta\,q\,(h - 2c)\,l \times Z \times \dfrac{34}{2}$ ⇐ 접촉효율, 모따기 고려

$= 0.75 \times 35 \times (2 - 2 \times 0.15) \times 58 \times 6 \times \dfrac{34}{2}$

$= 264001.5\,N \cdot mm \fallingdotseq 264\,N \cdot m$

(2) 동력 $H = T\omega = T \times \dfrac{2\pi N}{60} = 264 \times \dfrac{2\pi \times 300}{60}$

$= 8293.8\,W \fallingdotseq 8.3\,kW$

03. 두께 $7\,mm$, 리벳지름 $14\,mm$인 1줄 겹치기 리벳이음에서 1피치당 하중이 $13\,kN$일 때 다음을 구하라. (단, 피치는 $50\,mm$이다.)
   (1) 강판의 인장응력 $\sigma_t\,[MPa]$
   (2) 리벳의 전단응력 $\tau_r\,[MPa]$
   (3) 리벳의 압축응력 $\sigma_c\,[MPa]$
   (4) 강판의 효율 $\eta_p\,[\%]$

풀이 < 리벳 >

(1) $\sigma_t = \dfrac{W}{A_t} = \dfrac{W}{(p-d)t} = \dfrac{13 \times 10^3}{(50-14) \times 7} = 51.59\,N/mm^2 = 51.59\,MPa$

(2) $\tau_r = \dfrac{W}{A_\tau} = \dfrac{W}{\dfrac{\pi}{4}d^2 \times n} = \dfrac{13 \times 10^3}{\dfrac{\pi}{4} \times 14^2 \times 1} = 84.45\,N/mm^2 = 84.45\,MPa$

(3) $\sigma_c = \dfrac{W}{A_c} = \dfrac{W}{d\,t\,n} = \dfrac{13 \times 10^3}{14 \times 7 \times 1} = 132.65\,N/mm^2 = 132.65\,MPa$

(4) $\eta_p = 1 - \dfrac{d}{p} = 1 - \dfrac{14}{50} = 0.72 = 72\,\%$

04. 복렬 자동조심 롤러베어링의 접촉각 $\alpha = 25°$, 레이디얼 하중이 $2\,kN$, 트러스트 하중은 $1.5\,kN$, 회전수가 $1500\,rpm$, 베어링의 기본 동정격하중이 $55.35\,kN$일 때 다음을 구하라. (단, 하중계수는 1.2이고 내륜회전 하중을 받고 있다.)
 (1) 등가 레이디얼 하중 $P_r\,[\,kN\,]$
 (2) 베어링 수명시간 $L_h\,[\,hr\,]$

[표] 베어링의 계수 V, X 및 Y 값

베어링 형식	내륜회전하중	외륜회전하중	단열		복렬				e
			$F_a/VF_r > e$		$F_a/VF_r \leq e$		$F_a/VF_r > e$		
	V		X	Y	X	Y	X	Y	
자동 조심 롤러 베어링 원추 롤러 베어링 α≠0	1	1.2	0.4	0.4×cot α	1	0.4×cot α	0.67	0.67×cot α	1.5×cot α

풀이 (1) e 값은 $e = 1.5 \tan\alpha = 1.5 \times \tan 25° = 0.7$ 이며, 내륜회전이므로 $V = 1.0$

$$\frac{F_a}{VF_r} = \frac{1.5}{1.0 \times 2.0} = 0.75 \text{ 이므로 } \frac{F_a}{VF_r} > e = 0.7 \text{ 인 경우가 되어}$$

표의 복렬에서 레이디얼 계수는 $X = 0.67$,
스러스트 계수는 $Y = 0.67 \cot 25° = 1.44$ 이다.

∴ 등가레이디얼 하중 $P_r = XVF_r + YF_t$
$$= 0.67 \times 1.0 \times 2.0 + 1.44 \times 1.5 = 3.5\,kN$$

(2) 수명시간 $L_h = 500 \times \dfrac{33.3}{N} \times \left(\dfrac{C}{f_w P_r}\right)^r$

$$= 500 \times \frac{33.3}{1500} \times \left(\frac{55.35}{1.2 \times 3.5}\right)^{\frac{10}{3}} = 60009.14\,hr$$

05. 접촉면 압력이 $0.25\,MPa$, 나비가 $25\,mm$인 원추 클러치를 이용하여 $250\,rpm$으로 동력을 전달할 때, 전달토크는 몇 $N \cdot m$인가? (단, 접촉면의 안지름은 $150\,mm$, 원추각 $20°$, 접촉면 마찰계수는 0.2이다.)

풀이 < 클러치 >

$D = D_1 + b\sin\alpha = 150 + 25\sin 10° = 154.34\,mm$

$T = \mu Q \times \dfrac{D}{2} = \mu q_m \pi D b \times \dfrac{D}{2} = 0.2 \times 0.25 \times \pi \times 154.34 \times 25 \times \dfrac{154.34}{2} \times 10^{-3}$

$= 46.77\,N \cdot m$

06. 홈붙이 마찰차에서 원동차의 직경이 $300\,mm$, 회전수 $300\,rpm$, 전달동력 $3.68\,kW$ 이고 홈의 각도 $40°$, 허용선압력이 $24.4\,N/mm$, 마찰계수 0.25, 홈의 높이는 $12\,mm$ 이다. 다음을 구하라.
 (1) 접촉 폭의 수직력 $Q\,[N]$
 (2) 홈의 수 $Z\,[개]$

풀이 < 마찰차 >

(1) 회전속도 $v = \dfrac{\pi D_1 N_1}{60 \times 1000} = \dfrac{\pi \times 300 \times 300}{60 \times 1000} = 4.71\,m/s$

상당 마찰계수 $\mu' = \dfrac{\mu}{\sin\alpha + \mu\cos\alpha} = \dfrac{0.25}{\sin 20° + 0.25\cos 20°} = 0.43$

전달동력 $H' = \mu' W v \;\Rightarrow\; W = \dfrac{H'}{\mu' v} = \dfrac{3.68 \times 10^3}{0.43 \times 4.71} = 1817.02\,N$

$\mu Q = \mu' W \;\Rightarrow\;$ 수직력 $Q = \dfrac{\mu' W}{\mu} = \dfrac{0.43 \times 1817.02}{0.25} = 3125.27\,N$

(2) 홈의 수 $Z = \dfrac{Q}{2 h p_0} = \dfrac{3125.27}{2 \times 12 \times 24.4} = 5.34 \fallingdotseq 6\,개$

07. 그림과 같은 전동기가 플랜지커플링으로 연결된 스퍼기어 전동장치가 있다. 피니언의 잇수 $Z_1 = 18$, 모듈 $m = 3$, 압력각 $\alpha = 20°$ 일 때 다음을 구하라. (단, 회전비 $i = 1/3$ 이다.)

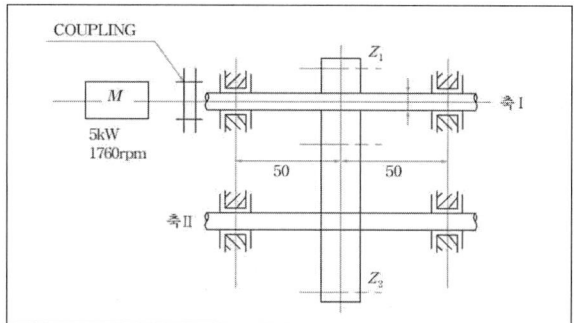

(1) 기어에 작용하는 회전력 $[N]$
(2) 아래의 표로부터 종동축이 사용할 볼베어링을 선정하라. (단, 베어링의 수명시간은 30000시간이고 하중계수 1.5, C 는 기본동적 부하용량, C_0 는 기본정적 부하용량 이다.)

형식		단열 레이디얼 볼베어링			
형식번호		6200		6300	
번호	안지름(mm)	C(N)	C_0(N)	C(N)	C_0(N)
06	30	15,300	10,000	21,800	14,500
07	35	20,000	13,800	25,900	17,250
08	40	22,700	15,650	32,000	21,800
09	45	25,400	18,150	41,500	29,700

풀이 < 기어 >

(1) 회전속도 $v = \dfrac{\pi D N}{60 \times 1000} = \dfrac{\pi m Z_1 N}{60 \times 1000} = \dfrac{\pi \times 3 \times 18 \times 1760}{60 \times 1000} = 4.98 \, m/s$

전달동력 $H = Fv$

회전력 ⇨ $F = \dfrac{H}{v} = \dfrac{5 \times 10^3}{4.98} = 1004.02 \, N$

(2) $F_n = \dfrac{F}{\cos \alpha} = \dfrac{1004.02}{\cos 20°} = 1068.46 \, N$

베어링 하중 ⇨ $P_r = \dfrac{F_n}{2} = \dfrac{1068.46}{2} = 534.23 \, N$

수명시간 $L_h = 500 \times \dfrac{33.3}{N_2} \times \left(\dfrac{C}{f_w P_r} \right)^r$

⇨ $30000 = 500 \times \dfrac{33.3}{1760/3} \times \left(\dfrac{C}{1.5 \times 534.23} \right)^3$

⇨ $C = 8163.05 \, N$

∴ 표에서 **No 6206**을 선정한다.

08. 압력각 20°, 비틀림 각 30°인 헬리컬기어의 피니언 잇수와 회전수가 $60, 900\,rpm$ 이고, 치직각 모듈이 3.0, 허용굽힘응력이 $250\,MPa$, 나비가 $45\,mm$일 때 다음을 구하라. (단, π를 포함하고 있는 수정치형 계수는 0.44이고 속도비는 $1/2$이다.)
   (1) 원주속도 $v\,[m/\sec]$
   (2) 기어와 피니언의 상당잇수 [개]
   (3) 최대 전달동력 $[kW]$

풀이 < 기어 >

(1) 비틀림 각 β, 축직각모듈 m_s, 치직각모듈 $m_n = m_s \cos\beta = 3.0$

$$\text{원주속도}\quad v = \frac{\pi D_{s_1} N_1}{60 \times 1000} = \frac{\pi m_s Z_1 N_1}{60 \times 1000} = \frac{\pi \dfrac{m_n}{\cos\beta} Z_1 N_1}{60 \times 1000}$$

$$= \frac{\pi \times \dfrac{3}{\cos 30°} \times 60 \times 900}{60 \times 1000} = 9.8\,m/s$$

(2) 속도비 $i = \dfrac{N_2}{N_1} = \dfrac{Z_1}{Z_2} \Rightarrow Z_2 = \dfrac{Z_1}{i} = 60 \times 2 = 120$

피니언 상당잇수 $Z_e = \dfrac{Z_1}{\cos^3\beta} = \dfrac{60}{\cos^3 30°} = 92.38 \fallingdotseq 93$개

기어 상당잇수 $Z_e = \dfrac{Z_2}{\cos^3\beta} = \dfrac{120}{\cos^3 30°} = 184.75 \fallingdotseq 185$개

(3) 굽힘응력 $\sigma_b = 250\,MPa = 250 \times 10^6\,N/m^2 = 250\,N/mm^2$

속도계수 $f_v = \dfrac{3.05}{3.05 + v} = \dfrac{3.05}{3.05 + 9.8} = 0.2374$

$$F = \sigma_b b p_n y = f_v f_w \sigma_b b \pi m_n y = f_v f_w \sigma_b b m_n Y_c$$
$$= 0.2374 \times 1 \times 250 \times 45 \times 3.0 \times 0.44 = 3525.4\,N$$

최대 전달동력 $H_{kW} = Fv = 3525.4 \times 9.8 \times 10^{-3} = 34.55\,kW$

09. 회전수 $1800\,rpm$의 모터에 의하여 $250\,rpm$의 공작기계를 3가닥의 V 벨트로 운전하고자 한다. 축간거리가 $1.2\,m$, 모터 측 풀리의 지름이 $150\,mm$일 때 다음을 구하라. (단, 이 벨트의 허용장력은 $490\,N$이고, 홈의 각은 $40°$이며 벨트 $1\,m$당 하중은 $2.74\,N/m$, 마찰계수는 0.3, 부하수정계수 0.75, 접촉각 수정계수 1이다.)

(1) 모터 측 풀리의 접촉각 $\theta\,[\deg]$
(2) 벨트길이 $L\,[m]$
(3) 최대 전달동력 $H\,[kW]$

풀이 < 풀리 >

(1) $i = \dfrac{N_2}{N_1} = \dfrac{D_1}{D_2} \Rightarrow D_2 = D_1 \times \dfrac{N_1}{N_2} = 150 \times \dfrac{1800}{250} = 1080\,mm$

접촉각 $\theta = 180° - 2\phi = 180° - 2\sin^{-1}\left(\dfrac{D_2 - D_1}{2C}\right)$

$= 180° - 2\sin^{-1}\left(\dfrac{1080 - 150}{2 \times 1200}\right) = 134.4°$

(2) $L = 2C + \dfrac{\pi(D_2 + D_1)}{2} + \dfrac{(D_2 - D_1)^2}{4C}$

$= 2 \times 1200 + \dfrac{\pi(1080 + 150)}{2} + \dfrac{(1080 - 150)^2}{4 \times 1200} = 4512.27\,mm$

(3) $v = \dfrac{\pi D_1 N_1}{60 \times 1000} = \dfrac{\pi \times 150 \times 1800}{60 \times 1000} = 14.14\,m/s$

⇧ **10 m/s 이상이므로 부가장력 고려**

부가장력 $T_c = ma = \dfrac{wv^2}{g} = \dfrac{2.74 \times 14.14^2}{9.8} = 55.9\,N$

상당마찰계수 $\mu' = \dfrac{\mu}{\sin\dfrac{\alpha}{2} + \mu\cos\dfrac{\alpha}{2}} = \dfrac{0.3}{\sin 20° + 0.3\cos 20°} = 0.481$

장력비 $e^{\mu'\theta} = e^{0.481 \times 134.4° \times \frac{\pi}{180°}} = 3.09$ ⇐ **긴장측 접촉각 적용**

전달동력 $H_0 = T_e v = (T_t - T_c)\left(\dfrac{e^{\mu'\theta} - 1}{e^{\mu'\theta}}\right)v$

$= (490 - 55.9) \times \left(\dfrac{3.09 - 1}{3.09}\right) \times 14.14$

$= 4151.7\,W \fallingdotseq 4.15\,kW$

최대 전달동력
$H = k_1 k_2 Z H_0 = 0.75 \times 1 \times 3 \times 4.15 = 9.34\,kW$

10. 롤러체인 전동장치에서 작용하는 1열 롤러체인($No\,6$ 피치 $19.05\,mm$)의 파단하중이 $7.85\,kN$이고 약간의 충격이 있음에 따라 부하보정계수를 1.3으로 적용한다. 이 체인 전동장치의 구동 스프로킷(잇수 35) 휠의 회전수가 $400\,rpm$이다. 다음을 구하라.
(단, 허용 안전율은 4 이다.)
 (1) 평균 원주속도 $v\,[m/s]$
 (2) 전달동력이 $7.2\,kW$일 때, 롤러체인의 안전율 만족여부를 판단하라.

풀이 < 체인 >

 (1) $v = \dfrac{p\,Z_1 N_1}{60 \times 1000} = \dfrac{19.05 \times 35 \times 400}{60 \times 1000} = 4.445\,m/s$

 (2) $H = \dfrac{F_B}{SK}v \;\Rightarrow\; S = \dfrac{F_B}{HK}v = \dfrac{7.85}{7.2 \times 1.3} \times 4.445 = 3.728 \;<\; 4$

  ∴ 안전하다.

11. 드럼축에 $100\,rpm$, $8.21\,kW$의 전달동력이 작용하고 있는 그림과 같은 차동식 밴드 브레이크 장치가 있다. 마찰계수 0.3, 밴드접촉각 $240°$, 장력비 $e^{\mu\theta}=3.5$ 일 때 다음을 구하라.
  (1) 제동력 $Q\,[N]$
  (2) 조작력 $F\,[N]$

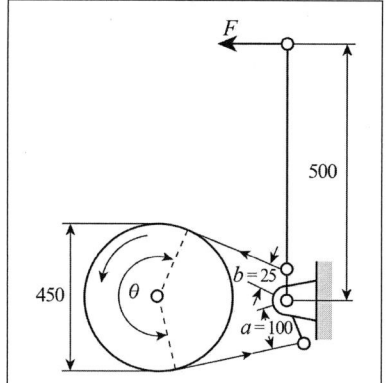

풀이 < 브레이크 >

(1) $H = T\omega$

$$\Rightarrow T = \frac{H}{\omega} = \frac{8.21 \times 10^3}{\left(\dfrac{2\pi \times 100}{60}\right)} = 784\,N \cdot m$$

$$T = T_e \times \frac{D}{2}$$

$\Rightarrow$ 유효장력 $T_e = \dfrac{2T}{D} = \dfrac{2 \times 784}{0.45} = 3484.44\,N$

제동력은 유효장력과 같으므로 $Q = T_e = 3484.44\,N$

(2) 긴장측 장력 $T_t = T_e \dfrac{e^{\mu\theta}}{e^{\mu\theta}-1} = 3484.44 \times \dfrac{3.5}{3.5-1} = 4878.22\,N$

이완측 장력 $T_s = T_e \dfrac{1}{e^{\mu\theta}-1} = 3484.44 \times \dfrac{1}{3.5-1} = 1393.78\,N$

$\sum M_o = 0$

$\Rightarrow T_s \times 100 = F \times 500 + T_t \times 25$

$\Rightarrow F = \dfrac{T_s \times 100 - T_t \times 25}{500} = \dfrac{1393.78 \times 100 - 4878.22 \times 25}{500} = 34.85\,N$

12. 코일스프링에서 최대하중 $450\,N$ 작용시 $8\,mm$ 길이가 줄어들었다. 코일스프링의 평균직경을 D, 소선의 직경을 d라 할 때 $D=7d$의 관계를 만족한다. 스프링 소선의 허용전단응력은 $175\,MPa$, 가로탄성계수는 $82\,GPa$, 왈의 응력수정계수는 $K = \dfrac{4C-1}{4C-4} + \dfrac{0.615}{C}$ 일 때 다음을 구하라.

  (1) 소선의 최소지름 $d\,[mm]$
  (2) 코일스프링의 유효권수 $n\,[권]$

풀이 < 스프링 >

(1) 스프링지수 $C = \dfrac{D}{d} \;\Rightarrow\; D = 7d$

$$K = \frac{4C-1}{4C-4} + \frac{0.615}{C} = \frac{4\times 7 - 1}{4\times 7 - 4} + \frac{0.615}{7} = 1.21$$

비틀림모멘트 $T = \tau_a Z_p = P\dfrac{D}{2}$

$$\Rightarrow \tau_a = K\frac{PD}{2Z_p} = K\frac{PD}{2\times \dfrac{\pi d^3}{16}} = K\frac{8P\times 7d}{\pi d^3} = K\frac{8P\times 7}{\pi d^2}$$

소선의 최소지름 $\Rightarrow d = \sqrt[2]{K\dfrac{56P}{\pi \tau_a}} = \sqrt[2]{1.21 \times \dfrac{56\times 450}{\pi \times 175}} = 7.45\,mm$

(2) 처짐 $\delta = \dfrac{8nD^3 W}{Gd^4} = \dfrac{8n(7d)^3 W}{Gd^4}$

유효권수

$$\Rightarrow n = \frac{Gd^4 \delta}{8(7d)^3 W} = \frac{Gd\,\delta}{8(7)^3 W} = \frac{82\times 10^3 \times 7.45 \times 8}{8\times 343 \times 450} = 3.958 \fallingdotseq 4\,권$$

일반기계기사 2023년 4회

01. $60\,kN$의 중량물을 들어올릴 수 있는 나사잭이 있다. 이 나사잭의 레버에 $300\,N$의 힘을 가할 때 다음을 구하라. (단, 나사부 마찰계수는 0.1, 유효지름은 $63.5\,mm$, 피치 $3.17\,mm$인 사각나사이다.)
   (1) 나사잭의 나사부에 걸리는 비틀림모멘트 $T\,[N\cdot m]$
   (2) 레버의 유효길이 $l\,[mm]$

풀이 < 나사 >

   (1) 나사부 비틀림모멘트

$$T = W\left(\frac{p + \mu\pi d_e}{\pi d_e - \mu p}\right) \cdot \frac{d_e}{2} = 60\times 10^3 \times \left(\frac{3.17 + 0.1\times\pi\times 63.5}{\pi\times 63.5 - 0.1\times 3.17}\right) \times \frac{63.5}{2}$$

$$= 221122.64\,N\cdot mm \fallingdotseq 221.12\,N\cdot m$$

   (2) $T = Fl \;\Rightarrow\; l = \dfrac{T}{F} = \dfrac{221122.64}{300} = 737.08\,mm$

02. $400\,rpm$으로 $5\,kW$를 전달하는 풀리를 축에 부착하고자 한다. 축의 직경은 $32\,mm$이고 묻힘키의 높이가 $8\,mm$일 때 다음을 구하라. (단, 키의 길이는 축 직경의 1.5배이고 폭은 높이와 같다.)
   (1) 키의 전단강도 $\tau_k\,[MPa]$
   (2) 키의 압축강도 $\sigma_k\,[MPa]$

풀이 < 키 >

   (1) $H = T\omega \;\Rightarrow\; T = \dfrac{H}{\omega} = \dfrac{5}{\left(\dfrac{2\pi\times 400}{60}\right)}\times 10^3 = 119.37\,N\cdot mm$

$$\tau_k = \frac{2T}{bld} = \frac{2T}{b(1.5d)d} = \frac{2\times 119.37\times 10^3}{8\times(1.5\times 32)\times 32} = 19.43\,MPa$$

   (2) $\sigma_k = \dfrac{4T}{hld} = \dfrac{4T}{h(1.5d)d} = \dfrac{4\times 119.37\times 10^3}{8\times(1.5\times 32)\times 32} = 38.86\,MPa$

03. 그림과 같은 3축 필렛용접 구조물이 있다. 판의 한쪽에 하중 $P = 12\ kN$이 가해질 때 $a = 150\ mm,\ b = 110\ mm,\ c = 130\ mm$이고 왼쪽 용접선으로부터 용접선 중심의 위치 $\overline{x} = \dfrac{b^2}{(2b+c)}$, 필렛 용접선 전체에 대한 단위 극관성모멘트는

$I_o = \dfrac{(2b+c)^3}{12} - \dfrac{b^2(b+c)^2}{2b+c}$ 이다.

다음을 구하라. (단, 필렛 용접부의 목 길이는 $t = 10\ mm$ 이다.)
 (1) 직접 전단응력 $\tau_1\ [MPa]$
 (2) 비틀림 최대전단응력 $\tau_2\ [MPa]$
 (3) 합성전단응력 $\tau\ [MPa]$

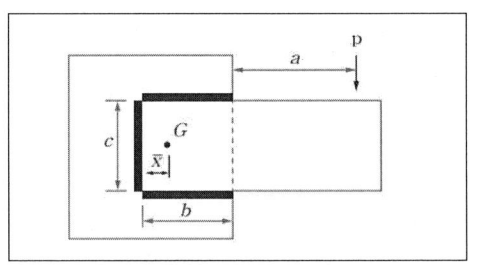

풀이 < 용접 >

P에 의한 전단응력은 작용하중과 굽힘모멘트를 필렛부의 중심으로 이전시켜 렌치를 구성하는 직접전단(τ_1)과 굽힘모멘트에 의한 비틀림전단(τ_2)으로 구분하여 적용.

(1) 직접 전단응력 (τ_1)

$$\tau_1 = \dfrac{P}{A} = \dfrac{P}{(2b+c)t} = \dfrac{12 \times 10^3}{(2 \times 110 + 130) \times 10} = 3.43\ MPa$$

(2) 회전모멘트 M에 의한 비틀림전단응력 (τ_2)

회전중심의 x좌표 $\overline{x} = \dfrac{b^2}{(2b+c)} = \dfrac{110^2}{(2 \times 110 + 130)} = 34.57\ mm$

필렛 용접선 전체에 대한 단위 극관성모멘트

$$I_o = \dfrac{(2b+c)^3}{12} - \dfrac{b^2(b+c)^2}{2b+c} = \dfrac{(2 \times 110 + 130)^3}{12} - \dfrac{110^2 \times (110+130)^2}{2 \times 110 + 130}$$
$$= 1{,}581{,}602.38\ mm^3$$

회전중심에 대한 비틀림모멘트
$$T = P(a + b - \overline{x}) = 12 \times 10^3 \times (150 + 110 - 34.57) = 2{,}705{,}160\ N \cdot mm$$

$$r = \sqrt{(110 - \overline{x})^2 + (c/2)^2} = \sqrt{(110 - 34.57)^2 + (130/2)^2} = 99.57\ mm$$

$$\therefore\ \tau_2 = \dfrac{Tr}{tI_o} = \dfrac{2{,}705{,}160 \times 99.57}{10 \times 1{,}581{,}602.38} = 17.03\ MPa$$

(3) 합성전단응력 $\tau\ [MPa]$

비틀림 각은 $\cos\theta = \dfrac{b - \overline{x}}{r} = \dfrac{110 - 34.57}{99.57} = 0.76$ 이므로

$$\therefore\ \tau = \sqrt{\tau_1^2 + \tau_2^2 + 2\tau_1\tau_2\cos\theta}$$
$$= \sqrt{3.43^2 + 17.03^2 + 2 \times 3.43 \times 17.03 \times 0.76} = 19.76\ MPa$$

04. 축지름 $40\,mm$, 길이 $900\,mm$, 축에 매달린 디스크의 무게 $196\,N$, 축을 지지하는 스프링의 스프링 상수 $k = 70 \times 10^6\,N/m$ 이다. 다음을 구하라. (단, 축의 세로탄성계수는 $206\,GPa$ 이다.)

(1) 축의 처짐 $\delta\,[\,\mu m\,]$ 를 구하라. 디스크의 처짐을 구하는 공식 $\delta_d = \dfrac{Wa^2b^2}{3EI(a+b)}$

(2) 축의 자중을 무시할 때 구한 처짐에 의한 위험속도 $N_{cr}\,[\,rpm\,]$

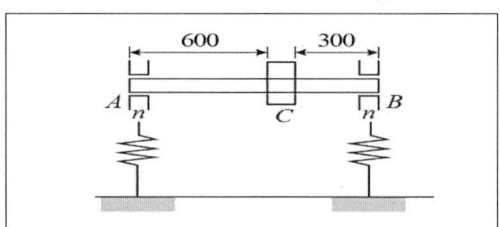

풀이 < 축 >

(1) 스프링의 기본처짐량

$$\delta_A = \frac{R_A}{k} = \frac{1}{k} \times \frac{Wb}{l} = \frac{1}{70 \times 10^6} \times \frac{196 \times 0.3}{0.9} = 0.933 \times 10^{-6}\,m$$

$$\delta_B = \frac{R_B}{k} = \frac{1}{k} \times \frac{Wa}{l} = \frac{1}{70 \times 10^6} \times \frac{196 \times 0.6}{0.9} = 1.87 \times 10^{-6}\,m$$

디스크 위치(C 점)에서 스프링의 기본처짐량 ⇐ 비례변형 적용

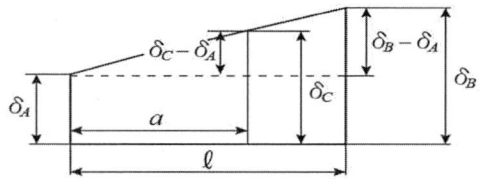

$$a : (\delta_C - \delta_A) = l : (\delta_B - \delta_A)$$

$$\Rightarrow \delta_C = \delta_A + \frac{a(\delta_B - \delta_A)}{l} = (0.933 \times 10^{-6}) + \frac{0.6 \times (1.87 - 0.933) \times 10^{-6}}{0.9}$$

$$= 1.56 \times 10^{-6}\,m$$

디스크 위치(C 점)에서 디스크 무게에 의한 스프링의 처짐량

$$\delta_d = \frac{Wa^2b^2}{3EI(a+b)} = \frac{196 \times 0.6^2 \times 0.3^2}{3 \times 206 \times 10^9 \times \dfrac{\pi \times 0.04^4}{64} \times (0.6 + 0.3)}$$

$$= 90.67 \times 10^{-6}\,m$$

∴ 디스크 위치(C 점)에서의 전체 처짐량

$$\delta = \delta_C + \delta_d = 1.56 \times 10^{-6} + 90.67 \times 10^{-6} = 92.23 \times 10^{-6}\,m = 92.23\,\mu m$$

(2) 축의 위험속도 $N_c = \dfrac{30}{\pi}\sqrt{\dfrac{g}{\delta}} = \dfrac{30}{\pi}\sqrt{\dfrac{9.8}{92.23 \times 10^{-6}}} = 3112.8\,rpm$

05. 150 rpm으로 49 kN의 베어링 하중을 지지하는 엔드저널 베어링이 있다. 허용압력 속도계수가 $1.96\ MPa \cdot m/s$이고 베어링 허용압력은 $5.88\ MPa$, 저널의 허용굽힘응력이 $58.8\ MPa$일 때 다음을 구하라.
  (1) 저널의 길이 $l\ [mm]$
  (2) 저널의 지름 $d\ [mm]$
  (3) 베어링의 압력을 구하고 안전성을 판단하라.

풀이 < 저널 >

(1) 압력속도계수 $pv = \dfrac{\pi W N}{60 \times 1000 \times l} \;\Rightarrow\; l = \dfrac{\pi W N}{60 \times 1000 \times pv}$

$$= \dfrac{\pi \times 49 \times 10^3 \times 150}{60 \times 1000 \times 1.96} = 196.35\ mm$$

(2) $\sigma_{b_a} = \dfrac{M}{Z} = \dfrac{W\dfrac{l}{2}}{Z} = \dfrac{16\,W\,l}{\pi d^3}$

$\Rightarrow d = \sqrt[3]{\dfrac{16\,W\,l}{\pi\,\sigma_{b_a}}} = \sqrt[3]{\dfrac{16 \times 49 \times 10^3 \times 196.35}{\pi \times 58.8}} = 94.1\ mm$

(3) $p = \dfrac{W}{d\,l} = \dfrac{49 \times 10^3}{94.1 \times 196.35} = 2.65\ N/mm^2 = 2.65\ MPa\ <\ 5.88\ MPa$

  ∴ 안전하다.

06. 지름 $120\,mm$, 허용전단응력이 $20.58\,MPa$인 축에 플랜지 커플링이 $300\,rpm$으로 회전하고 있다. 다음을 구하라. (단, 볼트지름 $25.4\,mm$, 6개를 사용하며 볼트 중심의 피치원 지름은 $315\,mm$, 플랜지 허브 바깥지름이 $230\,mm$, 플랜지 뿌리부의 두께가 $40\,mm$이다.)

  (1) 플랜지에 사용한 볼트의 전단응력 $\tau_B\,[MPa]$
  (2) 플랜지의 전단응력 $\tau_f\,[MPa]$

풀이 < 커플링 >

(1) 축의 토크 $T = \tau_a Z_P = \tau_a \times \dfrac{\pi d^3}{16} = 20.58 \times \dfrac{\pi \times 120^3}{16} = 6{,}982{,}629.5\,N\cdot mm$

볼트에 걸리는 토크=볼트 전단응력×볼트 단면적×볼트 수×볼트 중심부 피치원 지름$/2$

$$\Rightarrow T = \tau_B A_B Z \dfrac{D_B}{2} = \tau_B \times \dfrac{\pi d^2}{4} Z \times \dfrac{D_B}{2}$$

$$\Rightarrow 6{,}982{,}629.5\,N\cdot mm = \tau_B \times \dfrac{\pi \times 25.4^2}{4} \times 6 \times \dfrac{315}{2}$$

$$\therefore \tau_B = 14.58\,N/mm^2 = 14.58\,MPa$$

(2) 플랜지에 걸리는 토크=플랜지 전단응력×(플랜지 허브 원호길이×플랜지 뿌리부의 두께)
                                                        ×플랜지 허브 바깥지름$/2$

$$\Rightarrow T = \tau_f A_f \dfrac{D_f}{2} = \tau_B \times \pi D_f t \times \dfrac{D_f}{2}$$

$$\Rightarrow 6{,}982{,}629.5\,N\cdot mm = \tau_f \times \pi \times 230 \times 40 \times \dfrac{230}{2}$$

$$\therefore \tau_f = 2.1\,N/mm^2 = 2.1\,MPa$$

07. 매분 600회전하는 외접 원통마찰차가 있다. 이 마찰차의 지름이 $450\,mm$일 때 전달 가능한 동력은 몇 kW인가? (단, 접촉폭이 $141\,mm$, 접촉부 마찰계수는 0.25, 단위 길이당 허용선압력은 $14.7\,N/mm$이다.)

풀이 < 마찰차 >

$$H = \mu P v = \mu q b v = 0.25 \times 14.7 \times 141 \times \dfrac{\pi \times 450 \times 600}{60 \times 1000} \times 10^{-3} \fallingdotseq 7.326\,kW$$

08. 다음과 같은 한 쌍의 외접 스퍼기어가 있다. 다음을 구하라. (단, 하중계수 $f_w = 1.0$)

항목 치차	모듈 m	압력각 α[°]	잇수 Z	회전수 [rpm]	허용굽힘응력 σ_a[MPa]	치형계수 Y(=πy)	허용접촉면 응력계수 k[MPa]	치폭 b(mm)
피니언	4	20	25	600	294	0.363	0.78	40
기어			60	250	127.4	0.433		

(1) 굽힘강도를 고려한 최대 전달력 $F_b\,[N]$
(2) 면압강도를 고려한 전달력 $F_p\,[N]$
(3) 안전상 최대 전달동력 $H\,[kW]$

풀이 < 기어 >

(1) 회전속도 $v = \dfrac{\pi D_1 N_1}{60 \times 1000} = \dfrac{\pi m Z_1 N_1}{60 \times 1000} = \dfrac{\pi \times 4 \times 25 \times 600}{60 \times 1000} = 3.14\,m/s$

속도계수 $f_v = \dfrac{3.05}{3.05+v} = \dfrac{3.05}{3.05+3.14} = 0.493$

치형계수 $Y = \pi y = 0.363$

하중계수 $f_w = 1.0$

$$F_1 = \sigma_b b p y = f_v f_w \sigma_{b_1} b \pi m y$$
$$= 0.493 \times 1.0 \times 294 \times 40 \times 4 \times 0.363 = 8418.23\,N$$

$$F_2 = \sigma_b b p y = f_v f_w \sigma_{b_2} b \pi m y$$
$$= 0.493 \times 1.0 \times 127.4 \times 40 \times 4 \times 0.433 = 4351.35\,N$$

$$\therefore F_b = 4351.35\,N$$

(2) $F_p = f_v k b m \left(\dfrac{2 Z_1 Z_2}{Z_1 + Z_2}\right)$

$$= 0.493 \times 0.78 \times 40 \times 4 \times \left(\dfrac{2 \times 25 \times 60}{25+60}\right) = 2171.52\,N$$

(3) $H = F_p v = 2171.52 \times 3.14 \times 10^{-3} = 6.82\,kW$

09. 750 rpm의 원동축으로부터 3 m/s의 속도로 축간거리 800 mm, 250 rpm인 종동축에 전달하고자 하는 롤러체인 전동장치가 있다. 이 롤러체인의 원동축과 종동축의 스프로킷 휠의 잇수 Z_1과 Z_2는 각각 몇 개인가? (단, 이 롤러체인의 호칭번호는 60번으로 피치가 19.05 mm 이다.)

풀이 < 체인 >

$$v = \frac{\pi D_1 N_1}{60 \times 1000} = \frac{p Z_1 N_1}{60 \times 1000}$$

$$\Rightarrow Z_1 = \frac{60 \times 1000 \, v}{p N_1} = \frac{60 \times 1000 \times 3}{19.05 \times 750} = 12.6 ≒ 13 \text{ 개}$$

속도비 $i = \dfrac{N_2}{N_1} = \dfrac{Z_1}{Z_2} \Rightarrow Z_2 = \dfrac{N_1}{N_2} Z_1 = \dfrac{750}{250} \times 13 = 39 \text{ 개}$

10. 그림과 같은 내확브레이크에서 $500\,rpm$, $9.2\,kW$의 동력을 제동하려고 한다. 다음을 구하라. (단, 브레이크슈와 드럼 접촉부 간의 마찰계수는 0.25이고, 실린더 직경은 $18\,mm$이다.)

    (1) 제동력 $Q\,[N]$
    (2) 유압실린더 내부에서 브레이크슈를
         밀어내는 힘 $F\,[N]$
    (3) 유압실린더 내부에 걸리는 압력 $q\,[MPa]$

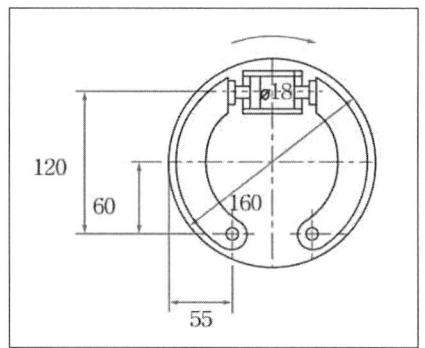

풀이 < 브레이크 >

    (1) $H = T\omega$

$$\Rightarrow T = \frac{H}{\omega} = \frac{9.2 \times 10^3}{\left(\frac{2\pi \times 500}{60}\right)} = 175.7\,N\cdot m$$

제동력 $Q = F_f,\ T = Q \times \dfrac{D}{2}$

$$\Rightarrow Q = \frac{2T}{D} = \frac{2 \times 175.7 \times 10^3}{160} = 2196.25\,N$$

    (2) $Q = f_1 + f_2 = \mu N_1 + \mu N_2 = \mu(N_1 + N_2)$

$$\Rightarrow N_1 + N_2 = \frac{Q}{\mu} = \frac{2196.25}{0.25} = 8785\,N \quad \cdots\cdots\cdots\;\text{❶}$$

자유물체도(FBD)로부터

$\sum M_{o_1} = 0 \Rightarrow N_1 \times 60 = \mu N_1 \times 55 + F \times 120$

$$\Rightarrow N_1 = \frac{F \times 120}{(60 - \mu \times 55)} = \frac{F \times 120}{(60 - 0.25 \times 55)} = 2.60F \quad \cdots\cdots\;\text{❷}$$

$\sum M_{o_2} = 0 \Rightarrow F \times 120 = \mu N_2 \times 56 + N_2 \times 60$

$$\Rightarrow N_2 = \frac{F \times 120}{(60 + \mu \times 55)} = \frac{F \times 120}{(60 + 0.25 \times 55)} = 1.63F \quad \cdots\cdots\;\text{❸}$$

❷와 ❸식을 ❶식에 대입하면

    $2.60F + 1.63F = 8785 \Rightarrow F = 2076.8\,N$

    (3) $q = \dfrac{F}{A} = \dfrac{2076.8}{\dfrac{\pi}{4} \times 18^2} \fallingdotseq 8.16\,MPa$

11. 스팬의 길이가 $1500\,mm$, 하중 $14.7\,kN$, 밴드 나비 $100\,mm$, 판의 폭이 $100\,mm$, 두께 $12\,mm$이고, 이 겹판스프링의 처짐은 $93\,mm$, 허용굽힘응력은 $450\,MPa$일 때 겹판스프링의 판 수는 몇 장을 사용해야 하는가? (단, 겹판스프링의 종탄성계수는 $206\,GPa$, 스프링의 유효길이는 $l_e = l - 0.6e$ 이다.)

풀이 < 스프링 >

$l_e = l - 0.6e \ \Rightarrow \ l_e = 1500 - 0.6 \times 100 = 1440\,mm$

$\delta = \dfrac{3Pl_e^3}{8nbh^3E}$

$\Rightarrow n = \dfrac{3Pl_e^3}{8bh^3E\delta} = \dfrac{3 \times 14.7 \times 10^3 \times 1440^3}{8 \times 100 \times 12^3 \times 206 \times 10^3 \times 93} = 4.972$ (처짐기준)

$\sigma_{\max} = \dfrac{M_{\max}}{Z} = \dfrac{\dfrac{P}{2}\dfrac{l_e}{2}}{n\dfrac{bh^2}{6}} = \dfrac{3}{2}\dfrac{Pl_e}{nbh^2}$

$\Rightarrow n = \dfrac{3}{2}\dfrac{Pl_e}{bh^2\sigma_{\max}} = \dfrac{3}{2} \times \dfrac{14.7 \times 10^3 \times 1440}{100 \times 12^2 \times 450} = 4.9$ (굽힘기준)

∴ 겹판스프링의 판 수는 **5장**을 사용한다.

12. $8\,kW$, $1500\,rpm$의 4사이클 디젤기관에서 각속도변동율이 $1/80$이고 에너지 변동계수가 1.5일 때 다음을 구하라. (단, 내외경비 $x = D_1/D_2 = 0.6$, 비중량 $\gamma = 76.83\,kN/m^3$, 림 두께는 $50\,mm$이다.)

(1) 1사이클당 발생하는 평균에너지 $E\,[N \cdot m]$
(2) 질량 관성모멘트 $J\,[N \cdot m \cdot s^2]$
(3) 플라이 휠의 바깥지름 $D_2\,[mm]$

풀이 < 플라이 휠 >

(1) 동력 $H = T\omega \Rightarrow T = \dfrac{H}{\omega} = \dfrac{8 \times 10^3}{\left(\dfrac{2\pi \times 1500}{60}\right)} = 50.93\,N \cdot m$

$\therefore E = 4\pi T = 4 \times \pi \times 50.93 = 640.0\,N \cdot m$

(2) 에너지 변화량 $\triangle E = qE = J\omega^2 \delta$

질량 관성모멘트는 $\Rightarrow J = \dfrac{qE}{\omega^2 \delta} = \dfrac{1.5 \times 640}{\left(\dfrac{2\pi \times 1500}{60}\right)^2 \times \dfrac{1}{80}}$

$= 3.11\,N \cdot m \cdot s^2$

(3) $J = \dfrac{\gamma b \pi (D_2^4 - D_1^4)}{32g} = \dfrac{\gamma b \pi D_2^4 (1-x^4)}{32g}$

$\Rightarrow D_2 = \sqrt[4]{\dfrac{32gJ}{\gamma b \pi (1-x^4)}} = \sqrt[4]{\dfrac{32 \times 9.8 \times 3.11}{76.83 \times 10^3 \times 0.05 \times \pi (1-0.6^4)}}$

$= 552\,mm$

일반기계기사 2022년 1회

01. 안지름 $500\,mm$, 내압 $980\,kPa$의 압력용기가 16개의 볼트로 체결되어 있다. 볼트 재료의 허용인장응력은 $47.04\,MPa$이고 볼트의 강성계수가 $8.4\times10^9\,N/m$, 가스켓의 강성계수는 $9.6\times10^9\,N/m$일 때 다음을 구하라. (단, 볼트에 가해지는 최대하중은 내압에 의해 볼트 1개에 가해지는 하중의 $2/3$배로 한다.)
  (1) 볼트의 골지름 $d_1\,[mm]$
  (2) 볼트에 작용하는 초기하중 $Q_1\,[N]$

풀이 < 나사 (볼트) >

(1) 압력용기 체결력 $\quad Q = pA = p\times\dfrac{\pi D^2}{4} = 980\times\dfrac{\pi\times 500^2}{4}\times 10^{-6} = 192.42\,kN$

볼트 1개당 최대하중 (인장) $\quad P_{\max} = \dfrac{2}{3}\dfrac{Q}{n} = \dfrac{2}{3}\times\dfrac{192.42\times 10^3}{16} = 8017.5\,N$

인장응력 $\quad \sigma_t = \dfrac{P_{\max}}{A} = \dfrac{P_{\max}\times 4}{\pi d_1^2}$

$\therefore$ 골지름 $d_1 = \sqrt{\dfrac{4P_{\max}}{\pi\sigma_t}} = \sqrt{\dfrac{4\times 8017.5}{\pi\times 47.04}} = 14.73\,mm$

(2) 압력용기 체결력 중 볼트 1개에 작용하는 하중

$Q_b = \dfrac{Q}{n}\dfrac{k_b}{k_b+k_g} = \dfrac{192.42\times 10^3}{16}\times\dfrac{8.4\times 10^9}{(8.4+9.6)\times 10^9} = 5612.25\,N$

$P_{\max} = Q_i + Q_b$

$\therefore$ 초기하중 $Q_i = P_{\max} - Q_b = 8017.5 - 5612.25 = 2405.25\,N$

02. 지름이 $50\,mm$의 전동축으로 $400\,rpm$, $7.35\,kW$를 전달할 때 묻힘키 $b \times h = 12\,mm \times 10\,mm$를 사용한다. 묻힘키의 허용전단응력 $\tau_a = 8\,MPa$, 허용압축응력 $\sigma_{c_a} = 20\,MPa$이다. 다음을 구하라. (단, 키의 묻힘깊이는 $h/2$이다.)
    (1) 축 토크 $T\,[J]$
    (2) 묻힘키의 길이 $L\,[mm]$

풀이 < 키 >

(1) $H = T\omega \ \Rightarrow \ T = \dfrac{H}{\omega} = \dfrac{7.35 \times 10^3}{\left(\dfrac{2\pi \times 400}{60}\right)} = 175.47\,N\cdot m = 175.47\,J$

(2) $T = \tau_k A \times \dfrac{d}{2} = \tau_k b L_1 \times \dfrac{d}{2} \ \Rightarrow \ L_1 = \dfrac{2T}{\tau_a b d} = \dfrac{2 \times 175.47}{8 \times 12 \times 50} \times 10^3 = 73.11\,mm$

$T = \sigma_{c_a} A_c \times \dfrac{d}{2} = \sigma_{c_a} \dfrac{h}{2} L_2 \times \dfrac{d}{2} \ \Rightarrow \ \sigma_{c_a} = \dfrac{4T}{h L_2 d}$

$L_2 = \dfrac{4T}{\sigma_{c_a} h d} = \dfrac{4 \times 175.47}{20 \times 10 \times 50} \times 10^3 = 70.19\,mm$

∴ 2 계산값 중에서 안전을 고려한 길이는 $L = 73.11\,mm$ 이다.

03. $300\,rpm$으로 $8\,kW$를 전달하는 스플라인 축이 있다. 이 측면의 허용면압을 $35\,MPa$로 하고 잇수는 6개, 이 높이는 $2\,mm$, 모따기는 $0.15\,mm$이다. 아래의 표를 적용하여 다음을 구하라. (단, 접촉효율 75%, 보스의 길이는 $58\,mm$이다.)

(1) 전달토크 $T\,[\,J\,]$
(2) 스플라인의 규격 (호칭지름) $d\,[\,mm\,]$

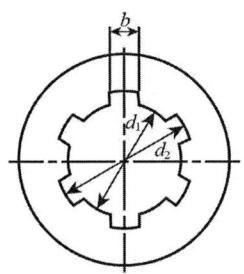

각형 스플라인의 기본치수

스플라인의 규격

(단위 : mm)

형식 잇수 호칭지름 d	1형						2형					
	6		8		10		6		8		10	
	큰지름 d_2	나비 b	큰지름 d_2	나비 b	큰지름 d_2	나비 b	큰지름 d_2	나비 b	큰지름 d_2	나비 b	큰지름 d_2	나비 b
11	-	-	-	-	-	-	14	3	-	-	-	-
13	-	-	-	-	-	-	16	3.5	-	-	-	-
16	-	-	-	-	-	-	20	4	-	-	-	-
18	-	-	-	-	-	-	22	5	-	-	-	-
21	-	-	-	-	-	-	25	5	-	-	-	-
23	26	6	-	-	-	-	28	6	-	-	-	-
26	30	6	-	-	-	-	32	6	-	-	-	-
28	32	7	-	-	-	-	34	7	-	-	-	-
32	36	8	36	6	-	-	38	8	38	6	-	-
36	40	8	40	7	-	-	42	8	42	7	-	-
42	46	10	46	8	-	-	48	10	48	8	-	-
46	50	12	50	9	-	-	54	12	54	9	-	-
52	58	14	58	10	-	-	60	14	60	10	-	-
56	62	14	62	10	-	-	65	14	65	10	-	-
62	68	16	68	12	-	-	72	16	72	12	-	-
72	78	18	-	-	78	12	82	18	-	-	82	12
82	88	20	-	-	88	12	92	20	-	-	92	12
92	98	22	-	-	98	14	102	22	-	-	102	14
102	-	-	-	-	108	16	-	-	-	-	112	16
112	-	-	-	-	120	18	-	-	-	-	125	18

풀이 < 스플라인 >

(1) 스플라인 평균직경 $D_m = \dfrac{d_1 + d_2}{2}$, 스플라인의 높이 $h = \dfrac{d_2 - d_1}{2}$

동력 $H = T\omega \Rightarrow T = \dfrac{H}{\omega} = \dfrac{8}{\left(\dfrac{2\pi \times 300}{60 \times 1000}\right)} = 254.65\ N \cdot m = 254.65\ J$

(2) $T = q A_q \times Z \times \dfrac{D_m}{2}$

$\Rightarrow T = \eta q A_q \times Z \times \dfrac{D_m}{2} = \eta q (h - 2c) l \times Z \times \dfrac{D_m}{2}$ ⇐ 접촉효율과 모따기 고려

$\Rightarrow 254.65 \times 10^3 = 0.75 \times 35 \times (2 - 2 \times 0.15) \times 58 \times 6 \times \dfrac{d_1 + d_2}{4}$

$\Rightarrow d_1 + d_2 = 65.59\ mm$ ……❶

$h = \dfrac{d_2 - d_1}{2} \Rightarrow d_2 - d_1 = 2h = 2 \times 2 = 4\ mm$ ……❷

❶과 ❷식으로부터 $d_2 = 34.8\ mm$

∴ 표에서의 스플라인 규격은 $d_2 = 36\ mm$, $d_1 = 32\ mm$, $b = 8\ mm$ 이고 호칭지름은 $d = 32\ mm$를 선정한다.

04. 1줄 겹치기 리벳이음에서 판두께 $12\ mm$, 리벳직경 $25\ mm$, 피치 $50\ mm$, 리벳중심에서 판끝까지의 길이 $35\ mm$이다. 1피치당 하중을 $24.5\ kN$로 할때 다음을 계산하라.
   (1) 판의 인장응력은 몇 N/mm^2인가?
   (2) 리벳의 전단응력은 몇 N/mm^2인가?
   (3) 리벳이음의 효율은 몇 %인가?

풀이 < 리벳 >

(1) $\sigma_t = \dfrac{W}{A_t} = \dfrac{W}{(p-d)t} = \dfrac{24.5 \times 10^3}{(50-25) \times 12} = 81.67\ N/mm^2$

(2) $\tau_r = \dfrac{W}{A_\tau} = \dfrac{W}{\dfrac{\pi}{4}d^2 \times n} = \dfrac{24.5 \times 10^3}{\dfrac{\pi}{4} \times 25^2 \times 1} = 49.91\ N/mm^2$

(3) 리벳이음 효율 $\eta_r = \dfrac{\tau_r \dfrac{\pi}{4}d^2 \times n}{\sigma_t p t} = \dfrac{49.91 \times \dfrac{\pi}{4} \times 25^2 \times 1}{81.67 \times 50 \times 12} = 0.5 = 50\%$

강판효율 $\eta_p = \eta_t = 1 - \dfrac{d}{p} = 1 - \dfrac{25}{50} = 0.5 = 50\%$

05. $150\,rpm$으로 $49\,kN$의 베어링 하중을 지지하는 엔드저널 베어링이 있다. 허용압력 속도계수 $p_a v = 1.96\,MPa \cdot m/s$, 저널의 허용굽힘응력 $\sigma_b = 58.8\,MPa$일 때 다음을 구하라.
  (1) 저널길이 $l\,[mm]$
  (2) 저널직경 $d\,[mm]$
  (3) 베어링 압력 $p\,[MPa]$

풀이 < 저널 >

(1) 압력속도계수 $\quad p_a v = \dfrac{\pi W N}{60 \times 1000 \times l}$

저널의 길이 $\;\Rightarrow\; l = \dfrac{\pi W N}{60 \times 1000 \times p_a v} = \dfrac{\pi \times 49 \times 10^3 \times 150}{60 \times 1000 \times 1.96} = 196.35\,mm$

(2) $\sigma_b = \dfrac{M}{Z} = \dfrac{W \dfrac{l}{2}}{Z} = \dfrac{16\,W l}{\pi d^3}$

$\therefore$ 저널직경 $\quad d = \sqrt[3]{\dfrac{16\,W l}{\pi \sigma_b}} = \sqrt[3]{\dfrac{16 \times 49 \times 10^3 \times 196.35}{\pi \times 58.8}} = 94.1\,mm$

(3) $p = \dfrac{W}{d l} = \dfrac{49 \times 10^3}{94.1 \times 196.35} = 2.55\,N/mm^2 = 2.65\,MPa$

06. 축지름 $90\,mm$의 클램프 커플링에서 볼트 6개를 사용하여 동력을 전달하고자 한다. 다음을 구하라. (단, 마찰계수는 0.2, 볼트의 골지름은 $22.2\,mm$이다.)
  (1) 볼트의 허용인장응력이 $34\,MPa$일 때 최대 전달토크 $T\,[J]$
  (2) 전달동력 $27\,kW$, 회전수 $240\,rpm$으로 클램프 커플링을 사용할 수 있는지 판단하라.

풀이 < 커플링 >

(1) 토크 $\quad T = \mu \pi W \dfrac{d}{2} \dfrac{Z}{2} = \mu \pi \sigma_a \dfrac{\pi \delta^2}{4} \dfrac{d}{2} \dfrac{Z}{2}$

$= 0.2 \times \pi \times 34 \times \dfrac{\pi \times 22.2^2}{4} \times \dfrac{90}{2} \times \dfrac{6}{2} \times 10^{-3} \fallingdotseq 1116.32\,J$

(2) 동력 $H = T\omega \;\Rightarrow\;$ 토크 $T_2 = \dfrac{H}{\omega} = \dfrac{27 \times 10^3}{\left(\dfrac{2\pi \times 240}{60}\right)} = 1074.3\,J$

$\therefore\; T > T_2$ 이므로 사용할 수 있다.

07. $1500\,rpm$, $2.2\,kW$의 구동축과 $30°$ 경사진 종동축을 갖는 유니버셜조인트에서 다음을 구하라. (단, 축의 전단응력은 $30\,MPa$이다.)

    (1) 종동축의 순간 최소회전수($N_{2\min}\,rpm$)와 최고회전수($N_{2\max}\,rpm$)를 구하라.

    (2) 전달동력과 전단응력을 이용하여 종동축의 축지름 $d\,[\,mm\,]$를 구하라.

풀이 < 유니버셜조인트 >

(1) 최소회전수 $N_{2\min} = N_1 \cos\alpha = 1500 \times \cos 30° = 1299.04\,rpm$

     최고회전수 $N_{2\max} = \dfrac{N_1}{\cos\alpha} = \dfrac{1500}{\cos 30°} = 1732.05\,rpm$

(2) 토크 $T = \dfrac{H}{\omega} = \dfrac{2.2 \times 10^3}{\left(\dfrac{2\pi \times 1299.04}{60}\right)} \times 10^3 = 16172.29\,N\cdot mm$

$$T = \tau_a Z_P = \tau_a \dfrac{\pi d^3}{16} = 30 \times \dfrac{\pi d^3}{16}$$

$$\therefore\ d = \sqrt[3]{\dfrac{16\,T}{\pi\,\tau_a}} = \sqrt[3]{\dfrac{16 \times 16172.29}{\pi \times 30}} = 14\,mm$$

08. 그림과 같은 원판 무단변속장치에서 원동차의 지름 $500\,mm$, 회전수 $1500\,rpm$, 종동차의 폭 $40\,mm$, 지름 $530\,mm$, 종동차의 이동범위 $40\,mm \leq x \leq 190\,mm$, 마찰계수 $\mu = 0.2$, 허용선압력 $19.6\,N/mm$로 할 때 다음을 구하라.

(1) 종동차의 최소회전수와 최대회전수
$N_{B_{min}}[rpm]$, $N_{B_{max}}[rpm]$

(2) 최소 전달동력과 최대 전달동력
$K_{min}[kW]$, $K_{max}[kW]$

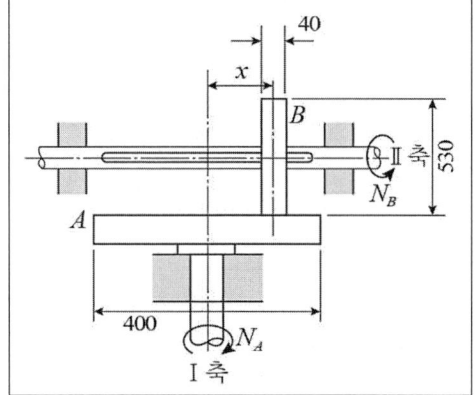

풀이 < 마찰차 >

(1) $\epsilon = \dfrac{N_{B_{min}}}{N_A} = \dfrac{D_{A_{min}}}{D_B}$

$\Rightarrow N_{B_{min}} = \dfrac{N_A}{D_B} D_{A_{min}} = \dfrac{N_A}{D_B} \times 2x_{min} = \dfrac{1500}{530} \times (2 \times 40) = 226.42\,rpm$

$\epsilon = \dfrac{N_{B_{max}}}{N_A} = \dfrac{D_{A_{max}}}{D_B}$

$\Rightarrow N_{B_{max}} = \dfrac{N_A}{D_B} D_{A_{max}} = \dfrac{N_A}{D_B} \times 2x_{max} = \dfrac{1500}{530} \times (2 \times 190) = 1075.47\,rpm$

(2) $v_{min} = \dfrac{\pi D_B N_{B_{min}}}{60 \times 1000} = \dfrac{\pi \times 530 \times 226.42}{60 \times 1000} = 6.28\,m/s$

$v_{max} = \dfrac{\pi D_B N_{B_{max}}}{60 \times 1000} = \dfrac{\pi \times 530 \times 1075.47}{60 \times 1000} = 29.85\,m/s$

$p_a = \dfrac{P}{b} \Rightarrow P = p_a b = 19.6 \times 40 = 784\,N$

최소전달동력 $H'_{min} = \mu P v_{min} = 0.2 \times 784 \times 10^{-3} \times 6.28 = 0.99\,kW$

최대전달동력 $H'_{max} = \mu P v_{max} = 0.2 \times 784 \times 10^{-3} \times 29.85 = 4.68\,kW$

09. 공구압력각 $14.5°$, 작은 기어의 잇수 12개, 큰 기어의 잇수 28개, 2개의 기어가 서로 외접상태에 있는 전위기어를 제작하고자 한다. 모듈은 3이고 아래의 인벌류트 함수표를 참조하여 다음을 구하라.

(1) 언더컷을 일으키지 않기 위한 2기어의 이론 전위계수 x_1과 x_2
  (단, 소수점 아래 5자리까지 계산하라.)
(2) 아래의 인벌류트 함수표를 이용하여 중심거리 $C\,[mm]$
(3) 기어의 총 이높이 $H\,[mm]$
  (단, 기어의 조립부 간격 $c_k = 0.25\,m$, m은 모듈이다.)

인벌류트 함수표

α	inv α	α	inv α	α	inv α	α	inv α
10.00	0.0017941	12.00	0.0031171	14.00	0.0049819	16.00	0.0074917
.05	0.0018213	.05	0.0031567	.05	0.0050364	.05	0.0075647
.10	0.0018489	.10	0.0031966	.10	0.0050912	.10	0.0076372
.15	0.0018767	.15	0.0032369	.15	0.0051465	.15	0.0077101
.20	0.0019048	.20	0.0032775	.20	0.0052022	.20	0.0077835
.25	0.0019332	.25	0.0033185	.25	0.0052582	.25	0.0078574
.30	0.0019619	.30	0.0033598	.30	0.0053147	.30	0.0079318
.35	0.0019909	.35	0.0034014	.35	0.0053716	.35	0.0080067
.40	0.0020201	.40	0.0034434	.40	0.0054290	.40	0.0080820
.45	0.0020496	.45	0.0034858	.45	0.0054867	.45	0.0081578
.50	0.0020795	.50	0.0035285	.50	0.0055448	.50	0.0082342
.55	0.0021096	.55	0.0035716	.55	0.0056034	.55	0.0083110
.60	0.0021400	.60	0.0036150	.60	0.0056624	.60	0.0083883
.65	0.0021707	.65	0.0036588	.65	0.0057218	.65	0.0084661
.70	0.0022017	.70	0.0037029	.70	0.0057817	.70	0.0085444
.75	0.0022330	.75	0.0037474	.75	0.0058420	.75	0.0086232
.80	0.0022646	.80	0.0037923	.80	0.0059027	.80	0.0087025
.85	0.0022966	.85	0.0038375	.85	0.0059638	.85	0.0087823
.90	0.0023288	.90	0.0038831	.90	0.0060254	.90	0.0088626
.95	0.0023613	.95	0.0039291	.95	0.0060874	.95	0.0089434
18.00	0.0107604	20.00	0.0149044	22.00	0.0200538	24.00	0.0263497
.05	0.0108528	.05	0.0150203	.05	0.0201966	.05	0.0265231
.10	0.0109458	.10	0.0151369	.10	0.0203401	.10	0.0266973
.15	0.0110393	.15	0.0152540	.15	0.0204844	.15	0.0268723
.20	0.0111334	.20	0.0153719	.20	0.0206294	.20	0.0270481
.25	0.0112280	.25	0.0154903	.25	0.0207750	.25	0.0272248
.30	0.0113231	.30	0.0156094	.30	0.0209215	.30	0.0274023
.35	0.0114189	.35	0.0157291	.35	0.0210686	.35	0.0275806
.40	0.0115151	.40	0.0158495	.40	0.0212165	.40	0.0277598
.45	0.0116120	.45	0.0159705	.45	0.0213651	.45	0.0279398
.50	0.0117094	.50	0.0160922	.50	0.0215145	.50	0.0281206
.55	0.0118074	.55	0.0162145	.55	0.0216646	.55	0.0283023

풀이 < 기어 >

(1) 작은기어의 전위계수 $x_1 = 1 - \dfrac{Z_1}{2}\sin^2\alpha = 1 - \dfrac{12}{2}\times\sin^2 14.5° = 0.62386$

큰 기어의 전위계수 $x_2 = 1 - \dfrac{Z_2}{2}\sin^2\alpha = 1 - \dfrac{28}{2}\times\sin^2 14.5° = 0.12234$

(2) $\text{inv}\,\alpha_b = \text{inv}\,\alpha + 2\times\left(\dfrac{x_1+x_2}{Z_1+Z_2}\right)\tan\alpha$

$\qquad = 0.0055448 + 2\times\left(\dfrac{0.62386+0.12234}{12+28}\right)\times\tan 14.5° = 0.015194$

⇧
$\text{inv}\,\alpha$는 표에서 $\alpha = 14.5°$의 값을 찾는다.

주) 함수표에서 0.015194 값은 $\alpha = 20.10°$와 $20.15°$ 간에 보간법을 적용하면 더 정확한 값을 구할 수도 있다.

중심거리 증가계수

$y = \dfrac{Z_1+Z_2}{2}\left(\dfrac{\cos\alpha}{\cos\alpha_b}-1\right) = \dfrac{12+28}{2}\left(\dfrac{\cos 14.5°}{\cos 20.15°}-1\right) = 0.62535$

중심거리

$C = \dfrac{D_1+D_2}{2} + ym = \dfrac{mZ_1+mZ_2}{2} + ym$

$\qquad = \dfrac{3\times(12+28)}{2} + 0.62535\times 3 = 61.88\,mm$

(3) $H = (2m+c_k) - (x_1+x_2-y)m$

$\qquad = (2\times 3+0.25\times 3) - (0.62386+0.12234-0.62535)\times 3$

$\qquad = 6.39\,mm$

10. 50번 롤러체인을 사용해 스프로킷의 잇수 17, 750 rpm의 구동축에서 250 rpm의 종동축으로 동력을 전달하고자 한다. 축간거리가 820 mm일 때 다음을 구하라.
(단, 체인의 피치는 15.88 mm 이다.)
 (1) 체인의 평균회전속도 $v\,[m/s]$
 (2) 체인의 링크 수와 체인의 길이를 구하라. (단, 링크 수는 짝수로 계산하라.)

풀이 < 체인 >

(1) $v = \dfrac{p\,Z_1 N_1}{60 \times 1000} = \dfrac{15.88 \times 17 \times 750}{60 \times 1000} = 3.37\,m/s$

(2) $i = \dfrac{N_2}{N_1} = \dfrac{Z_1}{Z_2} \Rightarrow Z_2 = Z_1 \times \dfrac{N_1}{N_2} = 17 \times \dfrac{750}{250} = 51$ 개

$L_n = \dfrac{2C}{p} + \dfrac{Z_1 + Z_2}{2} + \dfrac{0.0257\,p\,(Z_2 - Z_1)^2}{C}$

$= \dfrac{2 \times 820}{15.88} + \dfrac{17 + 51}{2} + \dfrac{0.0257 \times 15.88\,(51 - 17)^2}{820}$

$= 137.85 \fallingdotseq 138$ 개

∴ 체인의 길이 $L = L_n\,p = 138 \times 15.88 = 2191.44$

11. 드럼축에 $147\,J$의 토크가 작용하는 그림과 같은 외 작용선용 블록 브레이크가 있다.
블록과 드럼의 접촉면 마찰계수가 0.25일 때 다음을 구하라. (단, 드럼의 회전수는 $300\,rpm$, 브레이크 용량은 $5.89\,MPa \cdot m/s$ 이다.)
(1) 레버에 작용하는 힘 $F\,[N]$
(2) 브레이크 블록의 길이가 $75\,mm$일 때 브레이크 블록의 $h\,[mm]$

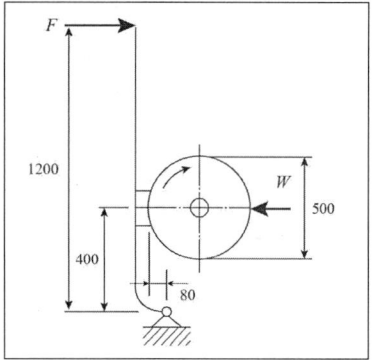

풀이 < 브레이크 >

(1) 접촉부 마찰력은 $F_f = \mu P$ 이므로

$$T = F_f \times \frac{D}{2} = \mu W \times \frac{D}{2} \;\Rightarrow\; W = \frac{2T}{\mu D} = \frac{2 \times 147}{0.25 \times 500} \times 10^3 = 2352\,N$$

$\sum M_o = 0$

$\Rightarrow Fl - Wa + \mu Wb = 0$

$\Rightarrow F = \dfrac{Wa - \mu Wb}{l} = 0$

$\Rightarrow F = \dfrac{2352 \times 400 - 0.25 \times 2352 \times 80}{1200} = 744.8\,N$

(2) $\mu q v = \mu \times \dfrac{W}{A} \times \dfrac{\pi DN}{60 \times 1000} = 5.89$

$\Rightarrow A = \dfrac{\mu W \pi D N}{60 \times 1000 \times 5.89} = \dfrac{0.25 \times 2352 \times \pi \times 500 \times 300}{60 \times 1000 \times 5.89} = 784.07\,mm^2$

$\therefore\; h = \dfrac{784.07}{75} = 10.45\,mm$

12. $180.42\,N$의 최대하중을 받는 원통코일 스프링의 평균지름이 $40\,mm$, 스프링지수 8, 유효권수가 6일 때 다음을 구하라. (단, 코일의 횡탄성계수 $G = 78.4\,GPa$이다.)
  (1) 코일 스프링의 허용가능한 최대전단응력 $\tau_{\max}\,[MPa]$
  (2) 스프링상수 $k\,[N/mm]$

풀이 < 스프링 >

(1) 스프링지수 $C = \dfrac{D}{d}$ ⇨ 소선의 지름 $d = \dfrac{D}{C} = \dfrac{40}{8} = 5\,mm$

응력수정계수 $K = \dfrac{4C-1}{4C-4} + \dfrac{0.615}{C} = \dfrac{4 \times 8 - 1}{4 \times 8 - 4} + \dfrac{0.615}{8} = 1.184$

비틀림모멘트 $T = \tau_a Z_p = P\dfrac{D}{2}$

$$\Rightarrow \tau_{\max} = K\dfrac{PD}{2Z_p} = K\dfrac{PD}{2 \times \dfrac{\pi d^3}{16}} = K\dfrac{8PD}{\pi d^3}$$

$$= 1.184 \times \dfrac{8 \times 180.42 \times 40}{\pi \times 5^3}$$

$$= 174.07\,MPa$$

(2) $P = k\delta = k\dfrac{8nD^3 P}{Gd^4}$

⇨ 스프링상수 $k = \dfrac{Gd^4}{8nD^3} = \dfrac{78.4 \times 10^3 \times 5^4}{8 \times 6 \times 40^3} = 15.95\,N/mm$

일반기계기사 2022년 2회

01. 수나사의 유효지름 $65\,mm$, 피치 $10\,mm$인 나사잭을 사용하여 $13\,kN$을 들어올릴 때 다음을 구하라. (단, 나사부 마찰계수 0.15, 칼라부 마찰계수 0.11, 칼라부 유효직경은 $80\,mm$이다.)
   (1) 나사잭의 회전토크 $T\,[\,J\,]$
   (2) 나사잭의 효율 $\eta\,[\,\%\,]$

풀이 < 나사 >

(1) $T = T_1 + T_2 = \mu_1 W r_m + W\left(\dfrac{p + \mu \pi d_e}{\pi d_e - \mu p}\right) \cdot \dfrac{d_e}{2}$

$\quad = (0.11 \times 13 \times 10^3 \times 0.04) + 13 \times 10^3 \times \left(\dfrac{0.01 + 0.15 \times \pi \times 0.065}{\pi \times 0.065 - 0.15 \times 0.01}\right) \times \dfrac{0.065}{2}$

$\quad = 141.89\,N \cdot m = 141.89\,J$

(2) 나사잭의 효율 $\eta = \dfrac{Wp}{2\pi T} = \dfrac{13 \times 10^3 \times 0.01}{2\pi \times 141.89} = 0.1458 = 14.58\,\%$

02. 코터이음에서 축에 작용하는 인장하중 $39.24\,kN$, 소켓의 바깥지름 $130\,mm$, 로드의 지름 $65\,mm$, 코터의 나비 $65\,mm$, 코터의 두께 $20\,mm$, 축지름 $60\,mm$일 때 다음을 구하라.
   (1) 코터 구멍부분의 소켓의 인장응력 $\sigma_t\,[\,MPa\,]$?
   (2) 코터의 굽힘응력 $\sigma_b\,[\,MPa\,]$?

풀이 < 코터 >

(1) $\sigma_t = \dfrac{P}{\dfrac{\pi(D^2 - d_1^2)}{4} - (D - d_1)t} = \dfrac{39.24 \times 10^3}{\dfrac{\pi \times (130^2 - 65^2)}{4} - (130 - 65) \times 20}$

$\quad = 4.53\,MPa$

(2) 굽힘모멘트 $M_{\max} = \sigma_b Z$

$\quad \Rightarrow \sigma_b = \dfrac{M_{\max}}{Z} = \dfrac{\left(\dfrac{PD}{8}\right)}{\left(\dfrac{tb^2}{6}\right)} = \dfrac{3PD}{4tb^2} = \dfrac{3 \times 39.24 \times 10^3 \times 130}{4 \times 20 \times 65^2}$

$\quad = 45.28\,MPa$

03. 그림과 같은 편심하중을 $W = 30\,kN$ 을 받는 리벳이음에서 다음을 구하라.

  (1) 리벳에 작용하는 최대전단력 $F\,[\,kN\,]$
  (2) 리벳의 최대전단응력 $\tau\,[\,MPa\,]$
    (단, 리벳의 직경은 $24\,mm$ 이다.)

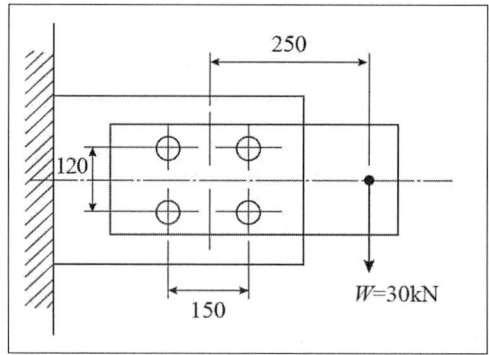

풀이 < 리벳 >

(1) P 에 의한 전단력은 작용하중과 비틀림모멘트를 리벳이음의 중심으로 이전시켜 렌치를 구성하는 직접전단력(F_1)과 굽힘모멘트에 의한 굽힘전단력(F_2)으로 구분하여 적용한다.

직접전단력 $F_1 = \dfrac{W}{Z} = \dfrac{30}{4} = 7.5\,kN$

비틀림모멘트에 의한 굽힘전단력 (F_2)

$$T = Wl = 4F_2 r \;\Rightarrow\; F_2 = \dfrac{Wl}{4r} = \dfrac{30 \times 250}{4 \times \sqrt{75^2 + 60^2}} = 19.52\,kN$$

∴ 리벳이음의 최대전단력은

$$F = \sqrt{F_1^2 + F_2^2 + 2F_1 F_2 \cos\theta} \;\Leftarrow\; \cos\theta = \dfrac{75}{\sqrt{75^2 + 60^2}} = 0.78$$

$$= \sqrt{7.5^2 + 19.52^2 + 2 \times 7.5 \times 19.52 \times 0.78}$$

$$= 25.8\,kN$$

(2) $\tau = \dfrac{F}{A} = \dfrac{4F}{\pi d^2} = \dfrac{4 \times 25.8}{\pi \times 24^2} \times 10^3 = 57.03\,MPa$

04. $150\,rpm$으로 회전하는 깊은 홈 볼 베어링의 기본 동정격하중이 $45\,kN$일 때 레이디얼 하중이 $8\,kN$, $10\,kN$, $12\,kN$으로 주기적 반복 변동한다. 이 때 다음을 구하라.
(단, 베어링 하중계수 $f_w = 1.3$ 이다.)
 (1) 베어링의 평균유효하중 $P_m\,[\,kN\,]$
 (2) 베어링의 수명시간 $L_h\,[\,h\,]$

풀이 < 베어링 >

(1) 평균 유효하중 (= 최대 등가하중)

$$P_m \fallingdotseq \frac{2P_{\max} + P_{\min}}{3} = \frac{2 \times 12 + 8}{3} = 10.67\,kN$$

(2) $L_h = 500 \times \dfrac{33.3}{N} \times \left(\dfrac{C}{f_w P}\right)^r = 500 \times \dfrac{33.3}{150} \times \left(\dfrac{45}{1.3 \times 10.67}\right)^3 = 3789.98\,hr$

05. 외경이 $50\,mm$인 중공축이 $270\,J$의 굽힘모멘트와 $88\,J$의 비틀림모멘트를 동시에 받고 있을 때 다음을 구하라. (단, 축의 허용 비틀림응력 $\tau_a = 0.8\,MPa$이다.)
 (1) 상당 비틀림모멘트 $T_e\,[\,J\,]$
 (2) 상당 굽힘모멘트 $M_e\,[\,J\,]$
 (3) 중공축의 안지름 $d_1\,[\,mm\,]$

풀이 < 축 >

(1) $T_e = \sqrt{M^2 + T^2} = \sqrt{270^2 + 88^2} = 283.98\,J$

(2) $M_e = \dfrac{1}{2}(M + T_e) = \dfrac{1}{2} \times (270 + 283.98) = 276.99\,J$

(3) $T_e = \tau_a Z_P = \tau_a \times \dfrac{\pi(d_2^4 - d_1^4)}{16\,d_2}$

$\Rightarrow d_1 = \sqrt[4]{d_2^4 - \dfrac{16\,d_2\,T_e}{\pi\,\tau_a}} = \sqrt[4]{50^4 - \dfrac{16 \times 50 \times 283.98}{\pi \times 0.8}} = 49.82\,mm$

06. $300\,mm$, $500\,rpm$의 원통마찰차로 $3\,kW$의 동력을 전달하고자 한다. 다음을 구하라.
(단, 접촉부 마찰계수는 0.3, 허용선압은 $12.5\,N/mm$ 이다.)
  (1) 마찰차의 전달속도 $v\,[m/s]$
  (2) 접촉 폭 $b\,[mm]$

풀이 < 마찰차 >

(1) $v = \dfrac{\pi D N}{60 \times 1000} = \dfrac{\pi \times 300 \times 500}{60 \times 1000} = 7.85\,m/s$

(2) $H_{kW} = \mu W v$

$\Rightarrow W = \dfrac{H_{kW}}{v\mu} = \dfrac{3 \times 10^3}{7.85 \times 0.3} = 1273.89\,N$

접촉선압 $f = \dfrac{W}{b}$ $\Rightarrow$ 접촉 폭 $b = \dfrac{W}{f} = \dfrac{1273.89}{12.5} = 101.91\,mm$

07. 공구압력각이 $14.5°$, 소기어의 잇수 16, 대기어의 잇수 28인 2개의 기어가 외접상태에 있는 전위기어를 제작하고자 한다. 모듈은 4이고 아래의 인벌류트 함수표를 참조하여 다음을 구하라.

(1) 언더컷을 일으키지 않기 위한 2기어의 이론 전위계수 x_1과 x_2
(단, 답은 소수점 이하 5자리까지 적어라.)

(2) 백래시(치면높이)가 0일 때 2기어의 중심거리 $C\,[mm]$

(3) 기어의 총 이 높이 $H\,[mm]$
(단, 기어 조립부 간격이며 여기서 m은 $C_k = 0.25\,m$ 모듈이다.)

인벌류트 함수표

α	inv α	α	inv α	α	inv α	α	inv α
10.00	0.0017941	12.00	0.0031171	14.00	0.0049819	16.00	0.0074917
.05	0.0018213	.05	0.0031567	.05	0.0050364	.05	0.0075647
.10	0.0018489	.10	0.0031966	.10	0.0050912	.10	0.0076372
.15	0.0018767	.15	0.0032369	.15	0.0051465	.15	0.0077101
.20	0.0019048	.20	0.0032775	.20	0.0052022	.20	0.0077835
.25	0.0019332	.25	0.0033185	.25	0.0052582	.25	0.0078574
.30	0.0019619	.30	0.0033598	.30	0.0053147	.30	0.0079318
.35	0.0019909	.35	0.0034014	.35	0.0053716	.35	0.0080067
.40	0.0020201	.40	0.0034434	.40	0.0054290	.40	0.0080820
.45	0.0020496	.45	0.0034858	.45	0.0054867	.45	0.0081578
.50	0.0020795	.50	0.0035285	.50	0.0055448	.50	0.0082342
.55	0.0021096	.55	0.0035716	.55	0.0056034	.55	0.0083110
.60	0.0021400	.60	0.0036150	.60	0.0056624	.60	0.0083883
.65	0.0021707	.65	0.0036588	.65	0.0057218	.65	0.0084661
.70	0.0022017	.70	0.0037029	.70	0.0057817	.70	0.0085444
.75	0.0022330	.75	0.0037474	.75	0.0058420	.75	0.0086232
.80	0.0022646	.80	0.0037923	.80	0.0059027	.80	0.0087025
.85	0.0022966	.85	0.0038375	.85	0.0059638	.85	0.0087823
.90	0.0023288	.90	0.0038831	.90	0.0060254	.90	0.0088626
.95	0.0023613	.95	0.0039291	.95	0.0060874	.95	0.0089434
19.00	0.0127151	21.00	0.0173449	23.00	0.0230491	25.00	0.0299754
.05	0.0128189	.05	0.0174738	.05	0.0232067	.05	0.0301655
.10	0.0129232	.10	0.0176034	.10	0.0233651	.10	0.0303566
.15	0.0130281	.15	0.0177337	.15	0.0235242	.15	0.0305485
.20	0.0131336	.20	0.0178949	.20	0.0236842	.20	0.0307413
.25	0.0132398	.25	0.0179963	.25	0.0238449	.25	0.0309350
.30	0.0133465	.30	0.0181286	.30	0.0240063	.30	0.0311295
.35	0.0134538	.35	0.0182616	.35	0.0241686	.35	0.0313250
.40	0.0135617	.40	0.0183953	.40	0.0243316	.40	0.0315213
.45	0.0136702	.45	0.0185296	.45	0.0244954	.45	0.0317185
.50	0.0137794	.50	0.0186647	.50	0.0246600	.50	0.0319166
.55	0.0138891	.55	0.0188004	.55	0.0248254	.55	0.0321156

풀이 < 기어 >

(1) 작은기어의 전위계수 $x_1 = 1 - \dfrac{Z_1}{2}\sin^2\alpha = 1 - \dfrac{16}{2}\times\sin^2 14.5° = 0.49848$

큰 기어의 전위계수 $x_2 = 1 - \dfrac{Z_2}{2}\sin^2\alpha = 1 - \dfrac{28}{2}\times\sin^2 14.5° = 0.12234$

(2) $\text{inv}\,\alpha_b = \text{inv}\,\alpha + 2\times\left(\dfrac{x_1+x_2}{Z_1+Z_2}\right)\tan\alpha$

$= 0.0055448 + 2\times\left(\dfrac{0.49848+0.12234}{16+28}\right)\times\tan 14.5° = 0.012843$

⇧

$\text{inv}\,\alpha$는 표에서 $\alpha = 14.5°$의 값을 찾는다.

주) 함수표에서 0.012848 값은 $\alpha = 19.05°$와 $19.10°$ 간에 보간법을 적용하면 더 정확한 값을 구할 수도 있다.

중심거리 증가계수

$y = \dfrac{Z_1+Z_2}{2}\left(\dfrac{\cos\alpha}{\cos\alpha_b} - 1\right) = \dfrac{16+28}{2}\left(\dfrac{\cos 14.5°}{\cos 19.05°} - 1\right) = 0.5333$

중심거리

$C = \dfrac{D_1+D_2}{2} + ym = \dfrac{mZ_1+mZ_2}{2} + ym$

$= \dfrac{4\times(16+28)}{2} + 0.5333\times 4 = 90.13\,mm$

(3) $H = (2m+c_k) - (x_1+x_2-y)m$

$= (2\times 4 + 0.25\times 4) - (0.49848+0.12234-0.5333)\times 4$

$= 8.65\,mm$

08. 축각 $80°$, 모듈 $m = 5$, 피니언의 잇수 20, 기어의 잇수 60인 베벨기어에서 다음을 구하라.

(1) 기어의 바깥지름 $D_{o2}\,[mm]$
(2) 피니언의 원추모선의 길이 $L\,[mm]$
(3) 피니언의 상당 스퍼기어 잇수 Z_{e1}

풀이 < 기어 >

(1) $i = \dfrac{N_2}{N_1} = \dfrac{Z_1}{Z_2} = \dfrac{20}{60} = \dfrac{1}{3}$

$$\Rightarrow \tan\gamma_1 = \dfrac{\sin\Sigma}{\dfrac{1}{i} + \cos\Sigma} \Rightarrow \gamma_1 = \tan^{-1}\left(\dfrac{\sin 80°}{3 + \cos 80°}\right) = 17.24°$$

$$\gamma_2 = \Sigma - \gamma_1 = 80° - 17.24° = 62.76°$$

$$\therefore D_{o2} = m(Z_2 + 2\cos\gamma_2) = 5 \times (60 + 2 \times \cos 62.76°) = 304.58\,mm$$

(2) $L\sin\gamma_1 = \dfrac{D_1}{2} \Rightarrow L = \dfrac{D_1}{2\sin\gamma_1} = \dfrac{mZ_1}{2\sin\gamma_1} = \dfrac{5 \times 20}{2 \times \sin 17.24°} = 168.71\,mm$

(3) $Z_{e1} = \dfrac{Z_1}{\cos\gamma_1} = \dfrac{20}{\cos 17.24°} = 20.94 ≒ 21$

09. 회전수 $350\,rpm$, 풀리의 지름 $450\,mm$인 원동풀리로부터 축간거리 $4\,m$의 종동풀리에 가죽벨트로 $3.8\,kW$를 전달하는 평벨트 전동장치가 있다. 다음을 구하라. (단, 종동풀리의 지름은 $650\,mm$, 장력비 1.86, 가죽벨트의 허용인장응력 $2.0\,MPa$, 이음효율 80%, 벨트의 두께가 $9\,mm$이다.)

(1) 벨트의 유효장력 $T_e\,[N]$
(2) 벨트의 폭 $b\,[mm]$

풀이 < 벨트 (풀리) >

(1) $v = \dfrac{\pi D_1 N_1}{60 \times 1000} = \dfrac{\pi \times 450 \times 350}{60 \times 1000} = 8.25\,m/s$

$H = T_e v \Rightarrow T_e = \dfrac{H}{v} = \dfrac{3.8 \times 10^3}{8.25} = 460.6\,N$

(2) $T_t = \dfrac{e^{\mu\theta}}{e^{\mu\theta} - 1} \times T_e = \dfrac{1.86}{1.86 - 1} \times 460.6 = 996.18\,N$

$\sigma_a = \dfrac{T_t}{bt\eta} \Rightarrow b = \dfrac{T_t}{\sigma_a t \eta} = \dfrac{996.18}{2 \times 9 \times 0.8} = 69.18\,mm$

10. 50번 롤러체인(파단하중 $21.67\,kN$, 피치 $15.88\,mm$) 스프라켓 휠의 잇수 $Z_1 = 18$, $Z_2 = 60$ 이고 중심거리 $800\,mm$ 이며 구동 스프라켓 휠의 회전수는 $800\,rpm$ 이다. 다음을 구하라. (단, 안전율은 15로 한다.)
 (1) 전달동력 $H\,[kW]$
 (2) 링크 수 $L_n\,[개]$

풀이 < 체인 >

(1) $v = \dfrac{p Z_1 N_1}{60 \times 1000} = \dfrac{15.88 \times 18 \times 800}{60 \times 1000} = 3.81\,m/s$

$\Rightarrow H = Fv = \dfrac{F_B}{S} v = \dfrac{21.67}{15} \times 3.81 = 5.504\,kW$

(2) $L_n = \dfrac{2C}{p} + \dfrac{Z_1 + Z_2}{2} + \dfrac{0.0257\,p(Z_2 - Z_1)^2}{C}$

$= \dfrac{2 \times 800}{15.88} + \dfrac{18 + 60}{2} + \dfrac{0.0257 \times 15.88 \times (60 - 18)^2}{900}$

$= 141.56 \fallingdotseq 142\,개$

11. 그림과 같은 블록 브레이크에서 a 는 $900\,mm$, b 는 $200\,mm$, c 는 $24\,mm$ 이고 드럼의 직경은 $200\,mm$ 이다. 다음을 구하라. (단, 제동동력은 $2.3\,kW$ 이고 드럼의 회전수는 $360\,rpm$ 이다.)

(1) 브레이크의 제동토크 $T\,[J]$
(2) 레버에 작용하는 조작력 $F\,[N]$
 (단, 블록과 드럼사이의 마찰계수는 0.25 이다.)

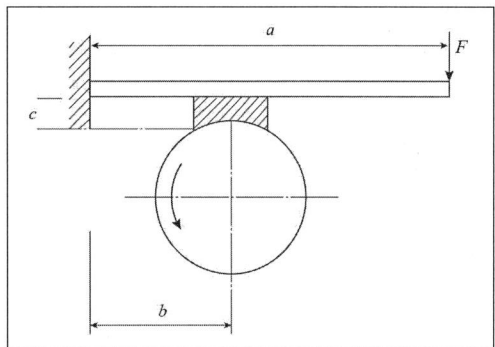

풀이 < 브레이크 >

(1) $H = T\omega \;\Rightarrow\; T = \dfrac{H}{\omega} = \dfrac{2.3 \times 10^3}{\left(\dfrac{2\pi \times 360}{60}\right)} = 61.0\,N\cdot m = 61.0\,J$

(2) $T = F_f \times \dfrac{D}{2} \;\Rightarrow\;$ 제동력 $Q = F_f = \dfrac{2T}{D} = \dfrac{2 \times 61.0}{0.2} = 610\,N$

제동력은 마찰력과 같으며, 수직반력을 W 라 하면

$\sum M_o = 0 \;\Rightarrow\; Fa + \mu Wc = Wb$

$\Rightarrow\; F = \dfrac{W}{a}(b - \mu c) = \dfrac{Q}{\mu a}(b - \mu c)$

$\qquad\qquad = \dfrac{610}{0.25 \times 900} \times (200 - 0.25 \times 24) = 525.96\,N$

12. 원통코일 스프링에 $25\,N$의 하중이 작용하여 늘어나 길이가 $10\,mm$, 평균 원통코일의 직경이 $10\,mm$, 소선의 직경이 $2\,mm$일 때 다음을 구하라. (단, 코일의 횡탄성계수는 $8\times 10^4\,MPa$이다.)
   (1) 코일의 유효권수 n
   (2) 코일에 작용하는 최대전단응력 $\tau_{\max}\,[MPa]$

풀이 < 스프링 >

(1) 처짐 $\quad \delta = \dfrac{8nD^3 W}{Gd^4} = \dfrac{8nD^3 P}{Gd^4}$

$$\Rightarrow n = \dfrac{Gd^4 \delta}{8D^3 P} = \dfrac{8\times 10^4 \times 2^4 \times 10}{8\times 10^3 \times 25} = 64\,회$$

(2) 스프링지수 $\quad C = \dfrac{D}{d} = \dfrac{10}{2} = 5$

응력수정계수 $\quad K = \dfrac{4C-1}{4C-4} + \dfrac{0.615}{C} = \dfrac{4\times 5 - 1}{4\times 5 - 4} + \dfrac{0.615}{5} = 1.3105$

비틀림모멘트 $\quad T = \tau_a Z_p = P\dfrac{D}{2}$

$$\Rightarrow \tau_{\max} = K\dfrac{PD}{2Z_p} = K\dfrac{PD}{2\times \dfrac{\pi d^3}{16}} = K\dfrac{8PD}{\pi d^3}$$

$$= 1.3105 \times \dfrac{8\times 25 \times 10}{\pi \times 2^3}$$

$$= 104.29\,MPa$$

일반기계기사 2022년 4회

01. 미터 사다리꼴 나사잭의 바깥지름이 $57\,mm$, 유효지름이 $51.5\,mm$, 피치가 $10\,mm$의 1줄나사에 축 하중 $W=4$톤 일 때 다음을 구하라. (단, 나사부 마찰계수는 0.15, 나사산의 각도는 $30°$이다.)
  (1) 나사부 전단력 $P\,[N]$
  (2) 비틀림모멘트 $T\,[J]$
  (3) 나사잭의 효율

풀이 < 나사 >

(1) 미터 사다리꼴 나사의 나사산 각도는 $\beta = 30°$ 이므로

상당마찰계수 $\mu' = \dfrac{\mu}{\cos\dfrac{\beta}{2}} = \dfrac{0.15}{\cos\dfrac{30°}{2}} = 0.1553$

전단력 $P = W\left(\dfrac{p + \mu'\pi d_e}{\pi d_e - \mu' p}\right) = 4\times 10^3 \times 9.8 \times \left(\dfrac{10 + 0.1553\times\pi\times 51.5}{\pi\times 51.5 - 0.1553\times 10}\right)$
$= 8593.11\,N$

(2) $T = P\cdot\dfrac{d_e}{2} = 8593.11\times\dfrac{51.5\times 10^{-3}}{2} = 221.27\,J$

(3) $\eta = \dfrac{Wp}{2\pi T} = \dfrac{4\times 10^3 \times 9.8 \times 10}{2\pi\times 221.27\times 10^3} = 0.282 = 28.2\,\%$

02. $3\,kW$, $250\,rpm$을 전달하는 전동축이 있다. 묻힘키의 폭 $7\,mm$, 높이 $8\,mm$이고 허용전단응력이 $25\,MPa$, 허용압축응력은 $50\,MPa$이다. 키홈이 없을 때 축 지름은 $30\,mm$, 키 홈붙이 축과 키홈이 없는 축의 탄성한도에 있어서 비틀림 강도의 비(Moore 계수) $\beta = 1 + 0.2\left(\dfrac{b}{d_0}\right) + 1.1\left(\dfrac{t}{d_0}\right)$이고 키홈을 고려한 축지름이다. 다음을 구하라.

(단, 묻힘깊이 t 는 묻힘키 높이의 $1/2$ 이다.)
 (1) 묻힘키의 길이 $l\,[mm]$
 (2) 묻힘깊이를 고려한 축의 비틀림응력 $\tau\,[MPa]$

풀이 < 키 >

(1) 동력 $H = T\omega \;\Rightarrow\; T = \dfrac{H}{\omega} = \dfrac{3 \times 10^3}{\left(\dfrac{2\pi \times 250}{60}\right)} = 114.59\,N\cdot m$

키홈을 고려한 축의 직경 $d_1 = \beta\, d_0 = \left(1 + 0.2\dfrac{b}{d_0} + 1.1 \times \dfrac{t}{d_0}\right)d_0$

$$= \left(1 + 0.2 \times \dfrac{7}{30} + 1.1 \times \dfrac{4}{30}\right) \times 30 = 35.8\,mm$$

$$T = \tau_k A \times \dfrac{d_1}{2} = \tau_k\, b\, l \times \dfrac{d_1}{2}$$

$$\Rightarrow\; l_\tau = \dfrac{2T}{\tau_k\, b\, d_1} = \dfrac{2 \times 114.59}{25 \times 7 \times 35.8} \times 10^3 = 36.58\,mm$$

$$T = \sigma_k A_c \times \dfrac{d_1}{2} = \sigma_k\, \dfrac{h}{2}\, l \times \dfrac{d_1}{2} \;\Rightarrow\; \sigma_k = \dfrac{4T}{h\, l\, d_0}$$

$$\Rightarrow\; l_{\sigma_k} = \dfrac{4T}{\sigma_k\, h\, d_0} = \dfrac{4 \times 114.59}{50 \times 8 \times 35.8} \times 10^3 = 32.0\,mm$$

∴ **2 계산값 중에서 안전을 고려한 길이는** $36.58\,mm$ **이다.**

(3) $T = \tau Z_P = \tau \times \dfrac{\pi\, d_1^3}{16}$

$$\Rightarrow\; \tau = \dfrac{16T}{\pi\, d_1^3} = \dfrac{16 \times 114.59}{\pi \times 36.58^3} \times 10^3 = 11.92\,MPa \;<\; 25\,MPa\,(=\tau_a)$$

03. 1줄 겹치기 리벳이음의 강판두께 $10\,mm$, 리벳직경 $19\,mm$, 피치 $48\,mm$, 1피치당 하중 $10\,kN$일 때 다음을 구하라.
  (1) 강판의 인장응력 $\sigma_t\,[MPa]$
  (2) 리벳의 전단응력 $\tau_r\,[MPa]$

풀이 < 리벳 >

(1) $\sigma_t = \dfrac{W}{A_t} = \dfrac{W}{(p-d)t} = \dfrac{10 \times 10^3}{(48-19) \times 10} = 34.48\,MPa$

(2) $\tau_r = \dfrac{W}{A_\tau} = \dfrac{W}{\dfrac{\pi}{4}d^2 \times n} = \dfrac{10 \times 10^3}{\dfrac{\pi}{4} \times 19^2 \times 1} = 35.27\,MPa$

04. 직경 $48\,mm$, 길이 $0.8\,m$의 축에 $500\,N$의 회전체가 $0.3\,m$와 $0.5\,m$ 사이에 매달려 있을 때 다음을 구하라. (단, 축의 종탄성계수는 $E = 206\,GPa$이고 비중은 7.8이다.)
    (1) 축의 자중만 고려 시 위험속도 $N_0\,rpm$
    (2) 축의 하중만 작용 시 위험속도 $N_1\,rpm$
    (3) 던커레이 식을 이용하여 위험속도 $N\,rpm$

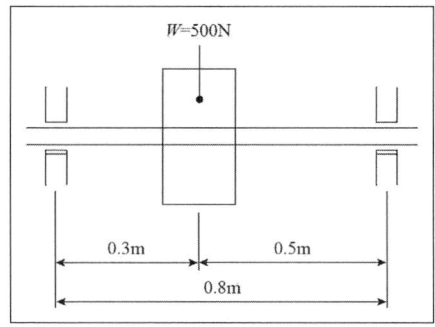

풀이 < 축 >

  (1) 등분포, 처짐 $\delta_0 = \dfrac{5\,w\,l^4}{384\,E\,I} = \dfrac{5 \times 138.323 \times 0.8^4}{384 \times 206 \times 10^9 \times \dfrac{\pi \times 0.048^4}{64}} \times 10^3$

                           ≒ $0.0137\,mm$

                        ⇧
               $w = \gamma A = 7.8 \times 9800 \times 10^{-6} \times \dfrac{\pi \times 48^2}{4} = 138.323\,N/m$

  축의 위험속도 $N_0 = \dfrac{30}{\pi}\sqrt{\dfrac{g}{\delta_0}} = \dfrac{30}{\pi}\sqrt{\dfrac{9800}{0.0137}} ≒ 8076.5\,rpm$

  (2) 집중, 처짐 $\delta_1 = \dfrac{P\,a_1^2\,b_1^2}{3\,l\,E\,I} = \dfrac{500 \times 0.3^2 \times 0.5^2}{3 \times 0.8 \times 206 \times 10^9 \times \dfrac{\pi \times 0.048^4}{64}} \times 10^3 ≒ 0.087\,mm$

                   ⇧
              a, b는 좌측 지지점으로부터의 거리

  축의 위험속도 $N_1 = \dfrac{30}{\pi}\sqrt{\dfrac{g}{\delta_1}} = \dfrac{30}{\pi}\sqrt{\dfrac{9800}{0.087}} ≒ 3204.98\,rpm$

  (3) 던커레이 식을 이용한 위험속도 $\dfrac{1}{N^2} = \dfrac{1}{N_0^2} + \dfrac{1}{N_1^2}$

    ∴ $N = \dfrac{1}{\sqrt{\dfrac{1}{N_0^2} + \dfrac{1}{N_1^2}}} = \dfrac{1}{\sqrt{\dfrac{1}{8076.5^2} + \dfrac{1}{3204.98^2}}} ≒ 2979.00\,rpm$

05. $150\,rpm$, $5\,톤$의 베어링 하중을 지지하는 엔드저널 베어링이 있다. 저널의 허용 굽힘 응력이 $58.8\,MPa$이고, 허용압력속도계수가 $1.47\,N/m^2 \cdot m/s$일 때 다음을 구하라.
  (1) 저널의 길이 $l\,[mm]$
  (2) 저널의 지름 $d\,[mm]$
  (3) 베어링 압력 $p\,[MPa]$를 구하고 허용 베어링 압력이 $2.0\,MPa$일 때 안전성을 판단하라.

풀이 < 저널 >

(1) $p_a v = \dfrac{\pi WN}{60 \times 1000\,l}$

$\Rightarrow l = \dfrac{\pi WN}{60 \times 1000 \times p_a v} = \dfrac{\pi \times 5 \times 10^3 \times 9.8 \times 150}{60 \times 1000 \times 1.47} = 261.8\,mm$

(2) $\sigma_a = \dfrac{M}{Z} = \dfrac{W\dfrac{l}{2}}{Z} = \dfrac{16\,Wl}{\pi d^3}$

$\Rightarrow d = \sqrt[3]{\dfrac{16\,Wl}{\pi \sigma_a}} = \sqrt[3]{\dfrac{16 \times 5 \times 10^3 \times 9.8 \times 261.8}{\pi \times 58.8}} = 103.58\,mm$

(3) $p = \dfrac{W}{A} = \dfrac{W}{dl} = \dfrac{5 \times 10^3 \times 9.8}{103.58 \times 261.8} = 1.807\,MPa < 2\,MPa$ ∴ **안전하다**

06. $300\,mm$, $500\,rpm$의 원통마찰차로 $3\,kW$의 동력을 전달하고자 한다. 다음을 구하라.
  (단, 접촉부 마찰계수는 0.27, 마찰차의 접촉 폭은 $120\,mm$이다.)
  (1) 마찰차를 밀어붙이는 힘 $W\,[N]$
  (2) 접촉선 압력 $f\,[N/mm]$

풀이 < 마찰차 >

(1) $v = \dfrac{\pi DN}{60 \times 1000} = \dfrac{\pi \times 300 \times 500}{60 \times 1000} = 7.85\,m/s$

$H_{kW} = \mu Wv \Rightarrow W = \dfrac{H_{kW}}{v\mu} = \dfrac{3 \times 10^3}{7.85 \times 0.27} = 1415.43\,N$

(2) 접촉선 압력 $f = \dfrac{W}{b} = \dfrac{1415.43}{120} = 11.8\,N/mm$

07. 공구압력각이 $14.5°$, 소기어의 잇수 20, 대기어의 잇수 30인 2개의 기어가 외접상태에 있는 전위기어를 제작하고자 한다. 모듈은 4이고 아래의 인벌류트 함수표를 참조하여 다음을 구하라.

(1) 구동기어와 피동기어의 이론 전위계수 x_1과 x_2
   (단, 답은 소수점 이하 5자리 까지 적어라.)
(2) 언더컷을 일으키지 않는 최소 중심거리 $C \, [mm]$

인벌류트 함수표

$\alpha[°]$	0	0.2	0.5	0.6	0.8
14.000	0.00498	0.00520	0.00543	0.00566	0.00590
15.000	0.00615	0.00640	0.00677	0.00693	0.00721
16.000	0.00749	0.00778	0.00808	0.00839	0.00870
17.000	0.00902	0.00936	0.00969	0.01004	0.01040
18.000	0.01076	0.01113	0.01152	0.01191	0.01231
19.000	0.01272	0.01313	0.01356	0.01400	0.01445
20.00k	0.01490	0.01537	0.01585	0.01634	0.01684
21.000	0.01734	0.01786	0.01840	0.01894	0.01949
22.000	0.02005	0.02063	0.02122	0.02182	0.02243
23.000	0.02305	0.02368	0.02433	0.02499	0.02566

풀이 < 기어 >

(1) 작은기어의 전위계수 $\quad x_1 = 1 - \dfrac{Z_1}{2} \sin^2 \alpha = 1 - \dfrac{20}{2} \times \sin^2 14.5° = 0.37310$

큰 기어의 전위계수 $\quad x_2 = 1 - \dfrac{Z_2}{2} \sin^2 \alpha = 1 - \dfrac{30}{2} \times \sin^2 14.5° = 0.05965$

(2) $\operatorname{inv} \alpha_b = \operatorname{inv} \alpha + 2 \times \left(\dfrac{x_1 + x_2}{Z_1 + Z_2} \right) \tan \alpha$

$\qquad = \left(\dfrac{0.00543 + 0.00566}{2} \right) + 2 \times \left(\dfrac{0.37310 + 0.05965}{20 + 30} \right) \times \tan 14.5°$

$\qquad = 0.01002$

주) 함수표에서 0.01002 값은 $\alpha = 17.4°$ 와 $17.6°$ 간에 보간법을 적용하면 더 정확한 값을 구할 수도 있다.

중심거리 증가계수

$$y = \dfrac{Z_1 + Z_2}{2} \left(\dfrac{\cos \alpha}{\cos \alpha_b} - 1 \right) = \dfrac{20 + 30}{2} \left(\dfrac{\cos 14.5°}{\cos 17.6°} - 1 \right) = 0.39229$$

중심거리

$$C = \dfrac{D_1 + D_2}{2} + ym = \dfrac{mZ_1 + mZ_2}{2} + ym$$

$$= \dfrac{4 \times (20 + 30)}{2} + 0.39229 \times 4 = 101.57 \, mm$$

08. $1350\,rpm$으로 $12\,kW$ 전달하는 V-벨트 전동장치가 있다. 사용하는 풀리는 B 형으로 허용장력 $980\,N$, 단위길이 당 벨트 무게 $3.6\,kg/m$ 이고 주동 풀리의 직경은 $200\,mm$ 이다. 다음을 구하라. (단, 벨트 접촉각은 $140°$, 벨트 및 풀리 사이의 마찰계수는 0.15, 접촉각 수정계수 $K_1 = 0.94$, 부하 수정계수 $K_2 = 0.75$, 홈 각 $2\alpha = 40°$ 이다.)

   (1) 벨트의 부가장력 $T_g\,[N]$
   (2) V-벨트 1가닥이 전달할 수 있는 동력 $H_0\,[kW]$
   (3) V-벨트의 가닥수 Z

풀이 < 벨트 (풀리) >

(1) $v = \dfrac{\pi D_1 N_1}{60 \times 1000} = \dfrac{\pi \times 200 \times 1350}{60 \times 1000} = 14.14\,m/s$

$w = \gamma A = \rho g A$

⇨ **부가장력** $T_g = ma = \dfrac{wv^2}{g} = \dfrac{3.6 \times 9.8 \times 14.14^2}{9.8} = 719.78\,N$

(2) 상당 마찰계수 $\mu' = \dfrac{\mu}{\sin\dfrac{\alpha}{2} + \mu\cos\dfrac{\alpha}{2}} = \dfrac{0.15}{\sin 20° + 0.15 \times \cos 20°} = 0.31$

장력비 $e^{\mu'\theta} = e^{0.31 \times 140° \times \frac{\pi}{180°}} = 2.13$

동력 $H_0 = T_e v = (T_t - T_g)\left(\dfrac{e^{\mu'\theta} - 1}{e^{\mu'\theta}}\right) v$

$= (980 - 719.78) \times \left(\dfrac{2.13 - 1}{2.13}\right) \times 14.14 \times 10^{-3} = 1.95\,kW$

(3) $Z = \dfrac{H}{K_1 K_2 H_0} = \dfrac{12}{0.94 \times 0.75 \times 1.75} = 8.73 ≒ 9$ 가닥

09. 50번 롤러체인 스프라켓 휠의 피치원 지름 $D_1 = 220\,mm$, $D_2 = 780\,mm$이고 중심거리 $1300\,mm$이며 구동 스프라켓 휠의 회전수는 $800\,rpm$이다. 다음을 구하라. (단, 파단하중 $21\,kN$, 피치 $15.88\,mm$, 안전율은 14로 한다.)
  (1) 전달동력 $H\,[kW]$
  (2) 링크 수 $L_n\,[개]$

풀이 < 체인 >

  (1) $v = \dfrac{\pi D_1 N_1}{60 \times 1000} = \dfrac{\pi \times 220 \times 800}{60 \times 1000} = 9.22\,m/s$

  $H_{kW} = F\,v = \dfrac{F_B}{S}v = \dfrac{21}{14} \times 9.22 = 13.83\,kW$

  (2) $L = 2C + \dfrac{\pi(D_1 + D_2)}{2} + \dfrac{(D_2 - D_1)^2}{4C}$

  $= 2 \times 1300 + \dfrac{\pi \times (220 + 780)}{2} + \dfrac{(780 - 220)^2}{4 \times 1300} = 4231.1\,mm$

  $\therefore L_n = \dfrac{L}{p} = \dfrac{4231.1}{15.88} = 266.4 \fallingdotseq 267\,개$

10. 나선형 원추코일 스프링의 상단부 유효직경 $D_1 = 26\,mm$, 하단부 유효직경은 $D_2 = 48\,mm$, 가해지는 하중 $P = 10\,kN$일 때, 스프링의 전단변형량 δ는 몇 mm인가? (단, 스프링 소선직경은 $10\,mm$, 횡탄성계수 $G = 81\,GPa$, 유효감김수 $n = 8$이다.)

풀이 < 스프링 >
  전단변형량(처짐)

  $\delta = \dfrac{16n(R_1^2 + R_2^2)(R_1 + R_2)P}{G d^4}$

  $= \dfrac{16 \times 8 \times (0.013^2 + 0.024^2) \times (0.013 + 0.024) \times 10 \times 10^3}{81 \times 10^9 \times .01^4} \times 10^3$

  $= 43.56\,mm$

11. $0.3\,m^3/s$의 유량이 흐르는 이음매 없고 두께가 얇은 파이프에서 $4\,MPa$의 내압이 작용하고 있을 때 다음을 구하라. (단, 관 재료의 인장강도는 $80\,MPa$이고 유속은 $12\,m/s$, 안전율 2, 부식여유 $C = 6\left(1 - \dfrac{PD}{66000}\right)$이다.)

 (1) 관의 안지름 $D\,[mm]$
 (2) 허용 인장강도를 고려하여 관의 최소 바깥지름 $D_o\,[mm]$

풀이 < 배관 >

(1) 유량 $Q = AV = \dfrac{\pi D^2}{4} V \;\Rightarrow\; D = \sqrt{\dfrac{4Q}{\pi V}} = \sqrt{\dfrac{4 \times 0.3}{\pi \times 12}} \times 10^3 = 178.41\,mm$

(2) $t = \dfrac{p\,d\,S}{2\,\sigma_a} + C = \dfrac{4 \times 178.41 \times 2}{2 \times 80} + 6 \times \left(1 - \dfrac{4 \times 178.41}{66000}\right) = 14.86\,mm$

$D_0 = D + 2t = 178.41 + 2 \times 14.86 = 208.13\,mm$

12. 그림과 같은 밴드 브레이크에서 $W = 230\,kg$, $D_1 = 500\,mm$, $D_2 = 300\,mm$, $b = 50\,mm$, $a = 20\,mm$, $t = 200\,mm$ 이다. 그리고 밴드 두께 $t = 4\,mm$, 밴드의 허용 인장응력 $\sigma_a = 60\,MPa$, 밴드접촉각 $220°$, 밴드접촉부 마찰계수 0.33일 때 다음을 구하라.
 (1) 화물 W의 낙하방지를 위해 드럼에 필요한 제동력 $Q\,[N]$
 (2) 제동을 위해 레버에 가해야 할 힘 $F\,[N]$
 (3) 밴드의 폭 $B\,[mm]$

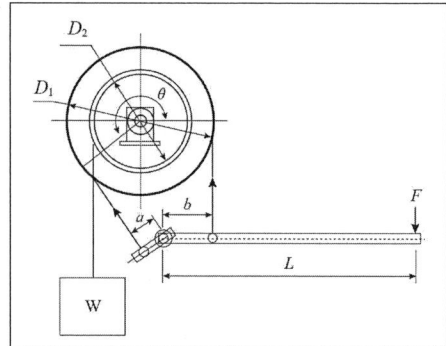

풀이 < 권상기 >

(1) 제동력 Q는
$$T = W\frac{D_2}{2} = Q\frac{D_1}{2} \;\Rightarrow\; Q = W\frac{D_2}{D_1} = 230 \times 9.8 \times \frac{300}{500} = 1352.4\,N$$

(2) 장력비 $e^{\mu\theta} = e^{0.33 \times 220° \times \frac{\pi}{180°}} = 3.55$

$$T_s = \frac{Q}{e^{\mu\theta} - 1} = \frac{1352.4}{3.55 - 1} = 530.4\,N$$

$$T_t = T_s e^{\mu\theta} = 530.4 \times 3.55 = 1882.92\,N$$

$$\sum M_o = 0 \;\Rightarrow\; T_s\,a + F\,l = T_t\,b$$

$$\Rightarrow F = \frac{T_t\,b - T_s\,a}{l} = \frac{1882.92 \times 50 - 530.4 \times 20}{200} = 417.69\,N$$

(3) $\sigma_a = \dfrac{T_t}{B\,t} \;\Rightarrow\; B = \dfrac{T_t}{\sigma_a\,t} = \dfrac{1882.92}{60 \times 4} = 7.85\,mm$

일반기계기사 2021년 1회

01. 바깥지름이 $50\,mm$이고 안지름이 $42\,mm$인 1줄 사각나사를 $50\,mm$ 전진시키는데 5회전이 필요하다. 나사 중심에서 작용점까지 유효길이가 $200\,mm$인 스패너를 $50\,N$의 힘으로 회전할 때 축방향 하중은 얼마인가? (단, $\mu = 0.12$이다.)

풀이 < 나사 >

이동거리 $\quad l = np \;\Rightarrow\; p = \dfrac{l}{n} = \dfrac{10}{1} = 10\,mm$

$\qquad\qquad\quad$ ⇧ 피치는 1회전당 전진하는 거리 ($50/5 = 10\,mm$)

유효직경 $\quad d_e = \dfrac{d_1 + d_2}{2} = \dfrac{42 + 50}{2} = 46\,mm$

회전토크 $\quad T = Fl = W\left(\dfrac{p + \mu \pi d_e}{\pi d_e - \mu p}\right) \cdot \dfrac{d_e}{2}$

축방향 하중 $\quad W = \dfrac{Fl}{\left(\dfrac{p + \mu \pi d_e}{\pi d_e - \mu p}\right) \cdot \dfrac{d_e}{2}} = \dfrac{50 \times 200}{\left(\dfrac{10 + 0.12 \times \pi \times 46}{\pi \times 46 - 0.12 \times 10}\right) \times \dfrac{46}{2}} = 2278.95\,N$

02. 핀이음에 $5000\,N$이 작용할 때 다음을 구하라. (단, 핀 재료의 허용전단응력은 $48\,MPa$, 허용굽힘응력은 $280\,MPa$이고 $b = 1.4d$이다. d는 핀의 지름이다.)
  (1) 전단응력을 고려 시 핀의 지름 $[mm]$
  (2) 굽힘응력을 고려 시 핀의 지름 $[mm]$

풀이 < 핀 >

(1) 전단에 의한 핀의 파손단면은 2개이므로

$\tau_a = \dfrac{W}{2A} = \dfrac{W}{2 \times \dfrac{\pi d^2}{4}} = \dfrac{2W}{\pi d^2} \;\Rightarrow\; d = \sqrt{\dfrac{2W}{\pi \tau_a}} = \sqrt{\dfrac{2 \times 5000}{\pi \times 48}} = 8.14\,mm$

(2) 굽힘에 의한 핀의 파손단면은 1개이며 중심부에서 최대 굽힘모멘트가 발생

$M = \sigma_b Z \;\Rightarrow\; \dfrac{Wl}{8} = \dfrac{W \times 2.8d}{8} = \sigma_{b_a} \dfrac{\pi d^3}{32}$

$\qquad\qquad$ ⇧ $\; l = 2b = 2 \times 1.4d = 2.8d$

$\therefore\; d = \sqrt{\dfrac{4 \times 2.8\,W}{\pi \sigma_{b_a}}} = \sqrt{\dfrac{4 \times 2.8 \times 5000}{\pi \times 280}} = 7.98\,mm$

03. 한 줄 겹치기 리벳이음에서 리벳 허용전단응력 $\tau_a = 49.05\,MPa$, 강판의 허용인장응력 $\sigma_t = 117.72\,MPa$, 리벳지름 $d = 16\,mm$ 일 때 다음을 구하라.
 (1) 리벳의 허용전단응력을 고려하여 가할 수 있는 최대하중 $W\,[kN]$
 (2) 리벳의 허용하중과 강판의 허용하중이 같다고 할 때 강판의 너비 $b\,[mm]$
 (3) 강판의 효율 $[\%]$

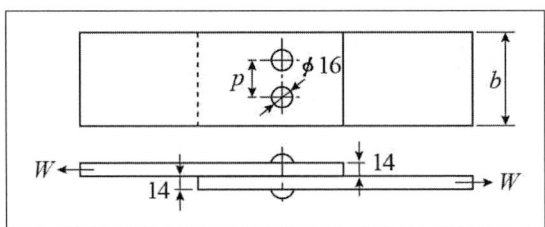

풀이 < 리벳 >

(1) $\tau_a = \dfrac{W}{A_\tau} \;\Rightarrow\; W = \tau_a A_\tau$

$$\Rightarrow W = \tau_a \dfrac{\pi}{4} d^2 \times n = 49.05 \times 10^3 \times \dfrac{\pi}{4} \times 0.016^2 \times 2 = 19.72\,kN$$

(2) $\sigma_t = \dfrac{W}{A_t} = \dfrac{W}{(b-2d)t} \;\Rightarrow\; W = \sigma_t(b-2d)t$

$$\Rightarrow b = 2d + \dfrac{W}{\sigma_t t} = 2 \times 16 + \dfrac{19.72 \times 10^3}{117.72 \times 14} = 43.97\,mm$$

(3) 강판효율 $\eta_p = \dfrac{\sigma_t(b-2d)t}{\sigma_t b t} = 1 - \dfrac{2d}{b} = 1 - \dfrac{2 \times 16}{43.97} = 0.2722 = 27.22\,\%$

04. 300 rpm으로 25 kW를 전달시키는 전동축이 500 kN·mm의 굽힘모멘트를 동시에 받는다. 축의 허용전단응력 $\tau_a = 50\ MPa$, 축의 허용굽힘응력 $\sigma_a = 66\ MPa$일 때, 다음을 구하라.

(1) 상당 비틀림모멘트 $T_e\ [kN \cdot mm]$
(2) 상당 굽힘모멘트 $M_e\ [kN \cdot mm]$
(3) 축의 직경 $d\ [mm]$ 표에서 구하라.

축직경	35	40	45	50	55

풀이 < 축 >

(1) 축의 동력 $H = T\omega \Rightarrow T = \dfrac{H}{\omega} = \dfrac{25 \times 10^3}{\left(\dfrac{2\pi \times 300}{60}\right)} = 795.78\ kN \cdot mm$

상당 비틀림모멘트 $T_e = \sqrt{M^2 + T^2} = \sqrt{500^2 + 795.78^2} = 939.81\ kN \cdot mm$

(2) 상당 굽힘모멘트 $M_e = \dfrac{1}{2}(M + T_e) = \dfrac{1}{2}(500 + 939.81) = 719.91\ kN \cdot mm$

(3) $T_e = \tau_a Z_P = \tau_a \times \dfrac{\pi d^3}{16}$

$\Rightarrow$ 비틀림 기준 축의 직경 $d = \sqrt[3]{\dfrac{16\ T_e}{\pi \tau_a}} = \sqrt[3]{\dfrac{16 \times 939.81 \times 10^3}{\pi \times 50}} = 45.75\ mm$

$M_e = \sigma_a Z = \sigma_a \times \dfrac{\pi d^3}{32}$

$\Rightarrow$ 굽힘 기준 축의 직경 $d = \sqrt[3]{\dfrac{32\ M_e}{\pi \sigma_a}} = \sqrt[3]{\dfrac{32 \times 719.91 \times 10^3}{\pi \times 66}} = 48.07\ mm$

∴ 2 값 중 안전을 고려한 값은 $48.07\ mm$이며, 표에서 $d = 50\ mm$를 선택한다.

05. $600\,rpm$으로 회전하는 엔드저널 $4000\,N$의 베어링 하중을 지지한다. 허용베어링 압력 $6\,MPa$, 허용압력속도계수 $p_a v = 2\,N/mm^2 \cdot m/s$, 마찰계수 $\mu = 0.006$일 때 다음을 구하라.
   (1) 저널의 길이 $[mm]$
   (2) 저널의 지름 $[mm]$

풀이 < 저널 >

(1) $p_a v = \dfrac{\pi W N}{60 \times 1000\, l} \;\Rightarrow\; l = \dfrac{\pi W N}{60 \times 1000\, p_a v} = \dfrac{\pi \times 4000 \times 600}{60 \times 1000 \times 2} = 62.83\,mm$

(2) $q = \dfrac{W}{A} = \dfrac{W}{d\, l} \;\Rightarrow\; d = \dfrac{W}{q\, l} = \dfrac{4000}{6 \times 62.83} = 10.61\,mm$

06. 축지름 $90\,mm$의 클램프 커플링(clamp coupling)에서 볼트 8개를 사용하여 $40\,kW$, $240\,rpm$으로 동력을 전달하고자 한다. 마찰력만으로 동력을 전달한다고 할 때 다음을 구하라. (단, 마찰계수 $\mu = 0.2$, 볼트에 생기는 인장응력은 $40\,MPa$이다.)
   (1) 커플링을 죄는 힘 $[N]$
   (2) 볼트의 골 지름 $[mm]$

풀이 < 커플링 >

(1) 전달동력 $H = T\omega \;\Rightarrow\; T = \dfrac{H}{\omega} = \dfrac{40 \times 10^6}{\left(\dfrac{2\pi \times 240}{60}\right)} = 1591.55 \times 10^3\,N \cdot mm$

   토크 $T = \mu \pi W \dfrac{d}{2} \;\Rightarrow\; W = \dfrac{2T}{\mu \pi d} = \dfrac{2 \times 1591.55 \times 10^3}{0.2 \times \pi \times 90} = 56289.57\,N$

(2) 한쪽 축을 조이는 볼트 수 : $\dfrac{Z}{2}$

$\Rightarrow W = \sigma_t \dfrac{\pi \delta^2}{4} \dfrac{Z}{2} \;\Rightarrow\; \delta = \sqrt{\dfrac{8W}{\pi \sigma_t Z}} = \sqrt{\dfrac{8 \times 56289.57}{\pi \times 40 \times 8}} = 21.17\,mm$

07. 홈붙이 마찰차(홈각도 $40°$)에서 원동차의 지름(홈의 평균지름)이 $250\,mm$, 회전수 $750\,rpm$, 종동차의 지름 $500\,mm$로 하여 $3.7\,kW$를 전달하려고 한다. 얼마의 힘으로 밀어붙여야 하는가? 또 홈의 깊이와 홈의 수를 구하라. (단, 허용접촉압력 $p_0 = 30\,N/mm$, 마찰계수 $\mu = 0.15$로 한다.)

풀이 < 마찰차 >

회전속도 $\quad v = \dfrac{\pi D_1 N_1}{60 \times 1000} = \dfrac{\pi \times 250 \times 750}{60 \times 1000} = 9.82\,m/s$

상당 마찰계수 $\quad \mu' = \dfrac{\mu}{\sin\alpha + \mu\cos\alpha} = \dfrac{0.15}{\sin 20° + 0.15\cos 20°} = 0.31$

전달동력 $\quad H' = \mu' W v \;\Rightarrow\; W = \dfrac{H'}{\mu' v} = \dfrac{3.7 \times 10^3}{0.31 \times 9.82} = 1215.43\,N$

홈의 깊이 $\quad h = 0.28\sqrt{\mu' W} = 0.28\sqrt{0.31 \times 1215.43} = 5.44\,mm$

$\mu Q = \mu' W \;\Rightarrow\;$ **수직력** $\quad Q = \dfrac{\mu' W}{\mu} = \dfrac{0.31 \times 1215.43}{0.15} = 2511.89\,N$

홈의 수 $\quad Z = \dfrac{Q}{2 h p_0} = \dfrac{2511.89}{2 \times 5.44 \times 30} = 7.7 \fallingdotseq 8$ 개

08. 웜기어 동력전달 장치에서 감속비가 $1/20$, 웜축의 회전수 $1500\,rpm$, 웜의 모듈 6, 압력각 $20°$, 줄수 3, 피치원 지름 $56\,mm$, 웜휠의 치폭 $45\,mm$, 유효 이나비는 $36\,mm$이다. 다음을 구하라. (단, 웜의 재질은 담금질강, 웜휠은 인청동을 사용한다.)

(1) 웜의 리드각 $\beta\,[\deg]$
(2) 웜의 치직각 피치 $p_n\,[mm]$
(3) 최대 전달동력 $H_{kW}\,[kW]$
 - 웜휠의 굽힘응력 $\sigma_b = 166.6\,N/mm^2$
 - 치형계수 $y = 0.125$
 - 웜의 리드각에 의한 계수 $\phi = 1.25$, $\beta = 10 \sim 25°$

내 마멸계수 K

웜의 재료	웜휠의 재료	$K\,[N/mm^2]$
강	인청동	411.6×10^{-3}
담금질 강	주철	343×10^{-3}
담금질 강	인청동	548.8×10^{-3}
담금질 강	합성수지	833×10^{-3}
주철	인청동	1038.8×10^{-3}

풀이 < 기어 >

(1) $l = Z_w p = Z_w \pi m = 3 \times \pi \times 6 = 56.55\,mm$

$$\tan\beta = \frac{l}{\pi D_w} \Rightarrow \beta = \tan^{-1}\left(\frac{l}{\pi D_w}\right) = \tan^{-1}\left(\frac{56.55}{\pi \times 56}\right) = 17.82°$$

(2) $p_n = p\cos\beta = \pi m \cos\beta = \pi \times 6 \times \cos 17.82° = 17.95\,mm$

(3) $v_g = \dfrac{\pi D_g N_g}{60 \times 1000} = \dfrac{\pi \times 360 \times 75}{60 \times 1000} = 1.41\,m/s$

금속재료이므로 $f_v = \dfrac{6}{6+v_g} = \dfrac{6}{6+1.41} = 0.81$

굽힘강도를 고려한 전달하중
$$F_1 = f_v \sigma_b b p_n y = 0.81 \times 166.6 \times 45 \times 17.95 \times 0.125 = 13625.33\,N$$

면압강도를 고려한 전달하중
$$F_2 = f_v \phi D_g b_e K = 0.81 \times 1.25 \times 360 \times 36 \times 548.8 \times 10^{-3} = 7201.35\,N$$

안전을 고려하여 작은 값을 선택해야 하므로
최대 전달동력 $H_{kW} = F_2 v_g = 7201.35 \times 1.41 = 10153.9\,N\cdot m/s$
$\qquad\qquad\qquad\qquad\qquad\qquad = 10153.9\,W \fallingdotseq 10.15\,kW$

09. 중심거리 $800\ mm$, 모터축의 V 풀리의 직경 $300\ mm$, 전동차의 V 풀리의 직경을 $100\ mm$ 라 할 때 다음을 구하라.
  (1) 벨트의 길이 $[mm]$
  (2) 벨트의 접촉각 $[도]$

풀이 < 벨트 (풀리) >

(1) 벨트길이 $\quad L = 2C + \dfrac{\pi(D_2 + D_1)}{2} + \dfrac{(D_2 - D_1)^2}{4C}$

$$= 2 \times 800 + \dfrac{\pi(300 + 100)}{2} + \dfrac{(300 - 100)^2}{4 \times 800} = 2240.82\ mm$$

(2) $C \sin\phi = \dfrac{(D_2 - D_1)}{2}$

$\Rightarrow \phi = \sin^{-1}\left(\dfrac{D_2 - D_1}{2C}\right) = \sin^{-1}\left(\dfrac{300 - 100}{2 \times 800}\right) = 7.1808°$

원동측 접촉각 $\quad \theta_1 = 180° - 2\phi = 180° - 2 \times 7.1808° = 165.64°$
종동측 접촉각 $\quad \theta_2 = 180° + 2\phi = 180° + 2 \times 7.1808° = 194.36°$

10. 원통형 코일스프링에 하중 P 가 작용하고 있다. 소선의 직경이 $10\ mm$, 스프링 지수가 8, 횡탄성계수가 $78\ GPa$일 때 다음을 구하라. (단, 코일스프링의 허용전단응력은 $500\ MPa$이고, 스프링의 유효권수는 4 이다.)
  (1) 최대하중 $[N]$
  (2) 처짐량 $[mm]$

풀이 < 스프링 >

(1) 스프링지수 $\quad C = \dfrac{D}{d} \quad \Rightarrow \quad D = Cd = 8 \times 10 = 80\ mm$

응력수정계수 $\quad K = \dfrac{4C-1}{4C-4} + \dfrac{0.615}{C} = \dfrac{4 \times 8 - 1}{4 \times 8 - 4} + \dfrac{0.615}{8} = 1.18$

비틀림모멘트 $\quad T = \tau_a Z_p = P\dfrac{D}{2}$

$\Rightarrow \tau_{max} = K\dfrac{PD}{2Z_p} = K\dfrac{PD}{2 \times \dfrac{\pi d^3}{16}} = K\dfrac{8PD}{\pi d^3} \leq \tau_a$

$\therefore$ 최대하중 $\quad P \leq \dfrac{\tau_a \pi d^3}{8DK} = \dfrac{500 \times \pi \times 10^3}{8 \times 80 \times 1.18} = 2079.97\ N$

(2) 처짐 $\quad \delta = \dfrac{8nD^3W}{Gd^4} = \dfrac{8nD^3P}{Gd^4} = \dfrac{8 \times 4 \times 80^3 \times 2079.97}{78 \times 10^3 \times 10^4} = 43.69\ mm$

11. 관 내의 유량이 $1\,m^3/s$ 이고, 유속 $5\,m/s$로 흐르는 이음매 없는 강관에서 내압 $p = 2.45\,MPa$에 견디는 관을 제작하려고 할 때 다음을 구하라.

   (1) 관내경 $D\,[mm]$
   (2) 허용인장응력을 고려한 관의 최소두께 $[mm]$
   (단, 강관의 허용인장응력 $(\sigma_a) = 58.86\,MPa$, 부식여유 $(C) = 1\,mm$ 이다.)

풀이 < 배관 >

   (1) 유량 $Q = AV = \dfrac{\pi d^2}{4} V \ \Rightarrow\ d = \sqrt{\dfrac{4Q}{\pi V}} = \sqrt{\dfrac{4 \times 1}{\pi \times 5}} \times 10^3 = 504.63\,mm$

   (2) 허용인장응력 $\sigma_{\max} = \dfrac{pd}{2t} \leq \sigma_a$

   $\therefore$ 강관의 최소두께 $t \geq \dfrac{pd}{2\sigma_a} + C = \dfrac{2.45 \times 504.63}{2 \times 58.86} + 1 = 11.5\,mm$

일반기계기사 2021년 2회

01. 그림과 같이 외경 $52\,mm$, 유효경 $48\,mm$, 피치 $8.47\,mm$인 $29°$ 사다리꼴 한줄나사 나사잭(jack)에서 $W = 60\,kN$을 $0.5\,m/\min$의 속도로 올리고자 한다. 다음을 구하라.

  (1) 하중을 들어올리는데 필요한 torque : $T = [N \cdot mm]$ (단, 나사부의 유효 마찰 계수 $\mu' = 0.155$, 칼라부의 마찰계수 $\mu = 0.01$, 칼라부의 평균지름 $d' = 60\,mm$)
  (2) 잭의 효율 : η
  (3) 소요동력 : $H'\,[kW]$

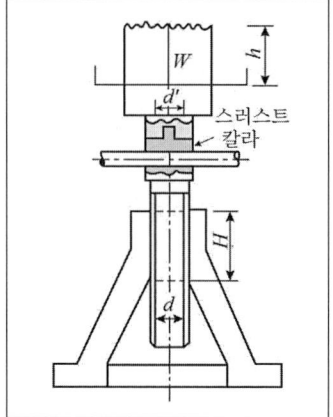

풀이 < 나사 >

(1) $T = T_1 + T_2 = \mu_1 W r_m + W\left(\dfrac{p + \mu'\pi d_e}{\pi d_e - \mu' p}\right) \cdot \dfrac{d_e}{2}$

$= (0.01 \times 60 \times 10^3 \times 60/2) + 60 \times 10^3 \times \left(\dfrac{8.47 + 0.155 \times \pi \times 48}{\pi \times 48 - 0.155 \times 8.47}\right) \times \dfrac{48}{2}$

$\fallingdotseq 324753.17\,N \cdot mm$

(2) $\eta = \dfrac{Wp}{2\pi T} = \dfrac{60 \times 10^3 \times 8.47}{2\pi \times 324753.17} = 0.2491 = 24.91\,\%$

(3) $H' = \dfrac{Wv}{\eta} = \dfrac{60 \times \dfrac{0.5}{60}}{0.2491} = 2\,kW$

02. 지름이 $70\,mm$인 전동축에 회전수 $300\,rpm$으로 $12\,kW$를 전달가능한 묻힘키를 설계하고자 한다. 묻힘키의 폭과 높이는 $20\,mm \times 13\,mm$이고, 키의 허용전단응력은 $20\,MPa$, 키의 허용압축응력은 $80\,MPa$이다. (단, 키의 묻힘깊이는 $h/2$이다.)
  (1) 축의 전달토크 $T\,[\,J\,]$
  (2) 키의 전단응력만 고려한 키의 길이 $l_1\,[\,mm\,]$
  (3) 키의 압축응력만 고려한 키의 길이 $l_2\,[\,mm\,]$

풀이 < 키 >

(1) $H = T\omega \;\Rightarrow\; T = \dfrac{H}{\omega} = \dfrac{12 \times 10^3}{\left(\dfrac{2\pi \times 300}{60}\right)} = 381.97\,N\cdot m = 381.97\,J$

(2) $T = \tau_k A \times \dfrac{d}{2} = \tau_k b\, l_1 \times \dfrac{d}{2} \;\Rightarrow\; l_1 = \dfrac{2T}{\tau_k b d} = \dfrac{2 \times 381.97 \times 10^3}{20 \times 20 \times 70} = 27.28\,mm$

(3) $T = \sigma_k A_c \times \dfrac{d}{2} = \sigma_k \dfrac{h}{2} l_2 \times \dfrac{d}{2} \;\Rightarrow\; \sigma_k = \dfrac{4T}{h\, l_2\, d}$

$\therefore\; l_2 = \dfrac{4T}{\sigma_k h d} = \dfrac{4 \times 381.97 \times 10^3}{80 \times 13 \times 70} = 20.99\,mm$

03. 두께가 $20\,mm$인 강판을 1줄 겹치기 리벳이음으로 이음하고자 한다. 다음을 구하라.
  (1) 리벳의 지름 : $d\,[\,mm\,]$ (단, $\tau_r = 0.7\sigma_c$ 이다.)
  (2) 효율을 최대로 하는 피치 : $p\,[\,mm\,]$ (단, $\tau_r = 0.7\sigma_t$ 이다.)
  (3) 이음효율 : $\eta\,[\,\%\,]$

풀이 < 리벳 >

(1) $W = \sigma_c d t n$ ……❶ $W = \tau_r \dfrac{\pi}{4} d^2 n$ ……❷ $W = \sigma_t (p-d) t$ ……❸

  ❶과 ❷식에서

$$\sigma_c d t n = \tau_r \dfrac{\pi}{4} d^2 n \;\Rightarrow\; d = \dfrac{4\sigma_c t}{\pi \tau_r} = \dfrac{4 \times \sigma_c \times 20}{\pi \times 0.7\sigma_c} = 36.38\,mm$$

(2) ❷와 ❸식에서

$$\tau_r \dfrac{\pi}{4} d^2 n = \sigma_t (p-d) t \;\Rightarrow\; p = \dfrac{\tau_r \pi d^2}{4\sigma_t t} + d = \dfrac{0.7\sigma_t \times \pi \times 36.38^2}{4 \times \sigma_t \times 20} + 36.38$$
$$= 72.76\,mm$$

(3) 강판효율 $\eta_p = \eta_t = 1 - \dfrac{d}{p} = 1 - \dfrac{36.38}{72.76} = 0.5 = 50\,\%$

  리벳효율 $\eta_r = \dfrac{\tau_r \dfrac{\pi}{4} d^2 \times n}{\sigma_t p t} = \dfrac{0.7\sigma_t \times \dfrac{\pi}{4} \times 36.38^2 \times 1}{\sigma_t \times 72.76 \times 20} = 0.5 = 50\,\%$

  ∴ **이음효율** $\eta = 50\,\%$ **이다.**

---

04. $150\,rpm$으로 $20\,kW$를 전달하는 축의 지름을 몇 mm로 하는 것이 좋은가?
  (단, 축의 허용 비틀림응력을 $\tau_a = 20\,MPa$로 한다.)

풀이 < 축 >

축의 동력 $H = T\omega \;\Rightarrow\; T = \dfrac{H}{\omega} = \dfrac{20 \times 10^6}{\left(\dfrac{2\pi \times 150}{60}\right)} = 1273.24 \times 10^3\,N \cdot mm$

비틀림모멘트 $T = \tau_a Z_P = \tau_a \dfrac{\pi d^3}{16}$

$$\Rightarrow\; d = \sqrt[3]{\dfrac{16T}{\pi \tau_a}} = \sqrt[3]{\dfrac{16 \times 1273.24 \times 10^3}{\pi \times 20}} = 68.7\,mm$$

05. 회전수 $500\,rpm$으로 $H'=20\,kW$의 동력을 전달하는 축이 있다. 축 재료의 허용 전단응력(τ_a)이 $=50\,MPa$일 때 다음을 구하라.
    (1) 중실축인 경우, 축의 지름 $d\,[mm]$
    (2) 외경 $d_2=40\,mm$인 중공축으로 대체할 때 내경 $d_1\,[mm]$
    (3) 두 축은 같은 허용전단응력 동일재료일 경우 중실축과 중공축의 중량비 $\left(\dfrac{W_1}{W_2}\right)$

풀이 < 축 >

(1) $H'=T\omega \;\Rightarrow\; T=\dfrac{H'}{\omega}=\dfrac{20\times 10^6}{\left(\dfrac{2\pi\times 500}{60}\right)}=381.97\times 10^3\,N\cdot mm$

비틀림모멘트 $T=\tau_a Z_P=\tau_a\dfrac{\pi d^3}{16}$

$\Rightarrow d=\sqrt[3]{\dfrac{16\,T}{\pi\,\tau_a}}=\sqrt[3]{\dfrac{16\times 381.97\times 10^3}{\pi\times 50}}=33.89\,mm$

(2) $T=\tau_a Z_P=\tau_a\times\dfrac{\pi(d_2^4-d_1^4)}{16\,d_2}$

$\Rightarrow d_1=\sqrt[4]{d_2^4-\dfrac{16\,d_2\,T}{\pi\,\tau_a}}=\sqrt[4]{40^4-\dfrac{16\times 40\times 381.97\times 10^3}{\pi\times 50}}=31.65\,mm$

(3) 중량비 $\dfrac{W_1}{W_2}=\dfrac{\gamma V_1}{\gamma V_2}=\dfrac{\gamma A_1 l}{\gamma A_2 l}=\dfrac{A_1}{A_2}=\dfrac{\dfrac{\pi d^2}{4}}{\dfrac{\pi(d_2^2-d_1^2)}{4}}=\dfrac{d^2}{d_2^2-d_1^2}=\dfrac{33.89^2}{40^2-31.65^2}$

$=1.92$

06. 지름 $40\,mm$, 길이 $150\,mm$인 엔드저널이 $300\,rpm$으로 $4000\,N$의 하중을 지지하고 있을 때 다음을 구하라. (단, 허용압력속도계수(= 발열계수) $pv_a=0.6\,MPa\cdot m/s$ 이다.)
    (1) 베어링 압력 $[MPa]$
    (2) 발열계수 $[MPa\cdot m/s]$를 구하고, 안전여부 결정

풀이 < 저널 >

(1) $p=\dfrac{W}{d\,l}=\dfrac{4000}{40\times 150}=0.67\,N/mm^2=0.67\,MPa$

(2) 압력속도계수 $pv=p\times\dfrac{\pi dN}{60\times 1000}=0.67\times\dfrac{\pi\times 40\times 300}{60\times 1000}=0.42\,MPa\cdot m/s$

$\therefore\; pv=0.42\,MPa\cdot m/s \le pv_a=0.6\,MPa\cdot m/s$ 이므로 안전하다.

07. 매분 600회전하여 $7.35\,kW$를 전달시키는 외접 평마찰차가 지름이 $450\,mm$이면 그 나비는 몇 mm로 하여야 하는가? (단, 단위길이당 허용압력 $f_w = 1.5\,N/mm$, 마찰계수 $\mu = 0.25$이다.)

풀이 < 마찰차 >

전달동력 $\quad H = T\omega \;\Rightarrow\; T = \dfrac{H}{\omega} = \dfrac{7.35 \times 10^3}{\left(\dfrac{2\pi \times 600}{60}\right)} = 116.98\,N \cdot m$

전달토크 $\quad T = \mu P \dfrac{D}{2} \;\Rightarrow\; P = \dfrac{2T}{\mu D} = \dfrac{2 \times 116.98 \times 10^3}{0.25 \times 450} = 2079.64\,N$

$\qquad\qquad P = f_w\, b \;\Rightarrow\; b = \dfrac{P}{f_w} = \dfrac{2079.64}{1.5} = 138.64\,mm$

---

08. 웜기어 전동장치에서 웜은 피치가 $31.4\,mm$, 회전수 $800\,rpm$, 4줄 나사, 피치원의 지름이 $64\,mm$, 압력각 $14.5°$ 일 때 다음을 구하라. (단, 마찰계수 0.1에 전달동력은 $22\,kW$이다.)
 (1) 웜의 리드각 $\beta\,[\deg]$
 (2) 웜의 회전력 $F\,[N]$
 (3) 웜 잇면의 수직력 $F_n\,[N]$

풀이 < 기어 >

(1) 웜의 리드각(진입각)

$\tan \beta = \dfrac{l}{\pi D_w} = \dfrac{np}{\pi D_w} \;\Rightarrow\; \beta = \tan^{-1}\dfrac{np}{\pi D_w} = \tan^{-1}\left(\dfrac{4 \times 31.4}{\pi \times 64}\right) = 31.99°$

(2) 전달동력 $\quad H' = T\omega \;\Rightarrow\; T = \dfrac{H'}{\omega} = \dfrac{22 \times 10^3}{\left(\dfrac{2\pi \times 800}{60}\right)} = 262.61\,N \cdot m$

전달토크 $\quad T = F \times \dfrac{D_w}{2} \;\Rightarrow\;$ 웜의 회전력 $\;F = \dfrac{2T}{D_w} = \dfrac{2 \times 262.61}{0.064} = 8206.56\,N$

(3) 상당 마찰계수 $\quad \tan \rho' = \mu' = \dfrac{\mu}{\cos \alpha_n} = \dfrac{0.1}{\cos 14.5°} = 0.1033$

$F = F_n(\sin\beta + \tan\rho' \cos\beta)$

$\Rightarrow\; F_n = \dfrac{F}{\sin\beta + \tan\rho' \cos\beta} = \dfrac{8206.56}{\sin 31.99° + 0.1033 \times \cos 31.99°}$
$\qquad\quad = 13292.47\,N$

09. 축간거리 $5\,m$, 지름이 $400\,mm$ 및 $600\,mm$인 주철제 풀리를 바로걸기 2겹 가죽벨트 (두께 $t = 8\,mm$)로 $18.5\,kW$를 전달하고자 한다. 벨트의 허용인장응력 $\sigma_t = 2.5\,MPa$, 이음효율 $\eta = 0.9$라 할 때 다음을 구하라. (단, 원심력의 영향은 무시하며, $e^{\mu\theta} = 2.2$, $v = 9\,m/s$, $N_A = 430\,rpm$이다.)

   (1) 유효장력 $T_e\,[N]$
   (2) 긴장측장력 $T_t\,[N]$
   (3) 벨트의 폭 $b\,[mm]$
   (4) 벨트의 길이 $L\,[mm]$

풀이 < 벨트 (풀리) >

(1) $H = T_e\,v\ \Rightarrow\ T_e = \dfrac{H}{v} = \dfrac{18.5 \times 10^3}{9} = 2055.56\,N$

(2) $T_t = \dfrac{e^{\mu\theta}}{e^{\mu\theta} - 1} \times T_e = \dfrac{2.2}{2.2 - 1} \times 2055.56 = 3768.53\,N$

(3) $\sigma_t = \dfrac{T_t}{b\,t\,\eta}\ \Rightarrow\ b = \dfrac{T_t}{\sigma_t\,t\,\eta} = \dfrac{3768.53}{2.5 \times 8 \times 0.9} = 209.36\,mm$

(4) 벨트길이 $L = 2C + \dfrac{\pi(D_2 + D_1)}{2} + \dfrac{(D_2 - D_1)^2}{4C}$

$\qquad\qquad\ = 2 \times 5000 + \dfrac{\pi(600 + 400)}{2} + \dfrac{(600 - 400)^2}{4 \times 5000} = 11572.8\,mm$

10. 겹판스프링에서 스팬의 길이 $l = 1500\,mm$, 스프링의 나비 $b = 120\,mm$, 밴드의 나비 $120\,mm$, 판 두께 $12\,mm$, $3600\,N$의 하중이 작용하여 $150\,MPa$의 굽힘응력이 발생할 때 다음을 구하라. (단, 세로탄성계수 $E = 209\,GPa$이며 유효길이 $l_e = l - 0.6\,e$이다.)
   - **(1)** 굽힘응력을 고려하여 판의 수 n을 구하라.
   - **(2)** 처짐 $\delta\,[mm]$
   - **(3)** 고유진동수 $f\,[Hz]$

풀이 < 스프링 >

(1) $l_e = l - 0.6\,e = 1500 - 0.6 \times 120 = 1428\,mm$

⇧ e는 밴드의 나비 (허리조임 폭)

$\sigma_b = \dfrac{3\,W\,l_e}{2\,n\,b\,h^2} \;\Rightarrow\; n = \dfrac{3\,W\,l_e}{2\,b\,h^2\,\sigma_b} = \dfrac{3 \times 3600 \times 1428}{2 \times 120 \times 12^2 \times 150} = 2.975 ≒ 3\,장$

(2) $\delta = \dfrac{3\,W\,l_e^3}{8\,n\,b\,h^3\,E} = \dfrac{3 \times 3600 \times 1428^3}{8 \times 3 \times 120 \times 12^3 \times 209 \times 10^3} = 30.24\,mm$

(3) $f = \dfrac{\omega_c}{2\pi} = \dfrac{1}{2\pi}\sqrt{\dfrac{g}{\delta}} = \dfrac{1}{2\pi}\sqrt{\dfrac{9800}{30.24}} = 2.87\,Hz$

11. 래칫 휠의 잇수는 10개이고, $150\,N \cdot m$의 토크를 받는 외측 래칫 휠에서 다음을 구하라. (단, 재료는 주강으로 하고, 허용굽힘응력 $\sigma_b = 50\,N/mm^2$, 이나비 계수 $\phi = 0.4$, 이의 높이 $h = 12\,mm$, 피치원 지름 $D = 110\,mm$, 이에 작용하는 면압력 $q = 13\,N/mm^2$이다.)
   - **(1)** 원주피치 $[mm]$
   - **(2)** 래칫 휠의 폭 $[mm]$

풀이 < 기타 (래칫 휠) >

(1) $p = 3.75\sqrt[3]{\dfrac{T}{\phi\,Z\,\sigma_b}} = 3.75 \times \sqrt[3]{\dfrac{150 \times 10^3}{0.4 \times 10 \times 50}} = 34.07\,mm$

(2) $T = F \times \dfrac{D}{2} \;\Rightarrow\; F = \dfrac{2T}{D} = \dfrac{2 \times 150 \times 10^3}{110} = 2727.27\,N$

$q = \dfrac{F}{b\,h} \;\Rightarrow\; b = \dfrac{F}{q\,h} = \dfrac{2727.27}{13 \times 12} = 17.48\,mm$

일반기계기사 2021년 4회

01. 나사 유효지름 $27\,mm$, 피치 $6\,mm$의 나사잭으로 $500\,kg$의 중량을 들어올리려 한다. 나사부 마찰계수는 0.08, 칼라와 접촉부와의 마찰계수는 0.05이고 칼라부 유효평균 지름은 $40\,mm$이다. 다음을 구하라. (단, 길이 $280\,mm$의 레버를 사용한다.)
 (1) 나사를 올리는데 필요한 힘 $F_1\,(N)$?
 (2) 나사를 내리는데 필요한 힘 $F_2\,(N)$?

풀이 < 나사 >

(1) 나사를 올릴 때

리드각 $\tan\alpha = \dfrac{p}{\pi d_e} \Rightarrow \alpha = \tan^{-1}\left(\dfrac{p}{\pi d_e}\right) = \tan^{-1}\left(\dfrac{6}{\pi\times 27}\right) = 4.05\,°$

마찰각 $\rho = \tan^{-1}(\mu) = \tan^{-1}(0.08) = 4.57\,°$

토크 $T = W\tan(\rho+\alpha)\cdot\dfrac{d_e}{2} + \mu_m W\dfrac{D_m}{2} = F_1\,l$

$\qquad = 500\times\tan(4.57\,°+4.05)\times\dfrac{27}{2} + 0.05\times 500\times\dfrac{40}{2} = F_1\times 280$

$\qquad \therefore\ F_1 \fallingdotseq 53.31\,N$

(2) 나사를 내릴 때

토크 $T' = W\tan(\rho-\alpha)\cdot\dfrac{d_e}{2} + \mu_m W\dfrac{D_m}{2} = F_2\,l$

$\qquad = 500\times\tan(4.57\,°-4.05)\times\dfrac{27}{2} + 0.05\times 500\times\dfrac{40}{2} = F_2\times 280$

$\qquad \therefore\ F_1 \fallingdotseq 19.64\,N$

02. $200\,rpm$으로 $3.5\,kW$를 전달하고자 하는 축이 있다. 이 축에 $b \times h = 11\,mm \times 8\,mm$의 묻힘 키를 사용하고자 할 때 다음을 구하라. (단, 축의 허용전단응력 $110\,MPa$, 키의 허용전단응력 $80\,MPa$, 키의 허용압축응력 $120\,MPa$이다.)
  (1) 축의 강도를 고려한 축 직경 $d\,[mm]$
  (2) 키의 전단과 압축을 고려했을 때 키의 길이 $l\,[mm]$ (단, 키의 묻힘깊이는 $t = h/2$이다.)

풀이 < 키 >

(1) $H = T\omega \;\Rightarrow\; T = \dfrac{H}{\omega} = \dfrac{3.5 \times 10^3}{\left(\dfrac{2\pi \times 200}{60}\right)} = 167.198\,N \cdot m = 167198\,N \cdot mm$

$T = \tau_0 Z_P = \tau_0 \dfrac{\pi d_0^3}{16} \;\Rightarrow\; d_0 = \sqrt[3]{\dfrac{16T}{\pi \tau_0}} = \sqrt[3]{\dfrac{16 \times 167198}{\pi \times 110}} \fallingdotseq 19.79\,mm$

(2) $T = \tau_k A \times \dfrac{d}{2} = \tau_k b l_1 \times \dfrac{d}{2} \;\Rightarrow\; l_1 = \dfrac{2T}{\tau_k b d} = \dfrac{2 \times 167198}{80 \times 11 \times 19.78} = 19.21\,mm$

$T = \sigma_k A_c \times \dfrac{d}{2} = \sigma_k \dfrac{h}{2} l_2 \times \dfrac{d}{2} \;\Rightarrow\; \sigma_k = \dfrac{4T}{h l_2 d}$

$\therefore\; l_2 = \dfrac{4T}{\sigma_k h d} = \dfrac{4 \times 167198}{120 \times 8 \times 19.78} = 35.22\,mm$

$\therefore$ 2 계산값 중에서 안전을 고려한 길이는 $35.22\,mm$ 이다.

03. 아래 그림과 같은 편심하중을 받고 있는 리벳이음에 대하여 다음을 구하라.
(단, 허용전단응력 $80\ MPa$, 안전계수는 **1.5**이다.)

(1) 최대전단력 $F_{\max}\ [\,N\,]$
(2) 허용전단력을 고려하는 리벳의 지름
$d\ [\,mm\,]$

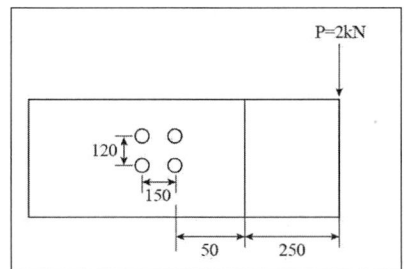

풀이 < 리벳 >

(1) P 에 의한 전단력은 작용하중과 비틀림모멘트를 리벳이음의 중심으로 이전시켜 렌치를 구성하는 직접전단력(F_1)과 굽힘모멘트에 의한 굽힘전단력(F_2)으로 구분하여 적용한다.

직접전단력 $F_1 = \dfrac{P}{Z} = \dfrac{2000}{4} = 500\ N$

비틀림모멘트에 의한 굽힘전단력 (F_2)

$$T = P\,l = 4F_2\,r \ \Rightarrow\ F_2 = \dfrac{P\,l}{4\,r} = \dfrac{2000 \times (75+50+250)}{4 \times \sqrt{75^2+60^2}} = 1952.17\ N$$

∴ 리벳이음의 최대전단력은

$$F_{\max} = \sqrt{F_1^{\,2} + F_2^{\,2} + 2F_1 F_2 \cos\theta} \quad \Leftarrow\ \cos\theta = \dfrac{75}{\sqrt{75^2+60^2}} = 0.78$$

$$= \sqrt{500^2 + 1952.17^2 + 2 \times 500 \times 1952.17 \times 0.78}$$

$$= 2362.98\ N$$

(2) $\tau_a = S\,\tau_{\max} = S\,\dfrac{F_{\max}}{A} = S\,\dfrac{4F_{\max}}{\pi\,d^2}$

$\Rightarrow\ d = \sqrt{S\,\dfrac{4F_{\max}}{\pi\,\tau_a}} = \sqrt{1.5 \times \dfrac{4 \times 2362.98}{\pi \times 80}} \fallingdotseq 7.51\ mm$

04. $600\,rpm$으로 $2.7\,kW$를 전달하는 중공축이 있다. 이 축에 작용하는 굽힘모멘트는 $600\,N \cdot m$이고 허용전단응력은 $120\,MPa$이다. 다음을 구하라. (단, 동적효과계수는 각각 $k_m = 1.8$, $k_t = 1.2$이고 내외경비 $x = 0.7$이다.)

(1) 상당 굽힘모멘트 $M_e\,[N \cdot m]$와 상당 비틀림모멘트 $T_e\,[N \cdot m]$

(2) 위의 값을 이용하여 중공축의 최소외경 $d_2\,[mm]$

풀이 < 축 >

(1) 축의 동력 $H = T\omega$ ⇨ 토크 $T = \dfrac{H}{\omega} = \dfrac{2.7 \times 1000}{\left(\dfrac{2\pi \times 600}{60}\right)} = 42.99\,N \cdot m$

동적효과를 고려하는 상당 비틀림모멘트
$$T_e = \sqrt{(k_m M)^2 + (k_t T)^2}$$
$$= \sqrt{(1.8 \times 600)^2 + (1.2 \times 42.99)^2}$$
$$\fallingdotseq 1081.23\,N \cdot m$$

동적효과를 고려하는 상당 굽힘모멘트
$$M_e = \dfrac{1}{2}(k_m M + T_e)$$
$$= \dfrac{1}{2} \times (1.8 \times 600 + 1081.23)$$
$$\fallingdotseq 1080.62\,N \cdot m$$

(2) $T_e = \tau_a Z_P = \tau_a \dfrac{\pi d_2^3}{16}(1 - x^4)$

⇨ $d_2 = \sqrt[3]{\dfrac{16\,T_e}{\pi \tau_a (1 - x^4)}} = \sqrt[3]{\dfrac{32 \times 1080.62 \times 10^3}{\pi \times 120 \times (1 - 0.7^4)}} = 39.23\,mm$

05. 베어링 하중 $15\,kN$을 지지하는 엔드저널 베어링이 있다. 베어링의 허용압력은 $6\,MPa$이고 허용굽힘응력은 $50\,MPa$일 때 다음을 구하라. (단, 저널의 직경은 $40\,mm$이다.)
  (1) 저널의 길이 $l\,[mm]$?
  (2) 위에서 구한 저널의 길이를 이용하여 허용굽힘응력의 만족여부를 판단하고, 만약 만족하지 않으면 허용굽힘응력을 만족하는 저널의 지름을 구하라.

풀이 < 저널 >

(1) $p = \dfrac{W}{d\,l} \Rightarrow l = \dfrac{W}{p\,d} = \dfrac{15 \times 10^3}{6 \times 40} = 62.5\,mm$

(2) $\sigma_a' = \dfrac{M}{Z} = \dfrac{W\dfrac{l}{2}}{Z} = \dfrac{16\,W\,l}{\pi\,d^3} = \dfrac{16 \times 15 \times 10^3 \times 62.5}{\pi \times 40^3} = 74.6\,MPa$

$$\vee$$

$$\sigma_a = 50\,MPa \quad \textbf{불만족}$$

$$\therefore\ d = \sqrt[3]{\dfrac{16\,W\,l}{\pi\,\sigma_a}} = \sqrt[3]{\dfrac{16 \times 15 \times 10^3 \times 62.5}{\pi \times 50}} = 45.71\,mm$$

06. 지름 $150\,mm$, $1500\,rpm$으로 회전하는 외접 원통마찰차에서 $2.2\,kW$를 전달하려고 한다. 다음을 구하라. (단, 마찰계수 0.1, 접촉 허용선압 $10.0\,N/mm$이다.)
   (1) 마찰차를 밀어붙이는 힘 $W\,[N]$
   (2) 마찰차의 접촉 폭 $b\,[mm]$

풀이 < 마찰차 >

(1) $H_{kW} = \mu W v = \mu W \dfrac{\pi D N}{60 \times 1000}$

$\Rightarrow W = \dfrac{60 \times 1000\,H_{kW}}{\mu \pi D N} = \dfrac{60 \times 1000 \times 2.2 \times 10^3}{0.1 \times \pi \times 150 \times 1500} = 1867.42\,N$

(2) 접촉선압 $f = \dfrac{W}{b}\ \Rightarrow\ $접촉 폭 $b = \dfrac{W}{f} = \dfrac{1867.42}{10} = 186.74\,mm$

07. $2.5\,kW$, $1500\,rpm$으로 회전하는 헬리컬기어의 치직각 모듈 4, 원동기어 잇수 20, 종동기어 잇수 45, 비틀림각 $25°$, 공구압력각 $20°$ 일 때 다음을 구하라.

  (1) 헬리컬기어의 전달하중 $F\,[N]$? (단, 헬리컬기어는 축의 중앙에 직각으로 매달려 있다.)
  (2) 이 헬리컬기어에 걸리는 추력 $F_t\,[N]$와 축의 수직력 $F_V\,[N]$
  (3) 아래 조건으로 종동축에 사용할 단열 레이디얼 볼베어링을 선정하라.

◎ 단열 레이디얼 볼베어링 :
1) 수명시간 90,000hr, 2) 속도계수 V=1.0, 3) 레이디얼계수 X=0.55, 4) 스러스트계수 Y=1.13

No	6201	6202	6203	6204
기본동적 부하용량 C(kN)	20	24	26	32

풀이 < 기어 >

(1) 피치원 지름 $D_s = \dfrac{D}{\cos\beta} = \dfrac{mZ}{\cos\beta} = \dfrac{4\times 20}{\cos 25°} = 88.27\,mm$

전달동력 $H_{kW} = Fv$

$\Rightarrow$ 전달하중 $F = \dfrac{H_{kW}}{v} = \dfrac{2.5\times 10^3}{\dfrac{\pi D_s N_1}{60\times 1000}} = \dfrac{2.5\times 10^3 \times 60 \times 1000}{88.27 \times 1500} = 1132.89\,N$

(2) $F_t = F\tan\beta = 1132.89 \times \tan 25° = 528.28\,N$

$F_V = F\dfrac{\tan\alpha}{\cos\beta} = 1132.89 \times \dfrac{\tan 20°}{\cos 25°} = 454.96\,N$

(3) 스러스트 하중 $F_t = 528.28\,N$

레이디얼 하중 $F_r = \dfrac{\sqrt{F_V^2 + F^2}}{2} = \dfrac{\sqrt{454.96^2 + 1132.89^2}}{2} = 610.42\,N$

등가 레이디얼 베어링 하중 $P_r = XVF_r + YF_t$
$= 0.55 \times 1.0 \times 610.42 + 1.13 \times 528.28 = 932.69\,N$

$i = \dfrac{N_2}{N_1} = \dfrac{Z_1}{Z_2} \Rightarrow N_2 = \dfrac{Z_1}{Z_2}\times N_1 = \dfrac{20}{45}\times 1500 = 666.67\,rpm$

수명시간 $L_h = 500 \times \dfrac{33.3}{N_2} \times \left(\dfrac{C}{P_r}\right)^r$

$\Rightarrow 90000 = 500 \times \dfrac{33.3}{666.67} \times \left(\dfrac{C}{932.69}\right)^3 \qquad C = 14.3\,kN$

∴ 표에서 **No 6201**을 선정한다.

08. 회전수 $1500\,rpm$, 풀리의 지름 $150\,mm$인 원통 풀리로부터 축간거리 $500\,mm$의 종동풀리에 가죽벨트로 $3.5\,kW$를 전달하는 바로걸기 평벨트 전동장치가 있다. 벨트의 허용인장응력은 $10\,MPa$이고 마찰계수는 0.2, 단위길이 당 질량이 $0.14\,kg/m$이고 이음효율이 0.88일 때 다음을 구하라. (단, 종동풀리의 지름이 $450\,mm$, 벨트의 두께 $t = 2\,mm$이다.)

  (1) 원동풀리의 접촉각 $\theta\,[\deg]$
  (2) 긴장측장력 $T_t\,[N]$
  (3) 벨트의 폭 $b\,[mm]$

풀이 < 벨트 (풀리) >

(1) 원동측 접촉각 $\theta = 180° - 2\phi$

$$C\sin\phi = \frac{D_2 - D_1}{2} \;\Rightarrow\; \phi = \sin^{-1}\frac{D_2 - D_1}{2C} = \sin^{-1}\frac{450 - 150}{2 \times 500} = 17.4576°$$

$$\therefore\; \theta = 180° - 2\phi = 180° - 2 \times 17.4576° = 145.08°$$

(2) $v = \dfrac{\pi D_1 N_1}{60 \times 1000} = \dfrac{\pi \times 150 \times 1500}{60 \times 1000} = 11.78\,m/s$

                      ⇧ **10 m/s 이상이므로 부가장력 고려**

부가장력 $T_c = mv^2 = 0.14 \times 11.78^2 = 19.42\,N$

장력비 $e^{\mu\theta} = e^{0.2 \times 145.08° \times \frac{\pi}{180°}} = 1.66$

전달동력 $H = T_e v \;\Rightarrow\; T_e = \dfrac{H}{v} = \dfrac{3.5 \times 10^3}{11.78} = 297.11\,N$

$$\therefore\; T_t = \frac{e^{\mu\theta}}{e^{\mu\theta} - 1} \times T_e + T_c = \frac{1.66}{1.66 - 1} \times 297.11 + 19.42 = 766.7\,N$$

(3) $\sigma_t = \dfrac{T_t}{bt\eta} \;\Rightarrow\; b = \dfrac{T_t}{\sigma_t t\eta} = \dfrac{766.7}{10 \times 2 \times 0.88} = 43.56\,mm$

09. 50번 롤러체인의 피치 $15.875\,mm$, 원동 스프로킷의 잇수 25, 회전수 $900\,rpm$, 안전율 15, 축간거리 $900\,mm$, 종동 스프로킷의 회전수는 $300\,rpm$ 이다. 다음을 구하라.
(단, 파단하중은 $22.5\,kN$ 이다.)
  (1) 최대 전달동력 $H\,[kW]$
  (2) 종동축 피치원 지름 $D_2\,[mm]$
  (3) 링크 개수 $L_n\,[개]$ (단, 짝수로 결정하라.)

풀이 < 체인 >

(1) $v = \dfrac{p\,Z_1 N_1}{60 \times 1000} = \dfrac{15.875 \times 25 \times 900}{60 \times 1000} = 5.95\,m/s$

$\Rightarrow H = Fv = \dfrac{F_B}{S}v = \dfrac{22.5}{15} \times 5.95 = 8.925\,kW$

(2) $i = \dfrac{N_2}{N_1} = \dfrac{Z_1}{Z_2} \Rightarrow Z_2 = Z_1 \times \dfrac{N_1}{N_2} = 25 \times \dfrac{900}{300} = 75$ 개

$\Rightarrow D_2 = \dfrac{p}{\sin\dfrac{180}{Z_2}} = \dfrac{15.875}{\sin\dfrac{180}{75}} = 379.1\,mm$

(3) $L_n = \dfrac{2C}{p} + \dfrac{Z_1 + Z_2}{2} + \dfrac{0.0257\,p\,(Z_2 - Z_1)^2}{C}$

$= \dfrac{2 \times 900}{15.875} + \dfrac{25 + 75}{2} + \dfrac{0.0257 \times 15.875\,(75 - 25)^2}{900}$

$= 164.52 \fallingdotseq 166$ 개

10. 그림과 같은 밴드 브레이크가 좌회전할 때 조작력이 $F = 250\,N$, 제동동력 $5\,kW$, $600\,rpm$으로 회전하는 드럼의 직경은 $400\,mm$이다. 다음을 구하라.
  (단, 밴드의 두께는 $1\,mm$, 강판과 밴드의 접촉 시 마찰계수는 0.35, 접촉각은 $4\,rad$, 밴드의 허용인장응력은 $78.7\,MPa$, $a = 15\,cm$이다.)

  (1) 긴장측 장력 $T_t\,[N]$
  (2) 레버의 길이 $l\,[mm]$
  (3) 밴드 폭 $b\,[mm]$

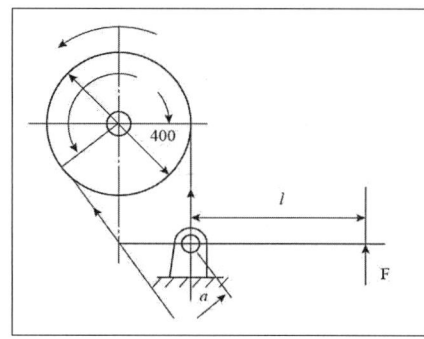

풀이 < 브레이크 >

(1) $\sum M_o = 0$: $T_s a = Fl \Rightarrow T_s = \dfrac{Fl}{a} = \dfrac{250 \times l}{150}$ ……… ❶

제동력은 유효장력과 같으므로

$$H_{kW} = Qv = T_e v = T_e \dfrac{\pi DN}{60 \times 1000}$$

$$\Rightarrow Q = T_e = \dfrac{60 \times 1000\,H_{kW}}{\pi DN} = \dfrac{60 \times 1000 \times 5 \times 10^3}{\pi \times 400 \times 600} = 398.1\,N$$

장력비 $e^{\mu\theta} = e^{0.35 \times 4} = 4.06$

긴장측 장력 $T_t = Q\,\dfrac{e^{\mu\theta}}{e^{\mu\theta}-1} = 398.1 \times \dfrac{4.06}{4.06-1} = 528.2\,N$

(2) 이완측 장력 $T_s = T_t - T_e = 528.2 - 398.1 = 130.1\,N$

❶식에서 $130.1 = \dfrac{Fl}{a} = \dfrac{250 \times l}{150} \Rightarrow l = \dfrac{130.1 \times 150}{250} = 78.06\,mm$

(3) $\sigma_t = \dfrac{T_t}{bt\eta} \Rightarrow b = \dfrac{T_t}{\sigma_t t\eta} = \dfrac{528.2}{78.4 \times 1 \times 1} = 6.74\,mm$

11. 원통코일 스프링의 평균지름이 $40\,mm$, 스프링지수가 5 이고 $2.9\,kN$의 하중을 받아 $15\,mm$의 처짐이 발생한다. 다음을 구하라. (단, 전단탄성계수 $84.24\,GPa$ 이고 왈의 응력수정계수 $K = \dfrac{4C-1}{4C-4} + \dfrac{0.615}{C}$ 이다.)

  (1) 정수로 유효권수 $n\,[개]$
  (2) 최대전단응력 $\tau_{\max}\,[N/mm^2]$

풀이 < 스프링 >

(1) 스프링지수 $C = \dfrac{D}{d}$ ⇨ 소선의 지름 $d = \dfrac{D}{C} = \dfrac{40}{5} = 8\,mm$

처짐 $\delta = \dfrac{8nD^3W}{Gd^4} = \dfrac{8nD^3P}{Gd^4}$

$$\Rightarrow n = \dfrac{Gd^4\delta}{8D^3P} = \dfrac{84.24\times 10^3 \times 8^4 \times 15}{8\times 40^3 \times 2.9\times 10^3} = 3.49 \quad \therefore 4\,회$$

(2) 응력수정계수 $K = \dfrac{4C-1}{4C-4} + \dfrac{0.615}{C} = \dfrac{4\times 5-1}{4\times 5-4} + \dfrac{0.615}{5} = 1.3105$

비틀림모멘트 $T = \tau_a Z_p = P\dfrac{D}{2}$

$$\Rightarrow \tau_{\max} = K\dfrac{PD}{2Z_p} = K\dfrac{PD}{2\times \dfrac{\pi d^3}{16}} = K\dfrac{8PD}{\pi d^3}$$

$$= 1.3105 \times \dfrac{8\times 2.9\times 10^3 \times 40}{\pi \times 8^3}$$

$$= 756.46\,N/mm^2$$

일반기계기사 2020년 1회

01. 바깥지름이 $50\,mm$이고 안지름이 $42\,mm$인 1줄 사각나사를 $50\,mm$ 전진시키는데 5회전이 필요하다. 이 사각나사 마찰계수가 0.12일 때 다음을 구하라.
  (1) 나사의 피치 $[mm]$
  (2) 나사중심에서 작용점까지 유효길이가 $200\,mm$인 스패너를 $50\,N$의 힘으로 회전할 때 들어 올릴수 있는 하중은 얼마인가? $[N]$
  (3) 나사의 효율

풀이 < 나사 >

  (1) 리드 $l = np \;\Rightarrow\; p = \dfrac{l}{n} = \dfrac{50}{5} = 10\,mm$

  (2) 유효지름 $d_e = \dfrac{d_1 + d_2}{2} = \dfrac{42 + 50}{2} = 46\,mm$

   회전토크 $T = Fl = W\left(\dfrac{p + \mu\pi d_e}{\pi d_e - \mu p}\right)\cdot \dfrac{d_e}{2}$

   $\Rightarrow\; W = \dfrac{Fl}{\left(\dfrac{p + \mu\pi d_e}{\pi d_e - \mu p}\right)\cdot \dfrac{d_e}{2}} = \dfrac{50 \times 200}{\left(\dfrac{10 + 0.12 \times \pi \times 46}{\pi \times 46 - 0.12 \times 10}\right) \times \dfrac{46}{2}} = 2278.95\,N$

  (3) $\eta = \dfrac{pW}{2\pi T} = \dfrac{10 \times 2278.95}{2\pi \times 50 \times 200} = 0.3627 = 36.27\,\%$

02. 코터 이음에서 축에 작용하는 인장하중 $39.24\,kN$, 소켓의 바깥지름 $130\,mm$, 로드의 지름 $65\,mm$, 코터의 나비 $65\,mm$, 코터의 두께 $20\,mm$, 축지름 $60\,mm$일 때 다음을 구하라.
  (1) 로드의 코터 구멍부분의 인장응력 $\sigma_t\,[MPa]$?
  (2) 코터의 굽힘응력 $\sigma_b\,[MPa]$?

풀이 < 코터 >

  (1) $\sigma_t = \dfrac{P}{\dfrac{\pi d_1^2}{4} - d_1 t} = \dfrac{39.24 \times 10^3}{\dfrac{\pi \times 65^2}{4} - 65 \times 20} = 19.44\,MPa$

  (2) 굽힘모멘트 $M_{\max} = \sigma_b Z$

   $\Rightarrow\; \sigma_b = \dfrac{M_{\max}}{Z} = \dfrac{\left(\dfrac{PD}{8}\right)}{\left(\dfrac{tb^2}{6}\right)} = \dfrac{3PD}{4tb^2} = \dfrac{3 \times 39.24 \times 10^3 \times 130}{4 \times 20 \times 65^2}$

   $= 45.28\,MPa$

03. 그림에서 $W = 20\,kN$일 때 다음을 구하라.

 (1) 편심하중 $W\,(= 20\,kN)$에 의한 리벳의 전단하중 : $Q\,[\,kN\,]$

 (2) 모멘트 (M)에 의한 각 리벳의 전단하중 : $F\,[\,kN\,]$ $\left(\,단,\ F = \dfrac{M}{4\,r}\,\right)$

 (3) 각 리벳에 작용하는 합 전단하중에서 최대 합 전단하중 : $R_{\max}\,[\,kN\,]$

 (4) 리벳의 직경 : $d\,[\,mm\,]$ (단, 리벳의 허용전단응력은 $\tau_a = 60\,MPa$이다.)

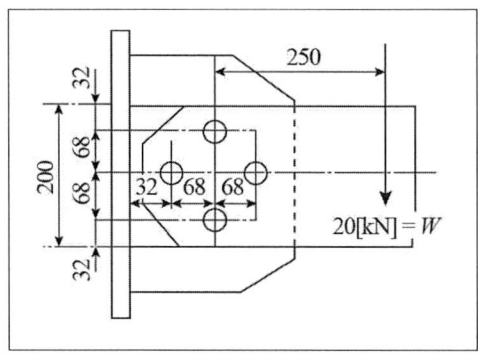

풀이 < 리벳 >

 (1) $Q = \dfrac{W}{4} = \dfrac{20}{4} = 5\,kN$

 (2) $F = \dfrac{M}{4\,r} = \dfrac{W \times e}{4\,r} = \dfrac{20 \times 250}{4 \times 68} = 18.38\,kN$

 (3) $R_{\max} = Q + F = 5 + 18.38 = 23.38\,kN$

 (4) $d = \sqrt{\dfrac{4R_{\max}}{\pi\,\tau_a}} = \sqrt{\dfrac{4 \times 23.38}{\pi \times 60 \times 10^{3}}} = 0.02227\,m = 22.27\,mm$

04. 자동조절형 복렬 롤러베어링 ($1308,\ \theta = 10°,\ C = 23100\ N$) 에서 레이디얼 하중이 $970\ N$ 이고 트러스트 $540\ N$, 회전축 $400\ rpm$ 작용하고 있다. 표를 보고 다음을 구하라.
  (1) 등가 레이디얼 하중을 구하라. $[N]$
  (2) 수명시간 $[hr]$

자동조절형 복렬 베어링 원추로울러베어링 $\theta \neq 0$	X			Y			e
	단열	복렬		단열	복렬		
	$\dfrac{F_a}{F_r} > e$	$\dfrac{F_a}{F_r} \leq e$	$\dfrac{F_a}{F_r} > e$	$\dfrac{F_a}{F_r} > e$	$\dfrac{F_a}{F_r} \leq e$	$\dfrac{F_a}{F_r} > e$	
	0.4	1	0.65	$0.4\cot\theta$	$0.42\cot\theta$	$0.67\cot\theta$	$1.5\tan\theta$

풀이 < 베어링 >

  (1) e 값은 $e = 1.5 \tan\theta = 1.5 \times tan\,10° = 0.2645$ 이며,

  $\dfrac{F_a}{F_r} = \dfrac{540}{970} = 0.56$ 이므로 $\dfrac{F_a}{F_r} > e$ 인 경우가 되어

  표의 복렬에서 레이디얼 계수는 $X = 0.65$,
  　　　　　스러스트 계수는 $Y = 0.67\cot 10° = 3.8$ 이다.

  ∴ 등가레이디얼 하중 $P_r = XVF_r + YF_t$ ⇐ $V = 1$ (내륜)
  　　　　　　　　　　$= 0.65 \times 1 \times 970 + 3.8 \times 540 = 2682.5\ N$

  (2) 수명시간 $L_h = 500 \times \dfrac{33.3}{N} \times \left(\dfrac{C}{P_r}\right)^r$

  　　　　　　$= 500 \times \dfrac{33.3}{400} \times \left(\dfrac{23100}{2682.5}\right)^{\frac{10}{3}} = 54483.09\ hr$

05. 그림과 같이 $20\,kW$, $1250\,rpm$으로 회전하는 축이 $600\,N$의 굽힘하중을 받는다. 축의 허용 전단응력이 $\tau_a = 25\,MPa$일 때 다음을 구하라. (단, 축의 자중은 무시한다.)

(1) 상당 비틀림모멘트 : $T_e\,[\,J\,]$
(2) 축의 지름 : $d\,[\,mm\,]$ (단, 키홈의 영향을 고려하여 $\dfrac{1}{0.75}$ 배를 한다.)
(3) 축의 최대처짐 : $\delta\,[\,mm\,]$
(단, $E = 210\,GPa$)
(4) 제 1 차 위험속도 : $N\,[\,rpm\,]$

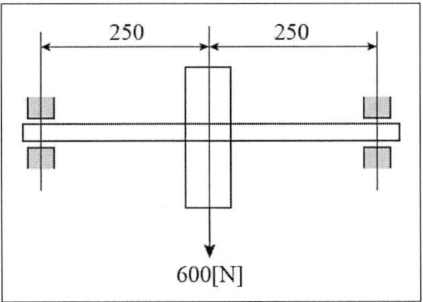

풀이 < 축 >

(1) 축의 동력 $H = T\omega \;\Rightarrow\; T = \dfrac{H}{\omega} = \dfrac{20 \times 10^3}{\left(\dfrac{2\pi \times 1250}{60}\right)} = 152.78\,N\cdot m$

$\qquad\qquad\qquad\qquad\qquad\qquad\qquad\qquad\qquad\qquad = 152.78\,J$

굽힘모멘트 $M = \dfrac{Pl}{4} = \dfrac{600 \times 0.5}{4} = 75\,N\cdot m = 75\,J$

$T_e = \sqrt{M^2 + T^2} = \sqrt{75^2 + 152.78^2} = 170.2\,N\cdot m = 170.2\,J$

(2) 비틀림모멘트 $T_e = \tau_a Z_P = \tau_a \dfrac{\pi d_0^3}{16} \;\Rightarrow\; d_0 = \sqrt[3]{\dfrac{16\,T_e}{\pi \tau_a}} = \sqrt[3]{\dfrac{16 \times 170.2}{\pi \times 25 \times 10^6}}$

$\qquad\qquad\qquad\qquad\qquad\qquad\qquad\qquad\qquad\qquad = 0.03261\,m = 32.61\,mm$

$\therefore\;d = \dfrac{1}{0.75}d_0 = \dfrac{1}{0.75} \times 32.61 = 43.47\,mm$

(3) 처짐 $\delta = \dfrac{Pl^3}{48EI} = \dfrac{600 \times 0.5^3}{48 \times 210 \times 10^9 \times \dfrac{\pi \times 0.04347^4}{64}} \times 10^3 \fallingdotseq 0.043\,mm$

(4) 축의 위험속도 $N_c = \dfrac{30}{\pi}\sqrt{\dfrac{g}{\delta}} = \dfrac{30}{\pi}\sqrt{\dfrac{9800}{0.043}} = 4558.8\,rpm$

06. 그림과 같은 주철제 원추클러치를 $600\,rpm$으로 접촉면 압력이 $0.3\,MPa$ 이하가 되도록 사용할 때 다음을 구하라. (단, 마찰계수 $\mu = 0.2$)

    (1) 전동토크 : $T\,[J]$
    (2) 전달마력 : $H\,[kW]$
    (3) 원추면의 경사각 : $\alpha\,[\,°\,]$
    (4) 축방향으로 미는 힘 : $P\,[N]$

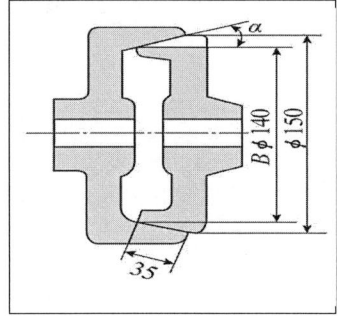

풀이 < 클러치 >

(1) 접촉면압 $\quad q = \dfrac{2T}{\mu \pi D_m^2 b}$

$$\Rightarrow T = \dfrac{\mu \pi D_m^2 b q}{2} = \dfrac{0.2 \times \pi \times \left(\dfrac{150+140}{2}\right)^2 \times 35 \times 0.3}{2} \times 10^{-3}$$

$$\fallingdotseq 69.35\,N\cdot m = 69.35\,J$$

(2) $H = T\omega = 69.35 \times \dfrac{2\pi \times 600}{60 \times 1000} = 4.36\,kW$

(3) $D_2 = D_1 + 2b\sin\alpha$

$$\Rightarrow \alpha = \sin^{-1}\left(\dfrac{D_2 - D_1}{2b}\right) = \sin^{-1}\left(\dfrac{150-140}{2\times 35}\right) = 8.21°$$

(4) 전달토크 $\quad T = \mu Q \times \dfrac{D_m}{2}$

$$\Rightarrow Q = \dfrac{2T}{\mu D_m} = \dfrac{2 \times 69.35 \times 10^3}{0.2 \times \left(\dfrac{150+140}{2}\right)} = 4783.07\,N$$

$$\therefore P = Q(\sin\alpha + \mu\cos\alpha) = 4783.07 \times (\sin 8.21° + 0.2 \times \cos 8.21°)$$
$$= 1629.84\,N$$

07. 축간거리가 $800\,mm$인 홈마찰차에서 원동차와 종동차의 회전수가 각각 $900\,rpm$, $300\,rpm$이며 $10\,kW$를 전달시키려고 할 때 얼마의 힘$[N]$으로 밀어붙여야 하는가? 또, 마찰면에 작용하는 수직력$[N]$은 얼마인가? (단, 마찰계수 $\mu = 0.2$이고 홈의 각도는 $38°$이다.)

풀이 < 마찰차 >

속도비 $i = \dfrac{N_2}{N_1} = \dfrac{300}{900} = \dfrac{1}{3} = \dfrac{D_1}{D_2} \;\Rightarrow\; D_2 = 3D_1$

축간거리 $C = \dfrac{D_1 + D_2}{2} = \dfrac{D_1 + 3D_1}{2} = 2D_1 = 800\,mm \;\Rightarrow\; D_1 = 400\,mm$

회전속도 $v = \dfrac{\pi D_1 N_1}{60 \times 1000} = \dfrac{\pi \times 400 \times 900}{60 \times 1000} = 18.85\,m/s$

상당 마찰계수 $\mu' = \dfrac{\mu}{\sin\alpha + \mu\cos\alpha} = \dfrac{0.2}{\sin 19° + 0.2\cos 19°} = 0.39$

홈 반각 $\alpha = \dfrac{38°}{2} = 19°$

동력 $H' = \mu' W v \;\Rightarrow\;$ 밀어붙이는 힘 $W = \dfrac{H'}{\mu' v} = \dfrac{10 \times 10^3}{0.39 \times 18.85} = 1360.27\,N$

$\mu Q = \mu' W \;\Rightarrow\;$ 수직력 $Q = \dfrac{\mu' W}{\mu} = \dfrac{0.39 \times 1360.27}{0.2} = 2652.53\,N$

08. 언더컷, 백래시, 전위기어에 대해 간략하게 설명하시오.

풀이 < 기어 >

❶ 언더컷 (under cut) : 이의 간섭에 의하여 피니언 이뿌리가 깎여져서 가늘어지게 되어 이의 강도가 약해지고 물림길이가 짧아지는 현상
❷ 백래시 (back lash) : 한 쌍의 기어가 맞물렸을 때 치면사이에 생기는 틈새
❸ 전위기어 (profile shifted gear) : 기준 래크형 커터를 전위시켜 절삭하여 만든 기어

09. 허용굽힘응력 $\sigma_a = 260\,MPa$인 기계구조용 탄소강 SM 35C로 된 소기어와 허용응력 $\sigma_a = 110\,MPa$인 주철 GC 25인 대기어로 된 감속기가 있다. 기어 잇수 $Z_1 = 24$, $Z_2 = 60$이고, 압력각 $20°$, 모듈 $m = 3$, 치폭 $b = 30\,mm$이다. 치는 보통 기계절삭이고, 매일 8시간 정도 사용할 때 다음을 계산하라,

 (1) 중심거리 $[mm]$
 (2) 소기어를 $1000\,rpm$으로 회전시킬 때, 루이스 식에 의한 굽힘강도 견지에서의 전달동력$[kW]$은? (단, 치형계수 (모듈기준 π 포함)는 기어 잇수 24일 때는 0.359이며, 60일 때는 0.433이다.)

풀이 < 기어 >

 (1) 중심거리 $\quad C = \dfrac{D_1 + D_2}{2} = \dfrac{m(Z_1 + Z_2)}{2} = \dfrac{3(24 + 60)}{2} = 126\,mm$

 (2) 회전속도 $\quad v = \dfrac{\pi D_1 N_1}{60 \times 1000} = \dfrac{\pi m Z_1 N_1}{60 \times 1000} = \dfrac{\pi \times 3 \times 24 \times 1000}{60 \times 1000} = 3.77\,m/s$

 속도계수 $\quad f_v = \dfrac{3.05}{3.05 + v} = \dfrac{3.05}{3.05 + 3.77} = 0.4472$

 피니언인 경우 $\quad F_1 = \sigma_b b p y = f_v f_w \sigma_b b \pi m y = f_v f_w \sigma_b b m Y$
 $\qquad\qquad\qquad\quad = 0.4472 \times 1 \times 260 \times 3 \times 30 \times 0.359 = 3756.75\,N$

 기어인 경우 $\quad F_2 = \sigma_b b p y = f_v f_w \sigma_b b \pi m y = f_v f_w \sigma_b b m Y$
 $\qquad\qquad\qquad\quad = 0.4472 \times 1 \times 110 \times 3 \times 30 \times 0.433 = 1917.01\,N$

 $\therefore\ H = F_2 v = 1917.01 \times 10^{-3} \times 3.77 = 7.23\,kW$
 $\qquad\qquad\qquad\ \Uparrow$
 허용하중은 작은 값을 적용한다.

10. 원동풀리의 지름이 $100\,mm$ 이고 종동풀리의 직경이 $300\,mm$ 이다. 축의 허용응력이 $1.96\,MPa$인 평벨트에 $3.75\,kW$의 동력을 전달하는 풀리를 설계하고자 한다. 축간거리가 $2\,m$ 이고 원동풀리의 회전수가 $1200\,rpm$ 일 때 마찰계수가 0.25 라 하고 엇걸기로 할 경우, 다음을 구하라.

  (1) 유효장력 : $P_c\,[N]$
  (2) 긴장측 장력 : $T_t\,[N]$
  (3) 이완측 장력 : $T_s\,[N]$

풀이 < 벨트 (풀리) >

(1) 회전속도 $v = \dfrac{\pi D_1 N_1}{60 \times 1000} = \dfrac{\pi \times 100 \times 1200}{60 \times 1000} = 6.28\,m/s$ ⇐ **부가장력 무시**

    유효장력 $P_c = T_e = \dfrac{H}{v} = \dfrac{3.75 \times 10^3}{6.28} = 597.13\,N$

(2) 원동측 접촉각 $\theta = 180° + 2\phi$ ⇐ **엇걸기**

$$C \sin \phi = \dfrac{D_1 + D_2}{2} \Rightarrow \phi = \sin^{-1} \dfrac{D_1 + D_2}{2C} = \sin^{-1} \dfrac{100 + 300}{2 \times 2000} = 5.74°$$

$$\therefore \theta = 180° + 2\phi = 180° + 2 \times 5.74° = 191.48°$$

    장력비 $e^{\mu\theta} = e^{0.25 \times 191.48° \times \frac{\pi}{180°}} = 2.31$

    $\therefore$ 긴장측장력 $T_t = \dfrac{e^{\mu\theta}}{e^{\mu\theta} - 1} \times P_c = \dfrac{2.31}{2.31 - 1} \times 597.13 = 1052.95\,N$

(3) 이완측장력 $T_s = \dfrac{1}{e^{\mu\theta} - 1} \times T_e = \dfrac{1}{2.31 - 1} \times 597.13 = 455.82\,N$

11. 코일의 직경이 $60\,mm$, 스프링지수가 7인 원통형 코일스프링에서 $196.25\,N$의 축방향 하중이 작용할 때 처짐이 $20\,mm$, 탄성계수가 $78.08 \times 10^3\,MPa$ 이라고 할 때 다음을 구하라.
  (1) 소선의 직경 $[mm]$
  (2) 코일의 최대전단응력 $[MPa]$
  (3) 코일의 감김수

풀이 < 스프링 >

(1) 스프링지수 $C = \dfrac{D}{d}$ ⇨ 소선의 지름 $d = \dfrac{D}{C} = \dfrac{60}{7} = 8.57\,mm$

(2) 응력수정계수 $K = \dfrac{4C-1}{4C-4} + \dfrac{0.615}{C} = \dfrac{4 \times 7 - 1}{4 \times 7 - 4} + \dfrac{0.615}{7} = 1.21$

비틀림모멘트 $T = \tau_a Z_p = P\dfrac{D}{2}$

$$\Rightarrow \tau_{max} = K\dfrac{PD}{2Z_p} = K\dfrac{PD}{2 \times \dfrac{\pi d^3}{16}} = K\dfrac{8PD}{\pi d^3}$$

$$= 1.21 \times \dfrac{8 \times 196.25 \times 60}{\pi \times 8.57^3}$$
$$= 57.64\,N/mm^2$$
$$= 57.64 \times 10^6\,N/m^2$$
$$= 57.64\,MPa$$

(3) 처짐 $\delta = \dfrac{8nD^3W}{Gd^4} = \dfrac{8nD^3P}{Gd^4}$

$$\Rightarrow n = \dfrac{Gd^4\delta}{8D^3P} = \dfrac{78.08 \times 10^3 \times 8.57^4 \times 20}{8 \times 60^3 \times 196.25} = 24.84 \quad \therefore 25\,회$$

일반기계기사 2020년 2회

01. 바깥지름 $36\,mm$, 골지름 $32\,mm$이고 피치 $4\,mm$인 한줄 사각나사의 연강재 나사봉을 갖는 나사잭으로 $10\,kN$의 하중을 올리려고 한다.

    (1) 나사봉을 올리는 레버 끝에 힘 $200\,N$을 작용시키고, 나사산의 마찰계수는 0.1이라 할 때 레버의 유효길이는 몇 mm 이상으로 하는가?

    (2) 나사산의 허용 면압력이 $20\,MPa$일 때 너트높이는 몇 mm인가?

풀이 < 나사 >

(1) 유효직경 $\quad d_e = \dfrac{d_1 + d_2}{2} = \dfrac{32 + 36}{2} = 34\,mm$

회전토크 $\quad T = Fl = W\left(\dfrac{p + \mu\pi d_e}{\pi d_e - \mu p}\right) \cdot \dfrac{d_e}{2}$

$\Rightarrow\ 200 \times l = 10 \times 10^3 \times \left(\dfrac{4 + 0.1 \times \pi \times 34}{\pi \times 34 - 0.1 \times 4}\right) \times \dfrac{34}{2}$

$\therefore\ l = 117.27\,mm$

(2) 너트높이 $\quad h = \dfrac{Wp}{\dfrac{\pi}{4}(d_2^2 - d_1^2)q_0} = \dfrac{10 \times 10^3 \times 4}{\dfrac{\pi}{4} \times (36^2 - 32^2) \times 20} = 9.36\,mm$

02. $100\,rpm$으로 $12\,kW$를 전달하는 지름 $50\,mm$인 축에 사용할 묻힘 키($b \times h = 12 \times 8$)의 길이를 구하라. (단, 키(key)의 전단강도만으로 계산하며, 키의 허용 전단응력은 $\tau_a = 70\,MPa$이며 단위는 mm이다.)

풀이 < 키 >

동력 $\quad H = T\omega \ \Rightarrow\ T = \dfrac{H}{\omega} = \dfrac{12 \times 10^3}{\left(\dfrac{2\pi \times 100}{60}\right)} = 1145.92\,N \cdot m$

$T = \tau_k A \times \dfrac{d}{2} = \tau_k bl \times \dfrac{d}{2} \ \Rightarrow\ l = \dfrac{2T}{\tau_k b d} = \dfrac{2 \times 1145.92 \times 10^3}{70 \times 12 \times 50} = 54.57\,mm$

03. 강판의 두께 $20\,mm$, 리벳의 지름 $20.5\,mm$의 2장 2줄 겹치기 이음에서 1피치의 하중이 $20\,kN$일 때 다음을 구하라.
   (1) 피치 (단, 판 효율은 $60\,\%$)
   (2) 인장응력 $[\,MPa\,]$
   (3) 리벳효율 (단, $\sigma_t = 50\,MPa$, $\tau = 35\,MPa$)

풀이 < 리벳 >

(1) $\eta_p = \eta_t = 1 - \dfrac{d}{p} \;\Rightarrow\; p = \dfrac{d}{1-\eta_t} = \dfrac{20.5}{1-0.6} = 51.25\,mm$

(2) $\sigma_t = \dfrac{W}{A_t} = \dfrac{W}{(p-d)\,t} = \dfrac{20 \times 10^3}{(51.25 - 20.5) \times 20} = 32.52\,MPa$

(3) $\eta_r = \dfrac{\tau \dfrac{\pi}{4} d^2 \times n}{\sigma_t\,p\,t} = \dfrac{35 \times \dfrac{\pi}{4} \times 20.5^2 \times 2}{50 \times 51.25 \times 20} = 0.45 = 45\,\%$

04. 건설기계 동력전달 장치에서 회전수 $N = 120\,rpm$으로 운전되고 축하중이 $100\,kN$일 때, 이 축의 칼라 저널 베어링에서 다음을 구하라. (단, 칼라의 외경이 $500\,mm$, 내경이 $400\,mm$, 마찰계수 $\mu = 0.05$이며, 허용 베어링 압력 $p = 0.15\,MPa$이다.)
   (1) 칼라의 수 : Z (정수)
   (2) 베어링의 마찰손실 동력 : $H_f\,[\,kW\,]$

풀이 < 저널 >

(1) $p = \dfrac{W}{\dfrac{\pi}{4}(d_2^2 - d_1^2)Z} \;\Rightarrow\; Z = \dfrac{W}{\dfrac{\pi}{4}(d_2^2 - d_1^2)p} = \dfrac{100 \times 10^3}{\dfrac{\pi}{4}(500^2 - 400^2) \times 0.15}$
$= 9.43 \quad \therefore\ 10\,개$

(2) $v = \dfrac{\pi d_m N}{60 \times 1000} = \dfrac{\pi \left(\dfrac{500+400}{2}\right) \times 120}{60 \times 1000} = 2.83\,m/s$

$\therefore\ H_f = \mu W v = 0.05 \times 100 \times 2.83 = 14.15\,kW$

05. 서로 평행한 두 축 사이에 동력을 전달하는 원통마찰차에서 축간거리 $280\,mm$, 원동축 회전수 $720\,rpm$, 원동축에 대한 종동축의 회전속도비가 0.6이며 서로 $600\,N$의 힘으로 밀어서 접촉시키고자 할 때 다음을 구하라. (단, 두 마찰차 간의 마찰계수는 0.18이다.)
  (1) 원동차 지름 D_1, 종동차 지름 $D_2\,[mm]$
  (2) 원주속도 $v\,[m/s]$
  (3) 최대 전달동력 $[kW]$

풀이 < 마찰차 >

  (1) 속도비 $i = 0.6 = \dfrac{N_2}{N_1} = \dfrac{D_1}{D_2} \Rightarrow D_1 = 0.6 D_2$

   축간거리 $C = 280 = \dfrac{D_1 + D_2}{2} \Rightarrow D_1 + D_2 = 560$

   $\therefore D_2 = \dfrac{560}{1.6} = 350\,mm,\ D_1 = 0.6 \times 350 = 210\,mm$

  (2) 원주속도=회전속도 $v = \dfrac{\pi D_1 N_1}{60 \times 1000} = \dfrac{\pi \times 210 \times 720}{60 \times 1000} = 7.92\,m/s$

  (3) 전달동력 $H = \mu P v = 0.18 \times 800 \times 10^{-3} \times 7.92 = 1.14\,kW$

06. 언더컷의 방지법 4가지를 적어라.

풀이 < 기어 >

  ❶ 압력각을 증대시킨다.
  ❷ 한계잇수 이상으로 한다.
  ❸ 이의 높이를 낮춘다.
  ❹ 전위기어를 사용한다.
  ❺ 피니언 잇수를 최소화한다.

07. 웜의 회전수 $900\ rpm$, 전달동력 $22.05\ kW$, 축직각피치 $31.4\ mm$, 나사산의 수 4, 웜의 피치원 직경이 $64\ mm$ 이다. 다음을 구하라. (단, 압력각 $14.5°$, 마찰계수 0.1)
(1) 진입각 λ 는 몇 도인가?
(2) 웜의 회전력 P_1 은 몇 N 인가?
(3) 수직으로 작용하는 전체하중 P 는 몇 N 인가?

풀이 < 기어 >

(1) 웜의 리드각 (진입각)
$$\tan\beta = \frac{l}{\pi D_w} = \frac{np}{\pi D_w} \Rightarrow \beta = \tan^{-1}\frac{np}{\pi D_w} = \tan^{-1}\left(\frac{4\times 31.4}{\pi\times 64}\right) = 31.99°$$

(2) $v = \frac{\pi D_w N_w}{60\times 1000} = \frac{\pi\times 64\times 900}{60\times 1000} = 3.02\ m/s$

$H = P_1 v$

$\Rightarrow$ 웜의 회전력 = 접선력 $P_1 = \frac{H}{v} = \frac{22.05\times 10^3}{3.02} = 7301.32\ N$

(3) $\tan\rho' = \mu' = \frac{\mu}{\cos\alpha_n} = \frac{0.1}{\cos 14.5°} = 0.1033$

$P_1 = P(\sin\beta + \tan\rho'\cos\beta) \Rightarrow P = \frac{P_1}{\sin\beta + \tan\rho'\cos\beta}$
$$= \frac{7301.32}{\sin 31.99° + 0.1033\times\cos 31.99°}$$
$$= 11826.22\ N$$

08. 축간거리 $12\ m$ 의 로프 풀리에서 로프가 $0.3\ m$ 처졌다. 로프의 지름은 $19\ mm$ 이고 $1\ m$ 당 무게가 $0.34\ kg_f$ 일 때 다음을 구하라.
(1) 로프에 작용하는 장력은 몇 N 인가?
(2) 접촉점부터 접촉점까지의 로프길이는 몇 mm 인가?

풀이 < 로프 >

(1) $w = 0.34\ kg_f/m = 0.34\times 9.8\ N/m = 3.332\ N/m$

로프장력 $T = \frac{wl^2}{8h} + wh = \frac{3.332\times 12^2}{8\times 0.3} + 3.332\times 0.3 = 200.92\ N$

(2) 접촉점 간의 로프길이
$$L = l\left(1 + \frac{8h^2}{3l^2}\right) = 12\left(1 + \frac{8\times 0.3^2}{3\times 12^2}\right)\times 10^3 = 12020\ mm$$

09. 그림과 같은 밴드 브레이크 장치에서 마찰계수 $\mu = 0.4$, 밴드의 두께 $3\,mm$, $e^{\mu\theta} = 6.59$일 때 다음을 구하라.

(1) 제동력 : $f\,[N]$
(2) 제동동력 : $H'\,[kW]$
(3) 밴드의 폭 : $b\,[mm]$ (단, 허용인장응력 $\sigma_t = 60\,MPa$, 이음효율 $\eta = 1$ 이다.)

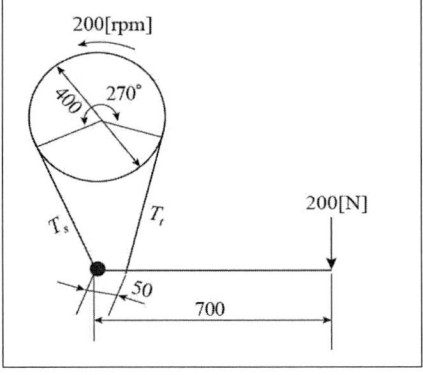

풀이 < 브레이크 >

(1) $\sum M_o = 0$: $T_t\,a = F\,l \Rightarrow T_t = \dfrac{F\,l}{a} = \dfrac{200 \times 700}{50} = 2800\,N$

장력비 $e^{\mu\theta} = \dfrac{T_t}{T_s} \Rightarrow T_s = \dfrac{T_t}{e^{\mu\theta}} = \dfrac{2800}{6.59} = 424.89\,N$

제동력은 유효장력과 동일하므로
$T_e = f = T_t - T_s = 2800 - 424.89 = 2375.11\,N$

(2) 제동토크 $T = f\dfrac{D}{2} = 2375.11 \times \dfrac{0.4}{2} = 475.02\,N \cdot m$

∴ 제동동력 $H' = T\omega = 475.02 \times \dfrac{2\pi \times 200}{60} \times 10^{-3} = 9.95\,kW$

(3) 인장응력 $\sigma_t = \dfrac{T_t}{b\,t\,\eta} \Rightarrow$ 밴드의 폭 $b = \dfrac{T_t}{\sigma_t\,t\,\eta} = \dfrac{2800}{60 \times 3 \times 1} = 15.56\,mm$

10. 어느 증기기관의 인디케이터(Indicator)가 지름 $20\,mm$의 플랜지를 가지고 있다. 증기압이 플랜지에 $0.8\,MPa$의 압력으로 작용할 때 스프링은 $13\,mm$ 압축된다. 강선의 허용 전단응력이 $560\,MPa$, 코일의 평균지름이 강선 지름의 3배, $G = 8.2 \times 10^4\,MPa$일 때 다음을 구하라. (단, 와알의 수정계수 $K = 1.24$이고 G는 가로 탄성계수임.)

   (1) 스프링에 작용하는 하중 : $W\,[N]$
   (2) 강선의 지름 : $d\,[mm]$
   (3) 총 감음권수 : n_t (단, 코일의 양단부는 자유코일에 접한다.)

풀이 < 스프링 >

   (1) 전압력하중 = 스프링하중 $W = pA = 0.8 \times \dfrac{\pi \times 20^2}{4} = 251.33\,N$

   (2) 비틀림모멘트 $T = \tau_a Z_p = W\dfrac{D}{2}$

$$\Rightarrow \tau_a = \dfrac{WD}{2Z_p} = \dfrac{WD}{2 \times \dfrac{\pi d^3}{16}} = K\dfrac{8WD}{\pi d^3} = K\dfrac{8W(3d)}{\pi d^3} = K\dfrac{24W}{\pi d^2}$$

$$\Rightarrow d = \sqrt{\dfrac{24WK}{\pi \tau_a}} = \sqrt{\dfrac{24 \times 251.33 \times 1.24}{\pi \times 500}} = 2.06\,mm.$$

   (3) $D = 3d = 3 \times 2.06 = 6.18\,mm$

    처짐 $\delta = \dfrac{8nD^3W}{Gd^4} \;\Rightarrow\; n = \dfrac{Gd^4\delta}{8D^3W} = \dfrac{8.2 \times 10^4 \times 2.06^4 \times 13}{8 \times 6.18^3 \times 251.33} = 40.45\,회$

$$\therefore\; n_i = n + (x_1 + x_2) = 40.45 + (1+1) = 42.45 ≒ 43\,회$$

              ⇧
    코일의 양단부가 자유코일에 접하는 경우 ($x_1 = x_2 = 1$ 을 적용함)

11. 매시 $450\,m^3$으로 유체가 $2.5\,m/sec$로 흐르는 SGP 38 파이프가 있다. 이 파이프의 지름과 두께를 계산하고 아래의 표로부터 SGP 38의 호칭경을 선택하라. (단, 부식여유 $C = 1\,mm$, 안전율 $S = 5$, 최저인장강도 $\sigma = 380\,MPa$, 내압 $p = 3\,MPa$이다.)

배관용탄소강관(SGP)

(KS D 3507-85, JIS G 3452-73)

호칭경		외 경 [mm]	두 께 [mm]	소켓이 포함 안 된 중량 [N/m]
(A)	(B)			
6	1/8	10.5	2.0	4.19
8	1/4	13.8	2.3	6052
10	3/8	17.3	2.3	8.51
15	1/2	21.7	2.8	13.1
20	3/4	27.2	3.2	16.8
25	1	34.0	3.5	24.3
32	1 1/4	42.7	3.5	33.8
40	2	48.6	3.8	38.9
50	2 1/2	60.5	4.2	53.1
65	3	76.3	4.2	74.7
80	3 1/2	89.1	4.2	87.9
90	4	101.6	4.5	101
100	5	114.3	4.5	122
125	6	139.8	5.0	150
150	7	165.2	5.3	198
185	8	190.7	5.8	242
200	9	216.3	6.2	301
225	10	241.6	6.6	360
250	12	267.4	6.9	424
300	14	318.5	7.9	530
400	16	355.6	7.9	677
450	18	406.4	7.9	776
500	20	457.2	7.9	875
		508.0		974

1개의 길이 3600 이상

풀이 < 배관 >

유량 $Q = Av = \dfrac{\pi d^2}{4} v$

$\Rightarrow d = \sqrt{\dfrac{4Q}{\pi v}} = \sqrt{\dfrac{4 \times 450}{\pi \times 2.5 \times 3600}} \times 10^3 = 252.31\,mm$

$\sigma_a = \dfrac{pd}{2t\eta} \quad \Rightarrow \quad t = \dfrac{pd}{2\sigma_a \eta} + C = \dfrac{3 \times 252.31}{2 \times (380/5)} + 1 = 5.98\,mm$

$d_0 = d + 2t = 252.31 + 2 \times 5.98 = 264.27\,mm$

∴ 표에서 호칭경은 $250\,mm$를 선택한다.

일반기계기사 2020년 3회

01. 바깥지름 $36\,mm$, 골지름 $32\,mm$이고 피치 $4\,mm$인 한줄 사각나사의 연강재 나사봉을 갖는 나사잭으로 $10\,kN$의 하중을 올리려고 한다.
  (1) 나사봉을 올리는 레버 끝에 힘 $200\,N$을 작용시키고, 나사산의 마찰계수는 0.1이라 할 때 레버의 유효길이는 몇 mm 이상으로 하는가?
  (2) 나사산의 허용 면압력이 $20\,MPa$일 때 너트높이는 몇 mm인가?

풀이 < 나사 >

(1) 유효직경 $\quad d_e = \dfrac{d_1 + d_2}{2} = \dfrac{32 + 36}{2} = 34\,mm$

회전토크 $\quad T = Fl = W\left(\dfrac{p + \mu\pi d_e}{\pi d_e - \mu p}\right)\cdot \dfrac{d_e}{2}$

$\Rightarrow\ 200 \times l = 10 \times 10^3 \times \left(\dfrac{4 + 0.1 \times \pi \times 34}{\pi \times 34 - 0.1 \times 4}\right) \times \dfrac{34}{2}$

$\therefore\ l = 117.27\,mm$

(2) 너트높이 $\quad h = \dfrac{Wp}{\dfrac{\pi}{4}(d_2^{\,2} - d_1^{\,2})q_0} = \dfrac{10 \times 10^3 \times 4}{\dfrac{\pi}{4} \times (36^2 - 32^2) \times 20} = 9.36\,mm$

02. $100\,rpm$으로 $12\,kW$를 전달하는 지름 $50\,mm$인 축에 사용할 묻힘 키($b \times h = 12 \times 8$)의 길이를 구하라. (단, 키(key)의 전단강도만으로 계산하며, 키의 허용 전단응력은 $\tau_a = 70\,MPa$이며 단위는 mm이다.)

풀이 < 키 >

동력 $\quad H = T\omega\ \Rightarrow\ T = \dfrac{H}{\omega} = \dfrac{12 \times 10^3}{\left(\dfrac{2\pi \times 100}{60}\right)} = 1145.92\,N\cdot m$

$T = \tau_k A \times \dfrac{d}{2} = \tau_k bl \times \dfrac{d}{2}\ \Rightarrow\ l = \dfrac{2T}{\tau_k bd} = \dfrac{2 \times 1145.92 \times 10^3}{70 \times 12 \times 50} = 54.57\,mm$

03. 두께가 $20\,mm$인 강판을 1줄 겹치기 리벳이음으로 이음하고자 한다. 다음을 구하라.
   (1) 리벳의 지름 : $d\,[mm]$ (단, $\tau_r = 0.7\sigma_c$ 이다.)
   (2) 효율을 최대로 하는 피치 : $p\,[mm]$ (단, $\tau_r = 0.7\sigma_t$ 이다.)
   (3) 이음효율 : $\eta\,[\%]$

풀이 < 리벳 >

(1) $W = \sigma_c\,d\,t\,n$ ……❶ $W = \tau_r\,\dfrac{\pi}{4}d^2\,n$ ……❷ $W = \sigma_t(p-d)t$ ……❸

❶과 ❷식에서

$$\sigma_c\,d\,t\,n = \tau_r\,\frac{\pi}{4}d^2\,n \;\Rightarrow\; d = \frac{4\sigma_c\,t}{\pi\,\tau_r} = \frac{4\times\sigma_c\times 20}{\pi\times 0.7\sigma_c} = 36.38\,mm$$

(2) ❷와 ❸식에서

$$\tau_r\,\frac{\pi}{4}d^2\,n = \sigma_t(p-d)t$$

$$\Rightarrow\; p = \frac{\tau_r\,\pi\,d^2}{4\,\sigma_t\,t} + d = \frac{0.7\sigma_t\times\pi\times 36.38^2}{4\times\sigma_t\times 20} + 36.38 = 72.76\,mm$$

(3) 강판효율 $\eta_p = \eta_t = 1 - \dfrac{d}{p} = 1 - \dfrac{36.38}{72.76} = 0.5 = 50\,\%$

리벳효율 $\eta_r = \dfrac{\tau_r\,\dfrac{\pi}{4}d^2\times n}{\sigma_t\,p\,t} = \dfrac{0.7\sigma_t\times\dfrac{\pi}{4}\times 36.38^2\times 1}{\sigma_t\times 72.76\times 20} = 0.5 = 50\,\%$

∴ **이음효율은** $\eta = 50\,\%$ **이다.**

04. 자동조절형 복렬 롤러베어링 (1308, $\theta = 10°$, $C = 23100\,N$) 에서 레이디얼 하중이 $970\,N$ 이고 트러스트 $540\,N$, 회전축 $400\,rpm$ 작용하고 있다. 표를 보고 다음을 구하라.

(1) 등가 레이디얼 하중을 구하라. [N]
(2) 수명시간 [hr]

자동조절형 복렬 베어링 원추로울러베어링 $\theta \neq 0$	X			Y			e
	단열	복렬		단열	복렬		
	$\dfrac{F_a}{F_r} > e$	$\dfrac{F_a}{F_r} \leq e$	$\dfrac{F_a}{F_r} > e$	$\dfrac{F_a}{F_r} > e$	$\dfrac{F_a}{F_r} \leq e$	$\dfrac{F_a}{F_r} > e$	
	0.4	1	0.65	0.4cotθ	0.42cotθ	0.67cotθ	1.5tanθ

풀이 < 베어링 >

(1) e 값은 $e = 1.5 \tan \theta = 1.5 \times tan 10° = 0.2645$ 이며,

$\dfrac{F_a}{F_r} = \dfrac{540}{970} = 0.56$ 이므로 $\dfrac{F_a}{F_r} > e$ 인 경우가 되어

표의 복렬에서 레이디얼 계수는 $X = 0.65$,
스러스트 계수는 $Y = 0.67 \cot 10° = 3.8$ 이다.

∴ 등가레이디얼 하중 $P_r = X V F_r + Y F_t$ ⇐ $V = 1$ (내륜)
$\qquad = 0.65 \times 1 \times 970 + 3.8 \times 540 = 2682.5\,N$

(2) 수명시간 $L_h = 500 \times \dfrac{33.3}{N} \times \left(\dfrac{C}{P_r}\right)^r$

$\qquad = 500 \times \dfrac{33.3}{400} \times \left(\dfrac{23100}{2682.5}\right)^{\frac{10}{3}} = 54483.09\,hr$

05. 다판클러치가 접촉면수 $Z = 6$, 외경 $D_2 = 258\,mm$, 내경 $D_1 = 180\,mm$에서 허용면압력 $q = 0.2\,MPa$이다. 마찰계수 $\mu = 0.2$, 회전수 $n = 500\,rpm$일 때, 다음을 구하라.
   (1) 축 방향으로 미는 힘 : $Q\,[N]$
   (2) 전달동력 : $H'\,[kW]$

풀이 < 클러치 >

(1) 접촉압력 $q = \dfrac{2T}{\mu \pi D_m^2 b Z}$

$\Rightarrow T = \dfrac{\mu \pi D_m^2 b Z q}{2} = \dfrac{0.2 \times \pi \times \left(\dfrac{258 + 180}{2}\right)^2 \times \left(\dfrac{258 - 180}{2}\right) \times 6 \times 0.2}{2}$
$= 705153.97\,N \cdot mm$

$T = \mu Q \times \dfrac{D_m}{2} \Rightarrow Q = \dfrac{2T}{\mu D_m} = \dfrac{2 \times 705153.97}{0.2 \times \left(\dfrac{258 + 180}{2}\right)} = 32198.82\,N$

(2) 전달동력 $H' = T\omega = 705153.97 \times 10^{-6} \times \dfrac{2\pi \times 500}{60} = 36.92\,kW$

06. 매분 $1500\,rpm$으로 회전하는 평마찰차를 $20\,kW$ 전달하고자 하여 $1500\,N$으로 밀어 붙인다면 이 평마찰차의 지름은 얼마 이상 설계하여야 하는가? (단, 마찰계수 $\mu = 0.35$ 로 한다.)

풀이 < 마찰차 >

전달동력 $H = T\omega \Rightarrow T = \dfrac{H}{\omega} = \dfrac{20 \times 10^3}{\left(\dfrac{2\pi \times 1500}{60}\right)} = 127.32\,N \cdot m$

전달토크 $T = \mu P \dfrac{D}{2} \Rightarrow D = \dfrac{2T}{\mu P} = \dfrac{2 \times 127.32 \times 10^3}{0.35 \times 1500} = 485.03\,mm$

07. $300\,rpm$으로 $6\,kW$를 전달하는 한 쌍의 헬리컬기어의 중심거리가 $250\,mm$, 잇수 $Z_1 = 20$, $Z_2 = 80$, 치직각모듈 $m = 4$일 때 다음을 구하라.
  (1) 비틀림 각 : β
  (2) 피니언의 지름 : $D_1\,[\,mm\,]$
  (3) 추력하중 : $P_t\,[\,N\,]$

풀이 < 기어 >

(1) 축간 중심거리 $\quad C = \dfrac{D_{1s} + D_{2s}}{2} = \dfrac{D_1 + D_2}{2\cos\beta} = \dfrac{m(Z_1 + Z_2)}{2\cos\beta}$

$$\Rightarrow \cos\beta = \dfrac{m(Z_1 + Z_2)}{2C}$$

$$\therefore \beta = \cos^{-1}\dfrac{m(Z_1 + Z_2)}{2C} = \cos^{-1}\dfrac{4 \times (20 + 80)}{2 \times 250} = 36.87°$$

(2) $D_1 = \dfrac{mZ_1}{\cos\beta} = \dfrac{4 \times 20}{\cos 36.87°} = 100\,mm$

(3) 회전속도 $\quad v = \dfrac{\pi D_{1s} N_1}{60 \times 1000} = \dfrac{\pi \times 100 \times 300}{60 \times 1000} = 1.57\,m/s$

전달동력 $\quad H = Pv \Rightarrow P = \dfrac{H}{v} = \dfrac{6 \times 10^3}{1.57} = 3821.66\,N$

$\therefore$ **추력하중** $P_t = P\tan\beta = 3621.66 \times \tan 36.87° = 2716.26\,N$

08. 전위기어의 사용목적 5가지를 적어라.

풀이 < 기어 >

❶ 중심거리를 자유롭게 변경하려 할 때
❷ 언더컷을 방지하려 할 때
❸ 이의 강도를 높이려 할 때
❹ 미끄럼율을 줄이고 물림율을 증가시키려 할 때
❺ 최소잇수를 적게 하려 할 때

09. 출력 $36.8\,kW$, 회전수 $1150\,rpm$을 모터에 의하여 $300\,rpm$의 건설기계를 운전하려 한다. 축간거리 $1.5\,m$로 하여 D형 V 벨트의 구루(가닥)수를 결정하라. (정수올림)
(단, 마찰계수 $\mu=0.3$, 부하수정계수 $k_2=0.7$, 모터 측 V홈 바퀴의 최소피치원 직경 $D_1=300\,mm$, 벨트의 $1\,m$당 질량 $0.5\,kg/m$, D형의 허용장력 $F=850\,N$이다. 또 원심력을 고려하여 계산하고 V 벨트의 pulley 홈각은 $40°$이다.)

풀이 < 벨트 (풀리) >

회전속도 $\quad v=\dfrac{\pi D_1 N_1}{60\times 1000}=\dfrac{\pi\times 300\times 1150}{60\times 1000}=18.06\,m/s$

⇧ 10 m/s 이상, 부가장력 고려

부가장력 $\quad T_c=mv^2=0.5\times 18.05^2=162.9\,N$

홈의 반각 $\quad \alpha=\dfrac{40°}{2}=20°$

상당 마찰계수 $\quad \mu'=\dfrac{\mu}{\sin\alpha+\mu\cos\alpha}=\dfrac{0.3}{\sin 20°+0.3\cos 20°}=0.48$

속도비 $\quad i=\dfrac{N_2}{N_1}=\dfrac{D_1}{D_2}\ \Rightarrow\ D_2=D_1\dfrac{N_1}{N_2}=300\times\dfrac{1150}{300}=1150\,mm$

$$C\sin\phi=\dfrac{(D_2+D_1)}{2}$$

$\Rightarrow\ \phi=\sin^{-1}\left(\dfrac{D_2-D_1}{2C}\right)=\sin^{-1}\left(\dfrac{1150-300}{2\times 1500}\right)=16.46°$

접촉각 $\quad \theta=180°-2\phi=180°-2\times 16.46°=147.08°$

장력비 $\quad e^{\mu'\theta}=e^{0.48\times 147.08°\times\frac{\pi}{180}}=3.43$

전달동력 $\quad H_0=T_e v=(T_t-T_c)\,\dfrac{e^{\mu'\theta}-1}{e^{\mu'\theta}}\,v=(850-162.9)\times\dfrac{3.43-1}{3.43}\times 18.05$

$\qquad\qquad\qquad =8786.37\,W\fallingdotseq 8.79\,kW$

∴ V 벨트의 구루수 $\quad Z=\dfrac{H}{k_1 k_2 H_0}=\dfrac{36.8}{1\times 0.7\times 8.79}=5.98\fallingdotseq 6$ 가닥

10. 드럼의 지름 $D = 600\,mm$인 밴드브레이크에 의해 $T = 1\,kN \cdot m$의 제동토크를 얻으려고 한다. 다음을 구하라. (단, 밴드의 두께 $h = 3\,mm$, 마찰계수 $\mu = 0.35$, 접촉각 $\theta = 250°$, 밴드의 허용인장응력 $\sigma_w = 80\,MPa$로 한다.)
  (1) 긴장측장력 $T_t\,[N]$
  (2) 밴드폭 $b\,[mm]$

풀이 < 브레이크 >

  (1) 장력비 $e^{\mu\theta} = e^{0.35 \times 250° \times \frac{\pi}{180}} = 4.61$

    제동토크 $T = f\dfrac{D}{2} = T_e\dfrac{D}{2}$ ⇐ 제동력은 유효장력과 같다.

    ⇨ 제동력 $f = \dfrac{2T}{D} = \dfrac{2 \times 1 \times 10^3}{0.6} = 3333.33\,N$

    ∴ 긴장측장력 $T_t = f\dfrac{e^{\mu\theta}}{e^{\mu\theta}-1} = 3333.33 \times \dfrac{4.61}{4.61-1} = 4256.69\,N$

  (2) 밴드의 허용인장응력 $\sigma_w = \dfrac{T_t}{bh}$ ⇨ $b = \dfrac{T_t}{\sigma_w h} = \dfrac{4256.69}{80 \times 10^6 \times 3} = 17.74\,mm$

11. 스팬의 길이 $2500\,mm$, 강판의 폭 $60\,mm$, 두께 $15\,mm$, 강판의 수 6개, 허리조임의 폭 $120\,mm$인 겹판스프링에서 스프링의 허용굽힘응력을 $350\,N/mm^2$, 세로 탄성계수를 $206 \times 10^3\,N/mm^2$라 할 때 다음을 구하라. (단, $l_e = l - 0.6e$로 계산하고 여기서 l은 스팬의 길이, e는 허리조임의 폭이다.)
  (1) 스프링이 받칠 수 있는 최대하중은 몇 kN인가?
  (2) 처짐은 몇 mm인가?

풀이 < 스프링 >

  (1) $l_e = l - 0.6e$ ⇨ $l_e = 2500 - 0.6 \times 120 = 2428\,mm$

$$\sigma_{\max} = \dfrac{M_{\max}}{Z} = \dfrac{\dfrac{P}{2} \times \dfrac{l_e}{2}}{n\dfrac{bh^2}{6}} = \dfrac{3}{2}\dfrac{Pl_e}{nbh^2}$$

    ⇨ $P_{\max} = \dfrac{2\sigma_{\max}nbh^2}{3l_e} = \dfrac{2 \times 350 \times 6 \times 60 \times 15^2}{3 \times 2428}$
                             $= 7784.18\,N = 7.78\,kN$

  (2) 겹판스프링의 처짐 $\delta = \dfrac{3Pl_e^3}{8nbh^3E} = \dfrac{3 \times 7.78 \times 10^3 \times 2.428^3}{8 \times 6 \times 60 \times 15^3 \times 206 \times 10^3}$
                                       $= 166.85\,mm$

일반기계기사 2020년 4회

01. 도면은 나사잭의 개략도이다. 최대하중 $W = 50\,kN$으로 최대양정 $H = 200\,mm$인 경우 다음 문제에서 요구하는 식과 답을 써라.

(1) 압축강도에 의하여 수나사의 지름을 계산하여 나사의 호칭을 결정하라. (단, 허용압축응력은 $\sigma_c = 50\,MPa$이다.)

(2) 하중(W)을 올리는데 필요한 모멘트를 구하라. (단, 나사의 마찰계수 $\mu = 0.1$, 하중받침대와 스러스트 칼라 사이의 구름 마찰계수는 $\mu_1 = 0.01$이고 스러스트 칼라 평균지름 $d_b = 60\,mm$, 나사는 사각나사로 간주하고 계산하라.)

(3) 문제 (1)에서 결정한 나사에 생기는 합성응력(최대전단응력)을 구하라.

(4) 하중 받침대와 마찰을 고려하고, 나사의 효율을 구하라. (단, 나사는 사다리꼴 나사로 계산하라.)

(5) 암나사부의 길이를 결정하라. (단, 나사산의 허용접촉압력은 $q = 15\,MPa$이다.)

(6) 나사를 돌리는 핸들의 길이 및 지름을 결정하라. (단, 핸들의 허용 굽힘응력은 $\sigma_b = 140\,MPa$이다.)

(7) 물체의 운동속도가 $0.6\,m/\min$일 때 소요동력을 구하면 몇 kW인가?

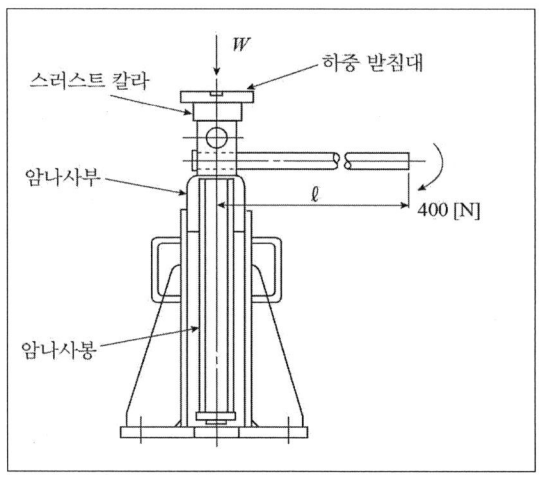

30° 사다리꼴 나사의 기본 치수(단위 : [mm])

호 칭	피 치 (p)	바깥지름 (d_2)	유효지름 (d_e)	골 지름 (d_1)
TM 36	6	36	33.0	29.5
TM 40	6	40	37.0	33.5
TM 45	8	45	41.0	36.5
TM 50	8	50	46.0	41.5
TM 55	8	55	51.0	46.5

풀이 < 나사 >

(1) 압축응력　$\sigma_c = \dfrac{W}{A_c} = \dfrac{W}{\dfrac{\pi d_1^2}{4}}$　$\Rightarrow$　$d_1 = \sqrt{\dfrac{4W}{\pi \sigma_c}} = \sqrt{\dfrac{4 \times 50 \times 10^3}{\pi \times 50}}$

$$= 35.68\,mm \quad \therefore \text{표에서 } TM45 \text{ 선정}$$

(2)　$T = T_1 + T_2 = \mu_1 W r_1 + W\left(\dfrac{p + \mu \pi d_e}{\pi d_e - \mu p}\right) \cdot \dfrac{d_e}{2}$

$$= (0.01 \times 50 \times 10^3 \times 30) + 50 \times 10^3 \times \left(\dfrac{8 + 0.1 \times \pi \times 41}{\pi \times 41 - 0.1 \times 8}\right) \times \dfrac{41}{2}$$

$$\fallingdotseq 182200.45\,N \cdot mm$$

(3)　$\sigma_c = \dfrac{W}{A} = \dfrac{4W}{\pi d_1^2} = \dfrac{4 \times 50 \times 10^3}{\pi \times 36.5^2} = 47.79\,N/mm^2 = 47.79\,MPa$

$T_2 = W\left(\dfrac{p + \mu \pi d_e}{\pi d_e - \mu p}\right) \cdot \dfrac{d_e}{2} = 50 \times 10^3 \times \left(\dfrac{8 + 0.1 \times \pi \times 41}{\pi \times 41 - 0.1 \times 8}\right) \times \dfrac{41}{2}$

$$= 167200.45\,N \cdot mm$$

$\Rightarrow$　$\tau = \dfrac{16 T_2}{\pi d_1^2} = \dfrac{16 \times 167200.45}{\pi \times 36.5^2} = 17.51\,N/mm^2 = 17.51\,MPa$

$\therefore$　$\tau_{max} = \dfrac{1}{2}\sqrt{\sigma_c^2 + 4\tau^2} = \dfrac{1}{2}\sqrt{47.79^2 + 4 \times 17.51^2} = 29.62\,MPa$

(4) 상당 마찰계수　$\mu' = \dfrac{\mu}{\cos\dfrac{\beta}{2}} = \dfrac{0.1}{\cos\dfrac{30°}{2}} = 0.1035$　$\Leftarrow$　**나사산의 각도** $\beta = 30°$

$\Rightarrow$　$T = T_1 + T_2 = \mu_1 W r + W\left(\dfrac{p + \mu' \pi d_e}{\pi d_e - \mu' p}\right) \cdot \dfrac{d_e}{2}$

$$= (0.01 \times 50 \times 10^3 \times 30) + 50 \times 10^3 \left(\dfrac{8 + 0.1035 \times \pi \times 41}{\pi \times 41 - 0.1035 \times 8}\right) \dfrac{41}{2}$$

$$\fallingdotseq 185847.74\,N \cdot mm$$

나사의 효율　$\eta = \dfrac{Wp}{2\pi T} = \dfrac{50 \times 10^3 \times 8}{2\pi \times 185847.74} = 0.3425 = 34.25\%$

(5) 암나사부 길이　$h = \dfrac{Wp}{\dfrac{\pi}{4}(d_2^2 - d_1^2)q_0} = \dfrac{50 \times 10^3 \times 8}{\dfrac{\pi}{4} \times (45^2 - 36.5^2) \times 15} = 49.01\,mm$

(6)　$T = M = \sigma_b Z$　$\Rightarrow$　$\sigma_b = \dfrac{M}{Z} = \dfrac{32M}{\pi d^3}$

$\Rightarrow$　$d = \sqrt[3]{\dfrac{32M}{\pi \sigma_b}} = \sqrt[3]{\dfrac{32 \times 185847.74}{\pi \times 140}} = 23.82\,mm$

또한, $T = Fl$　$\Rightarrow$　$l = \dfrac{T}{F} = \dfrac{185847.74}{400} = 464.62\,mm$

(7) 소요동력　$H = \dfrac{Wv}{\eta} = \dfrac{50 \times \dfrac{0.6}{60}}{0.3425} = 1.46\,kW$

02. 그림과 같은 코터 이음에서 축에 작용하는 인장하중이 $30\,kN$이고 로드의 지름 $d = 80\,mm$, 로드 소켓 내의 지름 $d_1 = 95\,mm$, 코터의 두께 $t = 25\,mm$, 코터의 나비 $b = 100\,mm$, 소켓 내의 바깥지름 $D = 160\,mm$, 소켓 끝에서 코터 구멍까지의 거리 $h = 50\,mm$일 때 다음을 구하라.

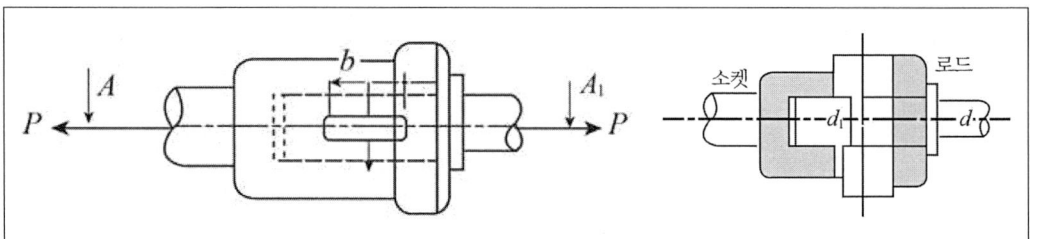

(1) 코터(cotter)의 전단응력 $[\,MPa\,]$
(2) 로드의 최대 인장응력 : $\sigma_{\max}\,[\,MPa\,]$

풀이 < 코터 >

(1) $\tau = \dfrac{P}{2 \times t \times b} = \dfrac{30 \times 10^3}{2 \times 25 \times 100} = 6\,MPa$

(2) $\sigma_{\max} = \dfrac{P}{\dfrac{\pi d_1^2}{4} - d_1 t} = \dfrac{30 \times 10^3}{\dfrac{\pi \times 95^2}{4} - 95 \times 25} = 6.37\,MPa$

03. 베어링 번호 6312인 단열 깊은 홈 볼 베어링에 그리스 윤활로 45000시간의 수명을 주고자 한다. 다음을 구하라. (단, 한계속도지수 값 $180000\ mm \cdot rpm$이며 기본동적 부하용량 $C = 81.9\ kN$, 하중계수는 1.5이다.)

   (1) 베어링 내경 $[mm]$
   (2) 베어링 최대 사용가능한 회전속도 $N\ [rpm]$
   (3) 앞 (2)에서 구한 N으로 회전하는 경우, 허용가능한 베어링 하중 $P_{th}\ [kN]$

풀이 < 베어링 >

   (1) 6312로부터 $d = 12 \times 5 = 60\ mm$

   (2) $N = \dfrac{dN}{d} = \dfrac{dN}{60} = \dfrac{180000}{60} = 3000\ rpm$

   (3) $L_h = 500 \times \dfrac{33.3}{N} \times \left(\dfrac{C}{f_w P}\right)^r$, (볼 베어링 $r = 3$)

     $\Rightarrow 45000 = 500 \times \dfrac{33.3}{3000} \times \left(\dfrac{81.9}{1.5 \times P_{th}}\right)^3 \quad \therefore\ P_{th} = 2.72\ kN$

04. $\text{No. }6310\ (C = 49\ kN)$인 레이디얼 볼 베어링의 수명시간 $L_h = 30000$시간이고 한계속도지수 $dN = 200000\ mm \cdot rpm$일 때 다음을 구하라.
(단, 하중계수 $f_w = 1.5$이다.)
   (1) 베어링의 최대회전수는 몇 rpm인가?
   (2) 베어링 회전수가 $300\ rpm$일 때 베어링 하중은 몇 kN인가?

풀이 < 베어링 >

   (1) $d = 10 \times 5 = 50\ mm \quad \Rightarrow \quad N_{\max} = \dfrac{dN}{d} = \dfrac{dN}{50} = \dfrac{200000}{50} = 4000\ rpm$

   (2) $L_h = 500 \times \dfrac{33.3}{N} \times \left(\dfrac{C}{f_w P}\right)^r$, (볼 베어링 $r = 3$)

     $\Rightarrow 30000 = 500 \times \dfrac{33.3}{3000} \times \left(\dfrac{49}{1.5 \times P}\right)^3 \quad \therefore\ P = 4.01\ kN$

05. 안지름이 $40\,mm$이고 바깥지름이 $60\,mm$인 원판클러치를 이용하여 $1500\,rpm$으로 $2.94\,kW$의 동력을 전달한다. 마찰계수가 0.25일 때 다음을 구하라.
   (1) 제동토크 $T\,[N\cdot m]$
   (2) 축 방향으로 미는 힘 $P\,[N]$

풀이 < 클러치 >

   (1) 전달동력 $H = T\omega \Rightarrow T = \dfrac{H}{\omega} = \dfrac{2.94 \times 10^3}{\left(\dfrac{2\pi \times 1500}{60}\right)} = 18.72\,N\cdot m$

   (2) $T = \mu P \times \dfrac{D_m}{2} \Rightarrow P = \dfrac{2T}{\mu D_m} = \dfrac{2 \times 18.72 \times 10^3}{0.25 \times \left(\dfrac{60+40}{2}\right)} = 2995.2\,N$

06. $2.2\,kW$를 전달하는 평마찰차로의 원동차 지름 $250\,mm$, 회전수 $300\,rpm$에서 종동차 지름 $450\,mm$로 힘을 전달한다. 접촉선압 $f = 35\,N/mm$이고 마찰계수 0.2이다.
   (1) 원주속도 $v\,[m/\sec]$
   (2) 밀어붙이는 힘 $W\,[N]$
   (3) 마찰차의 나비 $b\,[mm]$

풀이 < 마찰차 >

   (1) 원주속도 = 회전속도 $v = \dfrac{\pi D_1 N_1}{60 \times 1000} = \dfrac{\pi \times 250 \times 300}{60 \times 1000} = 3.93\,m/s$

   (2) 전달동력 $H = \mu W v$
   $\Rightarrow$ 마찰차를 밀어붙이는 힘 $W = \dfrac{H}{\mu v} = \dfrac{2.2 \times 10^3}{0.2 \times 3.93} = 2798.98\,N$

   (3) $W = fb \Rightarrow$ 마찰차의 나비 $b = \dfrac{W}{f} = \dfrac{2798.98}{35} = 79.97\,mm$

07. 헬리컬기어의 이직각 모듈이 3, 잇수가 45개, 공구 압력각 20°, 이폭 36 mm, 이의 비틀림각(나선각) $\beta = 20°$, 기어의 회전속도가 250 rpm, 허용 굽힘응력이 180 MPa, 하중계수가 1.15일 때 다음을 구하라.
  (1) 피치원 지름[mm]과 상당기어 잇수
  (2) 굽힘강도에 의한 전달동력 [kW], 단, 아래 표를 참고하여 계산하라.

압력각 [°] \ 잇수	40	50	60	70
14.5	0.107	0.110	0.113	0.115
20	0.124	0.130	0.134	0.137
25	0.145	0.152	0.156	0.159

  (3) 스러스트 하중 [N]

풀이 < 기어 >

(1) 피치원 지름 $D_s = \dfrac{D}{\cos\beta} = \dfrac{mZ}{\cos\beta} = \dfrac{3 \times 45}{\cos 20°} = 143.66\,mm$

상당기어 잇수 $Z_e = \dfrac{Z}{\cos^3\beta} = \dfrac{45}{\cos^3 20°} = 54.23 ≒ 55\,개$

(2) $v = \dfrac{\pi D_s N_1}{60 \times 1000} = \dfrac{\pi \times 143.66 \times 250}{60 \times 1000} = 1.88\,m/s$

$f_v = \dfrac{3.05}{3.05 + v} = \dfrac{3.05}{3.05 + 1.88} = 0.619$

$Z_e = 55$개는 표에서 보간법을 적용하여 y_e를 구한다.

$\Rightarrow y_e = 0.130 + \dfrac{55 - 50}{60 - 50} \times (0.134 - 0.130) = 0.132$

$P = f_v f_w \sigma_b b p y_e = f_v f_w \sigma_b b \pi m y_e$
$\quad = 0.619 \times 1.15 \times 180 \times 36 \times \pi \times 3 \times 0.132 = 5738.63\,N$

$\therefore H = \dfrac{Pv}{1000} = \dfrac{5738.63}{1000} \times 1.88 = 10.79\,kW$

(3) $P_t = P\tan\beta = 5738.63 \times \tan 20° = 2088.69\,N$

08. $1500\,rpm$, $150\,mm$ 평벨트 풀리가 $300\,rpm$의 축으로 $8\,kW$를 전달하고 있다. 마찰계수가 0.3이고 단위길이 당 질량이 $0.35\,kg/m$일 때 다음을 구하라.
(단, 축간거리는 $1800\,mm$ 이다.)

 (1) 종동풀리의 지름 $D_2\,[mm]$?
 (2) 긴장측 장력 $T_t\,[N]$는?
 (3) 벨트의 길이 $L\,[mm]$? (벨트는 바로걸기이다.)

풀이 < 벨트 (풀리) >

(1) 속도비 $\quad i = \dfrac{N_2}{N_1} = \dfrac{D_1}{D_2} \quad \Rightarrow \quad D_2 = \dfrac{D_1}{i} = 150 \times 5 = 750\,mm$

(2) $\quad v = \dfrac{\pi D_1 N_1}{60 \times 1000} = \dfrac{\pi \times 150 \times 1500}{60 \times 1000} = 11.78\,m/s$

⇧ **10 m/s 이상이므로 부가장력 고려**

부가장력 $\quad T_c = mv^2 = 0.35 \times 11.78^2 = 48.57\,N$

원동측 접촉각 $\quad \theta = 180° - 2\phi$

$$C \sin\phi = \dfrac{D_2 - D_1}{2}$$

$$\Rightarrow \phi = \sin^{-1}\dfrac{D_2 - D_1}{2C} = \sin^{-1}\dfrac{750 - 150}{2 \times 1800} = 9.5941°$$

$$\therefore \theta = 180° - 2\phi = 180° - 2 \times 9.5941° = 160.81°$$

장력비 $\quad e^{\mu\theta} = e^{0.3 \times 160.81° \times \frac{\pi}{180°}} = 2.321$

전달동력 $\quad H = T_e v \;\Rightarrow\; T_e = \dfrac{H}{v} = \dfrac{8 \times 10^3}{11.78} = 679.12\,N$

$$\therefore T_t = \dfrac{e^{\mu\theta}}{e^{\mu\theta} - 1} \times T_e + T_c = \dfrac{2.321}{2.321 - 1} \times 679.12 + 48.57 = 1241.79\,N$$

(3) 바로걸기이므로

$$\text{벨트길이}\quad L = 2C + \dfrac{\pi(D_2 + D_1)}{2} + \dfrac{(D_2 - D_1)^2}{4C}$$

$$= 2 \times 1800 + \dfrac{\pi(750 + 150)}{2} + \dfrac{(750 - 150)^2}{4 \times 1800} = 5063.72\,mm$$

09. 그림과 같은 단블록 브레이크에서 $a = 800\,mm$, $b = 250\,mm$, $D = 450\,mm$, 조작력 $F = 150\,N$, 드럼의 나비$[mm] = 40$, 브레이크 블록의 허용응력 $0.2\,MPa$, 브레이크 용량 $1.0\,MPa \cdot m/s$, 마찰계수 $\mu = 0.3$일 경우, 다음을 구하라.
  (1) 브레이크 토크(T)는 몇 $N \cdot m$ 인가?
  (2) 블록의 길이(l)는 몇 mm 인가?
  (3) 회전수(N)는 몇 rpm 인가?

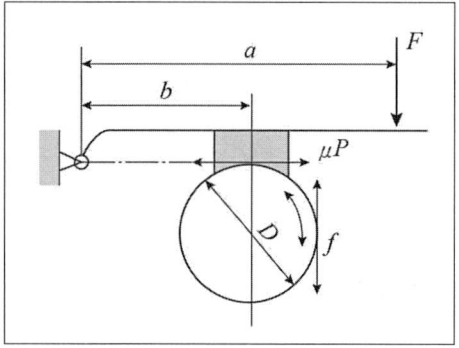

풀이 < 브레이크 >

(1) $\sum M_o = 0$

$$\Rightarrow Fa - Pb = 0 \Rightarrow P = \frac{Fa}{b} = \frac{150 \times 800}{250} = 480\,N$$

$$\Rightarrow F = \frac{2180 \times 300 - 0.2 \times 2180 \times 75}{1050} = 591.71\,N$$

$$T = F_f \times \frac{D}{2} = \mu P \times \frac{D}{2} = 0.3 \times 480 \times \frac{0.45}{2} = 32.4\,N \cdot m$$

(2) $q = \dfrac{P}{bl} \Rightarrow l = \dfrac{P}{bq} = \dfrac{480}{40 \times 0.2} = 60\,mm$ ⇐ **블록과 드럼의 나비는 같다.**

(3) 브레이크 용량 $\mu q v = 1.0\,Mpa \Rightarrow v = \dfrac{1.0}{\mu q} = \dfrac{1.0}{0.3 \times 0.2} = 16.67\,m/s$

회전속도 $v = \dfrac{\pi D N}{60 \times 1000}$

$$\Rightarrow N = \frac{60 \times 1000\,v}{\pi D} = \frac{60 \times 1000 \times 16.67}{\pi \times 450} = 707.5\,rpm$$

10. 하중 $W = 200\,N$으로서 처짐 $10\,mm$가 생기는 코일스프링의 소선지름은 $d = 5\,mm$이다. 이 스프링의 유효권수 n과 소선에 작용하는 전단응력 $\tau\,[MPa]$를 구하라.
(단, 스프링지수 $C = 8$, 수정계수 $K = 1.17$, $G = 8 \times 10^4\,MPa$이다.)

풀이 < 스프링 >

스프링지수 $C = \dfrac{D}{d} \;\Rightarrow\; D = Cd = 8 \times 5 = 40\,mm$

처짐 $\delta = \dfrac{8nD^3W}{Gd^4}$

$\Rightarrow$ 유효권수 $n = \dfrac{Gd^4\delta}{8D^3W} = \dfrac{8 \times 10^4 \times 5^4 \times 10}{8 \times 40^3 \times 200} = 4.88 \fallingdotseq 5회$

비틀림모멘트 $T = \tau Z_p = W\dfrac{D}{2}$

$\Rightarrow$ 전단응력 $\tau = K\dfrac{WD}{2Z_p} = K\dfrac{WD}{2 \times \dfrac{\pi d^3}{16}} = K\dfrac{8WD}{\pi d^3}$

$= 1.17 \times \dfrac{8 \times 200 \times 40}{\pi \times 5^3} = 190.68\,MPa$

11. 관 내의 유량이 $1\,m^3/s$이고, 유속 $5\,m/s$로 흐르는 이음매 없는 강관에서 내압 $p = 2.45\,MPa$에 견디는 관을 제작하려고 할 때 다음을 구하라.
 (1) 관 내경 $D\,[mm]$
 (2) 허용인장응력을 고려한 관의 최소두께 $[mm]$
  (단, 강관의 허용인장응력 $(\sigma_a) = 58.86\,MPa$ 부식여유 $(C) = 1\,mm$이다.)

풀이 < 배관 >

(1) 유량 $Q = AV = \dfrac{\pi d^2}{4}V \;\Rightarrow\; d = \sqrt{\dfrac{4Q}{\pi V}} = \sqrt{\dfrac{4 \times 1}{\pi \times 5}} \times 10^3 = 504.63\,mm$

(2) 허용인장응력 $\sigma_{\max} = \dfrac{pd}{2t} \leq \sigma_a$

$\therefore$ 강관의 최소두께 $t \geq \dfrac{pd}{2\sigma_a} + C = \dfrac{2.45 \times 504.63}{2 \times 58.86} + 1 = 11.5\,mm$

일반기계기사 2019년 1회

01. 나사의 유효지름 $63.5\,mm$, 피치 $3.17\,mm$, 나사잭으로 $50\,kN$의 중량을 들어올리려 할 때 다음을 구하라. 단, 레버를 누르는 힘을 $200\,N$, 마찰계수를 0.1로 한다.
  (1) 회전토크 $T\,[\,N\cdot m\,]$
  (2) 레버의 길이 $l\,[\,mm\,]$

풀이 < 나사 >

(1) $\tan\rho = \mu \;\Rightarrow\; \rho = \tan^{-1}\mu = \tan^{-1}0.1 = 5.7106°$

$\tan\alpha = \dfrac{p}{\pi d_e} \;\Rightarrow\; \alpha = \tan^{-1}\dfrac{p}{\pi d_e} = \tan^{-1}\left(\dfrac{3.17}{\pi\times 63.5}\right) = 0.9104°$

$W = 50\,kN = 50000\,N$

$T = W\tan(\rho+\alpha)\cdot\dfrac{d_e}{2}$

$\quad = 50000\times\tan(5.7106°+0.9104°)\times\dfrac{63.5}{2}$

$\quad = 184269.68\,N\cdot mm = 184.27\,N\cdot m$

(2) $T = Fl \;\Rightarrow\; l = \dfrac{T}{F} = \dfrac{184.97}{200}\times 10^3 = 921.35\,mm$

02. $3.7\,kW$, $2000\,rpm$을 전달하는 전동축에 묻힘키를 설계하고자 한다. 축의 허용 전단응력은 $19.6\,MPa$이고, 키의 허용전단응력은 $11.76\,MPa$, 키의 허용압축응력은 $23.52\,MPa$이다. 이론적으로 축의 지름과 키의 길이를 같게 하여 묻힘키를 설계하고 축에 키의 묻힘깊이는 키 높이의 $1/2$로 하여 다음을 구하라.

(1) 묻힘키의 깊이를 고려하지 말고 전동축의 지름 $d_0\,[mm]$는?

(2) 묻힘키의 폭 $b\,[mm]$는?

(3) 묻힘키의 높이 $h\,[mm]$는?

(4) 묻힘깊이를 고려한 축직경 $d = \dfrac{d_0}{\beta}$이다. β가 다음과 같을 때 $d\,[mm]$는?

$$\beta = 1.0 + 0.2\left(\dfrac{b}{d_0}\right) - 1.1\left(\dfrac{t}{d_0}\right) \quad \text{여기서, } t\text{는 키의 묻힘깊이이다.}$$

풀이 < 키 >

(1) 동력 $H = T\omega \;\Rightarrow\; T = \dfrac{H}{\omega} = \dfrac{3.7 \times 10^6}{\left(\dfrac{2\pi \times 2000}{60}\right)} = 17666.2\,N \cdot mm$

$$T = \tau_0 Z_P = \tau_0 \dfrac{\pi d_0^3}{16}$$

$$\Rightarrow d_0 = \sqrt[3]{\dfrac{16T}{\pi \tau_0}} = \sqrt[3]{\dfrac{16 \times 17666.2}{\pi \times 19.6}} = 16.62\,mm$$

(2) $(d_0 = l) \;\Rightarrow\; \tau_k = \dfrac{2T}{bld_0}$

$$\therefore\; b = \dfrac{2T}{\tau_k l d_0} = \dfrac{2 \times 17666.2}{11.76 \times 16.62 \times 16.62} = 10.88\,mm$$

(3) $\left(h = \dfrac{l}{2} = \dfrac{d_0}{2}\right) \;\Rightarrow\; \sigma_k = \dfrac{2T}{blh}$

$$\therefore\; h = \dfrac{4T}{\sigma_k l d_0} = \dfrac{4 \times 17666.2}{23.52 \times 16.62 \times 16.62} = 10.88\,mm$$

(4) $\left(t = \dfrac{h}{2} = \dfrac{b}{2}\right) \;\Rightarrow\; \beta = 1.0 + 0.2\left(\dfrac{b}{d_0}\right) - 1.1\left(\dfrac{t}{d_0}\right)$

$$\Rightarrow \beta = 1.0 + 0.2\left(\dfrac{10.88}{16.62}\right) - 1.1\left(\dfrac{10.88/2}{16.62}\right) = 0.77$$

$$\therefore\; d = \dfrac{d_0}{\beta} = \dfrac{16.62}{0.77} = 21.58\,mm$$

03. 두께 $t = 11\,mm$의 강판을 직경 $19\,mm$, 구멍 $20.2\,mm$의 리벳을 사용하여 1줄 리벳 겹치기 이음으로 피치를 몇 mm로 할 것인가? (단, 강판의 허용인장응력을 $40\,MPa$, 리벳의 허용전단응력은 $\tau_a = 36\,MPa$로 한다.) 또, 강판의 효율은 몇 %인가?

풀이 < 리벳 >

$$\tau_a = \frac{W}{A_\tau} = \frac{W}{\frac{\pi}{4}d^2 \times n} \;\Rightarrow\; W = \tau_a \frac{\pi}{4} d^2 \times n \;\cdots\cdots\; \mathbf{❶}$$

$$\sigma_t = \frac{W}{A_t} = \frac{W}{(p-d)t} \;\Rightarrow\; W = \sigma_t (p-d) t \;\cdots\cdots\; \mathbf{❷}$$

❶과 ❷식으로부터 $W = \tau_a \dfrac{\pi}{4} d^2 \times n = \sigma_t (p-d) t$

$$\Rightarrow\; p = d + \tau_a \frac{\pi d^2}{4\sigma_t t} \times n = 20.2 + 36 \times \frac{\pi \times 19^2}{4 \times 40 \times 11} \times 1 = 43.4\,mm$$

강판효율 $\eta_p = \eta_t = 1 - \dfrac{d}{p} = 1 - \dfrac{20.2}{43.4} = 0.534 = 53.4\,\%$

04. $400\,rpm$으로 $18000\,N$을 받치는 엔드저널 (end journal) 에서 다음을 구하라.
(단, 압력속도계수 $p \cdot v = 2\,N/mm^2 \cdot m/s$, 허용굽힘응력 $\sigma_b = 50\,MPa$)
 (1) 저널 (journal) 의 길이 : $l\,[mm]$
 (2) 저널 (journal) 의 지름 : $d\,[mm]$
 (3) 마찰계수 $\mu = 0.01$일 때 마찰손실동력 : $H_l\,[kW]$

풀이 < 저널 >

(1) 압력속도계수 $pv = \dfrac{\pi W N}{60 \times 1000 \times l} \;\Rightarrow\; l = \dfrac{\pi W N}{60 \times 1000 \times pv}$

$$= \frac{\pi \times 18000 \times 400}{60 \times 1000 \times 2} = 188.5\,mm$$

(2) $d = \sqrt[3]{\dfrac{16 W l}{\pi \sigma_b}} = \sqrt[3]{\dfrac{16 \times 18000 \times 188.5}{\pi \times 60}} = 70.18\,mm$

(3) $v = \dfrac{\pi d N}{60 \times 1000} = \dfrac{\pi \times 70.18 \times 400}{60 \times 1000} = 1.47\,m/s$

$H_l = \mu W v = 0.01 \times 18000 \times 10^{-3} \times 1.47 = 0.262\,kW$

05. 다판클러치가 접촉면수 $Z = 6$, 외경 $D_2 = 258\,mm$, 내경 $D_1 = 180\,mm$에서 허용 면압력 $q = 0.2\,MPa$이다. 마찰계수 $\mu = 0.2$, 회전수 $n = 500\,rpm$일 때, 다음을 구하라.
   (1) 축 방향으로 미는 힘 : $Q\,[N]$
   (2) 전달동력 : $H'\,[kW]$

풀이 < 클러치 >

(1) 접촉압력 $\quad q = \dfrac{2T}{\mu \pi D_m^2 b Z}$

$$\Rightarrow T = \dfrac{\mu \pi D_m^2 b Z q}{2} = \dfrac{0.2 \times \pi \times \left(\dfrac{258+180}{2}\right)^2 \times \left(\dfrac{258-180}{2}\right) \times 6 \times 0.2}{2}$$
$$= 705153.97\,N \cdot mm$$

$$T = \mu Q \times \dfrac{D_m}{2} \Rightarrow Q = \dfrac{2T}{\mu D_m} = \dfrac{2 \times 705153.97}{0.2 \times \left(\dfrac{258+180}{2}\right)} = 32198.82\,N$$

(2) 전달동력 $\quad H' = T\omega = 705153.97 \times 10^{-6} \times \dfrac{2\pi \times 500}{60} = 36.92\,kW$

06. 홈붙이 마찰차(홈각도 $40°$)에서 원동차의 지름(홈의 평균지름)이 $250\,mm$, 회전수 $750\,rpm$, 종동차의 지름 $500\,mm$로 하여 $3.7\,kW$를 전달하려고 한다. 얼마의 힘으로 밀어붙여야 하는가? 또, 홈의 깊이와 홈의 수를 구하라. (단, 허용접촉압력 $p_0 = 30\,N/mm$, 마찰계수 $\mu = 0.15$로 한다.)

풀이 < 마찰차 >

회전속도 $\quad v = \dfrac{\pi D_1 N_1}{60 \times 1000} = \dfrac{\pi \times 250 \times 750}{60 \times 1000} = 9.82\,m/s$

상당 마찰계수 $\quad \mu' = \dfrac{\mu}{\sin\alpha + \mu\cos\alpha} = \dfrac{0.15}{\sin 20° + 0.15\cos 20°} = 0.31$

전달동력 $\quad H' = \mu' W v \Rightarrow W = \dfrac{H'}{\mu' v} = \dfrac{3.7 \times 10^3}{0.31 \times 9.82} = 1215.43\,N$

홈의 깊이 $\quad h = 0.28\sqrt{\mu' W} = 0.28\sqrt{0.31 \times 1215.43} = 5.44\,mm$

$\mu Q = \mu' W \Rightarrow$ **수직력** $\quad Q = \dfrac{\mu' W}{\mu} = \dfrac{0.31 \times 1215.43}{0.15} = 2511.89\,N$

홈의 수 $\quad Z = \dfrac{Q}{2 h p_0} = \dfrac{2511.89}{2 \times 5.44 \times 30} = 7.7 \fallingdotseq 8\,개$

07. 헬리컬기어의 이직각 모듈이 3, 잇수가 45개, 공구 압력각 $20°$, 이폭 $36\,mm$, 이의 비틀림각(나선각) $\beta = 20°$, 기어의 회전속도가 $250\,rpm$, 허용 굽힘응력이 $180\,MPa$, 하중계수가 1.15일 때 다음을 구하라.

  (1) 피치원 지름$[mm]$과 상당기어 잇수
  (2) 굽힘강도에 의한 전달동력 $[kW]$, 단, 아래 표를 참고하여 계산하라.

압력각[°] \ 잇수	40	50	60	70
14.5	0.107	0.110	0.113	0.115
20	0.124	0.130	0.134	0.137
25	0.145	0.152	0.156	0.159

  (3) 스러스트 하중 $[N]$

풀이 < 기어 >

  (1) 피치원 지름 $D_s = \dfrac{D}{\cos\beta} = \dfrac{mZ}{\cos\beta} = \dfrac{3\times 45}{\cos 20°} = 143.66\,mm$

  상당기어 잇수 $Z_e = \dfrac{Z}{\cos^3\beta} = \dfrac{45}{\cos^3 20°} = 54.23 ≒ 55$개

  (2) $v = \dfrac{\pi D_s N_1}{60\times 1000} = \dfrac{\pi\times 143.66\times 250}{60\times 1000} = 1.88\,m/s$

  $f_v = \dfrac{3.05}{3.05+v} = \dfrac{3.05}{3.05+1.88} = 0.619$

  $Z_e = 55$개는 표에서 보간법을 적용하여 y_e를 구한다.

  $\Rightarrow y_e = 0.130 + \dfrac{55-50}{60-50}\times(0.134-0.130) = 0.132$

  $P = f_v f_w \sigma_b b p y_e = f_v f_w \sigma_b b \pi m y_e$
  $\qquad = 0.619\times 1.15\times 180\times 36\times \pi\times 3\times 0.132 = 5738.63\,N$

  $\therefore H = \dfrac{Pv}{1000} = \dfrac{5738.63}{1000}\times 1.88 = 10.79\,kW$

  (3) $P_t = P\tan\beta = 5738.63\times \tan 20° = 2088.69\,N$

08. 원동차의 회전수 $60\,rpm$, 종동차의 회전수 $30\,rpm$으로 $6\,kW$의 동력을 축간거리 $800\,mm$에 전달하고자 할 때 다음을 구하라. (단, 체인의 평균속도 $1.0\,m/\sec$, 안전율은 10으로 하고, 사용계수 $k=1$로 하며, 잇수와 링크수는 정수로 구한다.)
  (1) 호칭번호
  (2) 스프로킷 잇수(Z_1, Z_2) (정수로 올림)
  (3) 링크수 (정수)

단열 롤러체인

호칭번호	pitch(p)	단열파단중량 [kN] 최소
50	15.88	22.1
60	19.05	32.0
80	25.40	56.5
100	31.75	88.5
120	38.10	128

풀이 < 체인 >

(1) $H' = Fv \;\Rightarrow\; F = \dfrac{H'}{v} = \dfrac{6\times 10^3}{1} = 6000\,N$

$F = \dfrac{F_B}{S\,k} \;\Rightarrow\; F_B = FSk = 6000\times 10\times 1 = 60000\,N = 60\,kN$

∴ $60\,kN$ 이상의 파단하중 값은 표에서 호칭번호 100을 선정한다.

(2) $v = \dfrac{p\,Z_1 N_1}{60\times 1000} \;\Rightarrow\; Z_1 = \dfrac{60\times 1000\,v}{p\,N_1} = \dfrac{60\times 1000\times 1}{31.75\times 60} = 31.5 \fallingdotseq 32\,\text{개}$

$i = \dfrac{N_2}{N_1} = \dfrac{Z_1}{Z_2} \;\Rightarrow\; Z_2 = Z_1 \times \dfrac{N_1}{N_2} = 32\times \dfrac{60}{30} = 64\,\text{개}$

(3) 체인링크 수 $L_n = \dfrac{2C}{p} + \dfrac{Z_1 + Z_2}{2} + \dfrac{0.0257\,p\,(Z_2 - Z_1)^2}{C}$

$\quad = \dfrac{2\times 800}{31.75} + \dfrac{32+64}{2} + \dfrac{0.0257\times 31.75\,(64-32)^2}{800}$

$\quad = 99.44 \fallingdotseq 100\,\text{개}$

09. 그림과 같은 단동블록 브레이크가 중량물의 자유낙하를 방지하고 있다.

   (1) 브레이크의 제동력은? [N] (단, 드럼면은 주철, 브레이크 블록은 목재로서 마찰계수는 0.25로 한다.)

   (2) 브레이크 제동토크는? [J]

   (3) 중량물의 무게는? [N]

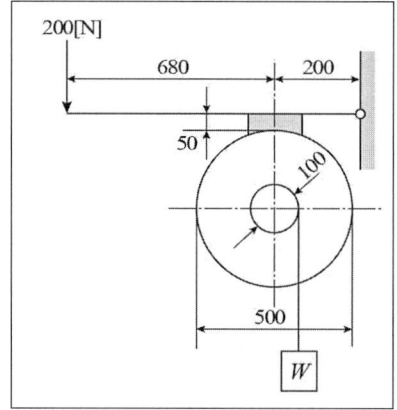

풀이 < 브레이크 >

   (1) 수직반력을 N 이라 하면 제동력은 $F_f = \mu N$

$$\sum M_o = 0$$

$$\Rightarrow Fa - Nb + \mu Nc = 0 \Rightarrow Fa - \frac{F_f}{\mu}b + \mu \frac{F_f}{\mu}c = 0$$

$$\Rightarrow F_f = \mu N = \mu \frac{Fa}{(b - \mu c)} = 0.25 \times \frac{200 \times 880}{(200 - 0.25 \times 50)} = 234.67\ N$$

   (2) 제동토크 $T = F_f \times \dfrac{D}{2} = 234.67 \times \dfrac{0.5}{2} = 58.67\ N \cdot m = 58.67\ J$

   (3) 모멘트 평형 $W \times \dfrac{d}{2} = F_f \times \dfrac{D}{2}$

$$\Rightarrow W = F_f \times \frac{D}{d} = 234.67 \times \frac{500}{100} = 1173.35\ N$$

10. 원통형 코일 스프링에 $2\,kN$의 하중이 작용한다. 소선의 직경이 $10\,mm$, 스프링 지수가 8, 횡탄성계수가 $78\,GPa$이다. 처짐을 $20\,mm$로 제한하고 허용전단응력이 $500\,MPa$ 일 때 다음을 구하라.
  (1) 스프링의 최대전단응력 $[MPa]$
  (2) 안전한지 판단하라.
  (3) 유효권수를 구하라.

풀이 < 스프링 >

(1) 응력수정계수 $K = \dfrac{4C-1}{4C-4} + \dfrac{0.615}{C} = \dfrac{4\times 8-1}{4\times 8-4} + \dfrac{0.615}{8} = 1.184$

스프링지수 $C = \dfrac{D}{d} \;\Rightarrow\; D = Cd = 8\times 10 = 80\,mm$

비틀림모멘트 $T = \tau_{\max}Z_P = \tau_{\max}\dfrac{\pi d^3}{16} = P\dfrac{D}{2}$

$\Rightarrow\; \tau_{\max} = K\dfrac{8PD}{\pi d^3} = 1.18\times \dfrac{8\times 2\times 10^3 \times 80}{\pi \times 10^3} = 480.78\,MPa$

(2) 최대전단응력 $\tau_{\max} = 480.78\,MPa < \tau_a = 500\,MPa$ $\quad\therefore$ **안전하다.**

(3) 처짐 $\delta = \dfrac{8nD^3W}{Gd^4} = \dfrac{8nD^3P}{Gd^4}$

$\Rightarrow\; n = \dfrac{Gd^4\delta}{8D^3P} = \dfrac{78\times 10^3 \times 10^4 \times 20}{8\times 80^3 \times 2\times 10^3} = 1.9 \quad \therefore\; 2\,회$

11. 판의 두께 $10\,mm$, 폭 $50\,mm$, 판의 수 20매인 반타원형 겹친스프링이 양단지지 거리 $1.5\,m$로 놓여 있다. 굽힘응력이 $350\,MPa$이 될 때 다음을 구하라.
(단, $E = 2.1(10^5)\,MPa$ 이다.)
  (1) 중심하중 $W\,[N]$:
  (2) 처짐 $\delta\,[mm]$:
  (3) 고유진동수 $f_n\,[Hz]$:

풀이 < 스프링 >

(1) $\sigma_b = \dfrac{3\,W\,l}{2\,n\,b\,h^2} \;\Rightarrow\; W = \dfrac{2\,n\,b\,h^2 \sigma_b}{3\,l} = \dfrac{2 \times 20 \times 50 \times 10^2 \times 350}{3 \times 1500}$
$= 15555.56\,N$

(2) $\delta = \dfrac{3\,W\,l^3}{8\,n\,b\,h^3 E} = \dfrac{3 \times 15555.56 \times 1500^3}{8 \times 20 \times 50 \times 10^3 \times 2.1 \times 10^5} = 93.75\,mm$

(3) $f_n = \dfrac{\omega_c}{2\pi} = \dfrac{1}{2\pi}\sqrt{\dfrac{g}{\delta}} = \dfrac{1}{2\pi}\sqrt{\dfrac{9800}{93.75}} = 1.63\,Hz$

일반기계기사 2019년 2회

01. 그림과 같은 아이볼트에 $F_1 = 6\,kN$, $F_2 = 8\,kN$의 하중과 $F = 15\,kN$이 작용할 때 다음을 구하라.

    (1) T의 각도 $\theta\,[\deg]$ 와 크기$[kN]$는?
    (2) 호칭지름 $10\,cm$, 피치 $3\,cm$, 골지름 $8\,cm$일 때 최대 인장응력은 몇 $[MPa]$인가?

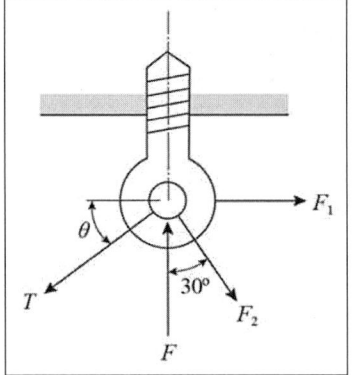

풀이 < 나사 (볼트) >

(1) 아이볼트의 eye 중심부에 대한 힘의 평형으로부터

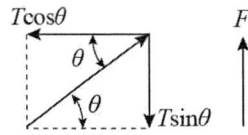 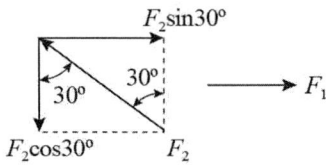

$$\sum F_x = 0 \;\Rightarrow\; T\cos\theta = F_1 + F_2 \sin 30°$$
$$\Rightarrow\; T\cos\theta = 6 + 8\sin 30° = 10\,kN \cdots ❶$$

$$\sum F_y = 0 \;\Rightarrow\; T\sin\theta = F - F_2 \cos 30°$$
$$\Rightarrow\; T\sin\theta = 15 - 8\cos 30° = 8.07\,kN \cdots ❷$$

❷ / ❶ $\;\Rightarrow\; \tan\theta = \dfrac{8.07}{10}$

$\therefore\; \theta = \tan^{-1} 0.807 = 38.9°$ $\;\Rightarrow\;$ ❶식에서 $T = \dfrac{10}{\cos 38.9°} = 12.58\,kN$

(2) $\sigma_{\max} = \dfrac{F}{A} = \dfrac{F}{\dfrac{\pi}{4} d_1^2} = \dfrac{15 \times 10^3}{\dfrac{\pi}{4} \times 80^2} = 2.9842\,N/mm^2 \fallingdotseq 2.98\,MPa$

02. 그림과 같이 탄성체인 볼트, 너트, 와셔, 평판 Ⅰ, 평판 Ⅱ가 체결되어 있다. 와셔, 평판 Ⅰ 및 평판 Ⅱ는 동일 재질로서 이들 피결체의 스프링 상수는 k_m이고, 볼트의 스프링 상수는 k_b이며, $k_m = 8\,k_b$이다. 볼트의 초기 체결력(Preload, F_i)이 $5\,kN$, 두 평판 사이에 걸리는 외부하중이 $P = 9\,kN$일 때 다음에 답하라.

(1) 볼트에 걸리는 인장력 $F_b\,[\,kN\,]$를 구하라.

(2) 볼트 단면에서의 허용응력이 $\sigma_a = 60\,MPa$ 일 때, 볼트의 최소 외경 $d\,[\,mm\,]$를 설계하라.

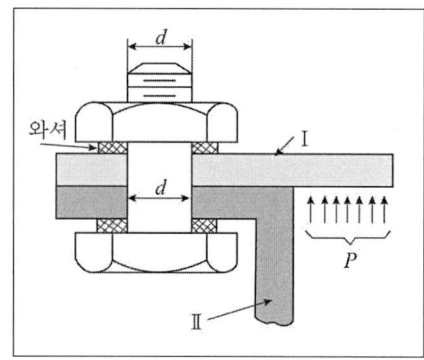

풀이 < 나사 (볼트) >

(1) $F_b = F_i + P\left(\dfrac{k_b}{k_m + k_b}\right) = F_i + P\left(\dfrac{k_b}{8\,k_b + k_b}\right) = 5 + 9 \times \left(\dfrac{1}{9}\right) = 6\,kN$

(2) 축 방향 하중만 작용하므로
$$d = \sqrt{\dfrac{2F_b}{\sigma_a}} = \sqrt{\dfrac{2 \times 6 \times 10^3}{60}} = 14.14\,mm$$

03. $100\,rpm$으로 $20\,kW$를 전달하는 비틀림모멘트만 받는 지름 $60\,mm$ 중심축에 묻힘 깊이가 키 높이의 $1/2$인 묻힘 키를 설계하고자 한다. 축에 작용하는 회전력과 키의 전단저항에 의한 회전력을 같게 할 때 키 폭 b를 구하라. (단, 축 및 키 재료에 허용 압축응력 $\sigma_c = 50\,MPa$, 허용전단응력 $\tau_a = 40\,MPa$, 키 길이 $l = 1.5\,d$이다.)

풀이 < 키 >

동력 $H = T\omega \;\Rightarrow\; T = \dfrac{H}{\omega} = \dfrac{20 \times 10^3}{\left(\dfrac{2\pi \times 100}{60}\right)} = 1909.86\,N\cdot m$

$\tau_{k_a} = \dfrac{2T}{bld} \quad \therefore\; b = \dfrac{2T}{\tau_{k_a} l d} = \dfrac{2T}{\tau_{k_a} 1.5\,d^2} = \dfrac{2 \times 1909.86 \times 10^3}{40 \times 1.5 \times 60^2} = 17.68\,mm$

04. 그림과 같은 1줄 겹치기 리벳이음에서 $t = 12\,mm$, $d = 19\,mm$, $p = 75\,mm$ 이다. 1피치의 하중이 $18\,kN$이라 할 때 다음을 구하라.

    (1) 강판의 인장응력 : $\sigma_t\,[MPa]$
       (강판 이음부의 인장응력이다.)
    (2) 리벳의 전단응력 : $\tau_r\,[MPa]$
    (3) 리벳이음의 효율 : $\eta\,[\%]$ (강판의 허용인장응력은 $\sigma_a = 40\,MPa$이다.)

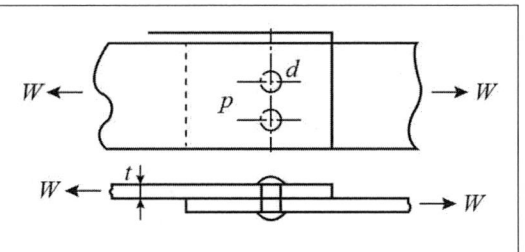

풀이 < 리벳 >

  (1) $\sigma_t = \dfrac{W}{A_t} = \dfrac{W}{(p-d)\,t} = \dfrac{18 \times 10^3}{(75-19) \times 12} = 26.79\,MPa$

  (2) $\tau_r = \dfrac{W}{A_\tau} = \dfrac{W}{\dfrac{\pi}{4}d^2 \times n} = \dfrac{18 \times 10^3}{\dfrac{\pi}{4} \times 19^2 \times 1} = 63.49\,MPa$

  (3) 리벳이음 효율 $\eta_r = \dfrac{\tau_r \dfrac{\pi}{4}d^2 \times n}{\sigma_a\,p\,t} = \dfrac{63.49 \times \dfrac{\pi}{4} \times 19^2 \times 1}{40 \times 75 \times 12} = 0.5 = 50\,\%$

    강판효율 $\eta_p = \eta_t = 1 - \dfrac{d}{p} = 1 - \dfrac{19}{75} = 0.7467 = 74.7\,\%$

  리벳이음 효율은 2계산값 중에서 작은 것을 선택해야 하므로 $50\,\%$ 이다.

05. 다음 그림과 같이 축 중앙에 $W = 800\,N$의 하중을 받는 연강 중심원 축이 양단에서 베어링으로 자유로 자유로 받쳐진 상태에서 $100\,rpm$, $4\,kW$의 동력을 전달한다.
축 재료의 인장응력 $\sigma = 50\,MPa$, 전단응력 $\tau = 40\,MPa$이다.
(단, 키홈의 영향은 무시한다.)

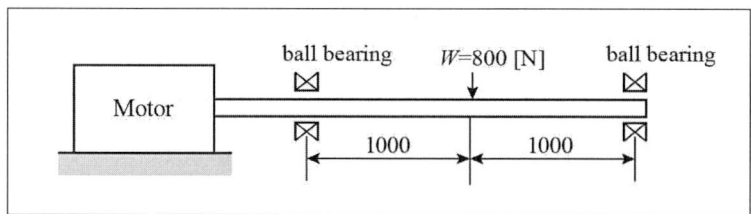

(1) 최대전단응력설에 의한 축의 직경[mm]을 구하라. (단, 축의 자중은 무시하고, 계산으로 구한 축경을 근거로 $50, 55, 60, 65, 70, 80, 85, 90$ 값을 직 상위 값의 하중축경으로 선택한다.)

(2) 축 재료의 탄성계수 $E = 2 \times 10^5\,MPa$, 비중량 $\gamma = 78600\,N/m^2$이고 위 문제에서 구한 축경이 $80\,mm$라고 가정할 때 던커레이 실험공식에 의한 이 축의 위험속도 [rpm]를 구하라.

풀이 < 축 >

(1) 축의 동력 $H = T\omega \;\Rightarrow\; T = \dfrac{H}{\omega} = \dfrac{4 \times 10^3}{\left(\dfrac{2\pi \times 100}{60}\right)} = 381.97\,N\cdot m$

굽힘모멘트 $M = \dfrac{Pl}{4} = \dfrac{800 \times 2}{4} = 400\,N\cdot m$

상당 비틀림모멘트 $T_e = \sqrt{M^2 + T^2} = \sqrt{400^2 + 381.97^2} = 553.08\,N\cdot m$

최대전단응력 $\tau_e = \tau_a = \dfrac{1}{2}\sqrt{\sigma^2 + 4\tau^2} = \dfrac{1}{2}\sqrt{50^2 + 4 \times 40^2} = 47.17\,MPa$

$T_e = \tau_a Z_P = \tau_a \dfrac{\pi d^3}{16} \;\Rightarrow\; d = \sqrt[3]{\dfrac{16\,T_e}{\pi\,\tau_a}} = \sqrt[3]{\dfrac{16 \times 553.08 \times 10^3}{\pi \times 47.17}}$
$= 38.09\,mm$

∴ 직 상위값 $d = 50\,mm$을 축경으로 선택한다.

(2) 단위길이당 하중 $w = \gamma A = 78600 \times 10^{-9} \times \dfrac{\pi \times 80^2}{4} = 0.395\,N/mm$

축 자중에 의한 중앙부 처짐

$\delta_0 = \dfrac{5\,w\,l^4}{384\,E\,I} = \dfrac{5 \times 0.395 \times 2000^4}{384 \times 2 \times 10^5 \times \dfrac{\pi \times 80^4}{64}} = 0.2\,mm$

축 자중에 의한 진동수 $N_0 = \dfrac{30}{\pi}\sqrt{\dfrac{g}{\delta_0}} = \dfrac{30}{\pi}\sqrt{\dfrac{9800}{0.2}} = 2113.83\,rpm$

하중(W)에 의한 중앙부 처짐

$$\delta_1 = \frac{Wl^3}{48EI} = \frac{800 \times 2000^4}{48 \times 2 \times 10^5 \times \frac{\pi \times 80^4}{64}} = 0.33 \, mm$$

하중(W)에 의한 진동수 $\quad N_1 = \frac{30}{\pi}\sqrt{\frac{g}{\delta_1}} = \frac{30}{\pi}\sqrt{\frac{9800}{0.33}} = 1645.61 \, rpm$

던커레이 위험속도 실험식 $\quad \frac{1}{N_c^2} = \frac{1}{N_0^2} + \frac{1}{N_1^2}$

$\Rightarrow N_c = \sqrt{\dfrac{1}{\dfrac{1}{N_0^2} + \dfrac{1}{N_1^2}}} = \sqrt{\dfrac{1}{\dfrac{1}{2113.83^2} + \dfrac{1}{1645.61^2}}} = 1298.51 \, rpm$

06. 그림과 같이 전동기와 플랜지 커플링으로 연결된 평벨트 전동장치가 있다.
원동풀리의 접촉각은 $162°$로 $35\,kW$, $1200\,rpm$을 바로걸기로 종동풀리에 전달하고 있으며 플랜지 커플링의 볼트 전단응력은 $19.6\,MPa$, 볼트의 피치원직경 $80\,mm$, 볼트 수 4개일 때 다음을 구하라.

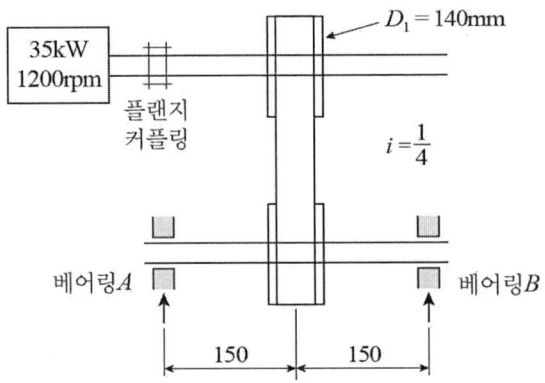

(1) 플랜지 커플링의 볼트지름은 몇 mm 인가?
(2) 긴장측 장력은 몇 N 인가? (단, 벨트풀리를 운전하는 데 마찰계수는 0.2 이다.)
(3) 베어링 A 에 걸리는 베어링하중은 몇 N 인가? (단, 풀리의 자중은 $637\,N$ 이고 장력과 직각방향이다.)
(4) 베어링의 동 정격하중은 몇 kN 인가? (단, 베어링은 볼 베어링으로 수명시간은 60000 시간이고 하중계수는 1.8 이다.)

풀이 < 축, 베어링, 커플링, 벨트 (풀리) >

(1) $\tau = 19.6 \, N/mm^2$

$$T = \frac{H}{\omega} = \frac{35 \times 10^3}{\left(\frac{2\pi \times 1200}{60}\right)} = 278.52 \, N \cdot m = 278.52 \times 10^3 \, N \cdot mm$$

$$T = \tau A_\tau \frac{D_B}{2} = \tau \frac{\pi \delta^2}{4} \times Z \times \frac{D_B}{2}$$

$$\Rightarrow \delta = \sqrt{\frac{8T}{\tau \pi Z D_B}} = \sqrt{\frac{8 \times 278.52 \times 10^3}{19.6 \times \pi \times 4 \times 80}} = 10.63 \, mm$$

(2) $v = \frac{\pi D N}{60 \times 1000} = \frac{\pi \times 140 \times 1200}{60 \times 1000} = 8.8 \, m/s$

⇧ **10 m/s 이하, 부가장력(T_c) 무시**

장력비 $e^{\mu\theta} = e^{0.2 \times 102° \times \frac{\pi}{180°}} = 1.76$

전달동력 $H = T_e v \Rightarrow$ 유효장력 $T_e = \frac{H}{v} = \frac{35 \times 10^3}{8.8} = 3977.27 \, N$

긴장측장력 $T_t = \frac{e^{\mu\theta}}{e^{\mu\theta} - 1} \times T_e = \frac{1.76}{1.76 - 1} \times 3977.27 = 9210.52 \, N$

(3) 이완측장력 $T_s = \frac{1}{e^{\mu\theta} - 1} \times T_e = \frac{1}{1.76 - 1} \times 3977.27 = 5233.25 \, N$

장력의 합 $W = \sqrt{T_t^2 + T_s^2 - 2 T_t T_s \cos 162°}$
$= \sqrt{9210.52^2 + 5233.25^2 - 2 \times 9210.52 \times 5233.25 \times \cos 162°}$
$= 14279.5 \, N$

풀리의 자중과 장력은 서로 직각이므로 $F = \sqrt{14279^2 + 637^2} = 14293.7 \, N$

A 베어링에 걸리는 베어링 하중은 $P = \frac{F}{2} = \frac{14293.7}{2} = 7146.85 \, N$

(4) $L_h = 500 \times \frac{33.3}{N} \times \left(\frac{C}{f_w P}\right)^r$ ⇐ 속도(감속)비 $i = \frac{N_{종동}}{N_{원동}} = \frac{1}{4} = \frac{300}{1200}$

$\Rightarrow C = f_w P \times \left(\frac{L_h N_{종동}}{500 \times 33.3}\right)^{\frac{1}{r}} = 1.8 \times 7146.85 \times \left(\frac{60000 \times 300}{500 \times 33.3}\right)^{\frac{1}{3}}$

$= 132030.19 \, N = 132.03 \, kN$

07. 접촉면의 안지름 120 mm, 바깥지름 200 mm의 단판클러치에서 접촉면압력 0.3 MPa, 마찰계수를 0.2로 할 때 1250 rpm으로 몇 kW를 전달 할 수 있는가?

풀이 < 클러치 >

$$T = \mu P \times \frac{D_m}{2} = \mu q \pi D_m b \times \frac{D_m}{2} = 0.2 \times 0.3 \times \pi \times 160 \times 40 \times \frac{160}{2}$$

$$= 96460.8 \, N \cdot mm = 96.46 \, N \cdot m$$

전달동력 $H = T\omega = 96.46 \times 10^{-3} \times \left(\dfrac{2\pi \times 1250}{60}\right) = 12.62 \, kW$

08. 다음 그림과 같은 크라운 마찰차에 있어서 원동차 직경 $400\,mm$, 주철재료의 회전수는 $1400\,rpm$이다. 종동차의 둘레에 동판이 끼워져 있다. 폭 $40\,mm$, $D = 530\,mm$이다. B차의 이동범위 $x = 50 \sim 150\,mm$이다. 다음을 구하라. (단, $\mu = 0.2$, $p_a = 15\,N/mm$이다. 마찰전동 시 미끄럼은 무시한다.)

(1) 최대 · 최소 회전수 $[\,rpm\,]$
(2) 최대 · 최소 전달동력 $[\,kW\,]$

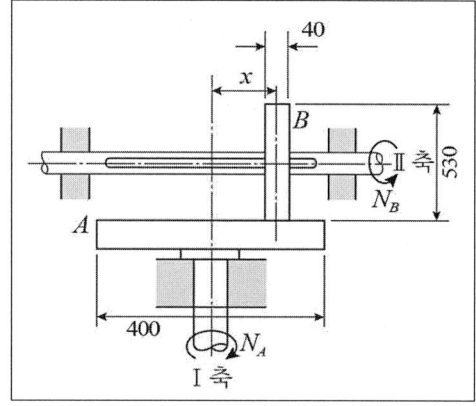

풀이 < 마찰차 >

(1) $\epsilon = \dfrac{N_{B\cdot max}}{N_A} = \dfrac{D_{A\cdot max}}{D_B}$

$\Rightarrow N_{B\cdot max} = \dfrac{N_A}{D_B} D_{A\cdot max} = \dfrac{1400}{530} \times (2 \times 150) = 792.45\,rpm$

$\epsilon = \dfrac{N_{B\cdot min}}{N_A} = \dfrac{D_{A\cdot min}}{D_B}$

$\Rightarrow N_{B\cdot min} = \dfrac{N_A}{D_B} D_{A\cdot min} = \dfrac{1400}{530} \times (2 \times 50) = 264.15\,rpm$

(2) $v_{\max} = \dfrac{\pi D_B N_{B\cdot max}}{60 \times 1000} = \dfrac{\pi \times 530 \times 792.45}{60 \times 1000} = 21.99\,m/s$

$v_{\min} = \dfrac{\pi D_B N_{B\cdot min}}{60 \times 1000} = \dfrac{\pi \times 530 \times 264.15}{60 \times 1000} = 7.33\,m/s$

$p_a = \dfrac{P}{b} \Rightarrow P = p_a b = 15 \times 40 = 600\,N$

최대 전달동력 $H'_{\max} = \mu P v_{\max} = 0.2 \times 600 \times 10^{-3} \times 21.99 = 2.64\,kW$

최소 전달동력 $H'_{\min} = \mu P v_{\min} = 0.2 \times 600 \times 10^{-3} \times 7.33 = 0.88\,kW$

09. $7.5\,kW$를 전달하는 압력각 $20°$인 스퍼기어가 있다. 피니언의 회전수는 $1500\,rpm$이고 기어의 회전수는 $500\,rpm$일 때 다음을 구하라. (단, 축간거리는 $250\,mm$이다.)
   (1) 피니언과 기어의 피치원 지름을 구하라.
   (2) 전달하중 F는 몇 N인가?
   (3) 축직각 하중 F_v는 몇 N인가?
   (4) 전하중 F_n은 몇 N인가?

풀이 < 기어 >

(1) 속도비 $i = \dfrac{N_2}{N_1} = \dfrac{500}{1500} = \dfrac{1}{3} = \dfrac{D_1}{D_2}$ $\Rightarrow N_1 D_1 = N_2 D_2$ $\Rightarrow D_2 = 3 D_1$

축간거리 $C = 250 = \dfrac{D_1 + D_2}{2} = \dfrac{D_1 + 3D_1}{2}$

$\Rightarrow D_1 = 125\,mm,\ D_2 = 375\,mm$

(2) 회전속도 $v = \dfrac{\pi D_1 N_1}{60 \times 1000} = \dfrac{\pi \times 125 \times 1500}{60 \times 1000} = 9.82\,m/s$

$H = Fv$ $\Rightarrow$ **전달하중** $F = \dfrac{H}{v} = \dfrac{7.5 \times 10^3}{9.82} = 763.75\,N$

(3) 축직각하중 $F_v = F \tan \alpha = 763.75 \times \tan 20° = 277.98\,N$

(4) 전하중 $F_n = \dfrac{F}{\cos \alpha} = \dfrac{763.75}{\cos 20°} = 812.77\,N$

10. 그림과 같은 밴드 브레이크 장치에서 마찰계수 $\mu = 0.4$, 밴드의 두께 $3\,mm$, $e^{\mu\theta} = 6.59$일 때 다음을 구하라.

   (1) 제동력 : $f\,[N]$
   (2) 제동동력 : $H'\,[kW]$
   (3) 밴드의 폭 : $b\,[mm]$ (단, 허용인장응력 $\sigma_t = 60\,MPa$, 이음효율 $\eta = 1$ 이다.)

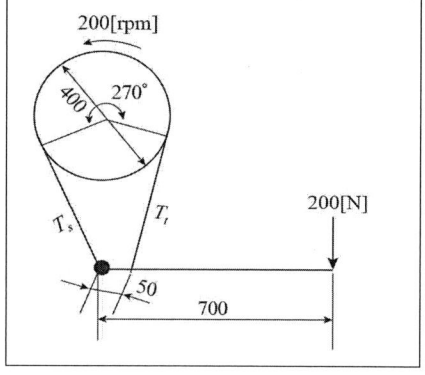

풀이 < 브레이크 >

   (1) $\sum M_o = 0 : \ T_t a = Fl \ \Rightarrow \ T_t = \dfrac{Fl}{a} = \dfrac{200 \times 700}{50} = 2800\,N$

   장력비 $e^{\mu\theta} = \dfrac{T_t}{T_s} \ \Rightarrow \ T_s = \dfrac{T_t}{e^{\mu\theta}} = \dfrac{2800}{6.59} = 424.89\,N$

   제동력은 유효장력과 같으므로
   $T_e = f = T_t - T_s = 2800 - 424.89 = 2375.11\,N$

   (2) 제동토크 $T = f \dfrac{D}{2} = 2375.11 \times \dfrac{0.4}{2} = 475.02\,N \cdot m$

   $\therefore$ 제동동력 $H' = T\omega = 475.02 \times \dfrac{2\pi \times 200}{60} \times 10^{-3} = 9.95\,kW$

   (3) 인장응력 $\sigma_t = \dfrac{T_t}{bt\eta} \ \Rightarrow \ $ 밴드의 폭 $b = \dfrac{T_t}{\sigma_t t \eta} = \dfrac{2800}{60 \times 3 \times 1} = 15.56\,mm$

11. $18\ kW$, $400\ rpm$의 4사이클 단기통 기관에서 플라이 휠의 림 안지름 mm을 계산하라. (단, 각속도 변동률 $\delta = 1/80$, 에너지 변동계수는 1.3, 플라이 휠의 바깥지름은 $1.8\ m$, 림 부분의 나비는 $18\ cm$이고, 주철의 비중량은 $0.073\ N/cm^3$ 이다.)

풀이 < 플라이 휠 >

동력 $H = T\omega \Rightarrow T = \dfrac{H}{\omega} = \dfrac{18 \times 10^3}{\left(\dfrac{2\pi \times 400}{60}\right)} = 429.72\ N \cdot m$

1 사이클 동안 플라이 휠이 수행한 일 에너지 량
$$E = 4\pi T = 4\pi \times 429.72 = 5400.02\ J$$

1 사이클 동안 플라이 휠의 에너지 변화량
$$\triangle E = 1.3 \times 5400.02\ J = 7020.03\ J$$

$\omega = \dfrac{2\pi N}{60} = \dfrac{2\pi \times 400}{60} = 41.89\ rad/s$ 이므로

$\triangle E = I\omega^2 \delta \Rightarrow I = \dfrac{\triangle E}{\omega^2 \delta} = \dfrac{7020.03}{41.89^2 \times 1/80} = 320.04\ J \cdot s^2$

$$I = \dfrac{\gamma b \pi (D_2^4 - D_1^4)}{32 g}$$

$\Rightarrow D_1 = \sqrt[4]{D_2^4 - \dfrac{32 g I}{\gamma b \pi}} = \sqrt[4]{1800^4 - \dfrac{32 \times 9800 \times 320.04 \times 10^3}{0.073 \times 10^{-3} \times 180 \times \pi}}$

$\fallingdotseq 1685.27\ mm$

일반기계기사 2019년 4회

01. 그림과 같이 외경 $52\,mm$, 유효경 $48\,mm$, 피치 $8.47\,mm$인 $29°$ 사다리꼴 한줄 나사, 나사잭(jack)에서 $W=60\,kN$을 $0.5\,m/\min$의 속도로 올리고자 한다. 다음을 구하라.
  (1) 하중을 들어올리는데 필요한 torque : $T=[N\cdot mm]$ (단, 나사부의 유효마찰계수 $\mu'=0.155$, 칼라부의 마찰계수 $\mu=0.01$, 칼라부의 평균지름 $d'=60\,mm$)
  (2) 잭의 효율 : η
  (3) 소요동력 : $H'\,[kW]$

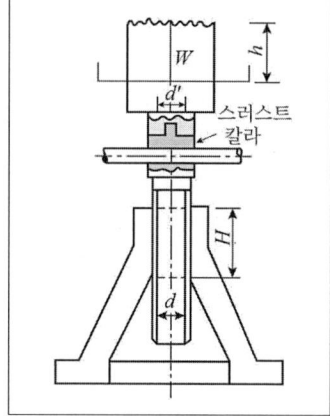

풀이 < 나사 >

(1) $T = T_1 + T_2 = \mu_1 W r_m + W\left(\dfrac{p+\mu'\pi d_e}{\pi d_e - \mu' p}\right)\cdot\dfrac{d_e}{2}$

$= (0.01\times 60\times 10^3 \times 60/2) + 60\times 10^3 \times \left(\dfrac{8.47+0.155\times\pi\times 48}{\pi\times 48 - 0.155\times 8.47}\right)\times \dfrac{48}{2}$

$≒ 324753.17\,N\cdot mm$

(2) $\eta = \dfrac{Wp}{2\pi T} = \dfrac{60\times 10^3 \times 8.47}{2\pi\times 324753.17} = 0.2491 = 24.91\%$

(3) $H' = \dfrac{Wv}{\eta} = \dfrac{60\times \dfrac{0.5}{60}}{0.2491} = 2\,kW$

02. 폭이 $18\,mm$, 높이가 $11\,mm$인 묻힘키가 직경이 $63\,mm$인 축에 표준 스퍼기어로 고정되어 있다. 회전수가 $350\,rpm$이고 전달동력이 $4.7\,kW$일 때, 키의 강도 중 전단강도가 $53.97\,MPa$, 압축강도가 $90.25\,MPa$이라 할 때 키의 길이를 구하라.
  (1) 키의 전달토크
  (2) 전단강도를 고려한 키의 길이
  (3) 압축강도를 고려한 키의 길이
  (4) 키의 최소길이를 선정하라.

풀이 < 키 >

(1) 동력 $H = T\omega \;\Rightarrow\; T = \dfrac{H}{\omega} = \dfrac{4.7 \times 10^3}{\left(\dfrac{2\pi \times 350}{60}\right)} = 128.23\,N\cdot m$

(2) $\tau_k = \dfrac{2T}{bld} \;\Rightarrow\; l = \dfrac{2T}{\tau_k bd} = \dfrac{2 \times 128.23}{53.97 \times 18 \times 63} \times 10^3 = 4.19\,mm$

(3) $\sigma_c = \dfrac{4T}{hld} \;\Rightarrow\; l = \dfrac{4T}{\sigma_c hd} = \dfrac{4 \times 128.23}{90.25 \times 11 \times 63} \times 10^3 = 8.2\,mm$

(4) 안전을 고려한 키의 최소길이는 $l = 8.2\,mm$ 이다.

03. 4축 필렛 용접이음에 편심하중이 $50\,kN$ 작용할 때 최대전단응력은 몇 $[MPa]$인가? 그림에서 $a = 250\,mm$, 용접사이즈 $8\,mm$, 편심거리 $l = 375\,mm$이다.

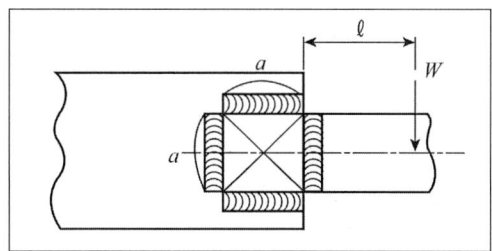

풀이 < 용접 >

W에 의한 전단응력은 작용하중과 굽힘모멘트를 필렛부의 중심으로 이전시켜 렌치를 구성하는 직접전단(τ_1)과 굽힘모멘트에 의한 굽힘전단(τ_2)으로 구분하여 적용한다.

직접전단 (τ_1)

목두께 $t = h\cos 45° = 0.707h$ 이므로

$$\tau_1 = \frac{W}{A} = \frac{W}{4at} = \frac{50 \times 10^3}{4 \times 250 \times 0.707 \times 8} = 8.84\,N/mm^2 = 8.84\,MPa$$

회전모멘트 M에 의한 굽힘전단 (τ_2)

$$r_{\max} = \sqrt{\left(\frac{a}{2}\right)^2 + \left(\frac{a}{2}\right)^2} = \sqrt{125^2 + 125^2} = 176.78\,mm \text{ 이며}$$

$$I_P = t\frac{(l+b)^3}{6} = 0.707h\frac{(a+a)^3}{6} = 0.707 \times 8 \times \frac{(2 \times 250)^3}{6} = 117.83 \times 10^6\,mm^4$$

$$\tau_2 = \frac{T\,r_{\max}}{I_P}$$

$$\Rightarrow \tau_2 = \frac{W\left(l + \frac{a}{2}\right)r_{\max}}{I_P} = \frac{50 \times 10^3 \times \left(375 + \frac{250}{2}\right) \times 176.78}{117.83 \times 10^6}$$

$$= 37.5\,N/mm^2 = 37.5\,MPa$$

$\therefore$ **최대전단응력** $\tau_{\max} = \sqrt{\tau_1^2 + \tau_2^2 + 2\tau_1\tau_2\cos\theta}$

$$= \sqrt{8.84^2 + 37.5^2 + 2 \times 8.84 \times 37.5 \times \cos 45°}$$

$$= 44.2\,MPa$$

04. 두께 $t = 8\,mm$ 1줄 겹치기 리벳이음에서 리벳지름 $d = 10\,mm$, 판의 인장응력 $\sigma_a = 88\,MPa$, 리벳의 전단응력 $\tau = 70\,MPa$일 때 다음을 구하라.
   (1) 리벳의 전단강도 $[N]$
   (2) 효율을 최대로 하는 p (피치)
   (3) 리벳이음의 효율

풀이 < 리벳 >

(1) $\tau_r = \dfrac{W}{A_\tau} = \dfrac{W}{\dfrac{\pi}{4}d^2 \times n}$

$\Rightarrow\ W = \tau_r \dfrac{\pi}{4}d^2 \times n = 70 \times \dfrac{\pi}{4} \times 10^2 \times 1 = 5497.79\,N$

(2) $n = 1,\ \ \tau_r = \sigma_t$

$\tau_r \dfrac{\pi}{4}d^2 \times n = \sigma_t (p-d)\,t$

$\Rightarrow\ p = \dfrac{\tau_r \pi d^2 \times n}{4\,\sigma_t\,t} + d = \dfrac{70 \times \pi \times 10^2 \times 1}{4 \times 88 \times 8} + 10 = 17.81\,mm$

(3) 리벳이음 효율 $\eta_r = \dfrac{\tau_r \dfrac{\pi}{4}d^2 \times n}{\sigma_t\,p\,t} = \dfrac{70 \times \dfrac{\pi}{4} \times 10^2 \times 1}{88 \times 17.81 \times 8} = 0.438 = 43.8\,\%$

강판효율 $\eta_p = \eta_t = 1 - \dfrac{d}{p} = 1 - \dfrac{10}{17.81} = 0.438 = 43.8\,\%$

05. 단열 레이디얼 볼 베어링 $No.\,6212\,(C = 41\,kN)$를 그리스(grease) 윤활로 30000시간의 수명을 주고자 한다. 한계속도 지수가 200000일 때 다음을 구하라. (단, C는 기본 부하용량이다.)
   (1) 이 베어링의 최대 사용회전수 : $N\,[rpm]$
   (2) 이 베어링을 $2500\,rpm$으로 사용할 때 베어링 하중 : $P\,[kN]$
       (단, 하중계수 $f_w = 1.5$이다.)

풀이 < 베어링 >

(1) 베어링의 내경은 6212로부터 $d = 12 \times 5 = 60\,mm$이므로

$\therefore\ N_{\max} = \dfrac{dN}{d} = \dfrac{dN}{60} = \dfrac{200000}{60} = 3333.33\,rpm$

(2) $L_h = 500 \times \dfrac{33.3}{N} \times \left(\dfrac{C}{f_w P}\right)^r$, (볼 베어링 $r = 3$)

$\Rightarrow\ 30000 = 500 \times \dfrac{33.3}{2500} \times \left(\dfrac{41}{1.5 \times P}\right)^3 \quad \therefore\ P \fallingdotseq 1.66\,kN$

06. 그림과 같은 주철제 원추클러치를 $600\ rpm$으로 접촉면 압력이 $0.3\ MPa$ 이하가 되도록 사용할 때 다음을 구하라. (단, 마찰계수 $\mu = 0.2$)

(1) 전동토크 : $T\ [J]$
(2) 전달마력 : $H\ [kW]$
(3) 원추면의 경사각 : $\alpha\ [°]$
(4) 축 방향으로 미는 힘 : $P\ [N]$

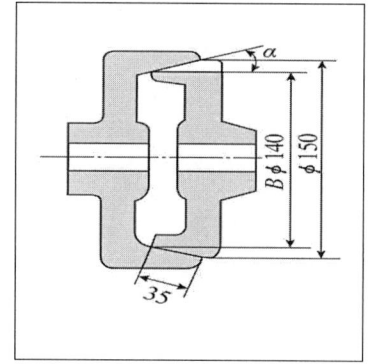

풀이 < 클러치 >

(1) 접촉면압 $q = \dfrac{2\,T}{\mu\pi D_m^2\, b}$

$\Rightarrow T = \dfrac{\mu\pi D_m^2\, b\, q}{2} = \dfrac{0.2 \times \pi \times \left(\dfrac{150+140}{2}\right)^2 \times 25 \times 0.3}{2} \times 10^{-3}$

$\qquad\qquad\qquad\qquad\quad ≒ 69.35\ N\cdot m = 69.35\ J$

(2) $H = T\omega = 69.35 \times \dfrac{2\pi \times 600}{60 \times 1000} = 4.36\ kW$

(3) $D_2 = D_1 + 2\,b\sin\alpha$

$\Rightarrow \alpha = \sin^{-1}\left(\dfrac{D_2 - D_1}{2\,b}\right) = \sin^{-1}\left(\dfrac{150-140}{2 \times 35}\right) = 8.21°$

(4) 전달토크 $T = \mu\,Q \times \dfrac{D_m}{2}$

$\Rightarrow Q = \dfrac{2\,T}{\mu\,D_m} = \dfrac{2 \times 69.35 \times 10^3}{0.2 \times \left(\dfrac{150+140}{2}\right)} = 4783.07\ N$

$\therefore P = Q\,(\sin\alpha + \mu\cos\alpha) = 4783.07 \times (\sin 8.21° + 0.2 \times \cos 8.21°)$
$\qquad\quad = 1629.84\ N$

07. 그림과 같은 원통마찰 전동장치에서 1축에 있는 원통마찰차의 지름이 $420\,mm$이고, 종동마찰차의 지름이 $200\,mm$이고, 종동차의 폭은 $30\,mm$이고, 이동거리 $x = 30 \sim 150\,mm$일 때 다음을 구하라. (단, 원동차의 회전수는 $1200\,rpm$이고, 양 접촉면의 마찰계수는 0.22이며, 허용압력은 $26.5\,N/mm$이다.)

(1) 최대회전수 $[rpm]$
(2) 최소회전수 $[rpm]$
(3) 최대회전수에 의한 전달동력 $[kW]$
(4) 최저회전수에 의한 전달동력 $[kW]$

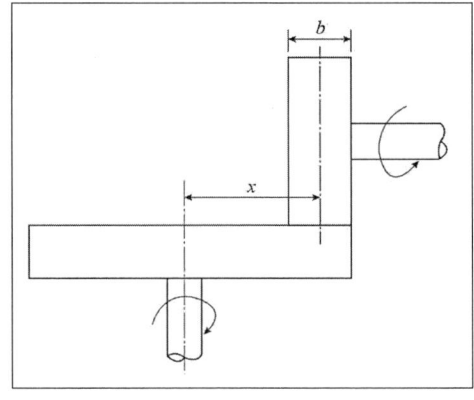

풀이 < 마찰차 >

(1) $\epsilon = \dfrac{N_{B\cdot max}}{N_A} = \dfrac{D_{A\cdot max}}{D_B}$

$\Rightarrow N_{B\cdot max} = \dfrac{N_A}{D_B} D_{A\cdot max} = \dfrac{1200}{200} \times (2 \times 150) = 1800\,rpm$

(2) $\epsilon = \dfrac{N_{B\cdot min}}{N_A} = \dfrac{D_{A\cdot min}}{D_B}$

$\Rightarrow N_{B\cdot min} = \dfrac{N_A}{D_B} D_{A\cdot min} = \dfrac{1200}{200} \times (2 \times 30) = 360\,rpm$

(3) $v_{max} = \dfrac{\pi D_B N_{B\cdot max}}{60 \times 1000} = \dfrac{\pi \times 200 \times 1800}{60 \times 1000} = 18.85\,m/s$

$p_a = \dfrac{P}{b} \Rightarrow P = p_a b = 26.5 \times 30 = 795\,N$

$\therefore H'_{max} = \mu P v_{max} = 0.22 \times 795 \times 10^{-3} \times 18.85 = 3.3\,kW$

(4) $v_{min} = \dfrac{\pi D_B N_{B\cdot min}}{60 \times 1000} = \dfrac{\pi \times 200 \times 360}{60 \times 1000} = 3.77\,m/s$

$\therefore H'_{min} = \mu P v_{min} = 0.22 \times 795 \times 10^{-3} \times 3.77 = 0.66\,kW$

08. 그림과 같은 에반스 마찰차에서 속도비가 $1/3 \sim 3$ 의 범위로 주동차가 $750\,rpm$ 으로 $2\,kW$를 전달한다. 양측사이의 중심거리를 $300\,mm$라 할 때 다음을 구하라. (단, 가죽의 허용 접촉면 압력은 $14.7\,N/mm$, 마찰계수는 0.2 이다.)

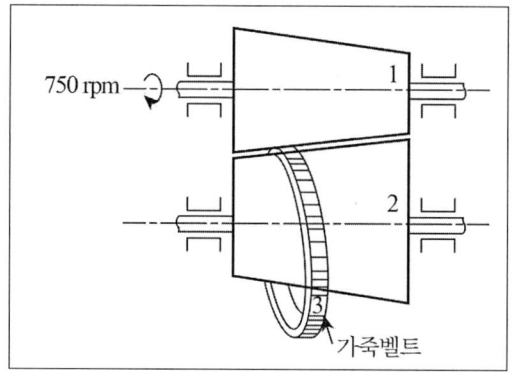

(1) 주동차와 종동차의 지름을 결정하라. (D_1, D_2 [mm])
(2) 주동차와 종동차를 밀어붙이는 최대 힘을 구하라. (F [kN])
(3) 가죽벨트의 폭 b [mm]

풀이 < 마찰차 >

(1) 속도비 $i = \dfrac{N_2}{N_1} = \dfrac{D_1}{D_2} = \dfrac{1}{3} \;\Rightarrow\; D_2 = 3D_1$

축간거리 $C = \dfrac{D_1 + D_2}{2} = \dfrac{D_1 + 3D_1}{2} = 300 \;\Rightarrow\; 4D_1 = 600$

$\Rightarrow\; D_1 = 150\,mm \quad \therefore\; D_2 = 3D_1 = 3 \times 150 = 450\,mm$

(2) $v = \dfrac{\pi D_1 N_1}{60 \times 1000} = \dfrac{\pi \times 150 \times 750}{60 \times 1000} = 5.89\,m/s$

$H' = \mu F v \;\Rightarrow\;$ **전달하중** $F = \dfrac{H'}{\mu v} = \dfrac{2}{2 \times 5.89} = 1.7\,kN$

(3) 접촉면 압력 $f = \dfrac{F}{b} \;\Rightarrow\;$ **벨트 폭** $b = \dfrac{F}{f} = \dfrac{1.7 \times 10^3}{14.7} = 115.65\,mm$

09. $250\,rpm$, $7.5\,kW$의 동력을 전달하는 외접 스퍼기어에서 속도비 $1/5$, 굽힘강도 $200\,MPa$, 치형계수 $Y = \pi y = 0.35$, 비응력 계수 $K = 1.05\,MPa$, 치폭 $b = 10\,m$, 속도계수 $f_v = \dfrac{3.05}{3.05 + v}$, 피니언의 피치원 지름 $D_1 = 100\,mm$일 때 다음을 계산하라.

(1) 굽힘강도에 의한 모듈 (모듈을 올림하여 정수로 결정한다.)
(2) 면압강도에 의한 모듈
(3) 이 나비는 몇 $[mm]$가 적합한가?

풀이 < 기어 >

(1) $\sigma_b = 200\,MPa = 200 \times 10^6\,N/m^2 = 200\,N/mm^2$

회전속도 $v = \dfrac{\pi D_1 N_1}{60 \times 1000} = \dfrac{\pi \times 100 \times 250}{60 \times 1000} = 1.31\,m/s$

속도계수 $f_v = \dfrac{3.05}{3.05 + v} = \dfrac{3.05}{3.05 + 1.31} = 0.7$

전달동력 $H = Fv \Rightarrow F = \dfrac{H}{v} = \dfrac{7.5 \times 10^3}{1.31} = 5725.19\,N$

전달하중 $F = \sigma_b b p y = f_v f_w \sigma_b b \pi m y$

⇧ 하중계수 f_w 무시, $Y = \pi y = 0.35$

$\Rightarrow m = \sqrt{\dfrac{F}{f_v \sigma_b b Y}} = \sqrt{\dfrac{5725.19}{0.7 \times 200 \times 10 \times 0.35}}$

$= 3.42\,mm \fallingdotseq 4\,mm$

(2) 모듈 기본식 $D = mZ$

속도비 $i = \dfrac{N_2}{N_1} = \dfrac{D_1}{D_2} \Rightarrow D_2 = \dfrac{D_1}{i} = \dfrac{100}{1/5} = 500\,mm$

$F = f_v K b m \left(\dfrac{2 Z_1 Z_2}{Z_1 + Z_2} \right) = f_v K b m \left(\dfrac{2 \dfrac{D_1}{m} \times \dfrac{D_2}{m}}{\dfrac{D_1}{m} + \dfrac{D_2}{m}} \right) = f_v K b m \left(\dfrac{2 D_1 D_2}{D_1 + D_2} \right)$

$m = \dfrac{F}{f_v K b \left(\dfrac{2 D_1 D_2}{D_1 + D_2} \right)} = \dfrac{5725.19}{0.7 \times 1.05 \times 10 \times \left(\dfrac{2 \times 100 \times 500}{100 + 500} \right)}$

$= 4.67\,mm \fallingdotseq 5\,mm$

(3) 2 계산값 중에서 안전을 고려한 모듈값은 $4\,mm$이며 $b = 10 \times 4 = 40\,mm$이다.

10. 압축코일 스프링에서 지름 $D = 40\,mm$, 소선의 지름 $d = 5\,mm$, 처짐량 $10\,mm$, 하중 $200\,N$이다. 스프링의 전단탄성계수 $G = 8.1 \times 10^4\,MPa$이다. 물음에 답하라.
  (1) 스프링지수 C는 얼마인가?
  (2) 스프링상수 K는 몇 N/mm인가?
  (3) 스프링의 유효감김수 n은 얼마인가?

풀이 < 스프링 >

  (1) 스프링지수 $\quad C = \dfrac{D}{d} = \dfrac{40}{5} = 8$

  (2) 스프링상수 $\quad K = \dfrac{P}{\delta} = \dfrac{200}{10} = 20\,N/mm$

  (3) 처짐 $\quad \delta = \dfrac{8nD^3W}{Gd^4} = \dfrac{8nD^3P}{Gd^4}$

    ⇨ 유효감김수 $\quad n = \dfrac{Gd^4\delta}{8D^3P} = \dfrac{8.1 \times 10^3 \times 5^4 \times 10}{8 \times 40^3 \times 200} = 4.94 \quad \therefore 5\,회$

11. 수압 $8\,MPa$, 유량 $5\,L/\sec$를 상온에서 이음매 없는 강관에 흐르게 할 때 다음을 구하라. (단, 평균유속 $3\,m/s$, 부식여유 $1\,mm$, 허용인장응력은 $80\,MPa$이다.)
  (1) 강관의 내경은 몇 mm인가?
  (2) 강관의 두께는 몇 mm인가?

풀이 < 배관 >

  (1) $Q = AV_m = \dfrac{\pi d^2}{4} V_m$

    ⇨ $d = \sqrt{\dfrac{4Q}{\pi V_m}} = \sqrt{\dfrac{4 \times 5 \times 10^{-3}}{\pi \times 3}} \times 10^3 = 46.07\,mm$

  (2) $t = \dfrac{pd}{2\sigma_a \eta} + C = \dfrac{8 \times 46.07}{2 \times 80} + 1 = 3.3\,mm$

일반기계기사 2018년 1회

01. 외경 $50\,mm$로서 $25\,mm$ 전진시키는데 2.5회전을 요하는 4각나사가 하중 W를 올리는데 쓰인다. 마찰계수 $\mu = 0.2$일 때 다음을 계산하라. (단, 너트의 유효지름은 $0.74\,d$로 한다.)

   (1) 너트에 $100\,mm$ 길이의 스패너를 $30\,N$의 힘으로 돌리면 몇 N의 하중을 올릴 수 있는가?

   (2) 나사의 효율을 구하라. [%]

풀이 < 나사 >

  (1) $l = n\,p \;\Rightarrow\; p = \dfrac{l}{n} = \dfrac{25}{2.5} = 10\,mm$ (나사 1회전당 축방향으로 진행한 거리)

$$T = F\,l = W\left(\dfrac{p + \mu\,\pi\,d_e}{\pi\,d_e - \mu\,p}\right) \cdot \dfrac{d_e}{2}$$

$$\Rightarrow\; W = \dfrac{F\,l}{\left(\dfrac{p + \mu\,\pi\,d_e}{\pi\,d_e - \mu\,p}\right) \cdot \dfrac{d_e}{2}} = \dfrac{30 \times 100}{\left(\dfrac{10 + 0.2 \times \pi \times 0.74 \times 50}{\pi \times 0.74 \times 50 - 0.2 \times 10}\right) \times \dfrac{0.74 \times 50}{2}}$$

$$= 557.2\,N$$

  (2) $\eta = \dfrac{W\,p}{2\,\pi\,T} = \dfrac{557.2 \times 10}{2\,\pi \times 30 \times 100} = 0.2956 = 29.56\,\%$

02. $320\,rpm$으로 회전하는 축의 전달동력이 $20\,kW$이고, 허용 전단응력이 $260\,MPa$, 묻힘 키의 폭과 높이가 같을 때 아래를 구하라. 여기에서 묻힘 키와 축의 허용 전단응력은 같고, $l = 1.5\,d_0$이다.
  (1) 축의 직경 $[mm]$
  (2) 묻힘 키의 $(b \times h \times l)$ 호칭 규격 $[mm]$, 단 정수화하라.

풀이 < 키 >

(1) 동력 $H = T\omega \;\Rightarrow\; T = \dfrac{H}{\omega} = \dfrac{20 \times 10^3}{\left(\dfrac{2\pi \times 320}{60}\right)} = 596.83\,N\cdot m$

$T = \tau_0 Z_P = \tau_0 \dfrac{\pi d_0^3}{16} \;\Rightarrow\; d_0 = \sqrt[3]{\dfrac{16\,T}{\pi\,\tau_0}} = \sqrt[3]{\dfrac{16 \times 596.83 \times 10^3}{\pi \times 260}} = 22.7\,mm$

(2) $T = \tau_{0_a} A_\tau \times \dfrac{d_0}{2} = \tau_k A_\tau \times \dfrac{d_0}{2} = \tau_k\,b\,l \times \dfrac{d_0}{2} \;\Leftarrow\; \tau_{0_a} = \tau_k$

$\Rightarrow$ 키의 전단응력 $\tau_k = \dfrac{2\,T}{b\,l\,d_0} = \dfrac{2\,T}{b \times 1.5\,d_0 \times d_0}$

$\Rightarrow\; b = \dfrac{2\,T}{1.5\,d_0^2\,\tau_k} = \dfrac{2 \times 596.83 \times 10^3}{1.5 \times 22.7^2 \times 260} = 5.94 \fallingdotseq 6\,mm$

$\Rightarrow\; l = 1.5\,d_0 = 1.5 \times 22.7 = 34.05 \fallingdotseq 35\,mm$

$\Rightarrow\; b = h = 6\,mm$

$\therefore$ 묻힘 키의 호칭 규격은 $b \times h \times l = 6\,mm \times 6\,mm \times 35\,mm$

03. 한 줄 겹치기 리벳이음에서 리벳 허용전단응력 $\tau_a = 49.05\,MPa$, 강판의 허용 인장 응력 $\sigma_t = 117.72\,MPa$, 리벳 지름 $d = 16\,mm$일 때 다음을 구하라.
    (1) 리벳의 허용전단응력을 고려하여 가할 수 있는 최대하중 $W\,[kN]$
    (2) 리벳의 허용하중과 강판의 허용하중이 같다고 할 때 강판의 너비 $b\,[mm]$
    (3) 강판의 효율 $[\%]$

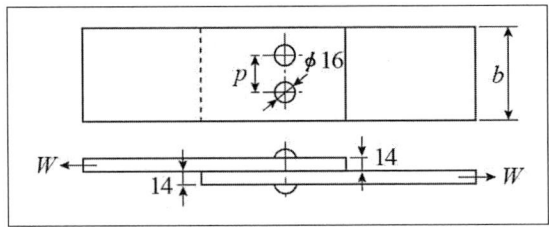

풀이 < 리벳 >

(1) $\tau_a = \dfrac{W}{A_\tau} \Rightarrow W = \tau_a A_\tau$

$$\Rightarrow W = \tau_a \dfrac{\pi}{4} d^2 \times n = 49.05 \times 10^3 \times \dfrac{\pi}{4} \times 0.016^2 \times 2 \fallingdotseq 19.7\,kN$$

(2) $\sigma_t = \dfrac{W}{A_t} = \dfrac{W}{(b-2d)t} \Rightarrow W = \sigma_t(b-2d)t$

$$\Rightarrow b = 2d + \dfrac{W}{\sigma_t t} = 2 \times 16 + \dfrac{19.7 \times 10^3}{117.72 \times 14} = 43.95\,mm$$

(3) 강판효율 $\eta_p = \dfrac{\sigma_t(b-2d)t}{\sigma_t b t} = 1 - \dfrac{2d}{b} = 1 - \dfrac{2 \times 16}{43.95} = 0.2719 = 27.19\,\%$

04. $100\,rpm$으로 회전하는 축을 지지하는 볼 베어링의 기본 동 정격하중이 $52\,kN$이며 작용하는 하중이 $6\,kN$, $8\,kN$, $10\,kN$, $12\,kN$으로 주기적으로 변동하고 있을 때 다음을 구하라.
    (1) 베어링의 최대 등가하중 $[kN]$
    (2) 부하계수가 1.2일 때 베어링의 수명시간 $[hr]$

풀이 < 베어링 >

(1) 최대 등가하중 (= 평균 유효하중)

$$P_m \fallingdotseq \dfrac{2P_{max} + P_{min}}{3} = \dfrac{2 \times 12 + 6}{3} = 10\,kN$$

(2) $L_h = 500 \times \dfrac{33.3}{N} \times \left(\dfrac{C}{f_w P}\right)^r = 500 \times \dfrac{33.3}{100} \times \left(\dfrac{52}{1.2 \times 10}\right)^3 = 13548.17\,hr$

05. 베어링으로 양단이 지지되어 있는 직경이 $48\,mm$이고, 길이가 $1\,m$인 축의 중앙에 외경이 $650\,mm$, 두께가 $300\,mm$인 풀리가 회전하고 있다. 축과 풀리의 비중은 7.9, 세로 탄성계수가 $210\,GPa$일 때 아래를 구하라.

  (1) 자중에 의한 축의 처짐은 몇 $[\mu m]$인가?
  (2) 중앙의 집중하중에 의한 축의 처짐은 몇 $[\mu m]$인가?
  (3) 축의 위험속도는 몇 $[rpm]$인가?

풀이 < 축 >

  (1) 등분포, 처짐 $\delta_0 = \dfrac{5\,w\,l^4}{384\,EI} = \dfrac{5 \times 140.096 \times 1^4}{384 \times 210 \times 10^9 \times \dfrac{\pi \times 0.048^4}{64}} \times 10^6$

$$= 33.33\,\mu m$$

  ⇧
  $w = \gamma A = 7.9 \times 9800 \times 10^{-6} \times \dfrac{\pi \times 48^2}{4} = 140.096\,N/m$

  (2) 집중, 처짐 $\delta_1 = \dfrac{P\,l^3}{48\,EI} = \dfrac{7665.07 \times 1^3}{48 \times 210 \times 10^9 \times \dfrac{\pi \times 0.048^4}{64}} \times 10^6 = 2920\,\mu m$

  ⇧
  $P = w\,l = \gamma A\,t = 7.9 \times 9800 \times \dfrac{\pi\,(0.65^2 - 0.048^2)}{4} \times 0.3 = 7665.07\,N$

  (3) 축의 위험속도 $N_0 = \dfrac{30}{\pi}\sqrt{\dfrac{g}{\delta_0}} = \dfrac{30}{\pi}\sqrt{\dfrac{9.8}{33.33 \times 10^{-6}}} = 5178.06\,rpm$

$$N_1 = \dfrac{30}{\pi}\sqrt{\dfrac{g}{\delta_1}} = \dfrac{30}{\pi}\sqrt{\dfrac{9.8}{2920 \times 10^{-6}}} = 553.2\,rpm$$

$$\dfrac{1}{N_c^{\,2}} = \dfrac{1}{N_0^{\,2}} + \dfrac{1}{N_1^{\,2}}$$

$$\therefore\ N_c = \dfrac{1}{\sqrt{\dfrac{1}{N_0^{\,2}} + \dfrac{1}{N_1^{\,2}}}} = \dfrac{1}{\sqrt{\dfrac{1}{5178.06^2} + \dfrac{1}{553.2^2}}} = 550.07\,rpm$$

06. 회전속도 $600\,rpm$으로 회전하는 축의 엔드저널에 작용하는 하중이 $10\,kN$이고 허용 압력 속도계수(pv)가 $2\,N\cdot m/s$일 때 다음을 구하라.
  (1) 저널의 길이 $[mm]$
  (2) 축의 길이가 지름의 1.5배일 때, 저널의 지름 $[mm]$
  (3) 길이와 직경을 고려한 베어링 면압 $[MPa]$

풀이 < 저널 >

(1) 압력속도계수 $\quad pv = \dfrac{\pi WN}{60 \times 1000 \times l}$

$$\Rightarrow l = \dfrac{\pi WN}{60 \times 1000 \times pv} = \dfrac{\pi \times 10 \times 10^3 \times 600}{60 \times 1000 \times 2}$$
$$= 157.08\,mm$$

(2) $l = 1.5d \quad \Rightarrow \quad d = \dfrac{l}{1.5} = \dfrac{157.08}{1.5} = 104.72\,mm$

(3) 베어링 면압 $\quad p = \dfrac{W}{dl} = \dfrac{10 \times 10^3}{104.72 \times 157.08} = 0.61\,MPa$

07. 외접 원통마찰차 원동차의 회전수가 $100\,rpm$, 종동차의 회전수가 $60\,rpm$, 축간거리가 $600\,mm$일 때, 다음을 구하라.
  (1) 원동차와 종동차의 지름 $[mm]$
  (2) 원주속도 $[m/s]$

풀이 < 마찰차 >

(1) $i = \dfrac{N_2}{N_1} = \dfrac{D_1}{D_2} = \dfrac{60}{100} = \dfrac{3}{5} \quad \Rightarrow \quad D_2 = \dfrac{5}{3}D_1$

$$C = 600 = \dfrac{D_1 + D_2}{2} = \dfrac{D_1 + \dfrac{5}{3}D_1}{2} \quad \Rightarrow \quad D_1 = 450\,mm$$

$$D_2 = \dfrac{5}{3}D_1 = \dfrac{5}{3} \times 450 = 750\,mm$$

(2) $v = \dfrac{\pi D_1 N_1}{60 \times 1000} = \dfrac{\pi \times 450 \times 100}{60 \times 1000} = 2.36\,m/s$

08. 헬리컬기어의 이직각 모듈이 3, 잇수가 45개, 공구 압력각 20°, 이폭 36 mm, 이의 비틀림각(나선각) $\beta = 20°$, 기어의 회전속도가 250 rpm, 허용 굽힘응력이 180 MPa, 하중계수가 1.15일 때 다음을 구하라.

(1) 피치원 지름[mm]과 상당기어 잇수
(2) 굽힘강도에 의한 전달동력 [kW], 단, 아래 표를 참고하여 계산하라.

압력각[°] \ 잇수	40	50	60	70
14.5	0.107	0.110	0.113	0.115
20	0.124	0.130	0.134	0.137
25	0.145	0.152	0.156	0.159

(3) 스러스트 하중 [N]

풀이 < 기어 >

(1) 피치원 지름 $D_s = \dfrac{D}{\cos\beta} = \dfrac{mZ}{\cos\beta} = \dfrac{3 \times 45}{\cos 20°} = 143.66\,mm$

상당기어 잇수 $Z_e = \dfrac{Z}{\cos^3\beta} = \dfrac{45}{\cos^3 20°} = 54.23 ≒ 55개$

(2) $v = \dfrac{\pi D_s N_1}{60 \times 1000} = \dfrac{\pi \times 143.66 \times 250}{60 \times 1000} = 1.88\,m/s$

$f_v = \dfrac{3.05}{3.05 + v} = \dfrac{3.05}{3.05 + 1.88} = 0.619$

$Z_e = 55$개는 표에서 보간법을 적용하여 y_e를 구한다.

$\Rightarrow y_e = 0.130 + \dfrac{55-50}{60-50} \times (0.134 - 0.130) = 0.132$

$P = f_v f_w \sigma_b b p y_e = f_v f_w \sigma_b b \pi m y_e$
$= 0.619 \times 1.15 \times 180 \times 36 \times \pi \times 3 \times 0.132 = 5738.63\,N$

$\therefore H = \dfrac{Pv}{1000} = \dfrac{5738.63}{1000} \times 1.88 = 10.79\,kW$

(3) $P_t = P\tan\beta = 5738.63 \times \tan 20° = 2088.69\,N$

09. 홈각도 $34°$인 V벨트 동력전달장치 전동기의 회전수가 $169\,rpm$, 원동풀리의 직경이 $200\,mm$, 종동축의 회전수가 $52\,rpm$이고, 두 축간의 거리는 $825\,mm$일 때 다음을 구하라. 벨트와 풀리 간의 마찰계수는 0.35이다.

   (1) 벨트의 전체길이 $[mm]$
   (2) 벨트 전체의 유효장력이 $6.5\,kN$일 때, 전체 벨트로 전달가능한 동력 $[kW]$
   (3) 벨트의 긴장측 장력이 $4000\,N$이고, 접촉각 수정계수 0.98, 부하 수정계수 0.9일 때의 벨트 가닥수

풀이 < 벨트 (풀리) >

(1) $i = \dfrac{N_2}{N_1} = \dfrac{D_1}{D_2} \ \Rightarrow\ N_1 D_1 = N_2 D_2$

$$\Rightarrow D_2 = D_1 \times \dfrac{N_1}{N_2} = 200 \times \dfrac{169}{52} = 650\,mm$$

$$L = 2C + \dfrac{\pi(D_2 + D_1)}{2} + \dfrac{(D_2 - D_1)^2}{4C}$$

$$= 2 \times 825 + \dfrac{\pi(650 + 200)}{2} + \dfrac{(650 - 200)^2}{4 \times 825} = 3046.54\,mm$$

(2) $v = \dfrac{\pi D_1 N_1}{60 \times 1000} = \dfrac{\pi \times 200 \times 169}{60 \times 1000} = 1.77\,m/s$

동력 $H = T_e v = 6.5 \times 1.77 = 11.51\,kW$

(3) 상당 마찰계수 $\mu' = \dfrac{\mu}{\sin\dfrac{\alpha}{2} + \mu\cos\dfrac{\alpha}{2}} = \dfrac{0.35}{\sin\dfrac{34°}{2} + 0.35\cos\dfrac{34°}{2}} = 0.558$

접촉각 $\theta = 180° - 2\phi = 180° - 2\sin^{-1}\left(\dfrac{D_2 - D_1}{2C}\right)$

$$= 180° - 2\sin^{-1}\left(\dfrac{650 - 200}{2 \times 825}\right) = 148.35°$$

장력비 $e^{\mu'\theta} = e^{0.558 \times 148.35° \times \frac{\pi}{180°}} = 4.24$

동력 $H_0 = T_t\left(\dfrac{e^{\mu'\theta} - 1}{e^{\mu'\theta}}\right)v = 4 \times \left(\dfrac{4.24 - 1}{4.24}\right) \times 1.77 = 5.41\,kW$

가닥수 $Z = \dfrac{H}{k_1 k_2 H_0} = \dfrac{11.51}{0.98 \times 0.9 \times 5.41} = 2.41 ≒ 3$ 가닥

10. 아래 그림과 같은 단동식 밴드 브레이크의 제동동력이 $58\,kW$, 드럼의 회전속도가 $230\,rpm$이고, 벨트의 장력비가 4.07일 때 아래를 구하라. 여기에서 드럼의 직경 $D = 200\,mm$, **치수** $a = 250\,mm$, 레버의 길이 $l = 1000\,mm$ 이다.

(1) 제동력 $[N]$
(2) 밴드의 긴장측 장력 $[N]$
(3) 레버를 누르는 힘 $F\,[N]$

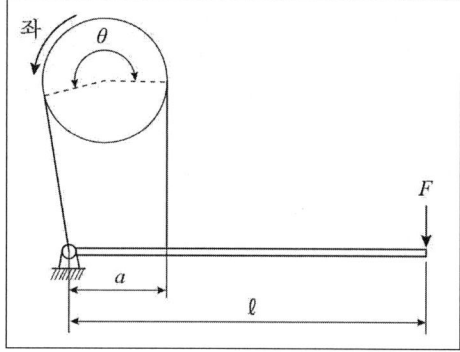

풀이 < 브레이크 >

(1) 동력 $H = T\omega$

$$\Rightarrow T = \frac{H}{\omega} = \frac{58 \times 10^3}{\left(\dfrac{2\pi \times 230}{60}\right)} = 2408.08\,N \cdot m$$

제동토크 $T = Q \times \dfrac{D}{2}$

$$\Rightarrow \text{제동력}\quad Q = \frac{2T}{D} = \frac{2 \times 2408.08}{200 \times 10^{-3}} = 24080.8\,N$$

(2) 긴장측 장력 $T_t = T_e \dfrac{e^{\mu\theta}}{e^{\mu\theta} - 1} = Q\dfrac{e^{\mu\theta}}{e^{\mu\theta}-1} = 24080.8 \times \dfrac{4.07}{4.07-1}$

$$= 31924.71\,N$$

(3) $\sum M_o = 0$

$$\Rightarrow T_t \times a = F \times l$$

$$\Rightarrow F = \frac{T_t \times a}{l} = \frac{31924.71 \times 250}{1000} = 7981.18\,N$$

11. 코일스프링 소선의 허용 전단응력이 $360\,MPa$이고, 스프링 지수가 8이며, 작용하는 압축하중이 $400\,N$일 때 처짐량은 $24\,mm$가 된다. 아래를 구하라. (여기에서 왈의 응력 수정계수 $K = 1.184$, 스프링 재료의 전단탄성계수 $G = 82\,GPa$이다.)
   (1) 소선의 직경$[mm]$을 구하라.
   (2) 스프링 유효권수를 소수점 3째 자리에서 반올림하여 소수점 2째 자리까지 구하라.
   (3) 하중을 제거하였을 때의 자유상태에서 스프링의 길이 $[mm]$를 구하라.

풀이 < 스프링 >

(1) 비틀림모멘트 $\quad T = \tau_a Z_p = P\dfrac{D}{2}$

$$\Rightarrow \tau_{\max} = K\frac{PD}{2Z_p} = K\frac{PD}{2 \times \dfrac{\pi d^3}{16}} = K\frac{8PD}{\pi d^3} = K\frac{8PC}{\pi d^2}$$

$$D = Cd \Uparrow$$

$$\therefore d = \sqrt{K\frac{8PC}{\pi \tau_a}} = \sqrt{1.184 \times \frac{8 \times 400 \times 8}{\pi \times 360}} = 5.176 \fallingdotseq 5.18\,mm$$

(2) 처짐 $\quad \delta = \dfrac{8nD^3P}{Gd^4} = \dfrac{8nC^3P}{Gd}$

$$\Rightarrow n = \frac{Gd\delta}{8C^3P} = \frac{82 \times 10^3 \times 5.176 \times 24}{8 \times 8^3 \times 400} = 6.217 \fallingdotseq 6.22\,turn$$

(3) $H = nd + 2Xd + \dfrac{P}{k} = d(n + 2X) + \dfrac{P}{k}$

$\Uparrow X$는 코일 끝부분 무효감김 수 ($=1$)

$$= 5.176(6.217 + 2 \times 1) + \frac{400}{16.667} = 66.53\,mm$$

일반기계기사 2018년 2회

01. 아래 그림과 같이 $M20$ 볼트(골지름 $17.294\,mm$)로 3점을 지지하고 있는 브래킷이 벽에 고정되어 있고 볼트의 허용인장응력이 $60\,MPa$, 허용전단응력이 $40\,MPa$일 때 다음을 구하라. 여기에서 $L:l = 0.84:1$이다.

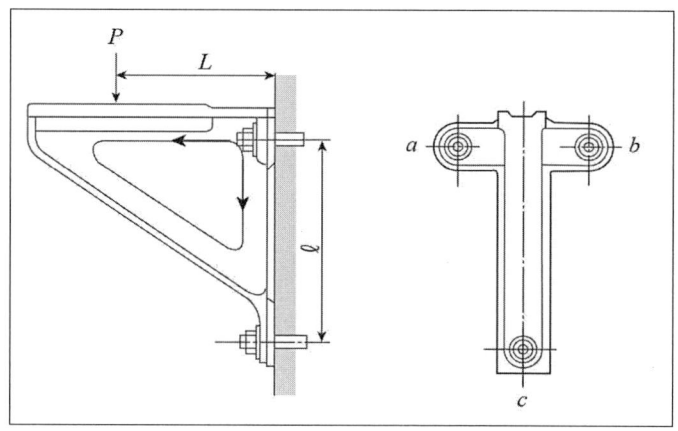

(1) 하중에 의한 직접전단력을 $[N]$ 함수로 나타내라.
(2) 볼트에 걸리는 최대인장력을 $[N]$ 함수로 나타내라.
(3) 최대 인장응력과 최대전단응력 $[MPa]$

풀이 < 나사 (볼트) >

(1) 각 볼트에 대한 직접전단력은 모두 같다. $Q = \dfrac{P}{3}\,[N]$

(2) 최대인장력(W)은 저점을 기준으로 상대적으로 멀리있는 상부볼트에서 발생. 상부볼트들의 중심부에 대한 모멘트의 평형($\sum M_c = 0$)으로부터

$$\sum M_c = 0 \;\Rightarrow\; PL = Wln \;\Rightarrow\; W = \frac{PL}{ln} = \frac{P \times 0.84}{1 \times 2} = 0.42P\,[N]$$

(3) $\sigma_{\max} = \dfrac{1}{2}\sigma_t + \dfrac{1}{2}\sqrt{\sigma_t^2 + 4\tau^2} = \dfrac{1}{2}\times 60 + \dfrac{1}{2}\sqrt{60^2 + 4\times 40^2} = 80\,MPa$

$\tau_{\max} = \dfrac{1}{2}\sqrt{\sigma_t^2 + 4\tau^2} = \dfrac{1}{2}\sqrt{60^2 + 4\times 40^2} = 50\,MPa$

02. 플랜지 커플링에서 축의 직경은 $40\,mm$ 이고, 키의 폭은 $15\,mm$ 이다. 키의 길이가 직경의 1.5 배이고 키 재료의 허용전단응력이 $60\,MPa$ 일 때 다음을 구하라.

   (1) 키의 전단하중 $[kN]$

   (2) 키의 전달토크 $[N\cdot m]$

풀이 < 키 >

(1) $l = 1.5\,d = 1.5 \times 40 = 60\,mm$

$$\tau_k = \frac{W}{A} \;\Rightarrow\; W = \tau_k A = \tau_k b l = 60 \times 15 \times 60 \times 10^{-3} = 54\,kN$$

(2) $T = W\dfrac{d}{2} = 54 \times 10^3 \times \dfrac{0.04}{2} = 1080\,N\cdot m$

03. $20\,mm$ 두께의 강판이 그림과 같이 용접 다리길이(h) $8\,mm$로 필렛 용접되어 하중을 받고 있다. 용접부 허용전단응력이 $140\,MPa$이라면 허용하중 $F\,[N]$을 구하라.
(단, $b = d = 50\,mm$, $a = 150\,mm$이고 용접부 단면의 극 단면모멘트는
$$I_P = 0.707\,h \times \frac{(3d^2 + b^2)b}{6}\quad \text{이다.})$$

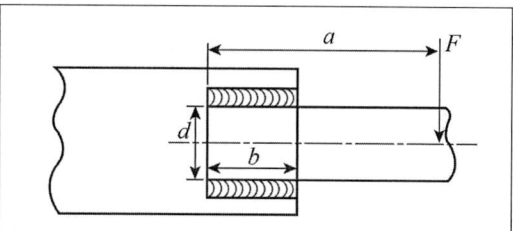

풀이 < 용접 >

F에 의한 전단응력은 작용하중과 굽힘모멘트를 필렛부의 중심으로 이전시켜 렌치를 구성하는 직접전단(τ_1)과 굽힘모멘트에 의한 굽힘전단(τ_2)으로 구분하여 적용한다.

직접전단 (τ_1)

목두께 $t = h\cos 45° = 0.707\,h$이므로
$$\tau_1 = \frac{F}{A} = \frac{F}{2bt} = \frac{F}{2 \times 50 \times 0.707 \times 8} \times 10^6 = 1768.03\,F\;Pa$$

회전모멘트 M에 의한 굽힘전단 (τ_2)

$$r_{max} = \sqrt{\left(\frac{b}{2}\right)^2 + \left(\frac{d}{2}\right)^2} = \sqrt{25^2 + 25^2}\quad\text{이며,}$$

$$\tau_2 = \frac{T\,r_{max}}{I_P} \quad\Rightarrow\quad \tau_2 = \frac{F\left(a - \frac{b}{2}\right)r_{max}}{I_P} = \frac{F\left(150 - \frac{50}{2}\right)r_{max}}{I_P}$$

$$= \frac{125 \times F \times \sqrt{25^2 + 25^2}}{0.707 \times 8 \times \frac{(3\times 50^2 + 50^2)\times 50}{6}} \times 10^6 = 9376.42\,F\;Pa$$

용접부 허용 전단응력은 $140\,MPa$이므로

$$\tau_a = \sqrt{\tau_1^2 + \tau_2^2 + 2\tau_1\tau_2\cos\theta}$$
$$= \sqrt{(1768.03F)^2 + (9376.42F)^2 + 2\times 1768.03F \times 9376.42F \times \cos 45°}$$
$$= 10699.89\,F$$

$\therefore\quad 140 \times 10^6 = 10699.89\,F \quad\Rightarrow\quad F = \dfrac{140 \times 10^6}{10699.89} = 13084.25\,N$

04. 단열 자동조심 롤러베어링이 $800\ rpm$으로 회전하고 있고, 기본 동 정격하중이 $51\ kN$, 레이디얼 하중이 $4.1\ kN$, 스러스트 하중이 $3.9\ kN$ 작용하고 있을 때, 다음을 구하라.

베어링의 계수 V, X 및 Y값

베어링 형식		내륜회전하중	외륜회전하중	단 열 $F_a/VF_r > e$		복 열 $F_a/VF_r \leq e$		$F_a/VF_r > e$		e
		V		X	Y	X	Y	X	Y	
깊은홈 볼베어링	F_a/C_o= 0.014 = 0.028 = 0.056 = 0.084 = 0.11 = 0.17 = 0.28 = 0.42 = 0.56	1	1.2	0.56	2.30 1.99 1.71 1.55 1.45 1.31 1.15 1.04 1.00	1	0	0.56	2.30 1.99 1.71 1.55 1.45 1.31 1.15 1.04 1.00	0.19 0.22 0.26 0.28 0.30 0.34 0.38 0.42 0.44
앵귤러 볼베어링	$\alpha = 20°$ = 25° = 30° = 35° = 40°	1	1.2	0.43 0.41 0.39 0.37 0.35	1.00 0.87 0.76 0.56 0.57	1	1.00 0.92 0.78 0.66 0.55	0.70 0.67 0.63 0.60 0.57	1.63 1.41 1.24 1.07 0.93	0.57 0.58 0.80 0.95 1.14
자동조심볼베어링		1	1	0.4	$0.4 \times \cot\alpha$	1	$0.42 \times \cot\alpha$	0.65	$0.65 \cot\alpha$	$1.5 \times \tan\alpha$
매그니토볼베어링		1	1	0.5	2.5	—	—	—	—	0.2
자동조심롤러베어링 원추롤러베어링 $\alpha \neq 0$		1	1.2	0.4	$0.4 \times \cot\alpha$	1	$0.45 \times \cot\alpha$	0.67	$0.67 \times \cot\alpha$	$1.5 \times \tan\alpha$
스러스트 볼베어링	$\alpha = 45°$ = 60° = 70°	—	—	0.66 0.92 1.66	1	1.18 1.90 3.66	0.59 0.54 0.52	0.66 0.92 1.66	1	1.25 2.17 4.67
스러스트롤러베어링		—	—	$\tan\alpha$	1	$1.5 \times \tan\alpha$	0.67	$\tan\alpha$	1	$1.5 \times \tan\alpha$

(1) 등가하중 $[kN]$, 이때 베어링의 접촉각(α)은 $10°$ 이다.
(2) 베어링의 시간수명 $[hr]$

풀이 < 베어링 >

(1) 표에서 $V=1$, $X=0.4$, $Y=0.4\cot\alpha$ **이며,** $F_r = 4.1\ kN$, $F_t = F_a = 3.9\ kN$

등가레이디얼 하중 $P_r = XVF_r + YF_t$
$$= 0.4 \times 1 \times 4.1 + 0.4\cot 10° \times 3.9 = 10.487\ kN$$

< 검토 >

$$e = 1.5 \tan \alpha = 1.5 \times tan\, 10° = 0.264, \quad \frac{F_a}{VF_r} = \frac{3.9}{1 \times 4.1} = 0.95 \text{ 이므로}$$

$$\frac{F_a}{VF_r} > e \text{ 를 만족한다.}$$

(2) 수명시간 $L_h = 500 \times \dfrac{33.3}{N} \times \left(\dfrac{C}{P_r}\right)^r$

$$= 500 \times \frac{33.3}{800} \times \left(\frac{51}{10.487}\right)^3 = 4055.33\, hr$$

05. 직경이 $25\,mm$ 인 연강봉이 중앙에 있는 기어에 의해 $200\,rpm$ 으로 동력을 전달하고 있다. 연강봉의 길이가 $4\,m$ 이고, 양 끝단의 비틀림 각이 각각 $1°$ 일 때의 전달동력 $[kW]$ 을 구하라.

풀이 < 축 >

< 주의 > 양 끝단의 비틀림 각은 각각 $1°$ 이지만 전체 비틀림 각은 서로 반대방향의 각이므로 $1°$ 를 적용한다.

$$\theta° = \frac{Tl}{GI_P} \times \frac{180}{\pi}\,[\,°\,]$$

$$\Rightarrow T = \frac{\pi G I_P \theta°}{180\, l} = \frac{\pi \times 83 \times 10^3 \times \dfrac{\pi \times 25^4}{32} \times 1°}{180 \times 4000} \times 10^{-3} = 13.889\, N\cdot m$$

$$\therefore H = T\omega = 13.889 \times \frac{2\pi \times 200}{60} \times 10^{-3} \fallingdotseq 0.29\, kN\cdot m/s = 0.29\, kW$$

06. 외접원통 마찰차의 회전수가 $350\,rpm$이고, 원동축과 종동축의 축간거리가 $500\,mm$, 속도비가 $1/3$로 $3.75\,kW$의 동력을 전달한다. 마찰계수가 0.35이고, 종동축은 중실축이며 허용전단응력은 $32\,MPa$일 때 다음을 구하라. (허용 접촉선압은 $7\,N/mm$ 이다.)
  (1) 마찰차의 폭 $[mm]$
  (2) 종동축의 직경 $[mm]$, 축의 길이는 $500\,mm$ 이다.

풀이 < 마찰차 >

(1) 동력 $H = T\omega \Rightarrow T = \dfrac{H}{\omega} = \dfrac{3.75 \times 10^3}{\left(\dfrac{2\pi \times 350}{60}\right)} = 102.31\,N\cdot m$

축간거리 $C = \dfrac{D_1 + D_2}{2} \Rightarrow 2C = D_1 + D_2 = D_1\left(1 + \dfrac{D_2}{D_1}\right) = D_1\left(1 + \dfrac{1}{i}\right)$

$\Rightarrow D_1 = \dfrac{2C}{1 + \dfrac{1}{i}} = \dfrac{2 \times 500}{1 + 3} = 250\,mm$

전달토크 $T = \mu P \dfrac{D_1}{2} \Rightarrow P = \dfrac{2T}{\mu D_1} = \dfrac{2 \times 102.31 \times 10^3}{0.35 \times 250} = 2338.51\,N$

$P = fb \Rightarrow b = \dfrac{P}{f} = \dfrac{2338.51}{7} = 334.07\,mm$

(2) 종동축은 굽힘과 비틀림을 동시에 받는다.

굽힘모멘트 $M = \dfrac{Pl}{4} = \dfrac{2338.51 \times 0.5}{4} = 292.31\,N\cdot m$

비틀림모멘트(T_2) $H = T_2\omega = T_2 \times \dfrac{2\pi N_2}{60}$

$\Rightarrow T_2 = \dfrac{60H}{2\pi N_2} = \dfrac{60 \times 3.75 \times 10^3}{2\pi \times 1/3 \times 350} = 306.94\,N\cdot m$

$T_c = \sqrt{(M)^2 + (T_2)^2} = \sqrt{292.31^2 + 306.94^2} = 423.86\,N\cdot m$

$T_c = \tau_a Z_P = \tau_a \times \dfrac{\pi d^3}{16}$

$\therefore d = \sqrt[3]{\dfrac{16 T_c}{\pi \tau_a}} = \sqrt[3]{\dfrac{16 \times 423.86 \times 10^3}{\pi \times 32}} = 40.71\,mm$

07. 한 쌍의 금속제 웜과 웜휠에서 웜의 회전수가 $625\,rpm$, 속도비가 $1/5$로 동력을 전달한다. 이때 웜휠의 축직각 모듈은 8, 치직각 압력각 $20°$, 웜의 줄수가 4, 웜의 피치원 직경이 $52\,mm$이고 웜휠 이의 너비가 $46\,mm$일 때, 아래를 구하라. 이때 웜과 웜휠의 마찰계수는 0.1이다.

(1) 웜휠의 속도 $[m/s]$
(2) 웜휠의 굽힘강도 $[N]$, 웜휠의 굽힘응력은 $28.5\,MPa$, 치형계수는 0.14이다.
(3) 웜의 전달력 $[N]$
(4) 면압강도에 의한 전달동력$[kW]$, 이때 웜휠의 유효 이너비는 $42\,mm$, 웜의 재료는 강, 웜휠의 재료는 인청동이며, 웜의 리드각에 의한 계수(ϕ)는 1.5이다.

내마멸 계수 k

웜 재료	웜휠 재료	내마멸 계수 k
강($H_B \geq 250$)	인청동	0.411
담금질 강	주철	0.343
담금질 강	인청동	0.548
담금질 강	합성수지	0.833
주철	인청동	1.039

풀이 < 기어 >

(1) $i = \dfrac{N_2}{N_1} = \dfrac{N_g}{N_w} \Rightarrow N_g = N_w \times i = 625 \times 1/5 = 125\,rpm$

$\pi D_g = p Z_g \Rightarrow D_g = \dfrac{p Z_g}{\pi} = m_s Z_g = 8 \times 20 = 160\,mm$

$\Uparrow Z_g = \dfrac{Z_w}{i} = 4 \times 5 = 20$개

$\therefore v_g = \dfrac{\pi D_g N_g}{60 \times 1000} = \dfrac{\pi \times 160 \times 120}{60 \times 1000} \fallingdotseq 1.05\,m/s$

(2) 금속재료이므로 $f_v = \dfrac{6}{6 + v_g} = \dfrac{6}{6 + 1.05} = 0.851$

$\tan \beta = \dfrac{l}{\pi D_w}$

$\Rightarrow \beta = \tan^{-1}\left(\dfrac{l}{\pi D_w}\right) = \tan^{-1}\left(\dfrac{p Z_w}{\pi D_w}\right) = \tan^{-1}\left(\dfrac{\pi m_s Z_w}{\pi D_w}\right) = \tan^{-1}\left(\dfrac{m_s Z_w}{D_w}\right)$

$= \tan^{-1}\left(\dfrac{8 \times 4}{52}\right) = 31.607°$

$p_n = p \cos \beta = \pi m_s \cos \beta = \pi \times 8 \times \cos 31.607° = 21.404\,mm$

웜휠의 굽힘강도 $P = f_v f_w \sigma_b b p_n y = 0.851 \times 1 \times 28.5 \times 46 \times 21.404 \times 0.14$
$\fallingdotseq 3343.15\,N$

(3) $\mu' = \tan \rho' = \dfrac{\mu}{\cos \alpha_n} \Rightarrow \rho' = \tan^{-1} \dfrac{\mu}{\cos \alpha_n} = \tan^{-1} \dfrac{0.1}{\cos 20°} = 6.074°$

$$\therefore P_t = P\tan^{-1}(\beta + \rho') = 3343.15 \times tan(31.607° + 6.074°) = 2582.11\ N$$

(4) 면압강도 $P = f_v \phi D_g b_c k = 0.851 \times 1.5 \times 160 \times 42 \times 0.411 = 3525.59\ N$

$$\therefore H = Pv = 3325.59 \times 1.05 = 3701.87\ W \fallingdotseq 3.7\ kW$$

08. 규격이 6×7인 와이어로프가 $15\ kW$의 동력을 전달한다. 와이어로프 소선의 직경이 $1.5\ mm$이고, 파단하중은 $45\ kN$이며, 원동풀리와 종동풀리의 직경이 $394\ mm$, 회전수는 $540\ rpm$, 로프와 풀리 간의 마찰계수는 0.3일 때 아래를 구하라.
여기에서 와이어로프의 종 탄성계수 $E = 192\ GPa$, 로프의 비중은 7.8이다.
 (1) 원심력을 고려한 긴장측장력 $[N]$
 (2) 로프가 받는 최대 인장응력 $[MPa]$
 (3) 안전율 4일 때, 파단하중에 대해 로프에 발생하는 최대응력의 안전성을 검토하라.

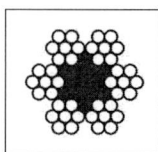

풀이   < 로프 >

규격 6×7의 의미는 7소선 6꼬임이고, 와이어로프인 경우는 바닥에서 접촉하므로 마찰계수는 평벨트와 같이 μ로 하며, 섬유로프 등의 경우에는 상당 마찰계수를 사용한다. 또한, 원동풀리와 종동풀리의 직경이 서로 같으므로 접촉각은 $180°$이다.

(1) $v = \dfrac{\pi D N}{60 \times 1000} = \dfrac{\pi \times 394 \times 540}{60 \times 1000} = 11.14\ m/s$

$H = P_c v \Rightarrow P_c = \dfrac{H}{v} = \dfrac{15 \times 10^3}{11.14} = 1346.5\ N$

장력비 $e^{\mu \theta} = e^{0.3 \times 180° \times \frac{\pi}{180°}} = 2.57$

$m = \rho V = \rho_{H_2O} S V = 1000 \times 7.8 \times \dfrac{\pi \times 0.0015^2}{4} \times (6 \times 7) = 0.579\ kg/m$

$\therefore\ T_t = \dfrac{P_c e^{\mu \theta}}{e^{\mu \theta} - 1} + m v^2 = \dfrac{1346.5 \times 2.57}{2.57 - 1} + 0.579 \times 11.14^2 = 2276\ N$

(2) $\sigma_t = \dfrac{P}{A \times n} = \dfrac{2276}{\pi \times \dfrac{1.5^2}{4} \times (6 \times 7)} = 30.67\ MPa$

(3) 파단강도 $\sigma_B = \dfrac{F_B}{A} = \dfrac{45 \times 10^3}{\pi \times \dfrac{1.5^2}{4} \times (6 \times 7)} = 606.3\ MPa$

굽힘응력 $\sigma_b = \dfrac{3}{8} \dfrac{E d}{D} = \dfrac{3}{8} \times \dfrac{192 \times 10^3 \times 1.5}{394} = 274.11\ MPa$

원심응력 $\sigma_f = \rho v^2 = 7.8 \times 10^3 \times 11.14^2 \times 10^{-6} \fallingdotseq 0.97\ MPa$

$\therefore\ \sigma_{max} = \sigma_t + \sigma_b + \sigma_f = 30.67 + 274.11 + 0.97 = 305.75\ MPa$

$S = \dfrac{\sigma_B}{\sigma_{max}} = \dfrac{606.3}{305.75} = 1.98\ <\ 4$ **이므로 안전하다.**

09. 아래 그림과 같이 우회전하는 단동식 밴드 브레이크 드럼의 제동동력이 $3.5\,kW$, 회전수가 $300\,rpm$이고, 드럼의 직경이 $350\,mm$, 마찰계수가 0.23이며, 밴드의 접촉각 $\theta = 193°$, 허용인장응력 $30\,MPa$, 이음효율 80%, 치수 $a = 150\,mm$일 때 아래를 구하라. 이때 조작력 F는 $186\,N$이다.

(1) 레버의 길이 $[mm]$
(2) 밴드의 두께가 $3\,mm$일 때 밴드의 폭 $[mm]$
(3) 좌회전 시의 제동동력 $[kW]$

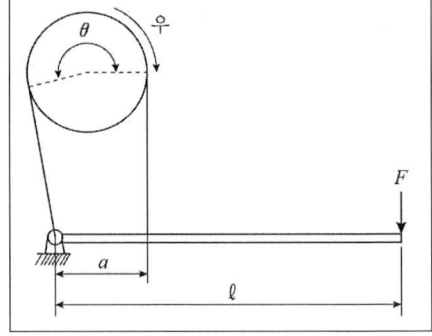

풀이 < 브레이크 >

(1) $H = T\omega \;\Rightarrow\; T = \dfrac{H}{\omega} = \dfrac{3.5 \times 10^3}{\left(\dfrac{2\pi \times 300}{60}\right)} = 111.41\,N\cdot m$

$T = T_e \times \dfrac{D}{2} = f \times \dfrac{D}{2} \;\Rightarrow\; T_e = f = \dfrac{2T}{D} = \dfrac{2 \times 111.41}{350 \times 10^{-3}} = 636.629\,N$

$e^{\mu\theta} = e^{0.23 \times 193° \times \frac{\pi}{180°}} = 2.17$

$\sum M_o = 0 \;\Rightarrow\; T_s a = Fl$

$\Rightarrow\; l = \dfrac{T_s a}{F} = \dfrac{fa}{F(e^{\mu\theta}-1)} = \dfrac{636.629 \times 150}{186 \times (2.17-1)} = 438.81\,mm$

(2) $T_t = T_e \dfrac{e^{\mu\theta}}{e^{\mu\theta}-1} = f\dfrac{e^{\mu\theta}}{e^{\mu\theta}-1} = 636.629 \times \dfrac{2.17}{2.17-1} = 1180.76\,N$

$\sigma_a = \dfrac{T_t}{bt\eta} \;\Rightarrow\; b = \dfrac{T_t}{\sigma_a t\eta} = \dfrac{1180.76}{30 \times 3 \times 0.8} = 16.4\,mm$

(3) $\sum M_o = 0 \;\Rightarrow\; T_t a = Fl \;\Rightarrow\; T_t = \dfrac{Fl}{a} = \dfrac{186 \times 438.81}{150} = 544.12\,mm$

$T_t = T_e \dfrac{e^{\mu\theta}}{e^{\mu\theta}-1} = f\dfrac{e^{\mu\theta}}{e^{\mu\theta}-1}$

$\Rightarrow\; f = T_t \dfrac{e^{\mu\theta}-1}{e^{\mu\theta}} = 544.12 \times \dfrac{2.17-1}{2.17} = 293.37\,N$

$v = \dfrac{\pi DN}{60 \times 1000} = \dfrac{\pi \times 350 \times 300}{60 \times 1000} = 5.498\,m/s$

제동동력 $H = fv = 293.37 \times 5.498 = 1612.95\,W \fallingdotseq 1.61\,kW$

10. 겹판스프링에서 스팬의 길이 $l = 1500\,mm$, 스프링의 나비 $b = 120\,mm$, 밴드의 나비 $120\,mm$, 판 두께 $12\,mm$, $3600\,N$의 하중이 작용하여 $150\,MPa$의 굽힘응력이 발생할 때 다음을 구하라. (단, 세로탄성계수 $E = 209\,GPa$이며 유효길이 $l_e = l - 0.6\,e$ 이다.)
  (1) 굽힘응력을 고려하여 판의 수 n을 구하라.
  (2) 처짐 $\delta\,[mm]$
  (3) 고유진동수 $f\,[Hz]$

풀이 < 스프링 >

  (1) $l_e = l - 0.6\,e = 1500 - 0.6 \times 120 = 1428\,mm$

  ⇧ e는 밴드의 나비 (허리조임 폭)

  $$\sigma_b = \frac{3\,W\,l_e}{2\,n\,b\,h^2} \;\Rightarrow\; n = \frac{3\,W\,l_e}{2\,b\,h^2\sigma_b} = \frac{3 \times 3600 \times 1428}{2 \times 120 \times 12^2 \times 150} = 2.975 \fallingdotseq 3\,장$$

  (2) $\delta = \dfrac{3\,W\,l_e^3}{8\,n\,b\,h^3 E} = \dfrac{3 \times 3600 \times 1428^3}{8 \times 3 \times 120 \times 12^3 \times 209 \times 10^3} = 30.24\,mm$

  (3) $f = \dfrac{\omega_c}{2\pi} = \dfrac{1}{2\pi}\sqrt{\dfrac{g}{\delta}} = \dfrac{1}{2\pi}\sqrt{\dfrac{9800}{30.24}} = 2.87\,Hz$

11. 안지름 $1000\,mm$, 두께 $12\,mm$의 강관은 어느 정도의 압력까지 사용이 가능한가? $[MPa]$ (단, 허용응력은 $78.48\,MPa$, 이음효율은 75%, 부식여유는 $1\,mm$이다.)

풀이 < 기타 (압력용기) >

  $t = \dfrac{p\,d}{2\,\sigma_a \eta} + C$

  $\Rightarrow\; p = \dfrac{2\,\sigma_a \eta}{d}\,(t - C) = \dfrac{2 \times 78.48 \times 0.75}{1000} \times (12 - 1) = 1.29\,MPa$

일반기계기사 2018년 4회

01. $M24$ 한줄나사가 피치 $3\,mm$, 유효지름 $22.051\,mm$, 나사부의 마찰계수 0.15일 때 다음을 구하라.
  (1) 나사의 효율 $[\%]$
  (2) 나사의 자립조건을 검토하라.

풀이 < 나사 >

(1) $\tan\alpha = \dfrac{p}{\pi d_e} = \dfrac{3}{\pi \times 22.051} = 0.0433 \;\Rightarrow\; \alpha = \tan^{-1} 0.0433 = 2.48°$

미터나사이므로 $\beta = 60° \;\Rightarrow\; \mu' = \tan\rho' = \dfrac{\mu}{\cos\dfrac{\beta}{2}}$

$\Rightarrow \rho' = \tan^{-1}\dfrac{\mu}{\cos\dfrac{\beta}{2}} = \tan^{-1}\dfrac{0.15}{\cos\dfrac{60°}{2}} = 9.83°$

∴ 나사의 효율 $\eta = \dfrac{\tan\alpha}{\tan(\alpha+\rho')} = \dfrac{0.0433}{\tan(2.48°+9.83°)}$
$= 0.1984 = 19.84\,\%$

(2) $\rho' = 9.83° > \alpha = 2.48°$ 을 만족하므로 자립조건이 성립된다.

02. 폭이 $18\,mm$, 높이가 $11\,mm$인 묻힘키가 직경이 $63\,mm$인 축에 표준 스퍼기어로 고정되어 있다. 회전수가 $350\,rpm$이고 전달동력이 $4.7\,kW$일 때, 키의 강도 중 전단강도가 $53.97\,MPa$, 압축강도가 $90.25\,MPa$라 할 때 키의 길이를 구하라.
  (1) 키의 전달토크
  (2) 전단강도를 고려한 키의 길이
  (3) 압축강도를 고려한 키의 길이
  (4) 키의 최소길이를 선정하라.

풀이 < 키 >

(1) 축의 동력 $H = T\omega \;\Rightarrow\; T = \dfrac{H}{\omega} = \dfrac{4.7\times 10^3}{\left(\dfrac{2\pi\times 350}{60}\right)} = 128.23\,N\cdot m$

(2) $T = \tau_k A \times \dfrac{d}{2} = \tau_k bl \times \dfrac{d}{2} \;\Rightarrow\; l = \dfrac{2T}{\tau_k b d} = \dfrac{2\times 128.23\times 10^3}{53.97\times 18\times 63} = 4.19\,mm$

(3) $T = \sigma_k A_c \times \dfrac{d}{2} = \sigma_k \dfrac{h}{2} l \times \dfrac{d}{2} \;\Rightarrow\; \sigma_k = \dfrac{4T}{hld}$

$\Rightarrow l = \dfrac{4T}{\sigma_k h d} = \dfrac{4\times 128.23\times 10^3}{90.25\times 11\times 63} = 8.2\,mm$

(4) 2 계산값 중에서 안전을 고려한 최소길이는 $8.2\,mm$이다.

03. $20\,mm$ 두께의 강판이 그림과 같이 용접다리 길이(h) $8\,mm$로 필렛용접되어 하중을 받고 있다. 용접부 허용전단응력이 $140\,MPa$이라면 허용하중 $F\,[N]$을 구하라.
(단, $b = d = 50\,mm$, $a = 150\,mm$이고 용접부 단면의 극 단면모멘트는
$$I_P = 0.707\,h \times \frac{(3\,d^2 + b^2)b}{6}$$ 이다.)

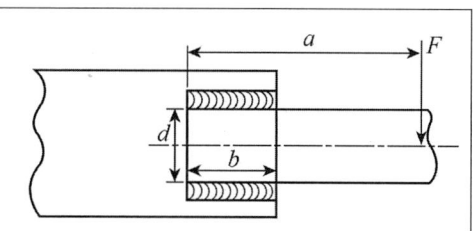

풀이 < 용접 >

F에 의한 전단응력은 작용하중과 굽힘모멘트를 필렛부의 중심으로 이전시켜 렌치를 구성하는 직접전단(τ_1)과 굽힘모멘트에 의한 굽힘전단(τ_2)으로 구분하여 적용한다.

직접전단 (τ_1)

목두께 $t = h\cos 45° = 0.707\,h$ 이므로

$$\tau_1 = \frac{F}{A} = \frac{F}{2\,b\,t} = \frac{F}{2 \times 50 \times 0.707 \times 8} \times 10^6 = 1768.03\,F\ Pa$$

회전모멘트 M에 의한 굽힘전단 (τ_2)

$$r_{\max} = \sqrt{\left(\frac{b}{2}\right)^2 + \left(\frac{d}{2}\right)^2} = \sqrt{25^2 + 25^2}\ \text{이며,}$$

$$\tau_2 = \frac{T\,r_{\max}}{I_P} \;\Rightarrow\; \tau_2 = \frac{F\left(a - \dfrac{b}{2}\right)r_{\max}}{I_P} = \frac{F\left(150 - \dfrac{50}{2}\right)r_{\max}}{I_P}$$

$$= \frac{125 \times F \times \sqrt{25^2 + 25^2}}{0.707 \times 8 \times \dfrac{(3 \times 50^2 + 50^2) \times 50}{6}} \times 10^6 = 9376.42\,F\ Pa$$

용접부 허용 전단응력은 $140\,MPa$이므로

$$\tau_a = \sqrt{\tau_1^2 + \tau_2^2 + 2\,\tau_1\,\tau_2\cos\theta}$$
$$= \sqrt{(1768.03F)^2 + (9376.42F)^2 + 2 \times 1768.03F \times 9376.42F \times \cos 45°}$$
$$= 10699.89\,F$$

$$\therefore\ 140 \times 10^6 = 10699.89\,F \;\Rightarrow\; F = \frac{140 \times 10^6}{10699.89} = 13084.25\ N$$

04. 단열 레이디얼 볼 베어링 No. 6212 ($C = 41\ kN$)를 그리스(grease) 윤활로 30000시간의 수명을 주고자 한다. 한계속도 지수가 200000일 때 다음을 구하라. (단, C는 기본 부하용량이다.)
  (1) 이 베어링의 최대 사용회전수 : $N\ [rpm]$
  (2) 이 베어링을 $2500\ rpm$으로 사용할 때 베어링 하중 : $P\ [kN]$
      (단, 하중계수 $f_w = 1.5$이다.)

풀이 < 베어링 >

(1) 베어링의 내경은 6212로부터 $d = 12 \times 5 = 60\ mm$이므로

$$\therefore\ N_{\max} = \frac{dN}{d} = \frac{dN}{60} = \frac{200000}{60} = 3333.33\ rpm$$

(2) $L_h = 500 \times \frac{33.3}{N} \times \left(\frac{C}{f_w P}\right)^r$, (볼 베어링 $r = 3$)

$\Rightarrow 30000 = 500 \times \frac{33.3}{2500} \times \left(\frac{41}{1.5 \times P}\right)^3 \qquad \therefore\ P \fallingdotseq 1.66\ kN$

05. 마찰면이 5개인 다판클러치의 전달동력이 $4\ kW$, 클러치의 외경이 $120\ mm$, 내경이 $80\ mm$, 회전수 $1620\ rpm$일 때 다음을 구하라. (단, 마찰계수는 0.14이다.)
  (1) 전달토크 $[N \cdot m]$
  (2) 축방향 하중 $[N]$
  (3) 마찰판의 허용응력이 $0.28\ MPa$일 때 안전성을 검토하라.

풀이 < 클러치 >

(1) $H = T\omega\ \Rightarrow\ T = \frac{H}{\omega} = \frac{4 \times 10^3}{\left(\frac{2\pi \times 1620}{60}\right)} = 23.58\ N \cdot m$

(2) $D_m = \frac{D_1 + D_2}{2} = \frac{80 + 120}{2} = 100\ mm$

$T = \mu P \times \frac{D_m}{2}\ \Rightarrow\ P = \frac{2T}{\mu D_m} = \frac{2 \times 23.58 \times 10^3}{0.3 \times 100} = 3368.57\ N$

(3) $b = \frac{D_2 - D_1}{2} = \frac{120 - 80}{2} = 20\ mm$

$q = \frac{2T}{\mu \pi D_m^2 b Z} = \frac{2 \times 23.58 \times 10^3}{0.14 \times \pi \times 100^2 \times 20 \times 5} = 0.107\ MPa$

$\therefore\ q_a = 0.28\ MPa\ >\ q = 0.107\ MPa$ 이므로 안전하다.

06. 피니언기어의 잇수가 24, 큰 기어의 잇수가 32, 모듈이 5일 때 다음을 구하라.

(1) 압력각이 14.5°일 때의 피니언기어와 큰 기어의 전위량 $[mm]$를 구하라.

(2) 두 기어의 치면높이(백래시)가 0이 되도록 하는 물림압력각($\alpha_b°$)를 구하라.

(정답은 소수점 5자리까지 구하고 다음 표를 이용한다.)

압력각 (α)	소수점 2째자리					압력각 (α)	소수점 2째자리				
	0	2	4	6	8		0	2	4	6	8
14.0	0.004982	0.005004	0.005025	0.005047	0.002069	17.0	0.009025	0.009057	0.009090	0.009123	0.009156
0.1	0.005091	0.005113	0.005135	0.005158	0.005180	0.1	0.009189	0.009222	0.009255	0.009288	0.009322
0.2	0.005202	0.005225	0.005247	0.005269	0.005292	0.2	0.009355	0.009389	0.009422	0.009456	0.009490
0.3	0.005315	0.005337	0.005360	0.005383	0.005406	0.3	0.009523	0.009557	0.009591	0.009625	0.009659
0.4	0.005429	0.005452	0.005475	0.005498	0.005522	0.4	0.009694	0.009728	0.009762	0.009797	0.009832
0.5	0.005545	0.005568	0.005592	0.005615	0.005639	0.5	0.009866	0.009901	0.009936	0.009971	0.010006
0.6	0.005662	0.005686	0.005710	0.005734	0.005758	0.6	0.010041	0.010076	0.010111	0.010146	0.010182
0.7	0.005782	0.005806	0.005830	0.005854	0.005878	0.7	0.010217	0.010253	0.010289	0.010324	0.010360
0.8	0.005903	0.005927	0.005952	0.005976	0.006001	0.8	0.010396	0.010432	0.010468	0.010505	0.010541
0.9	0.006025	0.006050	0.006075	0.006100	0.006125	0.9	0.010577	0.010614	0.010650	0.010687	0.010724
15.0	0.006150	0.006175	0.006200	0.006225	0.006251	18.0	0.010760	0.010797	0.010834	0.010871	0.010909
0.1	0.006276	0.006301	0.006327	0.006353	0.006378	0.1	0.010946	0.010983	0.011021	0.011058	0.011096
0.2	0.006404	0.006430	0.006456	0.006482	0.006508	0.2	0.011033	0.011171	0.011209	0.011247	0.011285
0.3	0.006534	0.006560	0.006586	0.006612	0.006639	0.3	0.011323	0.011361	0.011400	0.011438	0.011477
0.4	0.006665	0.006692	0.006718	0.006745	0.006772	0.4	0.011515	0.011554	0.011593	0.011631	0.011670
0.5	0.006799	0.006825	0.006852	0.006879	0.006906	0.5	0.011709	0.011749	0.011788	0.011827	0.011866
0.6	0.006934	0.006961	0.006988	0.007016	0.007043	0.6	0.011906	0.011943	0.011985	0.012025	0.012065
0.7	0.007071	0.007098	0.007216	0.007154	0.007182	0.7	0.012105	0.012145	0.012185	0.012225	0.012265
0.8	0.007209	0.007237	0.007266	0.007294	0.007322	0.8	0.012306	0.012346	0.012387	0.012428	0.012468
0.9	0.007350	0.007379	0.007407	0.007435	0.007454	0.9	0.012509	0.012550	0.012591	0.012632	0.012674
16.0	0.007493	0.007521	0.007550	0.007579	0.007608	19.0	0.012715	0.012756	0.012798	0.012840	0.012881
0.1	0.007637	0.007666	0.007695	0.007725	0.007754	0.1	0.012923	0.012965	0.013007	0.013049	0.013091
0.2	0.007784	0.007813	0.007843	0.007872	0.007902	0.2	0.013134	0.013176	0.013218	0.013261	0.013304
0.3	0.007932	0.007962	0.007992	0.008022	0.008052	0.3	0.013346	0.013389	0.013432	0.013475	0.013518
0.4	0.008082	0.008112	0.008143	0.008173	0.008205	0.4	0.013562	0.013605	0.013648	0.013692	0.013736
0.5	0.008234	0.008265	0.008296	0.008326	0.008357	0.5	0.013779	0.013823	0.013867	0.013911	0.013955
0.6	0.008388	0.008419	0.008450	0.008482	0.008513	0.6	0.013999	0.014044	0.014088	0.014133	0.014177
0.7	0.008544	0.008576	0.008607	0.008639	0.008671	0.7	0.014222	0.014267	0.014312	0.014357	0.014402
0.8	0.008702	0.008734	0.008766	0.008798	0.008830	0.8	0.014447	0.014492	0.014538	0.014583	0.014629
0.9	0.008863	0.008895	0.008927	0.008960	0.008992	0.9	0.014674	0.014720	0.014766	0.014812	0.014858
						20.0	0.014904	0.014951	0.014997	0.015044	0.015090

(3) 전위기어 제작 시 중심거리 증가량 $\triangle C\,[mm]$를 구하라.

(4) 전위기어를 제작하였을 때 축간 중심거리 $C_f\,[mm]$를 구하라.

(5) 피니언의 바깥지름 $D_{k_1}\,[mm]$와 종동기어의 바깥지름 $D_{k_2}\,[mm]$를 구하라.

풀이 < 기어 >

(1) 치형간섭(언더컷)이 발생하지 않는 한계잇수는

$$Z_g = \frac{2}{\sin^2 \alpha} = \frac{2}{\sin^2 14.5°} = 31.9 ≒ 32 \text{ 개}$$

피니언의 전위계수 $\quad x_1 = \dfrac{Z_g - Z_1}{Z_g} = \dfrac{32-24}{32} = 0.25$

피니언의 전위량 $\quad x_1 m = 0.25 \times 5 = 1.25$

기어의 전위계수 $\quad x_2 = \dfrac{Z_g - Z_2}{Z_g} = \dfrac{32-32}{32} = 0$

기어의 전위량 $\quad x_2 m = 0 \times 5 = 0$

(2) $\text{inv } \alpha_b = \text{inv } \alpha + 2 \times \left(\dfrac{x_1 + x_2}{Z_1 + Z_2}\right) \tan \alpha$

$\qquad = 0.005545 + 2 \times \left(\dfrac{0.25 + 0}{24 + 32}\right) \times \tan 14.5° = 0.007854$

⇧
inv α는 표에서 $\alpha = 14.5°$ 의 값을 찾는다.

표에서 0.007854 값은 $\alpha = 16.24°$ 와 $16.26°$ 간에 보간법을 적용하여

$\therefore \alpha_b° = 16.24 + \left(\dfrac{0.007854 - 0.007843}{0.007872 - 0.007843}\right) \times (16.26 - 16.24) = 16.24759°$

(3) 중심거리 증가계수

$$y = \frac{Z_1 + Z_2}{2}\left(\frac{\cos \alpha}{\cos \alpha_b} - 1\right) = \frac{24+32}{2}\left(\frac{\cos 14.5°}{\cos 16.24759°} - 1\right) = 0.235827$$

$\therefore \triangle C = ym = 0.235827 \times 5 = 1.17914 \, mm$

(4) 중심거리 $\quad C_f = C + ym = \dfrac{D_1 + D_2}{2} + ym = \dfrac{mZ_1 + mZ_2}{2} + \triangle C$

$\qquad = \dfrac{5(24+32)}{2} + 1.17914 = 141.17914 \, mm$

(5) $D_{k_1} = (Z_1 + 2)m + 2(y - x_2)m$

$\qquad = (24+2) \times 5 + 2(0.235827 - 0) \times 5 = 132.35827 \, mm$

$D_{k_2} = (Z_2 + 2)m + 2(y - x_1)m$

$\qquad = (32+2) \times 5 + 2(0.235827 - 0.25) \times 5 = 169.85827 \, mm$

07. $300\,rpm$으로 회전하며 $3.4\,kW$로 동력을 전달하는 엇걸기 평벨트 전동장치의 축간 거리가 $780\,mm$, 원동차의 직경이 $180\,mm$, 종동차의 직경이 $300\,mm$, 벨트의 허용응력이 $18\,MPa$, 두께가 $4.5\,mm$, 이음효율이 $86\,\%$, 벨트와 풀리의 마찰계수가 0.25이고, 안전율이 1.5일 때 다음을 구하라.
  (1) 벨트의 접촉각 $[\,°\,]$
  (2) 긴장측 장력 $[\,N\,]$
  (3) 벨트의 나비 $[\,mm\,]$

풀이 < 벨트 (풀리) >

(1) 접촉각 $\theta = \theta_1 = \theta_2 = 180° + 2\sin^{-1}\left(\dfrac{D_2 + D_1}{2C}\right)$

$\qquad\qquad\qquad = 180° + 2\sin^{-1}\left(\dfrac{300 + 180}{2 \times 780}\right) = 215.84°$

(2) $v = \dfrac{\pi D_1 N_1}{60 \times 1000} = \dfrac{\pi \times 180 \times 300}{60 \times 1000} = 2.83\,m/s$ ⇦ 부가장력을 무시한다.

동력 $H = P_c v S \Rightarrow P_c = \dfrac{H}{vS} = \dfrac{3.4 \times 10^3}{2.83 \times 1.5} = 800.94\,N$

장력비 $e^{\mu\theta} = e^{0.25 \times 215.84° \times \frac{\pi}{180°}} = 2.56$

$\qquad \therefore T_t = \dfrac{e^{\mu\theta}}{e^{\mu\theta} - 1} \times P_c = \dfrac{2.56}{2.56 - 1} \times 800.94 = 1314.36\,N$

(3) $\sigma_t = \dfrac{T_t}{bt\eta} \Rightarrow b = \dfrac{T_t}{\sigma_t t \eta} = \dfrac{1314.36}{18 \times 4.5 \times 0.86} = 18.87\,mm$

08. 2열 체인 동력전달장치의 피치가 $19.05\,mm$, 원동 스프로킷의 잇수가 28개, 회전수가 $900\,rpm$일 때 다음을 구하라.
  (1) 체인의 속도 $[\,m/s\,]$
  (2) 다열계수는 1.7, 파단하중은 $1.86\,kN$일 때 최대전달동력 $[\,kW\,]$
  (3) 체인 스프로킷의 속도변동율 $[\,\%\,]$

풀이 < 체인 >

(1) $v = \dfrac{pZ_1 N_1}{60 \times 1000} = \dfrac{19.05 \times 28 \times 900}{60 \times 1000} = 8\,m/s$

(2) $H' = Fve = 1.86 \times 8 \times 1.7 = 23.5\,kW$ ⇦ e는 다열계수

(3) 속도변동율 $\epsilon = \left(1 - \cos\dfrac{\pi}{Z}\right) \times 100\,\% = \left(1 - \cos\dfrac{180°}{28}\right) \times 100\,\% = 0.63\,\%$

09. 그림과 같은 밴드 브레이크에서 하중 W의 낙하를 방지하기 위하여 레버 끝에 $300\,N$의 힘을 가할 때, 다음을 구하라. (단, 마찰계수 $\mu = 0.35$, $e^{\mu\theta} = 4.4$, 밴드의 두께는 $2\,mm$, 밴드 허용인장응력 $\sigma_t = 80\,MPa$이다.)

(1) 제동력 : $f\,[N]$
(2) 낙하가 정지되는 최대하중 : $W\,[N]$
(3) 밴드의 폭 : $b\,[mm]$
(4) 브레이크 용량 : $\mu q \cdot v\,[MPa \cdot m/s]$
 (단, 접촉각 $\theta = 240°$,
  작업동력 $H' = 4.4\,kW$이다.)

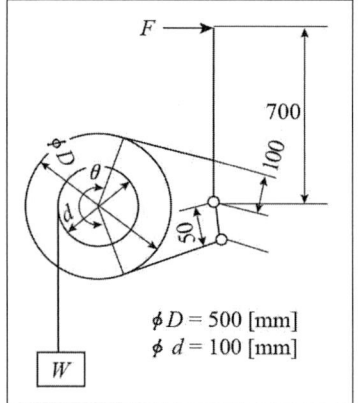

풀이 < 브레이크 >

(1) $\sum M_o = 0$

$\Rightarrow T_t \times 100 = F \times 700 + T_s \times 50$

$\Rightarrow e^{\mu\theta} T_s \times 100 - T_s \times 50 = F \times 700$

$\Rightarrow T_s(100\,e^{\mu\theta} - 50) = F \times 700$

$\therefore T_s = \dfrac{F \times 700}{100\,e^{\mu\theta} - 50} = \dfrac{300 \times 700}{100 \times 4.4 - 50} = 538.46\,N$

$T_s = \dfrac{f}{e^{\mu\theta} - 1} \Rightarrow f = T_s(e^{\mu\theta} - 1) = 538.46 \times (4.4 - 1) = 1830.76\,N$

(2) $T = W \times \dfrac{d}{2} = f \times \dfrac{D}{2} \Rightarrow W = f \times \dfrac{D}{d} = 1830.76 \times \dfrac{500}{100} = 9153.8\,N$

(3) $\sigma_t = \dfrac{T_t}{b\,t}$

$\Rightarrow b = \dfrac{T_t}{\sigma_t\,t} = \dfrac{1}{\sigma_t\,t}\left(\dfrac{f\,e^{\mu\theta}}{e^{\mu\theta} - 1}\right) = \dfrac{1}{80 \times 2} \times \left(\dfrac{1830.76 \times 4.4}{4.4 - 1}\right) = 14.81\,mm$

(4) $\mu q v = \dfrac{H'}{A} = \dfrac{H'}{\dfrac{D}{2}\theta\,b} = \dfrac{4.4 \times 10^3}{\dfrac{500}{2} \times 240 \times \dfrac{\pi}{180} \times 14.81} = 0.28\,MPa \cdot m/s$

10. 허용하중 $W = 6000\,N$을 받아 휨 $\delta = 12\,mm$인 압축코일 스프링에서 다음 물음에 답하라. (단, 소선은 강선으로 하고, 코일의 바깥지름은 $600\,mm$ 이하이고, 코일의 평균 지름은 $400\,mm$, 스프링지수 : $D/d = 5$, 횡탄성계수 : $G = 8 \times 10^4\,MPa$ 이고, $d\,[mm]$는 소선의 지름이다.)

  (1) 스프링의 권수 : n
  (2) A.M. Wahl 의 수정계수 : K
  (3) 소선에 발생하는 전단응력 : $\tau\,[MPa]$

풀이 < 스프링 >

  (1) 스프링지수 $C = \dfrac{D}{d}$ ⇨ 소선의 지름 $d = \dfrac{D}{C} = \dfrac{400}{5} = 80\,mm$

    처짐 $\delta = \dfrac{8nD^3 W}{Gd^4}$ ⇨ $n = \dfrac{Gd^4 \delta}{8D^3 W} = \dfrac{8 \times 10^4 \times 80^4 \times 12}{8 \times 400^3 \times 6000} = 12.8$ ∴ 13 회

  (2) $K = \dfrac{4C-1}{4C-4} + \dfrac{0.615}{C} = \dfrac{4 \times 5 - 1}{4 \times 5 - 4} + \dfrac{0.615}{5} = 1.3105$

  (3) $T = \tau Z_P = \tau \dfrac{\pi d^3}{16} = P \dfrac{D}{2}$

    ⇨ $\tau = K \dfrac{8WD}{\pi d^3} = 1.31 \times \dfrac{8 \times 6000 \times 400}{\pi \times 80^3} = 15.64\,MPa$

일반기계기사 2017년 1회

01. 축하중 $60\,kN$을 받는 나사잭에서 사각나사봉의 바깥지름 $100\,mm$, 골지름 $80\,mm$, 피치 $16\,mm$이다. 나사면의 마찰계수와 스러스트 칼라의 마찰계수는 0.15로 같고 스러스트 칼라 자리면의 평균지름은 $60\,mm$이다, 다음을 구하라.
   (1) 레버를 돌리는 토크 $T\,[N\cdot m]$
   (2) 나사잭의 효율 $\eta\,[\%]$
   (3) 하중물을 들어올리는 속도 $v = 0.3\,m/\min$일 때 소요동력 $L\,[kW]$

풀이 < 나사 >

(1) $T = T_1 + T_2 = \mu_1 W r_m + W\left(\dfrac{p + \mu\pi d_e}{\pi d_e - \mu p}\right)\cdot\dfrac{d_e}{2}$

$$d_e = \dfrac{d_1 + d_2}{2} = \dfrac{80 + 100}{2} = 90\,mm$$

$= (0.15 \times 60 \times 10^3 \times 0.03) + 60 \times 10^3 \left(\dfrac{0.016 + 0.15 \times \pi \times 0.09}{\pi \times 0.09 - 0.15 \times 0.016}\right)\dfrac{0.09}{2}$

$= 832.56\,N\cdot m$

(2) 나사잭의 효율 $\eta = \dfrac{Wp}{2\pi T} = \dfrac{60 \times 10^3 \times 0.016}{2\pi \times 832.56} = 0.1835 = 18.35\,\%$

(3) 소요동력 $L = \dfrac{Wv}{\eta} = \dfrac{60 \times \dfrac{0.3}{60}}{0.1835} = 1.64\,kN/s = 1.64\,kW$

02. 그림과 같이 코터 이음에서 축에 작용하는 축하중을 $45\,kN$이라 할 때 다음을 구하라. 이음 각부의 치수는 소켓의 바깥지름이 $140\,mm$, 소켓 내부 로드의 지름이 $70\,mm$, 코터의 폭이 $70\,mm$, 코터의 두께가 $20\,mm$이다.

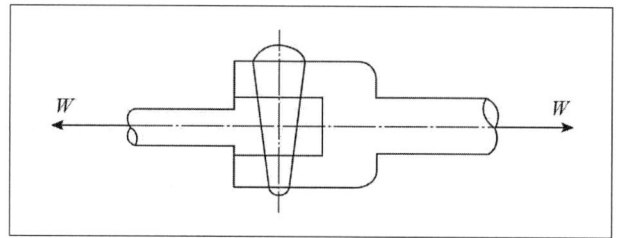

(1) 코터의 전단응력 $\tau_r\,[N/mm^2]$
(2) 코터와 소켓 접촉부 압축응력 : $\sigma_c\,[N/mm^2]$
(3) 코터의 굽힘응력 $\sigma_b\,[N/mm^2]$

풀이 < 코터 >

(1) $\tau_r = \dfrac{W}{2tb} = \dfrac{45 \times 10^3}{2 \times 20 \times 70} = 16.07\,N/mm^2$

(2) $\sigma_c = \dfrac{W}{(D-d)t} = \dfrac{45 \times 10^3}{(140-70) \times 20} = 32.14\,N/mm^2$

(3) $\sigma_b = \dfrac{M_{\max}}{Z} = \dfrac{\left(\dfrac{WD}{8}\right)}{\left(\dfrac{tb^2}{6}\right)} = \dfrac{3WD}{4tb^2} = \dfrac{3 \times 45 \times 10^3 \times 140}{4 \times 20 \times 70^2} = 48.21\,N/mm^2$

03. 그림과 같은 겹치기 이음에서 리벳의 지름은 $14\,mm$, 판 두께는 $7\,mm$, 판의 허용 인장응력은 $68.6\,N/mm^2$ 이고 강판에 작용하는 하중은 $13.45\,kN$ 이다. 다음을 구하라.

(1) 리벳의 전단응력 $\tau_r\,[N/mm^2]$
(2) 강판의 폭 $b\,[mm]$
(3) 강판의 압축응력 : $\sigma_c\,[N/mm^2]$

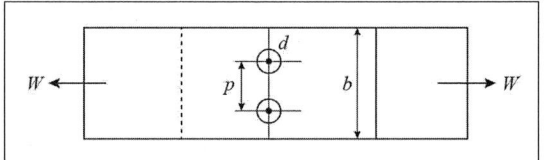

풀이 < 리벳 >

(1) $\tau_r = \dfrac{W}{A_\tau} = \dfrac{W}{\dfrac{\pi}{4}d^2 \times n} = \dfrac{13.45 \times 10^3}{\dfrac{\pi}{4} \times 14^2 \times 2} = 43.69\,N/mm^2$

(2) $\sigma_t = \dfrac{W}{A_t} = \dfrac{W}{(p-d)t} \;\Rightarrow\; \sigma_t = \dfrac{W}{(b-2d)t}$

$\Rightarrow b = 2d + \dfrac{W}{\sigma_t t} = 2 \times 14 + \dfrac{13.45 \times 10^3}{68.6 \times 7} = 56.01\,mm$

(3) $\sigma_c = \dfrac{W}{A_c} = \dfrac{W}{d\,t\,n} = \dfrac{13.45 \times 10^3}{13 \times 7 \times 2} = 68.62\,N/mm^2$

04. No.6210 단열 깊은홈 볼 베어링에 하중 $2940\,N$, 스러스트 하중 $980\,N$이 작용하고 $150\,rpm$으로 회전한다. (단, 내륜회전 베어링이고 $C_0 = 20678\,N$, $C = 26950\,N$ 이다.) 다음을 구하라.

(1) 등가 레이디얼 베어링 하중 $P_r\,[N]$
(2) 베어링 수명시간 $L_h\,[hr]$

베어링의 계수 V, X 및 Y값

베어링 형식		내륜회전하중	외륜회전하중	단 열		복 열				e
					$F_a/VF_r > e$	$F_a/VF_r \leq e$		$F_a/VF_r > e$		
		V		X	Y	X	Y	X	Y	
깊은홈 볼베어링	F_a/C_0= 0.014 = 0.028 = 0.056 = 0.084 = 0.11 = 0.17 = 0.28 = 0.42 = 0.56	1	1.2	0.56	2.30 1.99 1.71 1.55 1.45 1.31 1.15 1.04 1.00	1	0	0.56	2.30 1.99 1.71 1.55 1.45 1.31 1.15 1.04 1.00	0.19 0.22 0.26 0.28 0.30 0.34 0.38 0.42 0.44
앵귤러 볼베어링	$\alpha = 20°$ = 25° = 30° = 35° = 40°	1	1.2	0.43 0.41 0.39 0.37 0.35	1.00 0.87 0.76 0.56 0.57	1	1.00 0.92 0.78 0.66 0.55	0.70 0.67 0.63 0.60 0.57	1.63 1.41 1.24 1.07 0.93	0.57 0.58 0.80 0.95 1.14
자동조심볼베어링		1	1	0.4	$0.4\times\cot\alpha$	1	$0.42\times\cot\alpha$	0.65	$0.65\cot\alpha$	$1.5\times\tan\alpha$
매그니토볼베어링		1	1	0.5	2.5	–	–	–	–	0.2
자동조심롤러베어링 원추롤러베어링 $\alpha \neq 0$		1	1.2	0.4	$0.4\times\cot\alpha$	1	$0.45\times\cot\alpha$	0.67	$0.67\times\cot\alpha$	$1.5\times\tan\alpha$
스러스트 볼베어링	$\alpha = 45°$ = 60° = 70°	–	–	0.66 0.92 1.66	1	1.18 1.90 3.66	0.59 0.54 0.52	0.66 0.92 1.66	1	1.25 2.17 4.67
스러스트롤러베어링		–	–	$\tan\alpha$	1	$1.5\times\tan\alpha$	0.67	$\tan\alpha$	1	$1.5\times\tan\alpha$

풀이 < 베어링 >

(1) 표에서 $V = 1$, $\dfrac{F_a}{C_0} = \dfrac{980}{20678} = 0.047$, $X = 0.56$ 이므로

보간법을 적용하여 $Y = 1.71 + \dfrac{1.99 - 1.71}{0.056 - 0.028} \times (0.056 - 0.047) = 1.8$ 이므로

등가레이디얼 하중 $P_r = XVF_r + YF_t$
$= (0.56 \times 1 \times 2940) + (1.8 \times 980) = 3410.4\,N$

(2) 수명시간 $L_h = 500 \times \dfrac{33.3}{N} \times \left(\dfrac{C}{P_r}\right)^r$

$= 500 \times \dfrac{33.3}{150} \times \left(\dfrac{26950}{3410}\right)^3 = 54775.12\,hr$

05. 접촉면의 평균지름이 $380\,mm$, 원추면의 경사각이 $10°$인 원추클러치에서 $800\,rpm$, $14.7\,kW$를 전달한다. 마찰계수가 0.3일 때 다음을 구하라.
  (1) 축 토크 $T\,[N\cdot m]$
  (2) 축 방향으로 미는 힘 $W\,[N]$

풀이 < 클러치 >

(1) **전달동력** $H = T\omega$ ⇨ **토크** $T = \dfrac{H}{\omega} = \dfrac{14.7 \times 10^3}{\left(\dfrac{2\pi \times 800}{60}\right)} = 175.47\,N\cdot m$

(2) **토크** $T = \mu Q \times \dfrac{D_m}{2}$

  ⇨ **축방향 전압력 하중** $Q = \dfrac{2T}{\mu D_m} = \dfrac{2 \times 175.47}{0.3 \times 0.38} = 3078.42\,N$

  축방향 전압력 하중 $Q = \dfrac{W}{\sin\alpha + \mu\cos\alpha}$

  ⇨ **축방향 하중** $W = Q(\sin\alpha + \mu\cos\alpha)$
  $= 3078.42 \times (\sin 10° + 0.3\cos 10°)$
  $= 1444.06\,N$

06. 홈붙이 마찰차에서 원동차의 평균지름 $250\,mm$, 회전수 $750\,rpm$, 종동차의 평균지름 $500\,mm$이다. 홈 각도는 $40°$이고 허용접촉면 압력은 $29.4\,N/mm$이다.
다음을 구하라. (단, 마찰계수는 0.15이다.)
 (1) 전달동력이 $5\,kW$일 때 전달하중 $P\,[N]$
 (2) 홈마찰차를 밀어붙이는 힘 $W\,[N]$
 (3) 홈의 깊이 $h = 0.3\,\sqrt{\mu' \cdot W}$일 때 홈의 수 Z

풀이 < 마찰차 >

(1) 회전속도 $\quad v = \dfrac{\pi D_1 N_1}{60 \times 1000} = \dfrac{\pi \times 250 \times 750}{60 \times 1000} = 9.82\,m/s$

전달동력 $\quad H' = Pv \;\Rightarrow\; P = \dfrac{H'}{v} = \dfrac{5 \times 10^3}{9.82} = 509.16\,N$

(2) 상당 마찰계수 $\quad \mu' = \dfrac{\mu}{\sin\alpha + \mu\cos\alpha} = \dfrac{0.15}{\sin 20° + 0.15\cos 20°} = 0.31$

전달동력 $\quad H' = \mu' W v \;\Rightarrow\; W = \dfrac{H'}{\mu' v} = \dfrac{5 \times 10^3}{0.31 \times 9.82} = 1642.47\,N$

(3) $h = 0.3\,\sqrt{\mu' \cdot W} = 0.3\,\sqrt{0.31 \times 1642.47} = 6.77\,mm$

$\mu Q = \mu' W \;\Rightarrow\;$ 수직력 $Q = \dfrac{\mu' W}{\mu} = \dfrac{0.31 \times 1642.47}{0.15} = 3394.44\,N$

접촉 선압력 $f = \dfrac{Q}{l} \fallingdotseq \dfrac{Q}{2h \cdot Z}$

$\Rightarrow Z = \dfrac{Q}{2h \cdot f} = \dfrac{3394.44}{2 \times 6.77 \times 29.4} = 8.53 \fallingdotseq 9개$

07. 웜기어 전동장치에서 웜은 피치가 $31.4\,mm$, 회전수 $800\,rpm$, 4줄 나사, 피치원의 지름이 $64\,mm$, 압력각 $14.5°$일 때 다음을 구하라. (단, 마찰계수 0.1에 전달동력은 $22\,kW$이다.)

   (1) 웜의 리드각 $\beta\,[\deg]$
   (2) 웜의 회전력 $F\,[N]$
   (3) 웜 잇면의 수직력 $F_n\,[N]$

풀이 < 기어 >

(1) 웜의 리드각(진입각)

$$\tan\beta = \frac{l}{\pi D_w} = \frac{np}{\pi D_w}$$

$$\Rightarrow \beta = \tan^{-1}\frac{np}{\pi D_w} = \tan^{-1}\left(\frac{4\times 31.4}{\pi\times 64}\right) = 31.99°$$

(2) 전달동력 $H' = T\omega \Rightarrow T = \frac{H'}{\omega} = \frac{22\times 10^3}{\left(\frac{2\pi\times 800}{60}\right)} = 262.61\,N\cdot m$

전달토크 $T = F\times \frac{D_w}{2}$

$$\Rightarrow \text{웜의 회전력}\quad F = \frac{2T}{D_w} = \frac{2\times 262.61}{0.064} = 8206.56\,N$$

(3) 상당 마찰계수 $\tan\rho' = \mu' = \frac{\mu}{\cos\alpha_n} = \frac{0.1}{\cos 14.5°} = 0.1033$

$$F = F_n(\sin\beta + \tan\rho'\cos\beta)$$

$$\Rightarrow F_n = \frac{F}{\sin\beta + \tan\rho'\cos\beta} = \frac{8206.56}{\sin 31.99° + 0.1033\times \cos 31.99°}$$
$$= 13292.47\,N$$

08. 출력 $36\,kW$, 회전수 $1150\,rpm$의 모터에 의하여 $300\,rpm$의 산업용 기계를 운전하려고 한다. 축간거리를 약 $1.5\,m$, 작은풀리의 평균지름이 $300\,mm$이다. 다음을 구하라.
(단, 마찰계수는 0.3, 부하수정계수 0.7, 접촉각 수정계수 1.0, 벨트의 비중량은 $0.01176\,N/cm^2$이고 벨트의 안전상 허용장력은 $842.8\,N$이다.)
(1) 벨트의 속도 $v\,[m/s]$
(2) 원동풀리의 접촉각 $\theta\,[\deg]$
(3) V 벨트의 가닥수 Z (단, V 벨트의 단면적은 $4.67\,cm^2$이다.)

풀이 < 벨트 (풀리) >

(1) $v = \dfrac{\pi D_1 N_1}{60 \times 1000} = \dfrac{\pi \times 300 \times 1150}{60 \times 1000} = 18.06\,m/s$

(2) $i = \dfrac{N_2}{N_1} = \dfrac{D_1}{D_2} \Rightarrow D_2 = D_1 \times \dfrac{N_1}{N_2} = 300 \times \dfrac{1150}{300} = 1150\,mm$

$\therefore\ \theta = 180° - 2\sin^{-1}\left(\dfrac{D_2 - D_1}{2C}\right) = 180° - \sin^{-1}\left(\dfrac{1150 - 300}{2 \times 1500}\right)$
$\qquad\qquad = 147.08°$

(3) (1)항의 결과가 **10 m/s** 이상이므로 부가장력(T_c)을 고려한다.

$w = \gamma A \Rightarrow$ **부가장력** $T_c = ma = \dfrac{wv^2}{g} = \dfrac{\gamma A v^2}{g}$

$\qquad\qquad\qquad\qquad = \dfrac{0.01176 \times 10^6 \times 4.67 \times 10^{-4} \times 18.06^2}{9.8}$

$\qquad\qquad\qquad\qquad = 182.78\,N$

상당 마찰계수 $\mu' = \dfrac{\mu}{\sin\dfrac{\alpha}{2} + \mu\cos\dfrac{\alpha}{2}} = \dfrac{0.3}{\sin 20° + 0.4\cos 20°} = 0.481$

장력비 $e^{\mu'\theta} = e^{0.481 \times 147.08° \times \dfrac{\pi}{180°}} = 3.44$

동력 $H_0 = T_e v = (T_t - T_c)\left(\dfrac{e^{\mu'\theta} - 1}{e^{\mu'\theta}}\right)v$

$\qquad = (842.8 - 182.78) \times \left(\dfrac{3.44 - 1}{3.44}\right) \times 18.06 = 8454.86\,W \fallingdotseq 8.455\,kW$

$\therefore\ Z = \dfrac{H}{k_1 k_2 H_0} = \dfrac{36}{1 \times 0.7 \times 8.455} = 6.09 \fallingdotseq 7$ 가닥

09. $No.50$ 롤러체인에서 작은 스프로킷의 잇수가 18, 회전수 $600\,rpm$이고 큰 스프로킷의 잇수 60, 피치 $15.88\,mm$, 파단하중 $21658\,N$, 안전율 15일 때 다음을 구하라.
  (1) 허용 안정하중 $F\,[N]$
  (2) 스프로킷의 회전속도 $v\,[m/s]$
  (3) 전달동력 $H_{kW}\,[kW]$

풀이 < 체인 >

(1) 허용 안정하중 (유효 안전하중) $F = \dfrac{F_B}{S} = \dfrac{21658}{15} \fallingdotseq 1443.87\,N$

(2) 스프로킷의 회전속도
$$v = \frac{\pi D_1 N_1}{60 \times 1000} = \frac{p\,Z_1\,N_1}{60 \times 1000} = \frac{15.88 \times 18 \times 600}{60 \times 1000} = 2.86\,m/s$$

(3) 전달동력 $H_{kW} = Fv = 1443.87 \times 10^{-3} \times 2.86 = 4.16\,kW$

10. 원통코일스프링에서 압축하중이 $245\,N \sim 441\,N$까지 변동할 때 변형량이 $16\,mm$이다. 코일스프링의 허용전단응력이 $343\,N/mm^2$, 스프링지수 6.5, 횡탄성계수 $80.36\,MPa$ 일 때 다음을 구하라.

(1) 소선의 직경 $d\,[mm]$ (단, 왈의 응력수정계수 $K=1.22$이다.)
(2) 유효권수 n
(3) 자유높이 $H\,[mm]$ (단, 스프링이 굽혀질 염려가 있으므로 $4\,mm$의 여유를 고려한다.)

풀이 < 스프링 >

(1) 비틀림모멘트 $T = \tau_a Z_p = P\dfrac{D}{2}$

$$\Rightarrow \tau_{max} = K\frac{PD}{2Z_p} = K\frac{PD}{2\times \dfrac{\pi d^3}{16}} = K\frac{8PD}{\pi d^3} \Leftarrow C = \frac{D}{d}$$

$$\tau_{max} = K\frac{8P_{max}C}{\pi d^2}$$

$$\Rightarrow d = \sqrt{K\frac{8P_{max}C}{\pi \tau_{max}}} = \sqrt{1.22 \times \frac{8\times 441 \times 6.5}{\pi \times 343}} = 5.1\,mm$$

(2) $D = Cd = 6.5 \times 5.1 = 33.15\,mm$

처짐 $\delta = \dfrac{8nD^3W}{Gd^4} = \dfrac{8nD^3P}{Gd^4}$

$$\Rightarrow n = \frac{Gd^4\delta}{8D^3(P_{max}-P_{min})} = \frac{80.36\times 10^3 \times 5.1^4 \times 16}{8\times 33.15^3 \times (441-245)} = 15.23 \fallingdotseq 16\,권$$

(3) $\delta_{max} = \dfrac{8nD^3P_{max}}{Gd^4} = \dfrac{8\times 16 \times 33.15^3 \times 441}{80.36\times 10^3 \times 5.1^4} = 37.82\,mm$

$$\therefore H = d(n+2) + \delta_{max} + 여유높이 = 5.1(16+2) + 4 = 133.62\,mm$$

11. $7.5\,kW$, $1500\,rpm$의 4사이클 단기통 디젤기관에서 각속도변동율이 $1/100$이고 에너지 변동계수는 1.3, 플라이 휠의 내외경비 0.6, 비중량 $76.832\,kN/m^2$, 휠의 폭 $50\,mm$일 때 다음을 구하라.
  (1) 1사이클당 발생하는 에너지 $E\,[N\cdot m]$
  (2) 질량 관성모멘트 $J\,[kg_m\cdot m^2]$
  (3) 플라이 휠의 바깥지름 $D_2\,[mm]$

풀이 < 플라이 휠 >

(1) 동력 $\quad H = T\omega \;\Rightarrow\; T = \dfrac{H}{\omega} = \dfrac{7.5\times 10^3}{\left(\dfrac{2\pi\times 1500}{60}\right)} = 47.75\,N\cdot m$

$\therefore\; E = 4\pi T = 4\times\pi\times 47.75 = 600.04\,N\cdot m$

(2) 에너지변화량 $\quad \triangle E = qE = J\omega^2\delta$

$\Rightarrow J = \dfrac{qE}{\omega^2\delta} = \dfrac{1.3\times 600.04}{\left(\dfrac{2\pi\times 1500}{60}\right)^2\times\dfrac{1}{100}}$

$= 3.16\,N\cdot m\cdot s^2 = 3.16\,kg_f\cdot m^2$

(3) $J = \dfrac{\gamma b\pi(D_2^4 - D_1^4)}{32g} = \dfrac{\gamma b\pi D_2^4(1-x^4)}{32g}$

$\Rightarrow D_1 = \sqrt[4]{\dfrac{32gJ}{\gamma b\pi(1-x^4)}} = \sqrt[4]{\dfrac{32\times 9.8\times 3.16}{76.832\times 10^3\times 0.05\times \pi(1-0.6^4)}}$

$= 0.55421\,m = 554.21\,mm$

일반기계기사 2017년 2회

01. $20\,kN$의 하중을 들어올리기 위한 나사잭이 있다. $30°$인 사다리꼴 나사이며 유효지름 $35\,mm$, 골지름은 $30\,mm$, 피치는 $50\,mm$, 1줄 나사이다. 나사부 마찰계수 $\mu = 0.1$, 칼라부 마찰계수는 무시하며 나사 재질의 허용전단응력 $50\,MPa$이다. 다음을 구하라.
  (1) 나사에 작용하는 회전토크 $T\,[N \cdot m]$
  (2) 나사에 작용하는 최대전단응력 $\tau_{max}\,[MPa]$ (단, 나사 재질은 연성이어서 인장응력과 전단응력이 동시에 작용함에 따른 최대전단응력 값이다.)
  (3) 나사 재질의 전단강도에 따른 안전계수 S_f

풀이 < 나사 >

(1) 나사산의 각도가 $\beta = 30°$이므로

상당 마찰계수 $\mu' = \dfrac{\mu}{\cos\dfrac{\beta}{2}} = \dfrac{0.1}{\cos\dfrac{30°}{2}} = 0.1035$

회전토크 $T = W\left(\dfrac{p + \mu'\pi d_e}{\pi d_e - \mu' p}\right) \cdot \dfrac{d_e}{2}$

$= 20 \times 10^3 \times \left(\dfrac{0.05 + 0.1035 \times \pi \times 0.035}{\pi \times 0.035 - 0.1035 \times 0.05}\right) \times \dfrac{0.035}{2}$

$\fallingdotseq 205.03\,N \cdot m$

(2) $\sigma_t = \dfrac{W}{A} = \dfrac{4W}{\pi d_1^2} = \dfrac{4 \times 20 \times 10^3}{\pi \times 30^2} = 28.29\,MPa$

$\tau = \dfrac{T}{Z_P} = \dfrac{16T}{\pi d_1^3} = \dfrac{16 \times 205.03 \times 10^3}{\pi \times 30^3} = 38.67\,MPa$

$\therefore \tau_{max} = \dfrac{1}{2}\sqrt{\sigma_t^2 + 4\tau^2} = \dfrac{1}{2}\sqrt{28.29^2 + 4 \times 38.67^2} = 41.18\,MPa$

(3) $S_f = \dfrac{\tau_a}{\tau_{max}} = \dfrac{50}{41.18} = 1.21$

02. $18\,kW$의 동력을 $550\,rpm$으로 전달하는 축지름 $60\,mm$에 대하여 묻힘키 (폭 × 높이 $= 18\,mm \times 11\,mm$)가 조립되어 동력을 전달하고 있다. 키 재료의 허용압축응력은 $45\,MPa$, 허용전단응력은 $20\,MPa$, 키홈의 높이는 키 높이의 $1/2$이다. 다음을 구하라.
  (1) 축에 작용하는 토크 $[N \cdot m]$
  (2) 안전한 키의 최소길이 $[mm]$

풀이 < 키 >

(1) 동력 $H = T\omega \;\Rightarrow\; T = \dfrac{H}{\omega} = \dfrac{18 \times 10^3}{\left(\dfrac{2\pi \times 550}{60}\right)} = 312.52\,N \cdot m$

(2) 전달토크 $T = \tau_k A_\tau \times \dfrac{d_0}{2} = \tau_k b l \times \dfrac{d_0}{2} \;\Rightarrow\;$ 키 허용전단응력 $\tau_k = \dfrac{2T}{bld_0}$

$\therefore\; l = \dfrac{2T}{\tau_k b d_0} = \dfrac{2 \times 312.52 \times 10^3}{20 \times 18 \times 60} = 28.94\,mm$

전달토크 $T = \sigma_{k_c} A_\sigma \times \dfrac{d_0}{2} = \sigma_{k_c} \dfrac{h}{2} l \times \dfrac{d_0}{2} \;\Rightarrow\;$ 키 허용압축응력 $\sigma_{k_c} = \dfrac{4T}{hld_0}$

$\therefore\; l = \dfrac{4T}{\sigma_{k_c} h d_0} = \dfrac{4 \times 312.52 \times 10^3}{45 \times 11 \times 60} = 42.09\,mm$

2값 중 안전을 고려한 키의 최소길이는 $l = 42.09\,mm$ 이다.

03. 두께 $9\,mm$인 강판의 1줄 겹치기 리벳이음이 있다. 리벳지름이 $14\,mm$, 피치 $40\,mm$, 리벳의 허용전단응력이 $250\,MPa$일 때 다음을 구하라.
  (1) 강판의 효율 $[\%]$
  (2) 최대 허용압축응력 $[N/mm^2]$
  (3) 강판의 최대 허용인장응력 $[N/mm^2]$

풀이 < 리벳 >

(1) $\eta_p = \eta_t = 1 - \dfrac{d}{p} = 1 - \dfrac{14}{40} = 0.65 = 65\,\%$

(2) 피치당 하중 $W = \sigma_c d t n$ ……❶ $W = \tau_r \dfrac{\pi}{4} d^2 n$ ……❷ $W = \sigma_t (p - d) t$ ……❸

❶과 ❷식에서

$\sigma_c d t n = \tau_r \dfrac{\pi}{4} d^2 n \;\Rightarrow\; \sigma_c = \dfrac{\tau_r \pi d}{4t} = \dfrac{250 \times \pi \times 14}{4 \times 9} = 305.43\,N/mm^2$

(3) ❷와 ❸식에서

$\tau_r \dfrac{\pi}{4} d^2 n = \sigma_t (p - d) t \;\Rightarrow\; \sigma_t = \dfrac{\tau_r \pi d^2 n}{4(p-d)t} = \dfrac{250 \times \pi \times 14^2 \times 1}{4 \times (40 - 14) \times 9}$

$\qquad\qquad\qquad\qquad\qquad\qquad\qquad\qquad = 164.46\,N/mm^2$

04. 베어링 간격이 $1\,m$인 축에 무게가 $6867\,N$인 풀리를 축 중앙에 매달았을 때 위험속도를 $1800\,rpm$으로 설계하려 한다. 다음을 구하라. (단, 축의 자중은 무시하고 세로 탄성계수는 $206.01\,GPa$이다.)
 (1) 위험속도 $1800\,rpm$으로 설계하기 위한 풀리장착 부위에서 축의 처짐량은? [mm]
 (2) 위험속도 $1800\,rpm$으로 설계하기 위한 축의 지름은 얼마인가? [mm]

풀이 < 축 >

 (1) 축의 위험속도 $\quad N_c = \dfrac{30}{\pi}\sqrt{\dfrac{g}{\delta}} \quad \Rightarrow \quad \delta = \dfrac{30^2 g}{\pi^2 N_c^2} = \dfrac{30^2 \times 9800}{\pi^2 \times 1800^2} = 0.28\,mm$

 (2) 중앙집중 단순보의 처짐 $\quad \delta = \dfrac{P l^3}{48 E I}$

$$\Rightarrow I = \dfrac{P l^3}{48 E \delta} = \dfrac{6867 \times 1000^3}{48 \times 209.01 \times 10^2 \times 0.28}$$
$$= 2480158.73\,mm^4$$

$$I = \dfrac{\pi d^4}{64} \quad \Rightarrow \quad d = \sqrt[4]{\dfrac{64 I}{\pi}} = \sqrt[4]{\dfrac{64 \times 2480158.73}{\pi}} = 84.31\,mm$$

05. 매분 350 회전하는 지름 $D = 850\,mm$인 평마찰차 전동장치가 있다. $2300\,N$의 힘으로 두 마찰차를 서로 밀어 붙이면서 동력을 전달하고 있다. 마찰차의 접촉계수가 0.35일 때 다음을 구하라.
 (1) 마찰차의 회전토크 $T\,[N \cdot m]$
 (2) 최대전달동력 $H_{kW}\,[kW]$

풀이 < 마찰차 >

 (1) $T = \mu P \dfrac{D}{2} = 0.35 \times 2300 \times \dfrac{0.85}{2} = 342.13\,N \cdot m$

 (2) $H_{kW} = T\omega = 342.13 \times 10^{-3} \times \left(\dfrac{2\pi \times 350}{60}\right) = 12.54\,kW$

06. 아래 그림과 같은 표준 스퍼기어 전동장치가 있다.

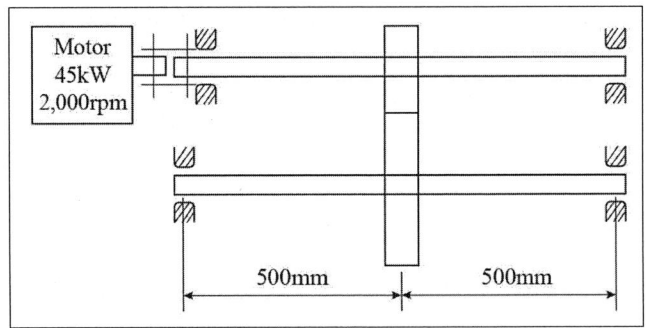

입력측은 $45\,kW$, $2000\,rpm$의 동력과 회전수의 전동기로 구동되고 있으며, 기어의 모듈 $m = 2$, 입력측 기어의 잇수는 24개, 출력측 기어의 잇수는 38개, 기어의 압력각이 $20°$ 일 때 다음을 구하라.

(1) 기어에서 허용굽힘강도를 고려한 기어의 최소폭 $b\,[mm]$
  (단, 입력측 기어의 모듈 기준으로 치형계수 $Y = \pi y = 0.337$, 출력측 기어의 모듈 기준으로 치형계수 $Y = \pi y = 0.384$, 입력측에서 허용굽힘강도는 $180\,MPa$, 출력측에서 허용 굽힘강도는 $120\,MPa$, 속도계수 $f_v = \dfrac{3.05}{3.05 + v}$, v는 기어의 회전속도 $[m/\sec]$, 하중계수 $f_w = 0.8$ 이다.)

(2) 출력측에서 허용굽힘응력, 허용전단응력을 고려하여 안전한 축의 최소지름은?
  (단, 축재료의 허용굽힘응력 $70\,MPa$, 허용전단응력 $50\,MPa$, 굽힘모멘트에 의한 동적효과계수 1.7, 비틀림모멘트에 의한 동적효과계수 1.3 이다.)

풀이 < 기어 >

(1) $v = \dfrac{\pi D_1 N_1}{60 \times 1000} = \dfrac{\pi m Z_1 N_1}{60 \times 1000} = \dfrac{\pi \times 2 \times 24 \times 2000}{60 \times 1000} = 5.03\,m/s$

$H = Fv \Rightarrow F = \dfrac{H}{v} = \dfrac{45 \times 10^3}{5.03} = 8946.32\,N$

속도계수 $f_v = \dfrac{3.05}{3.05 + v} = \dfrac{3.05}{3.05 + 5.03} = 0.377$

⇒ 피니언인 경우(입력측) $F = \sigma_b b p y = f_v f_w \sigma_b b \pi m y = f_v f_w \sigma_b b m Y$

⇒ $b = \dfrac{F}{f_v f_w \sigma_b m Y} = \dfrac{8946.32}{0.377 \times 0.8 \times 180 \times 2 \times 0.337} = 244.5\,mm$

⇒ 기어인 경우(출력측) $F = \sigma_b b p y = f_v f_w \sigma_b b \pi m y = f_v f_w \sigma_b b m Y$

⇒ $b = \dfrac{F}{f_v f_w \sigma_b m Y} = \dfrac{8946.32}{0.377 \times 0.8 \times 120 \times 2 \times 0.384} = 321.86\,mm$

∴ 2값 중 안전을 고려한 최소폭은 $b = 321.86\,mm$ 이다.

(2) 속도비 $i = \dfrac{N_2}{N_1} = \dfrac{Z_1}{Z_2} \Rightarrow N_2 = N_1 \dfrac{Z_1}{Z_2} = 2000 \times \dfrac{24}{38} = 1263.16 \, rpm$

$$H = T\omega \Rightarrow T = \dfrac{H}{\omega} = \dfrac{H}{\left(\dfrac{2\pi N_2}{60}\right)} = \dfrac{45 \times 10^3}{\left(\dfrac{2\pi \times 1263.16}{60}\right)} = 340.19 \, N \cdot m$$

$$F' = \dfrac{F}{\cos \alpha} = \dfrac{8946.32}{\cos 20°} = 9520.47 \, N$$

$$M = \dfrac{F'l}{4} = \dfrac{9520.47 \times 1}{4} = 2380.12 \, N \cdot m$$

$$T_c = \sqrt{(k_m M)^2 + (k_c T)^2} = \sqrt{(1.7 \times 2380.12)^2 + (1.3 \times 340.19)^2}$$
$$= 4070.3 \, N \cdot m$$

$$\tau_a = \dfrac{T_c}{Z_P} = \dfrac{16 T_c}{\pi d^3} \Rightarrow d = \sqrt[3]{\dfrac{16 T_c}{\pi \tau_a}} = \sqrt[3]{\dfrac{16 \times 4070.3 \times 10^3}{\pi \times 50}} = 74.57 \, mm$$

$$M_c = \dfrac{1}{2}[(k_m M) + T_c] = \dfrac{1}{2} \times [1.7 \times 2380.12 + 4070.3] = 4058.25 \, N \cdot m$$

$$\sigma_a = \dfrac{M_c}{Z} = \dfrac{32 T_c}{\pi d^3} \Rightarrow d = \sqrt[3]{\dfrac{32 M_c}{\pi \sigma_a}} = \sqrt[3]{\dfrac{32 \times 4058.25 \times 10^3}{\pi \times 70}} = 83.9 \, mm$$

∴ **2값 중 안전을 고려한 지름은** $d = 83.9 \, mm$ **이다.**

07. 피니언기어의 잇수가 24, 큰 기어의 잇수가 32, 모듈이 5일 때 다음을 구하라.
   (1) 압력각이 14.5°일 때의 피니언기어와 큰 기어의 전위량 [mm]를 구하라.
   (2) 두 기어의 치면높이(백래시)가 0이 되도록 하는 물림압력각(α_b°)를 구하라.
   (정답은 소수점 5자리까지 구하고 다음 표를 이용한다.)

압력각 (α)	소수점 2째자리					압력각 (α)	소수점 2째자리				
	0	2	4	6	8		0	2	4	6	8
14.0	0.004982	0.005004	0.005025	0.005047	0.002069	17.0	0.009025	0.009057	0.009090	0.009123	0.009156
0.1	0.005091	0.005113	0.005135	0.005158	0.005180	0.1	0.009189	0.009222	0.009255	0.009288	0.009322
0.2	0.005202	0.005225	0.005247	0.005269	0.005292	0.2	0.009355	0.009389	0.009422	0.009456	0.009490
0.3	0.005315	0.005337	0.005360	0.005383	0.005406	0.3	0.009523	0.009557	0.009591	0.009625	0.009659
0.4	0.005429	0.005452	0.005475	0.005498	0.005522	0.4	0.009694	0.009728	0.009762	0.009797	0.009832
0.5	0.005545	0.005568	0.005592	0.005615	0.005639	0.5	0.009866	0.009901	0.009936	0.009971	0.010006
0.6	0.005662	0.005686	0.005710	0.005734	0.005758	0.6	0.010041	0.010076	0.010111	0.010146	0.010182
0.7	0.005782	0.005806	0.005830	0.005854	0.005878	0.7	0.010217	0.010253	0.010289	0.010324	0.010360
0.8	0.005903	0.005927	0.005952	0.005976	0.006001	0.8	0.010396	0.010432	0.010468	0.010505	0.010541
0.9	0.006025	0.006050	0.006075	0.006100	0.006125	0.9	0.010577	0.010614	0.010650	0.010687	0.010724
15.0	0.006150	0.006175	0.006200	0.006225	0.006251	18.0	0.010760	0.010797	0.010834	0.010871	0.010909
0.1	0.006276	0.006301	0.006327	0.006353	0.006378	0.1	0.010946	0.010983	0.011021	0.011058	0.011096
0.2	0.006404	0.006430	0.006456	0.006482	0.006508	0.2	0.011033	0.011171	0.011209	0.011247	0.011285
0.3	0.006534	0.006560	0.006586	0.006612	0.006639	0.3	0.011323	0.011361	0.011400	0.011438	0.011477
0.4	0.006665	0.006692	0.006718	0.006745	0.006772	0.4	0.011515	0.011554	0.011593	0.011631	0.011670
0.5	0.006799	0.006825	0.006852	0.006879	0.006906	0.5	0.011709	0.011749	0.011788	0.011827	0.011866
0.6	0.006934	0.006961	0.006988	0.007016	0.007043	0.6	0.011906	0.011943	0.011985	0.012025	0.012065
0.7	0.007071	0.007098	0.007216	0.007154	0.007182	0.7	0.012105	0.012145	0.012185	0.012225	0.012265
0.8	0.007209	0.007237	0.007266	0.007294	0.007322	0.8	0.012306	0.012346	0.012387	0.012428	0.012468
0.9	0.007350	0.007379	0.007407	0.007435	0.007454	0.9	0.012509	0.012550	0.012591	0.012632	0.012674
16.0	0.007493	0.007521	0.007550	0.007579	0.007608	19.0	0.012715	0.012756	0.012798	0.012840	0.012881
0.1	0.007637	0.007666	0.007695	0.007725	0.007754	0.1	0.012923	0.012965	0.013007	0.013049	0.013091
0.2	0.007784	0.007813	0.007843	0.007872	0.007902	0.2	0.013134	0.013176	0.013218	0.013261	0.013304
0.3	0.007932	0.007962	0.007992	0.008022	0.008052	0.3	0.013346	0.013389	0.013432	0.013475	0.013518
0.4	0.008082	0.008112	0.008143	0.008173	0.008205	0.4	0.013562	0.013605	0.013648	0.013692	0.013736
0.5	0.008234	0.008265	0.008296	0.008326	0.008357	0.5	0.013779	0.013823	0.013867	0.013911	0.013955
0.6	0.008388	0.008419	0.008450	0.008482	0.008513	0.6	0.013999	0.014044	0.014088	0.014133	0.014177
0.7	0.008544	0.008576	0.008607	0.008639	0.008671	0.7	0.014222	0.014267	0.014312	0.014357	0.014402
0.8	0.008702	0.008734	0.008766	0.008798	0.008830	0.8	0.014447	0.014492	0.014538	0.014583	0.014629
0.9	0.008863	0.008895	0.008927	0.008960	0.008992	0.9	0.014674	0.014720	0.014766	0.014812	0.014858
						20.0	0.014904	0.014951	0.014997	0.015044	0.015090

   (3) 전위기어 제작 시 중심거리 증가량 $\triangle C$ [mm]를 구하라.
   (4) 전위기어를 제작하였을 때 축간 중심거리 C_f [mm]를 구하라.
   (5) 피니언의 바깥지름 D_{k_1} [mm]와 종동기어의 바깥지름 D_{k_2} [mm]를 구하라.

풀이 < 기어 >

(1) 치형간섭(언더컷)이 발생하지 않는 한계잇수는

$$Z_g = \frac{2}{\sin^2 \alpha} = \frac{2}{\sin^2 14.5°} = 31.9 ≒ 32 \text{ 개}$$

피니언의 전위계수 $\quad x_1 = \dfrac{Z_g - Z_1}{Z_g} = \dfrac{32-24}{32} = 0.25$

피니언의 전위량 $\quad x_1 m = 0.25 \times 5 = 1.25$

기어의 전위계수 $\quad x_2 = \dfrac{Z_g - Z_2}{Z_g} = \dfrac{32-32}{32} = 0$

기어의 전위량 $\quad x_2 m = 0 \times 5 = 0$

(2) $\text{inv}\, \alpha_b = \text{inv}\, \alpha + 2 \times \left(\dfrac{x_1 + x_2}{Z_1 + Z_2} \right) \tan \alpha$

$\qquad = 0.005545 + 2 \times \left(\dfrac{0.25 + 0}{24 + 32} \right) \times \tan 14.5° = 0.007854$

⇧

$\text{inv}\, \alpha$는 표에서 $\alpha = 14.5°$의 값을 찾는다.

표에서 0.007854 값은 $\alpha = 16.24°$ 와 $16.26°$ 간에 보간법을 적용하여

$\therefore \quad \alpha_b° = 16.24 + \left(\dfrac{0.007854 - 0.007843}{0.007872 - 0.007843} \right) \times (16.26 - 16.24) = 16.24759°$

(3) 중심거리 증가계수

$$y = \frac{Z_1 + Z_2}{2} \left(\frac{\cos \alpha}{\cos \alpha_b} - 1 \right) = \frac{24 + 32}{2} \left(\frac{\cos 14.5°}{\cos 16.24759°} - 1 \right) = 0.235827$$

$\therefore \quad \triangle C = ym = 0.235827 \times 5 = 1.17914 \, mm$

(4) 중심거리 $\quad C_f = C + ym = \dfrac{D_1 + D_2}{2} + ym = \dfrac{mZ_1 + mZ_2}{2} + \triangle C$

$\qquad = \dfrac{5(24+32)}{2} + 1.17914 = 141.17914 \, mm$

(5) $D_{k_1} = (Z_1 + 2)m + 2(y - x_2)m$

$\qquad = (24 + 2) \times 5 + 2(0.235827 - 0) \times 5 = 132.35827 \, mm$

$D_{k_2} = (Z_2 + 2)m + 2(y - x_1)m$

$\qquad = (32 + 2) \times 5 + 2(0.235827 - 0.25) \times 5 = 169.85827 \, mm$

08. 1500 rpm, 8 kW 동력을 발생하는 주동축과 800 rpm으로 감속하여 종동축에 전달하는 평벨트 전동장치가 있다. 종동축 풀리 지름은 510 mm, 벨트접촉부 마찰계수는 0.28, 주동축벨트의 접촉각은 165°, 벨트 1 m당 질량은 0.3 kg, 평행걸기일 때 다음을 구하라.

(1) 벨트의 회전속도 $v\,[m/\sec]$
(2) 긴장측장력 $T_t\,[N]$
(3) 벨트두께 5 mm일 때 최소폭 $b\,[mm]$ (단, 허용인장응력은 2 MPa, 이음효율은 80 % 이다.)

풀이 < 벨트 (풀리) >

(1) $v = \dfrac{\pi D_2 N_2}{60 \times 1000} = \dfrac{\pi \times 510 \times 800}{60 \times 1000} = 21.36\, m/s$

(2) $v = 21.36\, m/s$ 으로 **10 m/s 이상이므로** 부가장력(T_c)을 고려한다.

부가장력 $T_c = ma = mv^2 = 0.3 \times 21.36^2 = 136.87\,N$

장력비 $e^{\mu\theta} = e^{0.28 \times 165° \times \frac{\pi}{180°}} = 2.24$

$H = T_e v = (T_t - T_c)\,\dfrac{e^{\mu\theta}-1}{e^{\mu\theta}}\,v$

$\Rightarrow T_t = T_c + \dfrac{e^{\mu\theta}}{e^{\mu\theta}-1} \times \dfrac{H}{v} = 136.87 + \left(\dfrac{2.24}{2.24-1}\right) \times \dfrac{8 \times 10^3}{21.36}$

$\qquad\qquad = 813.44\,N$

(3) $\sigma_a = \dfrac{T_t}{bt\eta} \Rightarrow b = \dfrac{T_t}{\sigma_a t \eta} = \dfrac{813.44}{2 \times 5 \times 0.8} = 101.68\,mm$

09. 피치 $p = 19.85\,mm$, 회전수 $N = 400\,rpm$으로 스프라켓 휠의 잇수 28개인 호칭번호 60인 롤러체인이 있다. 다음을 구하라.

   (1) 체인의 평균속도 $v\,[m/\sec]$

   (2) 스프라켓 휠의 피치원 지름 $D\,[mm]$

   (3) 체인의 속도변동율 $\epsilon\,[\%]$ (단, 속도변동율 $\epsilon = \dfrac{v_{max} - v_{min}}{v_{max}} \times 100\%$,

     v_{max} : 체인의 최대속도, v_{min} : 체인의 최소속도이다.)

풀이 < 체인 >

(1) $v = \dfrac{\pi D N}{60 \times 1000} = \dfrac{p Z N}{60 \times 1000} = \dfrac{19.85 \times 28 \times 400}{60 \times 1000} = 3.71\,m/s$

(2) $D = \dfrac{p}{\sin \dfrac{180°}{Z_2}} = \dfrac{19.85}{\sin \dfrac{180°}{28}} = 177.29\,mm$

(3) $\epsilon = \dfrac{v_{max} - v_{min}}{v_{max}} = 1 - \cos\left(\dfrac{\pi}{Z}\right) = 1 - \cos\left(\dfrac{180°}{28}\right) = 0.0063 = 0.63\%$

10. 밴드두께 $3\,mm$, 허용인장응력 $50\,MPa$, 레버의 길이 $l = 900\,mm$, $D_1 = 400\,mm$, $D_2 = 250\,mm$, $a = 30\,mm$, $b = 160\,mm$, 밴드접촉부 마찰계수 $\mu = 0.3$, 권상동력 $2.2\,kW$, $N = 90\,rpm$ 밴드접촉부 각도 $\theta = 220°$ 이다. 다음을 구하라.

(1) 권상동력으로 권상 가능한 최대하중 $W\,[N]$
(2) 권상화물이 없을 때, $2.2\,kW$의 동력으로 $N = 90\,rpm$ 우회전 드럼으로 제동하고자 할 때 레버에 필요한 힘 $[N]$
(3) '(2)'의 조건으로 밴드의 최소 폭 $[mm]$

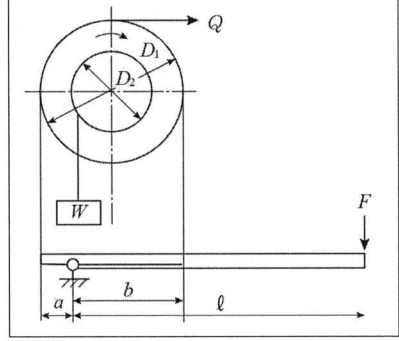

풀이 < 기타 (권상기) >

(1) $v = \dfrac{\pi D_2 N}{60 \times 1000} = \dfrac{\pi \times 250 \times 90}{60 \times 1000} = 1.18\,m/s$

$H' = Wv \Rightarrow W = \dfrac{H'}{v} = \dfrac{2.2 \times 10^3}{1.18} = 1864.41\,N$

(2) $v' = \dfrac{\pi D_1 N}{60 \times 1000} = \dfrac{\pi \times 400 \times 90}{60 \times 1000} = 1.88\,m/s$ ⇐ 권상화물이 없을 때의 속도

$H' = Qv \Rightarrow Q = \dfrac{H'}{v'} = \dfrac{2.2 \times 10^3}{1.88} = 1170.21\,N$

$e^{\mu\theta} = e^{0.3 \times 220° \times \frac{\pi}{180°}} = 3.16$

$T_s = \dfrac{Q}{e^{\mu\theta} - 1} = \dfrac{1170.21}{3.16 - 1} = 541.76\,N$

$T_t = T_s e^{\mu\theta} = 541.76 \times 3.16 = 1711.96\,N$

$\sum M_o = 0$

$\Rightarrow T_t a + F l = T_s b$

$\Rightarrow F = \dfrac{T_s b - T_t a}{l} = \dfrac{541.76 \times 160 - 1711.96 \times 30}{900} = 39.25\,N$

(3) $\sigma_a = \dfrac{T_t}{bt} \Rightarrow b = \dfrac{T_t}{\sigma_a t} = \dfrac{1711.96}{50 \times 3} = 11.41\,mm$

일반기계기사 2017년 4회

01. 축방향 하중 $35\,kN$ 하중을 들어올리는 $Tr36\times6$ 나사가 있는 나사잭을 사용하였다. $Tr36\times6$의 유효지름 $d_e : 33\,mm$로 할 때, 골지름 $d_1 : 30\,mm$, 나사부의 마찰계수가 0.15이고, 칼라부의 마찰계수는 무시하며 볼트재질의 전단강도는 $50\,MPa$일 때 다음을 구하라. (단, 소수처리는 소수 셋째자리에서 나타내라.)
  (1) 볼트에 작용하는 회전토크 $[N\cdot m]$를 구하라.
  (2) 볼트에 작용하는 최대전단응력 $[MPa]$을 구하라.
  (3) 볼트재질의 전단강도에 대한 안전성을 검토하라.

풀이 < 나사 (볼트) >

  (1) $Tr36\times6$ ⇐ 미터 사다리꼴 나사 (나사산의 각 $30°$)

  상당 마찰계수 $\mu' = \dfrac{\mu}{\cos\dfrac{\beta}{2}} = \dfrac{0.15}{\cos\dfrac{30°}{2}} = 0.1553$

  $T = W\left(\dfrac{p+\mu'\pi d_e}{\pi d_e - \mu' p}\right)\cdot\dfrac{d_e}{2} = 35\times10^3\times\left(\dfrac{6+0.155\times\pi\times33}{\pi\times33-0.155\times6}\right)\times\dfrac{33}{2}$

  $\qquad = 124047.8\,N\cdot mm \fallingdotseq 124.048\,N\cdot m$

  (2) $\sigma_c = \dfrac{W}{A} = \dfrac{4W}{\pi d_1^2} = \dfrac{4\times35\times10^3}{\pi\times30^2} = 49.515\,MPa$

  $\tau = \dfrac{16T}{\pi d_1^2} = \dfrac{16\times124047.8}{\pi\times30^2} = 23.399\,MPa$

  $\therefore\ \tau_{max} = \dfrac{1}{2}\sqrt{\sigma_c^2 + 4\tau^2} = \dfrac{1}{2}\sqrt{49.515^2 + 4\times23.399^2} = 34.065\,MPa$

  (3) $S = \dfrac{\tau}{\tau_{max}} = \dfrac{50}{34.065} = 1.468$ ⇐ $\therefore$ **전단강도에 대하여 볼트재질은 안전하다.**

02. 400 rpm으로 12 kW의 동력을 전달하는 축이 있다. 축 지름이 60 mm이고 여기에 $b \times h \times l = 10 \times 8 \times 50$인 묻힘키를 설치하였다. 키의 허용 압축응력이 80 MPa, 키의 허용 전단응력이 30 MPa일 때 다음 물음에 답하라.
   (1) 압축응력을 구하고 안전도를 검토하라.
   (2) 키의 전단응력을 구하고 안전도를 검토하라.

풀이 < 키 >

(1) 동력 $H = T\omega \Rightarrow T = \dfrac{H}{\omega} = \dfrac{12 \times 10^3}{\left(\dfrac{2\pi \times 400}{60}\right)} = 286.48 \ N \cdot m$

$\qquad\qquad\qquad\qquad\qquad\qquad\qquad\qquad\qquad = 286.48 \times 10^3 \ N \cdot mm$

$\qquad T = \sigma_{k_c} A_c \times \dfrac{d}{2} = \sigma_{k_c} \dfrac{h}{2} l \times \dfrac{d}{2}$

$\qquad\qquad \Rightarrow$ 키의 압축응력 $\sigma_{k_c} = \dfrac{4T}{hld} = \dfrac{4 \times 286.48 \times 10^3}{8 \times 50 \times 60} = 47.75 \ MPa$

$\qquad \therefore \ \sigma_{k_a} = 80 \ MPa > \sigma_{k_c} = 47.75 \ MPa$ 이므로 **안전하다.**

(2) $T = \tau_k A_\tau \times \dfrac{d}{2} = \tau_k bl \times \dfrac{d}{2}$

$\qquad\qquad \Rightarrow$ 키의 전단응력 $\tau_k = \dfrac{2T}{bld} = \dfrac{2 \times 286.48 \times 10^3}{10 \times 50 \times 60} = 19.1 \ MPa$

$\qquad \therefore \ \tau_{k_a} = 30 \ MPa > \tau_k = 19.1 \ MPa$ 이므로 **안전하다.**

03. $300\,rpm$으로 $8\,kW$를 전달하는 스플라인 축이 있다. 이 측면의 허용면압을 $35\,MPa$로 하고 잇수는 6개, 이 높이는 $2\,mm$, 모따기는 $0.15\,mm$이다. 아래의 표로부터 스플라인 규격을 선정하라. (단, 전달효율 75%, 보스의 길이는 $58\,mm$이다.)

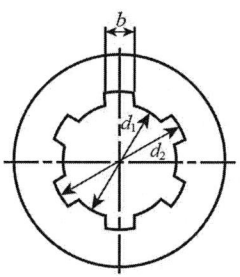

각형 스플라인의 기본치수

스플라인의 규격

(단위 : mm)

형식	1형						2형					
잇수	6		8		10		6		8		10	
호칭지름 d	큰지름 d_2	나비 b	큰지름 d_2	나비 b	큰지름 d_2	나비 b	큰지름 d_2	나비 b	큰지름 d_2	나비 b	큰지름 d_2	나비 b
11	-	-	-	-	-	-	14	3	-	-	-	-
13	-	-	-	-	-	-	16	3.5	-	-	-	-
16	-	-	-	-	-	-	20	4	-	-	-	-
18	-	-	-	-	-	-	22	5	-	-	-	-
21	-	-	-	-	-	-	25	5	-	-	-	-
23	26	6	-	-	-	-	28	6	-	-	-	-
26	30	6	-	-	-	-	32	6	-	-	-	-
28	32	7	-	-	-	-	34	7	-	-	-	-
32	36	8	36	6	-	-	38	8	38	6	-	-
36	40	8	40	7	-	-	42	8	42	7	-	-
42	46	10	46	8	-	-	48	10	48	8	-	-
46	50	12	50	9	-	-	54	12	54	9	-	-
52	58	14	58	10	-	-	60	14	60	10	-	-
56	62	14	62	10	-	-	65	14	65	10	-	-
62	68	16	68	12	-	-	72	16	72	12	-	-
72	78	18	-	-	78	12	82	18	-	-	82	12
82	88	20	-	-	88	12	92	20	-	-	92	12
92	98	22	-	-	98	14	102	22	-	-	102	14
102	-	-	-	-	108	16	-	-	-	-	112	16
112	-	-	-	-	120	18	-	-	-	-	125	18

풀이 < 스플라인 >

스플라인 평균직경 $D_m = \dfrac{d_1 + d_2}{2}$, 스플라인의 높이 $h = \dfrac{d_2 - d_1}{2}$

동력 $H = T\omega \Rightarrow T = \dfrac{H}{\omega} = \dfrac{8 \times 10^3}{\left(\dfrac{2\pi \times 300}{60 \times 1000}\right)} = 254.65 \times 10^3 \, N \cdot mm$

$T = q A_q \times Z \times \dfrac{D_m}{2}$

$\Rightarrow T = \eta q A_q \times Z \times \dfrac{D_m}{2} = \eta q (h - 2c) l \times Z \times \dfrac{D_m}{2}$ ⇐ **접촉효율과 모따기 고려**

$\Rightarrow 254.65 \times 10^3 = 0.75 \times 35 \times (2 - 2 \times 0.15) \times 58 \times 6 \times \dfrac{d_1 + d_2}{4}$

$\Rightarrow d_1 + d_2 = 65.59 \, mm$ ……… ❶

$h = \dfrac{d_2 - d_1}{2} \Rightarrow d_2 - d_1 = 2h = 2 \times 2 = 4 \, mm$ ……… ❷

❶과 ❷식으로부터 $d_2 = 34.8 \, mm$

∴ 표에서의 스플라인 규격은 $d_2 = 36 \, mm$, $d_1 = 32 \, mm$, $b = 8 \, mm$ 이고 호칭지름은 $d = 32 \, mm$를 선정한다.

04. $500\,N\cdot m$의 굽힘모멘트를 받으면서 $20\,kW$의 동력을 전달하는 축이 $280\,rpm$으로 회전하고 있는 중공축을 설계하고자 한다, 축의 허용 수직응력이 $20\,MPa$, 허용 전단응력이 $12\,MPa$일 때 다음 물음에 답하라.

 (1) 상당 비틀림모멘트 $T_e\,[\,J\,]$를 구하라.

 (2) 상당 굽힘모멘트 $M_e\,[\,J\,]$를 구하라.

 (3) 축의 외경을 $80\,mm$라 할 때, 축의 비틀림과 굽힘을 고려한 축의 내경을 정수 $[\,mm\,]$로 결정하라.

풀이 < 축 >

 (1) $H = T\omega \;\Rightarrow\; T = \dfrac{H}{\omega} = \dfrac{20 \times 10^3}{\left(\dfrac{2\pi \times 280}{60}\right)} = 682.09\,N\cdot m$

  $T_e = \sqrt{M^2 + T^2} = \sqrt{500^2 + 682.09^2} = 845.72\,J$

 (2) $M_e = \dfrac{1}{2}(M + T_e) = \dfrac{1}{2}(500 + 845.72) = 672.86\,J$

 (3) $M_e = \sigma_a Z = \sigma_a \times \dfrac{\pi(d_2^4 - d_1^4)}{32\,d_2}$

  $\Rightarrow d_1 = \sqrt[4]{d_2^4 - \dfrac{32\,d_2\,M_e}{\pi\,\sigma_a}} = \sqrt[4]{80^4 - \dfrac{32 \times 80 \times 672.86 \times 10^3}{\pi \times 20}} = 60.67\,mm$

  $T_e = \tau_a Z_P = \tau_a \times \dfrac{\pi(d_2^4 - d_1^4)}{16\,d_2}$

  $\Rightarrow d_1 = \sqrt[4]{d_2^4 - \dfrac{16\,d_2\,T_e}{\pi\,\tau_a}} = \sqrt[4]{80^4 - \dfrac{16 \times 80 \times 845.72 \times 10^3}{\pi \times 12}} = 59.16\,mm$

  ∴ **2 값 중에서 안전을 고려한 값은** $d_1 = 59\,mm$ **이다.**

05. 베어링 하중 5톤을 지지하는 엔드저널 베어링이 있다. 분당회전수가 $650\,rpm$으로 회전하고 있다. 다음 물음에 답하라.

   (1) 허용 압력속도계수 $(pv)_a$가 $5\,MPa \cdot m/\sec$이다. 저널의 길이는 몇 $[mm]$인가?

   (2) 저널의 허용 굽힘응력이 $52\,MPa$일 때 저널의 지름 $d\,[mm]$를 구하라.

풀이 < 저널 >

   (1) $pv = \dfrac{\pi WN}{60 \times 1000\, l} \quad \Rightarrow \quad l = \dfrac{\pi WN}{60 \times 1000\, pv} = \dfrac{\pi \times 5000 \times 9.8 \times 650}{60 \times 1000 \times 5}$

$$= 333.53\,mm$$

   (2) $\sigma_a = \dfrac{M}{Z} = \dfrac{W\dfrac{l}{2}}{Z} = \dfrac{16\,Wl}{\pi d^3}$

$\Rightarrow\ d = \sqrt[3]{\dfrac{16\,Wl}{\pi\,\sigma_a}} = \sqrt[3]{\dfrac{16 \times 5000 \times 9.8 \times 333.53}{\pi \times 52}} = 116.98\,mm$

06. 축각 (θ) 85° 인 원추마찰차를 이용하여 5 kW의 동력을 전달하고자 한다. 원동차의 직경이 450 mm이며, 320 rpm으로 종동차에 1/2의 감속비로 동력을 전달할 때 다음을 구하라. (단, 마찰계수는 0.3이다.)

(1) 원주속도 [m/s]를 구하라.
(2) 접촉선압이 25 N/mm일 때, 마찰차의 유효 폭을 구하라.
(3) 원동차의 축방향하중 P_A [N], 종동차의 축방향하중 P_B [N]를 구하라.

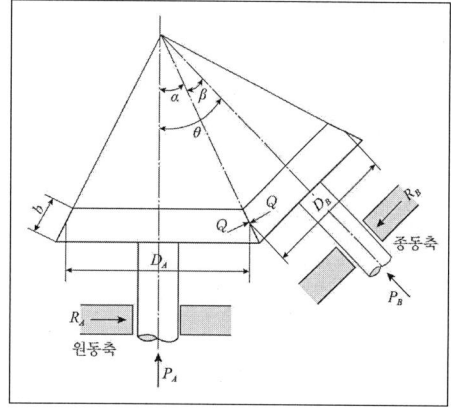

풀이 < 마찰차 >

(1) 회전속도 $v = \dfrac{\pi D_1 N_1}{60 \times 1000} = \dfrac{\pi \times 450 \times 320}{60 \times 1000} = 7.54 \, m/s$

(2) 전달동력 $H = \mu Q v \ \Rightarrow \ Q = \dfrac{H}{\mu v} = \dfrac{5 \times 10^3}{0.3 \times 7.54} = 2210.43 \, N$

$f = \dfrac{Q}{b} \ \Rightarrow \ b = \dfrac{Q}{f} = \dfrac{2210.43}{25} = 88.42 \, mm$

(3) 속도비 $i = \dfrac{N_2}{N_1} = \dfrac{1}{2}$

$\tan \alpha = \dfrac{\sin \theta}{\dfrac{1}{i} + \cos \theta} = \dfrac{\sin 85°}{2 + \cos 85°} = 0.4773$

$\alpha = \tan^{-1} 0.4773 = 25.515°$

$\theta = \alpha + \beta \ \Rightarrow \ \beta = \theta - \alpha = 85° - 25.515° = 59.485°$

∴ $P_A = Q \sin \alpha = 2210.43 \times \sin 25.515 = 952.14 \, N$

$P_B = Q \sin \beta = 2210.43 \times \sin 59.485 = 1904.28 \, N$

07. 피니언기어의 잇수가 24, 큰 기어의 잇수가 32, 모듈이 5일 때 다음을 구하라.
  (1) 압력각이 14.5°일 때의 피니언기어와 큰 기어의 전위량 $[mm]$를 구하라.
  (2) 두 기어의 치면높이(백래시)가 0이 되도록 하는 물림압력각(α_b°)를 구하라.
  (정답은 소수점 5자리까지 구하고 다음 표를 이용한다.)

압력각 (α)	소수점 2째자리					압력각 (α)	소수점 2째자리				
	0	2	4	6	8		0	2	4	6	8
14.0	0.004982	0.005004	0.005025	0.005047	0.002069	17.0	0.009025	0.009057	0.009090	0.009123	0.009156
0.1	0.005091	0.005113	0.005135	0.005158	0.005180	0.1	0.009189	0.009222	0.009255	0.009288	0.009322
0.2	0.005202	0.005225	0.005247	0.005269	0.005292	0.2	0.009355	0.009389	0.009422	0.009456	0.009490
0.3	0.005315	0.005337	0.005360	0.005383	0.005406	0.3	0.009523	0.009557	0.009591	0.009625	0.009659
0.4	0.005429	0.005452	0.005475	0.005498	0.005522	0.4	0.009694	0.009728	0.009762	0.009797	0.009832
0.5	0.005545	0.005568	0.005592	0.005615	0.005639	0.5	0.009866	0.009901	0.009936	0.009971	0.010006
0.6	0.005662	0.005686	0.005710	0.005734	0.005758	0.6	0.010041	0.010076	0.010111	0.010146	0.010182
0.7	0.005782	0.005806	0.005830	0.005854	0.005878	0.7	0.010217	0.010253	0.010289	0.010324	0.010360
0.8	0.005903	0.005927	0.005952	0.005976	0.006001	0.8	0.010396	0.010432	0.010468	0.010505	0.010541
0.9	0.006025	0.006050	0.006075	0.006100	0.006125	0.9	0.010577	0.010614	0.010650	0.010687	0.010724
15.0	0.006150	0.006175	0.006200	0.006225	0.006251	18.0	0.010760	0.010797	0.010834	0.010871	0.010909
0.1	0.006276	0.006301	0.006327	0.006353	0.006378	0.1	0.010946	0.010983	0.011021	0.011058	0.011096
0.2	0.006404	0.006430	0.006456	0.006482	0.006508	0.2	0.011033	0.011171	0.011209	0.011247	0.011285
0.3	0.006534	0.006560	0.006586	0.006612	0.006639	0.3	0.011323	0.011361	0.011400	0.011438	0.011477
0.4	0.006665	0.006692	0.006718	0.006745	0.006772	0.4	0.011515	0.011554	0.011593	0.011631	0.011670
0.5	0.006799	0.006825	0.006852	0.006879	0.006906	0.5	0.011709	0.011749	0.011788	0.011827	0.011866
0.6	0.006934	0.006961	0.006988	0.007016	0.007043	0.6	0.011906	0.011943	0.011985	0.012025	0.012065
0.7	0.007071	0.007098	0.007216	0.007154	0.007182	0.7	0.012105	0.012145	0.012185	0.012225	0.012265
0.8	0.007209	0.007237	0.007266	0.007294	0.007322	0.8	0.012306	0.012346	0.012387	0.012428	0.012468
0.9	0.007350	0.007379	0.007407	0.007435	0.007454	0.9	0.012509	0.012550	0.012591	0.012632	0.012674
16.0	0.007493	0.007521	0.007550	0.007579	0.007608	19.0	0.012715	0.012756	0.012798	0.012840	0.012881
0.1	0.007637	0.007666	0.007695	0.007725	0.007754	0.1	0.012923	0.012965	0.013007	0.013049	0.013091
0.2	0.007784	0.007813	0.007843	0.007872	0.007902	0.2	0.013134	0.013176	0.013218	0.013261	0.013304
0.3	0.007932	0.007962	0.007992	0.008022	0.008052	0.3	0.013346	0.013389	0.013432	0.013475	0.013518
0.4	0.008082	0.008112	0.008143	0.008173	0.008205	0.4	0.013562	0.013605	0.013648	0.013692	0.013736
0.5	0.008234	0.008265	0.008296	0.008326	0.008357	0.5	0.013779	0.013823	0.013867	0.013911	0.013955
0.6	0.008388	0.008419	0.008450	0.008482	0.008513	0.6	0.013999	0.014044	0.014088	0.014133	0.014177
0.7	0.008544	0.008576	0.008607	0.008639	0.008671	0.7	0.014222	0.014267	0.014312	0.014357	0.014402
0.8	0.008702	0.008734	0.008766	0.008798	0.008830	0.8	0.014447	0.014492	0.014538	0.014583	0.014629
0.9	0.008863	0.008895	0.008927	0.008960	0.008992	0.9	0.014674	0.014720	0.014766	0.014812	0.014858
						20.0	0.014904	0.014951	0.014997	0.015044	0.015090

  (3) 전위기어 제작 시 중심거리 증가량 $\triangle C\,[mm]$를 구하라.
  (4) 전위기어를 제작하였을 때 축간 중심거리 $C_f\,[mm]$를 구하라.
  (5) 피니언의 바깥지름 $D_{k_1}\,[mm]$와 종동기어의 바깥지름 $D_{k_2}\,[mm]$를 구하라.

풀이 < 기어 >

(1) 치형간섭(언더컷)이 발생하지 않는 한계잇수는

$$Z_g = \frac{2}{\sin^2 \alpha} = \frac{2}{\sin^2 14.5°} = 31.9 ≒ 32 \text{ 개}$$

피니언의 전위계수 $x_1 = \dfrac{Z_g - Z_1}{Z_g} = \dfrac{32-24}{32} = 0.25$

피니언의 전위량 $x_1 m = 0.25 \times 5 = 1.25$

기어의 전위계수 $x_2 = \dfrac{Z_g - Z_2}{Z_g} = \dfrac{32-32}{32} = 0$

기어의 전위량 $x_2 m = 0 \times 5 = 0$

(2) $\text{inv}\,\alpha_b = \text{inv}\,\alpha + 2 \times \left(\dfrac{x_1 + x_2}{Z_1 + Z_2}\right)\tan \alpha$

$\qquad = 0.005545 + 2 \times \left(\dfrac{0.25+0}{24+32}\right) \times \tan 14.5° = 0.007854$

⇧

$\text{inv}\,\alpha$ 는 표에서 $\alpha = 14.5°$ 의 값을 찾는다.

표에서 0.007854 값은 $\alpha = 16.24°$ 와 $16.26°$ 간에 보간법을 적용하여

$\therefore \alpha_b° = 16.24 + \left(\dfrac{0.007854 - 0.007843}{0.007872 - 0.007843}\right) \times (16.26 - 16.24) = 16.24759°$

(3) 중심거리 증가계수

$$y = \frac{Z_1 + Z_2}{2}\left(\frac{\cos \alpha}{\cos \alpha_b} - 1\right) = \frac{24+32}{2}\left(\frac{\cos 14.5°}{\cos 16.24759°} - 1\right) = 0.235827$$

$\therefore \triangle C = ym = 0.235827 \times 5 = 1.17914 \, mm$

(4) 중심거리 $C_f = C + ym = \dfrac{D_1 + D_2}{2} + ym = \dfrac{mZ_1 + mZ_2}{2} + \triangle C$

$\qquad = \dfrac{5(24+32)}{2} + 1.17914 = 141.17914 \, mm$

(5) $D_{k_1} = (Z_1 + 2)m + 2(y - x_2)m$

$\qquad = (24+2) \times 5 + 2(0.235827 - 0) \times 5 = 132.35827 \, mm$

$D_{k_2} = (Z_2 + 2)m + 2(y - x_1)m$

$\qquad = (32+2) \times 5 + 2(0.235827 - 0.25) \times 5 = 169.85827 \, mm$

08. 평벨트를 이용하여 $4\,kW$의 동력을 전달하고자 한다. 원동풀리의 지름이 $300\,mm$, 원동풀리의 분당회전수 $450\,rpm$, 종동풀리의 지름은 $700\,mm$이다. 두 풀리의 축간거리는 $1000\,mm$이다. (단, 평벨트의 마찰계수는 0.25, 벨트의 이음효율이 $85\,\%$, 평벨트의 두께가 $7\,mm$이다.)
  (1) 벨트에 작용하는 긴장측장력 $T_t\,[N]$를 구하라.
  (2) 평벨트의 허용인장응력이 $6\,MPa$일 때 벨트 폭 $b\,[mm]$를 구하라.

풀이 < 벨트 (풀리) >

(1) $v = \dfrac{\pi D_1 N_1}{60 \times 1000} = \dfrac{\pi \times 300 \times 450}{60 \times 1000} = 7.07\,m/s$ ⇐ **부가장력 무시**

원동측 접촉각 $\theta = 180° - 2\phi$

$$C \sin\phi = \dfrac{D_2 - D_1}{2}$$

⇨ $\phi = \sin^{-1}\dfrac{D_2 - D_1}{2C} = \sin^{-1}\dfrac{700 - 300}{2 \times 1000} = 11.537°$

∴ $\theta = 180° - 2\phi = 180° - 2 \times 11.537° = 156.93°$

장력비 $e^{\mu\theta} = e^{0.25 \times 156.93° \times \frac{\pi}{180°}} = 1.98$

$H = T_e v$ ⇨ $T_e = \dfrac{H}{v} = \dfrac{4 \times 10^3}{7.07} = 565.77\,N$

∴ $T_t = \dfrac{e^{\mu\theta}}{e^{\mu\theta} - 1} \times T_e = \dfrac{1.98}{1.98 - 1} \times 565.77 = 1143.09\,N$

(2) $\sigma_a = \dfrac{T_t}{b\,t\,\eta}$ ⇨ $b = \dfrac{T_t}{\sigma_a t \eta} = \dfrac{1143.09}{6 \times 7 \times 0.85} = 32.02\,mm$

09. 드럼이 $250\,J$의 토크로 회전하고 있다. 드럼을 정지시키기 위해 다음 그림과 같은 블록 브레이크를 사용하였다. 드럼의 분당 회전수는 $800\,rpm$이며, 드럼의 직경이 $300\,mm$, $a = 200\,mm$, $b = 28\,mm$, $l = 800\,mm$, 브레이크 마찰계수가 0.25일 때 다음 물음에 답하라.

(1) 드럼을 정지시키기 위한 레버에 가하는 조작력 $F\,[N]$을 구하라.

(2) 블록브레이크 용량이 $8\,[MPa \cdot m/s]$일 때, 제동에 필요한 면적 $[mm^2]\,A$를 구하라.

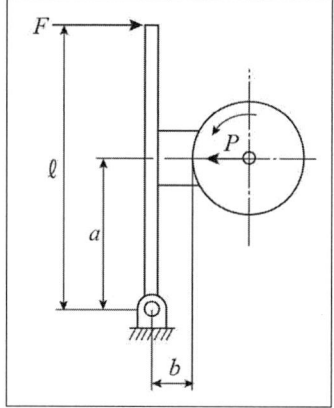

풀이 < 브레이크 >

(1) 접촉부 마찰력은 $F_f = \mu P$ 이므로

$$T = F_f \times \frac{D}{2} = \mu P \times \frac{D}{2} \;\Rightarrow\; P = \frac{2T}{\mu D} = \frac{2 \times 250 \times 10^3}{0.25 \times 300} = 6666.67\,N$$

$\sum M_o = 0$

$\Rightarrow Fl - Pa + \mu Wb = 0$

$\Rightarrow F = \dfrac{Pa - \mu Pb}{l} = 0$

$\Rightarrow F = \dfrac{6666.67 \times 200 - 0.25 \times 6666.67 \times 28}{800} = 1608.33\,N$

(2) $\mu q v = \mu \times \dfrac{P}{A} \times \dfrac{\pi D N}{60 \times 1000} = 8$

$\Rightarrow A = \dfrac{\mu P \pi D N}{60 \times 1000 \times 8} = \dfrac{0.25 \times 6666.67 \times \pi \times 300 \times 800}{60 \times 1000 \times 8} = 2618\,mm^2$

10. 원통코일 스프링의 바깥지름이 $72\,mm$ 이다. 스프링지수는 5, 유효권수 12번, 작용하는 하중이 $400\,N$, 가로 탄성계수가 $80\,GPa$ 일 때 다음 물음에 답하라.

   (1) 소선의 직경 $d\,[mm]$ 를 구하라.
   (2) 스프링의 처짐량 $\delta\,[mm]$ 를 구하라.
   (3) 스프링의 발생하는 전단응력은 몇 MPa 인가?

$$\text{(단, 왈의 응력수정계수 }\;K = \frac{4C-1}{4C-4} + \frac{0.615}{C}\;\text{ 를 고려하여 구하라.)}$$

풀이 < 스프링 >

(1) 스프링지수 $C = \dfrac{D}{d}$ ⇨ 평균지름 $D = Cd$

$$D_2 = D + d = Cd + d = d(C+1) \;\Rightarrow\; d = \frac{D_2}{C+1} = \frac{72}{5+1} = 12\,mm$$

(2) $D = Cd = 5 \times 12 = 60\,mm$

   처짐 $\delta = \dfrac{8nD^3 W}{Gd^4} = \dfrac{8 \times 12 \times 60^3 \times 400}{80 \times 10^3 \times 12^4} = 5\,mm$

(3) $K = \dfrac{4C-1}{4C-4} + \dfrac{0.615}{C} = \dfrac{4 \times 5 - 1}{4 \times 5 - 4} + \dfrac{0.615}{5} = 1.31$

   비틀림모멘트 $T = \tau_a Z_p = P\dfrac{D}{2}$

$$\Rightarrow \tau_{\max} = K\frac{PD}{2Z_p} = K\frac{PD}{2 \times \dfrac{\pi d^3}{16}} = K\frac{8PD}{\pi d^3}$$

$$= 1.31 \times \frac{8 \times 400 \times 60}{\pi \times 12^3} = 46.33\,MPa$$

11. 비중이 1.2인 유체가 1분동안 $800\,kg_f$이 흘러가는 관이 있다. 관속의 압력은 $5\,MPa$, 평균유속 $5\,m/s$로 유체가 흐르는 강관의 안전율이 2이고, 부식여유가 $1\,mm$일 때, 다음을 구하라. (단, 배관의 최소 인장강도는 $160\,MPa$이다.)
  (1) 강관의 내경은 몇 $[\,mm\,]$인가?
  (2) 강관의 두께는 몇 $[\,mm\,]$인가?

풀이 < 배관 >

  (1) 비중량 $G = \gamma A V = \gamma Q$

$$\Rightarrow Q = \frac{G}{\gamma} = \frac{G}{\gamma_{H_2O}\,S} = \frac{800/60}{1000 \times 1.2} = \frac{1}{90}\,m^3/s$$

  유량 $Q = AV_m = \dfrac{\pi d^2}{4} V_m$

$$\Rightarrow d = \sqrt{\frac{4Q}{\pi V_m}} = \sqrt{\frac{4 \times 1/90}{\pi \times 5}} \times 10^3 = 53.19\,mm$$

  (2) 허용응력 $\sigma_a = \dfrac{\sigma_u}{S} = \dfrac{160}{2} = 80\,MPa$

  ∴ **강관의 두께** $t = \dfrac{pd}{2\sigma_a \eta} + C = \dfrac{5 \times 23.19}{2 \times 80 \times 1} + 1 = 2.66\,mm$

일반기계기사 2016년 1회

01. 다음 나사의 종류는?
  (1) 몸체를 침탄 담금질 처리를 하여 경화시킨 작은나사로 드릴구멍에 끼워 암나사를 내면서 죄는 나사는?
  (2) 너트의 풀림을 방지하기 위한 너트로 2개의 너트를 끼워 아래에 위치한 너트이다.
  (3) 담금질한 볼트로 리머 다듬질한 구멍에 넣어 체결하는 볼트이다.

풀이 < 나사 >

  ❶ 태핑나사 (tapping screw)
  ❷ 로크너트 (lock nut) : 고정너트, 더블너트
  ❸ 리머볼트 (reamer bolt)

02. 바깥지름 $20\,mm$, 유효지름 $18\,mm$, 골지름 $16\,mm$, 피치 $4\,mm$인 사다리꼴인 나사잭이 있다. 축 하중이 $5.5\,kN$일 때 다음을 구하라. (단, 나사면 마찰계수는 0.18이고 칼라부 마찰계수와 평균지름은 0.08, $35\,mm$이다.)
  (1) 들어올리기 위한 토크 $T\,[N \cdot m]$
  (2) 레버길이가 $420\,mm$일 때 레버를 돌리는 힘 $F\,[N]$
  (3) 허용접촉 면압력 $p_a = 6.7\,MPa$일 때 너트의 높이 $H\,[mm]$

풀이 < 나사 (볼트) >

  (1) 미터계열(TM) 나사산의 각도는 $\beta = 30°$이므로

  상당마찰계수 $\mu' = \dfrac{\mu}{\cos\dfrac{\beta}{2}} = \dfrac{0.18}{\cos\dfrac{30°}{2}} = 0.1863$

  $\therefore T = T_1 + T_2 = \mu_1 W \dfrac{D_m}{2} + W\left(\dfrac{p + \mu'\pi d_e}{\pi d_e - \mu'p}\right)\dfrac{d_e}{2}$

  $= (0.08 \times 5.5 \times 10^3 \times \dfrac{0.035}{2}) + 5.5 \times 10^3 \times \left(\dfrac{0.004 + 0.1863 \times \pi \times 0.018}{\pi \times 0.018 - 0.1863 \times 0.004}\right) \times \dfrac{0.018}{2}$

  $= 20.59\,N \cdot m$

  (2) $T = Fl \Rightarrow F = \dfrac{T}{l} = \dfrac{20.59 \times 10^3}{420} = 49.02\,N$

  (3) $H = \dfrac{Wp}{\dfrac{\pi(d_2^2 - d_1^2)}{4} \times p_a} = \dfrac{5.5 \times 10^3 \times 4}{\dfrac{\pi \times (20^2 - 16^2)}{4} \times 6.7} = 29.03\,mm$

03. 스플라인 안지름 $82\,mm$, 바깥지름 $88\,mm$, 잇수 6개, $200\,rpm$으로 회전할 때 다음을 구하라. (단, 이 측면의 허용접촉면 압력은 $19.62\,N/mm^2$, 보스길이 $150\,mm$, 접촉효율은 0.75 이다.)
  (1) 전달토크 $T\,[\,N\cdot m\,]$
  (2) 전달동력 $H\,[\,kW\,]$

풀이 < 스플라인 >

(1) 스플라인 평균직경 $D_m = \dfrac{d_1+d_2}{2} = \dfrac{82+88}{2} = 85\,mm$

스플라인의 높이 $h = \dfrac{d_2-d_1}{2} = \dfrac{88-82}{2} = 3\,mm$

$$T = q\,A_q \times Z \times \dfrac{D_m}{2}$$

$\Rightarrow T = \eta\,q\,A_q \times Z \times \dfrac{D_m}{2} = \eta\,q\,h\,l \times Z \times \dfrac{D_m}{2}$ (접촉효율 고려, 모따기 없음)

$\quad = 0.75 \times 19.62 \times 3 \times 150 \times 6 \times \dfrac{85}{2}$

$\quad = 1688546.25\,N\cdot mm \fallingdotseq 1688.55\,N\cdot m$

(2) 동력 $H = T\omega = T \times \dfrac{2\pi N}{60} = 1688.55 \times \dfrac{2\pi \times 200}{60}$

$\qquad\qquad = 35364.91\,W \fallingdotseq 35.37\,kW$

04. 두께가 $4\,mm$인 강판을 1줄 겹치기 리벳이음을 할 때 다음을 구하라. (단, 강판의 인장응력과 압축응력은 $\sigma_t = \sigma_c = 100\,MPa$, 리벳의 전단응력 $\tau_r = 70\,MPa$이다.)
    (1) 리벳의 지름 $d\,[mm]$
    (2) 피치 $p\,[mm]$
    (3) 강판의 효율 η_p
    (4) 리벳의 효율 η_r

풀이 < 리벳 >

(1) $W = \sigma_c d t n$ ······❶ $W = \tau_r \dfrac{\pi}{4} d^2 n$ ······❷ $W = \sigma_t (p-d) t$ ······❸

❶과 ❷식에서

$$\sigma_c d t n = \tau_r \dfrac{\pi}{4} d^2 n \ \Rightarrow \ d = \dfrac{4\sigma_c t}{\pi \tau_r} = \dfrac{4 \times 100 \times 4}{\pi \times 70} = 7.28\,mm$$

(2) ❷와 ❸식에서

$$\tau_r \dfrac{\pi}{4} d^2 n = \sigma_t (p-d) t \ \Rightarrow \ p = \dfrac{\tau_r \pi d^2}{4 \sigma_t t} + d = \dfrac{70 \times \pi \times 7.28^2}{4 \times 100 \times 4} + 7.28$$

$$= 14.56\,mm$$

(3) $\eta_p = \eta_t = 1 - \dfrac{d}{p} = 1 - \dfrac{7.28}{14.56} = 0.5 = 50\,\%$

(4) $\eta_r = \dfrac{\tau_r \dfrac{\pi}{4} d^2 \times n}{\sigma_t p t} = \dfrac{70 \times \dfrac{\pi}{4} \times 7.28^2 \times 1}{100 \times 14.56 \times 4} = 0.5003 = 50.03\,\%$

05. $600\,rpm$으로 회전하는 엔드저널 $4000\,N$의 베어링 하중을 지지한다. 허용 베어링압력 $6\,MPa$, 허용압력속도계수 $p_a v = 2\,N/mm^2 \cdot m/s$, 마찰계수 $\mu = 0.006$ 일 때 다음을 구하라.
    (1) 저널의 길이 $[mm]$
    (2) 저널의 지름 $[mm]$

풀이 < 저널 >

(1) $p_a v = \dfrac{\pi W N}{60 \times 1000\,l} \ \Rightarrow \ l = \dfrac{\pi W N}{60 \times 1000\,p_a v} = \dfrac{\pi \times 4000 \times 600}{60 \times 1000 \times 2} = 62.83\,mm$

(2) $q = \dfrac{W}{A} = \dfrac{W}{d l} \ \Rightarrow \ d = \dfrac{W}{q l} = \dfrac{4000}{6 \times 62.83} = 10.61\,mm$

06. 접촉면의 안지름 $120\,mm$, 바깥지름 $200\,mm$의 단판클러치에서 접촉면압력 $0.3\,MPa$, 마찰계수를 0.2로 할 때 $1250\,rpm$으로 몇 kW를 전달 할 수 있는가?

풀이 < 클러치 >

$$T = \mu P \times \frac{D_m}{2} = \mu q \pi D_m b \times \frac{D_m}{2} = 0.2 \times 0.3 \times \pi \times 160 \times 40 \times \frac{160}{2}$$

$$= 96460.8\,N \cdot mm = 96.46\,N \cdot m$$

전달동력 $H = T\omega = 96.46 \times 10^{-3} \times \left(\dfrac{2\pi \times 1250}{60}\right) = 12.62\,kW$

07. 외접원통 마찰차의 축간거리 $300\,mm$, $N_1 = 200\,rpm$, $N_2 = 100\,rpm$인 마찰차의 지름 D_1, D_2는 각각 얼마인가?

풀이 < 마찰차 >

속도비 $i = \dfrac{N_2}{N_1} = \dfrac{D_1}{D_2} \Rightarrow N_1 D_1 = N_2 D_2 \Rightarrow 200 \times D_1 = 100 \times D_2$

$$\Rightarrow D_2 = 2D_1$$

축간거리 $C = 300 = \dfrac{D_1 + D_2}{2} = \dfrac{D_1 + 2D_1}{2} \Rightarrow 3D_1 = 600$

$\Rightarrow D_1 = 200\,mm \quad \therefore D_2 = 2D_1 = 2 \times 200 = 400\,mm$

08. 홈붙이 마찰차에서 중심거리 $500\,mm$, 주동차와 종동차의 회전수가 각각 $300\,rpm$, $200\,rpm$일 때 $2.1\,kW$를 전달하고자 한다. 다음을 구하라. (단, 마찰계수 $\mu = 0.15$ 이고 홈각은 $40°$ 이다.)

    (1) 상당마찰계수 μ'
    (2) 전달력 $F\,[N]$
    (3) 밀어붙이는 힘 $W\,[N]$

풀이 < 마찰차 >

(1) $\mu' = \dfrac{\mu}{\sin\alpha + \mu\cos\alpha} = \dfrac{0.15}{\sin 20° + 0.15\cos 20°} = 0.31$

(2) 속도비 $i = \dfrac{N_2}{N_1} = \dfrac{D_1}{D_2} \;\Rightarrow\; D_2 = D_1\dfrac{N_1}{N_2} = D_1 \times \dfrac{300}{200}$

    축간거리 $C = \dfrac{D_1 + D_2}{2} = \dfrac{D_1 + D_1 \times \dfrac{300}{200}}{2} = 500\,mm \;\Rightarrow\; D_1 = 400\,mm$

    회전속도 $v = \dfrac{\pi D_1 N_1}{60 \times 1000} = \dfrac{\pi \times 400 \times 300}{60 \times 1000} = 6.28\,m/s$

    전달동력 $H = Fv \;\Rightarrow\; F = \dfrac{H}{v} = \dfrac{2.1 \times 10^3}{6.28} = 334.4\,N$

(3) 전달력 $F = \mu' W \;\Rightarrow\; W = \dfrac{F}{\mu'} = \dfrac{334.4}{0.31} = 1078.71\,N$

09. 피니언기어의 잇수가 24, 큰 기어의 잇수가 32, 모듈이 5일 때 다음을 구하라.

(1) 압력각이 14.5°일 때의 피니언기어와 큰 기어의 전위량 $[mm]$를 구하라.
(2) 두 기어의 치면높이(백래시)가 0이 되도록 하는 물림압력각($\alpha_b°$)를 구하라.
(정답은 소수점 5자리까지 구하고 다음표를 이용한다.)

압력각 (α)	소수점 2째자리					압력각 (α)	소수점 2째자리				
	0	2	4	6	8		0	2	4	6	8
14.0	0.004982	0.005004	0.005025	0.005047	0.002069	17.0	0.009025	0.009057	0.009090	0.009123	0.009156
0.1	0.005091	0.005113	0.005135	0.005158	0.005180	0.1	0.009189	0.009222	0.009255	0.009288	0.009322
0.2	0.005202	0.005225	0.005247	0.005269	0.005292	0.2	0.009355	0.009389	0.009422	0.009456	0.009490
0.3	0.005315	0.005337	0.005360	0.005383	0.005406	0.3	0.009523	0.009557	0.009591	0.009625	0.009659
0.4	0.005429	0.005452	0.005475	0.005498	0.005522	0.4	0.009694	0.009728	0.009762	0.009797	0.009832
0.5	0.005545	0.005568	0.005592	0.005615	0.005639	0.5	0.009866	0.009901	0.009936	0.009971	0.010006
0.6	0.005662	0.005686	0.005710	0.005734	0.005758	0.6	0.010041	0.010076	0.010111	0.010146	0.010182
0.7	0.005782	0.005806	0.005830	0.005854	0.005878	0.7	0.010217	0.010253	0.010289	0.010324	0.010360
0.8	0.005903	0.005927	0.005952	0.005976	0.006001	0.8	0.010396	0.010432	0.010468	0.010505	0.010541
0.9	0.006025	0.006050	0.006075	0.006100	0.006125	0.9	0.010577	0.010614	0.010650	0.010687	0.010724
15.0	0.006150	0.006175	0.006200	0.006225	0.006251	18.0	0.010760	0.010797	0.010834	0.010871	0.010909
0.1	0.006276	0.006301	0.006327	0.006353	0.006378	0.1	0.010946	0.010983	0.011021	0.011058	0.011096
0.2	0.006404	0.006430	0.006456	0.006482	0.006508	0.2	0.011033	0.011171	0.011209	0.011247	0.011285
0.3	0.006534	0.006560	0.006586	0.006612	0.006639	0.3	0.011323	0.011361	0.011400	0.011438	0.011477
0.4	0.006665	0.006692	0.006718	0.006745	0.006772	0.4	0.011515	0.011554	0.011593	0.011631	0.011670
0.5	0.006799	0.006825	0.006852	0.006879	0.006906	0.5	0.011709	0.011749	0.011788	0.011827	0.011866
0.6	0.006934	0.006961	0.006988	0.007016	0.007043	0.6	0.011906	0.011943	0.011985	0.012025	0.012065
0.7	0.007071	0.007098	0.007216	0.007154	0.007182	0.7	0.012105	0.012145	0.012185	0.012225	0.012265
0.8	0.007209	0.007237	0.007266	0.007294	0.007322	0.8	0.012306	0.012346	0.012387	0.012428	0.012468
0.9	0.007350	0.007379	0.007407	0.007435	0.007454	0.9	0.012509	0.012550	0.012591	0.012632	0.012674
16.0	0.007493	0.007521	0.007550	0.007579	0.007608	19.0	0.012715	0.012756	0.012798	0.012840	0.012881
0.1	0.007637	0.007666	0.007695	0.007725	0.007754	0.1	0.012923	0.012965	0.013007	0.013049	0.013091
0.2	0.007784	0.007813	0.007843	0.007872	0.007902	0.2	0.013134	0.013176	0.013218	0.013261	0.013304
0.3	0.007932	0.007962	0.007992	0.008022	0.008052	0.3	0.013346	0.013389	0.013432	0.013475	0.013518
0.4	0.008082	0.008112	0.008143	0.008173	0.008205	0.4	0.013562	0.013605	0.013648	0.013692	0.013736
0.5	0.008234	0.008265	0.008296	0.008326	0.008357	0.5	0.013779	0.013823	0.013867	0.013911	0.013955
0.6	0.008388	0.008419	0.008450	0.008482	0.008513	0.6	0.013999	0.014044	0.014088	0.014133	0.014177
0.7	0.008544	0.008576	0.008607	0.008639	0.008671	0.7	0.014222	0.014267	0.014312	0.014357	0.014402
0.8	0.008702	0.008734	0.008766	0.008798	0.008830	0.8	0.014447	0.014492	0.014538	0.014583	0.014629
0.9	0.008863	0.008895	0.008927	0.008960	0.008992	0.9	0.014674	0.014720	0.014766	0.014812	0.014858
						20.0	0.014904	0.014951	0.014997	0.015044	0.015090

(3) 전위기어 제작시 중심거리 증가량 $\triangle C \, [mm]$를 구하라.
(4) 전위기어를 제작하였을 때 축간 중심거리 $C_f \, [mm]$를 구하라.
(5) 피니언의 바깥지름 $D_{k_1} \, [mm]$와 종동기어의 바깥지름 $D_{k_2} \, [mm]$를 구하라.

풀이 < 기어 >

(1) 치형간섭(언더컷)이 발생하지 않는 한계잇수는

$$Z_g = \frac{2}{\sin^2 \alpha} = \frac{2}{\sin^2 14.5°} = 31.9 ≒ 32 \text{ 개}$$

피니언의 전위계수 $\quad x_1 = \dfrac{Z_g - Z_1}{Z_g} = \dfrac{32-24}{32} = 0.25$

피니언의 전위량 $\quad x_1 m = 0.25 \times 5 = 1.25$

기어의 전위계수 $\quad x_2 = \dfrac{Z_g - Z_2}{Z_g} = \dfrac{32-32}{32} = 0$

기어의 전위량 $\quad x_2 m = 0 \times 5 = 0$

(2) $\text{inv}\, \alpha_b = \text{inv}\, \alpha + 2 \times \left(\dfrac{x_1 + x_2}{Z_1 + Z_2} \right) \tan \alpha$

$\qquad\qquad = 0.005545 + 2 \times \left(\dfrac{0.25 + 0}{24 + 32} \right) \times \tan 14.5° = 0.007854$

⇧

inv α 는 표에서 α = 14.5° 의 값을 찾는다.

표에서 0.007854 값은 α = 16.24° 와 16.26° 간에 보간법을 적용하여

$\therefore \alpha_b° = 16.24 + \left(\dfrac{0.007854 - 0.007843}{0.007872 - 0.007843} \right) \times (16.26 - 16.24) = 16.24759°$

(3) 중심거리 증가계수

$$y = \frac{Z_1 + Z_2}{2} \left(\frac{\cos \alpha}{\cos \alpha_b} - 1 \right) = \frac{24 + 32}{2} \left(\frac{\cos 14.5°}{\cos 16.24759°} - 1 \right) = 0.235827$$

$\therefore \triangle C = ym = 0.235827 \times 5 = 1.17914\, mm$

(4) 중심거리 $\quad C_f = C + ym = \dfrac{D_1 + D_2}{2} + ym = \dfrac{mZ_1 + mZ_2}{2} + \triangle C$

$\qquad\qquad\qquad = \dfrac{5(24+32)}{2} + 1.17914 = 141.17914\, mm$

(5) $D_{k_1} = (Z_1 + 2)m + 2(y - x_2)m$

$\qquad = (24+2) \times 5 + 2(0.235827 - 0) \times 5 = 132.35827\, mm$

$D_{k_2} = (Z_2 + 2)m + 2(y - x_1)m$

$\qquad = (32+2) \times 5 + 2(0.235827 - 0.25) \times 5 = 169.85827\, mm$

10. 원동차의 회전속도는 $1800\,rpm$, 지름은 $150\,mm$, 축간거리는 $1100\,mm$ 인 V 벨트 풀리가 있다. 전달동력은 $5\,kW$, 속도비는 $1/4$, 마찰계수는 0.32, 벨트길이 당 하중은 $0.12\,kg/m$, 홈의 각도는 $40°$ 이다. 다음을 구하라.
  (1) 벨트의 길이 $L\,[mm]$은?
  (2) 벨트의 접촉각 $\theta\,[\deg]$는?
  (3) 벨트의 긴장측 장력 $T_t\,[kN]$는?

풀이 < 벨트 (풀리) >

(1) $i = \dfrac{N_2}{N_1} = \dfrac{D_1}{D_2} \;\Rightarrow\; D_2 = \dfrac{D_1}{i} = 150 \times 4 = 600\,mm$

$$L = 2C + \dfrac{\pi(D_2 + D_1)}{2} + \dfrac{(D_2 - D_1)^2}{4C}$$

$$= 2 \times 1100 + \dfrac{\pi(600 + 150)}{2} + \dfrac{(600 - 150)^2}{4 \times 1100} = 3424.12\,mm$$

(2) 접촉각 $\theta = 180° - 2\phi = 180° - 2\sin^{-1}\left(\dfrac{D_2 - D_1}{2C}\right)$

긴장측 $\theta_1 = 180° - 2\sin^{-1}\left(\dfrac{600 - 150}{2 \times 1100}\right) = 156.39°$

이완측 $\theta_2 = 180° + 2\sin^{-1}\left(\dfrac{600 - 150}{2 \times 1100}\right) = 203.61°$

(3) $v = \dfrac{\pi D_1 N_1}{60 \times 1000} = \dfrac{\pi \times 150 \times 1800}{60 \times 1000} = 14.14\,m/s$

⇧ **10 m/s 이상이므로 부가장력 고려**

부가장력 $T_c = mv^2 = 0.12 \times 14.14^2 = 23.99\,N$

상당마찰계수 $\mu' = \dfrac{\mu}{\sin\dfrac{\alpha}{2} + \mu\cos\dfrac{\alpha}{2}} = \dfrac{0.32}{\sin 20° + 0.32\cos 20°} = 0.498$

장력비 $e^{\mu'\theta} = e^{0.498 \times 156.39° \times \frac{\pi}{180°}} = 3.89$ ⇐ **긴장측 접촉각 적용**

전달동력 $H_0 = T_e v = (T_t - T_c)\left(\dfrac{e^{\mu'\theta} - 1}{e^{\mu'\theta}}\right)v$

$\Rightarrow T_t = \dfrac{e^{\mu'\theta}}{e^{\mu'\theta} - 1} \times T_e + T_c$

$= \dfrac{3.89}{3.89 - 1} \times \dfrac{5}{14.14} + 23.99 \times 10^{-3} \fallingdotseq 0.5\,kN$

11. 그림과 같은 블록브레이크 장치에서 레버 끝에 $147.15\,N$의 힘으로 제동하여 자유낙하로 방지하고자 한다. 블록의 허용압력은 $196.2\,kPa$, 브레이크 용량 $0.98\,N/mm^2 \cdot m/s$일 때 다음을 계산하라.

   (1) 제동토크 $T\,[N \cdot m]$? (단, 블록과 드럼의 마찰계수는 0.3이다.)
   (2) 이 브레이크 드럼의 최대회전수 $N\,[rpm]$?

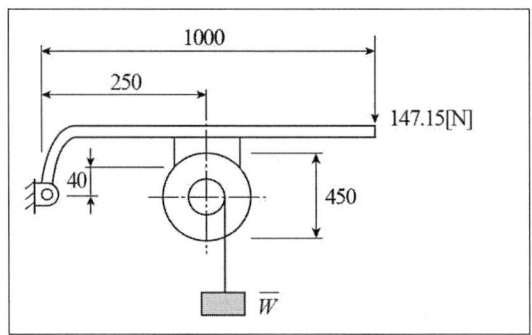

풀이 < 브레이크 >

   (1) 접촉부 수직반력을 W, 접촉부 마찰제동력을 $F_f = \mu W$라 하면 모멘트 평형에서

$$\sum M_o = 0$$
$$\Rightarrow Fa - Wb + \mu Wc = 0$$
$$\Rightarrow W = \frac{Fa}{b - \mu c} = \frac{147.15 \times 1000}{250 - 0.3 \times 40} = 618.28\,N$$

$$T = F_f \times \frac{D}{2} = \mu W \times \frac{D}{2} = 0.3 \times 618.28 \times \frac{0.45}{2} = 41.73\,N \cdot m$$

   (2) $\mu q v = 0.98\,N/mm^2 \Rightarrow v = \frac{0.98}{\mu q} = \frac{0.98 \times 10^6}{0.3 \times 196.2 \times 10^3} = 16.65\,m/s$

$$v = \frac{\pi D N}{60 \times 1000} \Rightarrow N = \frac{60 \times 1000 v}{\pi D} = \frac{60 \times 1000 \times 16.65}{\pi \times 450} = 706.65\,rpm$$

12. 겹판스프링에서 스팬의 길이 $l = 1500\,mm$, 스프링의 나비 $b = 120\,mm$, 밴드의 나비 $120\,mm$, 판 두께 $12\,mm$, $3600\,N$의 하중이 작용하여 $150\,MPa$의 굽힘응력이 발생할 때 다음을 구하라. (단, 세로탄성계수 $E = 209\,GPa$이며 유효길이 $l_e = l - 0.6\,e$ 이다.)

  (1) 굽힘응력을 고려하여 판의 수 n을 구하라.
  (2) 처짐 $\delta\,[mm]$
  (3) 고유진동수 $f\,[Hz]$

풀이 < 스프링 >

  (1) $l_e = l - 0.6\,e = 1500 - 0.6 \times 120 = 1428\,mm$

         ⇧ e는 밴드의 나비 (허리조임 폭)

$$\sigma_b = \frac{3\,W\,l_e}{2\,n\,b\,h^2} \;\Rightarrow\; n = \frac{3\,W\,l_e}{2\,b\,h^2\,\sigma_b} = \frac{3 \times 3600 \times 1428}{2 \times 120 \times 12^2 \times 150} = 2.975 \fallingdotseq 3\,\text{장}$$

  (2) $\displaystyle \delta = \frac{3\,W\,l_e^{\,3}}{8\,n\,b\,h^3\,E} = \frac{3 \times 3600 \times 1428^3}{8 \times 3 \times 120 \times 12^3 \times 209 \times 10^3} = 30.24\,mm$

  (3) $\displaystyle f = \frac{\omega_c}{2\pi} = \frac{1}{2\pi}\sqrt{\frac{g}{\delta}} = \frac{1}{2\pi}\sqrt{\frac{9800}{30.24}} = 2.87\,Hz$

일반기계기사 2016년 2회

01. 유효지름 $18\,mm$, 피치 $8\,mm$인 한줄 사각나사의 연강제 나사봉을 갖는 나사잭으로 $90\,kN$의 하중을 올리려고 한다. 다음을 구하라. (단, 마찰계수는 0.19이다.)
  (1) 하중을 들어올리는데 필요한 토크 $T\,[N\cdot m]$
  (2) 레버의 유효길이가 $250\,mm$일 때 레버 끝에 가하는 힘 $F\,[N]$
  (3) 나사산의 허용면압력이 $8\,MPa$일 때 너트의 높이 $H\,[mm]$

풀이 < 나사 >

(1) 토크 $T = W\left(\dfrac{p+\mu\pi d_e}{\pi d_e - \mu p}\right)\cdot\dfrac{d_e}{2} = 90\times 10^3 \times\left(\dfrac{8+0.19\times\pi\times 18}{\pi\times 18 - 0.19\times 8}\right)\times\dfrac{0.018}{2}$

$\qquad\qquad\quad \fallingdotseq 275.91\,N\cdot m$

(2) 토크 $T = Fl \;\Rightarrow\; F = \dfrac{T}{l} = \dfrac{275.91}{0.25} = 1103.64\,N$

(3) 사각나사이므로 $h = \dfrac{p}{2} = \dfrac{8}{2} = 4\,mm$

$\qquad\therefore\; H = \dfrac{Wp}{\pi d_e h q_0} = \dfrac{90\times 10^3 \times 8}{\pi\times 18\times 4\times 8} = 397.89\,mm$

02. $14.7\,kW$, $300\,rpm$을 전달하는 전동축이 있다. 묻힘키는 $b \times h = 6 \times 6$이고 허용전단응력은 $80\,MPa$, 허용압축응력은 $100\,MPa$이다. 키홈이 없을 때 축의 지름은 $40\,mm$이고 허용전단응력은 $60\,MPa$이다. 다음을 구하라. (단, 키홈붙이 축과 키홈이 없는 축의 탄성한도에 있어서 비틀림 강도의 비는 $\beta = 1 + 0.2\left(\dfrac{b}{d_0}\right) + 1.1\left(\dfrac{t}{d_0}\right)$이고 키홈을 고려한 축지름 $d_1 = \beta \cdot d_0$이다.)

  (1) 축 토크 $T\,[N \cdot m]$
  (2) 키의 길이 $l\,[mm]$를 다음 표에서 선택하라.

길이 ℓ의 표준

6	8	10	12	14	16	18	20	22	25	28
32	36	40	45	50	56	63	70	80	90	100
110	125	140	160	180	200					

  (3) 키의 묻힘을 고려했을 때 축의 안전성을 평가하라. (단, 묻힘깊이는 $t = \dfrac{h}{2}$이다.)

풀이 < 키, 축 >

(1) 동력 $H = T\omega \;\Rightarrow\; T = \dfrac{H}{\omega} = \dfrac{14.6 \times 10^3}{\left(\dfrac{2\pi \times 300}{60}\right)} = 467.92\,N \cdot m$

(2) $T = \tau_k A \times \dfrac{d_0}{2} = \tau_k\, b\, l \times \dfrac{d_0}{2} \;\Rightarrow\; l = \dfrac{2T}{\tau_k\, b\, d_0} = \dfrac{2 \times 467.92 \times 10^3}{80 \times 6 \times 40} = 48.74\,mm$

$T = \sigma_k A_c \times \dfrac{d_0}{2} = \sigma_k \dfrac{h}{2} l \times \dfrac{d_0}{2} \;\Rightarrow\; \sigma_k = \dfrac{4T}{h\, l\, d_0}$

$\therefore\; l = \dfrac{4T}{\sigma_k\, h\, d_0} = \dfrac{4 \times 467.92 \times 10^3}{100 \times 6 \times 40} = 77.99\,mm$

2 계산값 중에서 안전을 고려한 길이는 $77.99\,mm$, 표에서 $80\,mm$를 선정한다.

(3) $d_1 = \beta\, d_0 = \left(1 + 0.2\,\dfrac{b}{d_0} + 1.1 \times \dfrac{t}{d_0}\right) d_0$

$\quad\quad\quad = \left(1 + 0.2\,\dfrac{6}{40} + 1.1 \times \dfrac{3}{40}\right) \times 40 = 44.5\,mm$

$T = \tau Z_P = \tau \times \dfrac{\pi d_1^3}{16}$

$\Rightarrow\; \tau = \dfrac{16T}{\pi d_1^3} = \dfrac{16 \times 467.92 \times 10^3}{\pi \times 44.5^3} = 27.04\,MPa \;<\; 60\,MPa\,(=\tau_a)$

$\therefore$ 안전하다.

03. 핀이음에 $5000\,N$이 작용할 때 다음을 구하라. (단, 핀 재료의 허용전단응력은 $48\,MPa$이고 $b = 1.4d$이다. d는 핀의 지름이다.)

   (1) 단순응력만 고려하여 핀의 지름 $d\,[mm]$를 구하라.

   (2) 핀의 최대굽힘응력 $\sigma_{b_{\max}}\,[N/mm^2]$

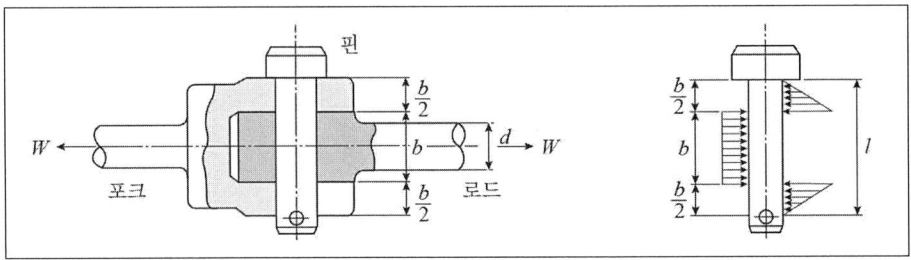

풀이 < 핀 >

   (1) 전단에 의한 핀의 파손단면은 2개이므로

$$\tau_a = \frac{W}{2A} = \frac{W}{2 \times \frac{\pi d^2}{4}} = \frac{2W}{\pi d^2} \;\Rightarrow\; d = \sqrt{\frac{2W}{\pi \tau_a}} = \sqrt{\frac{2 \times 5000}{\pi \times 48}} = 8.14\,mm$$

   (2) 굽힘에 의한 핀의 파손단면은 1개이며 중심부에서 최대 굽힘모멘트가 발생하므로

$$M = \sigma_b Z \;\Rightarrow\; \frac{Wl}{8} = \sigma_{b_{\max}} \frac{\pi d^3}{32}$$

$$\Rightarrow\; \sigma_{b_{\max}} = \frac{4Wl}{\pi d^3} = \frac{4 \times 5000 \times 22.792}{\pi \times 8.14^3} = 269.02\,N/mm^2$$

     (단, $l = 2b = 2 \times 1.4d = 2 \times 1.4 \times 8.14 = 22.792\,mm$)

04. $20\,mm$ 두께의 강판이 그림과 같이 용접다리길이(h) $8\,mm$로 필렛용접되어 하중을 받고 있다. 용접부 허용전단응력이 $140\,MPa$이라면 허용하중 $F\,[N]$을 구하라.
(단, $b = d = 50\,mm$, $a = 150\,mm$이고 용접부 단면의 극단면모멘트는
$$I_P = 0.707\,h \times \frac{(3d^2+b^2)b}{6}$$ 이다.)

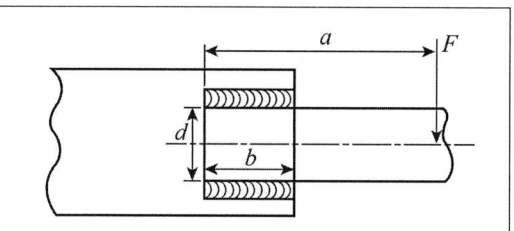

풀이 < 용접 >

F에 의한 전단응력은 작용하중과 굽힘모멘트를 필렛부의 중심으로 이전시켜 렌치를 구성하는 직접전단(τ_1)과 굽힘모멘트에 의한 굽힘전단(τ_2)으로 구분하여 적용한다.

직접전단 (τ_1)

목두께 $t = h\cos 45° = 0.707\,h$ 이므로

$$\tau_1 = \frac{F}{A} = \frac{F}{2bt} = \frac{F}{2 \times 50 \times 0.707 \times 8} \times 10^6 = 1768.03F\ Pa$$

회전모멘트 M에 의한 굽힘전단 (τ_2)

$$r_{\max} = \sqrt{\left(\frac{b}{2}\right)^2 + \left(\frac{d}{2}\right)^2} = \sqrt{25^2 + 25^2}$$ 이며,

$$\tau_2 = \frac{T\,r_{\max}}{I_P} \quad \Rightarrow \quad \tau_2 = \frac{F\left(a - \frac{b}{2}\right)r_{\max}}{I_P} = \frac{F\left(150 - \frac{50}{2}\right)r_{\max}}{I_P}$$

$$= \frac{125 \times F \times \sqrt{25^2 + 25^2}}{0.707 \times 8 \times \frac{(3 \times 50^2 + 50^2) \times 50}{6}} \times 10^6 = 9376.42F\ Pa$$

용접부 허용 전단응력은 $140\,MPa$이므로

$$\tau_a = \sqrt{\tau_1^2 + \tau_2^2 + 2\,\tau_1\tau_2\cos\theta}$$
$$= \sqrt{(1768.03F)^2 + (9376.42F)^2 + 2 \times 1768.03F \times 9376.42F \times \cos 45°}$$
$$= 10699.89F$$

$$\therefore\ 140 \times 10^6 = 10699.89F \quad \Rightarrow \quad F = \frac{140 \times 10^6}{10699.89} = 13084.25\ N$$

05. 단열 앵귤러 볼 베어링 7310에 $2\,kN$의 레이디얼 하중과 $1.2\,kN$의 스러스트 하중이 작용하고 있다. 외륜은 고정하고 내륜회전으로 사용하며 기본 동정격하중 $58\,kN$, 레이디얼 계수 0.46, 스러스트 계수 1.41일 때 다음을 구하라. (단, 회전수는 $N = 2000\,rpm$ 이다.)

   (1) 등가하중 $P_r\,[\,kN\,]$

   (2) 수명시간 $L_h\,[\,h\,]$

풀이 < 베어링 >

   (1) 등가레이디얼 하중 $P_r = XVF_r + YF_t$
$$= 0.46 \times 1 \times 2 + 1.41 \times 1.2 = 2.61\,kN$$

   (2) 수명시간 $L_h = 500 \times \dfrac{33.3}{N} \times \left(\dfrac{C}{f_w P_r}\right)^r$
$$= 500 \times \dfrac{33.3}{2000} \times \left(\dfrac{58}{1.0 \times 2.61}\right)^3 = 91358.02\,hr$$

06. 축지름 $40\,mm$, 길이 $900\,mm$, 축에 매달린 디스크의 무게 $30\,kg$, 축을 지지하는 스프링의 스프링 상수 $k = 70 \times 10^6\,N/m$ 이다. 다음을 구하라. (단, 축의 세로탄성계수는 $206\,GPa$ 이다.)

(1) 축의 처짐 $\delta\,[\mu m]$ 를 구하라. 디스크의 처짐을 구하는 공식 $\delta_d = \dfrac{Wa^2 b^2}{3EI(a+b)}$

(2) 축의 자중을 무시할 때 구한 처짐에 의한 위험속도 $N_{cr}\,[rpm]$

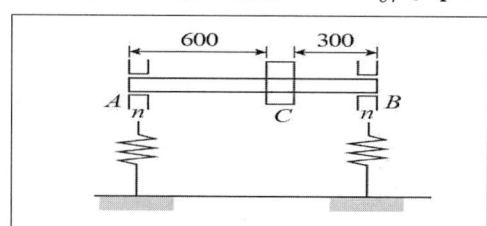

풀이 < 축 >

(1) 스프링의 기본처짐량

$$\delta_A = \frac{R_A}{k} = \frac{1}{k} \times \frac{Wb}{l} = \frac{1}{70 \times 10^6} \times \frac{30 \times 9.8 \times 0.3}{0.9} = 1.4 \times 10^{-6}\,m$$

$$\delta_B = \frac{R_B}{k} = \frac{1}{k} \times \frac{Wa}{l} = \frac{1}{70 \times 10^6} \times \frac{30 \times 9.8 \times 0.6}{0.9} = 2.8 \times 10^{-6}\,m$$

디스크 위치(C점)에서 스프링의 기본처짐량 ⇦ 비례변형을 적용

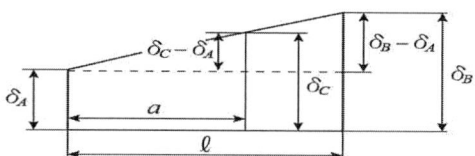

$$a : (\delta_C - \delta_A) = l : (\delta_B - \delta_A)$$

$$\Rightarrow \delta_C = \delta_A + \frac{a(\delta_B - \delta_A)}{l} = (1.4 \times 10^{-6}) + \frac{0.6 \times (2.8 - 1.4) \times 10^{-6}}{0.9}$$

$$= 2.33 \times 10^{-6}\,m$$

디스크 위치(C점)에서 디스크 무게에 의한 스프링의 처짐량

$$\delta_d = \frac{Wa^2 b^2}{3EI(a+b)} = \frac{(30 \times 9.8) \times 0.6^2 \times 0.3^2}{3 \times 206 \times 10^9 \times \dfrac{\pi \times 0.04^4}{64} \times (0.6 + 0.3)} = 1.36 \times 10^{-4}\,m$$

∴ **디스크 위치(C점)에서의 전체 처짐량**

$$\delta = \delta_C + \delta_d = 2.33 \times 10^{-6} + 1.36 \times 10^{-4} = 1.3833 \times 10^{-4}\,m = 138.33\,\mu m$$

(2) 축의 위험속도 $N_c = \dfrac{30}{\pi}\sqrt{\dfrac{g}{\delta}} = \dfrac{30}{\pi}\sqrt{\dfrac{9.8}{1.3833 \times 10^{-4}}} = 2541.71\,rpm$

07. 중심거리 $500\,mm$, 주동차 회전수 $500\,rpm$, 종동차 회전수 $300\,rpm$인 외접원통마찰차가 있다. 밀어붙이는 힘이 $2.1\,kN$일 때 다음을 구하라. (단, 마찰계수 $\mu = 0.3$이다.)
  (1) 주동차와 종동차의 지름 D_1, D_2
  (2) 전달동력 $H_{kW}\,[\,kW\,]$

풀이 < 마찰차 >

  (1) 속도비 $\quad i = \dfrac{N_2}{N_1} = \dfrac{D_1}{D_2} \;\Rightarrow\; N_1 D_1 = N_2 D_2 \;\Rightarrow\; 500 \times D_1 = 300 \times D_2$

$$\Rightarrow D_2 = \frac{5}{3} D_1$$

중심거리 $\quad C = 500 = \dfrac{D_1 + D_2}{2} = \dfrac{D_1 + \frac{5}{3} D_1}{2} \;\Rightarrow\; \dfrac{8}{3} D_1 = 1000$

$$\Rightarrow D_1 = 375\,mm$$

$$\therefore\; D_2 = \frac{5}{3} D_1 = \frac{5}{3} \times 375 = 625\,mm$$

  (2) 회전속도 $\quad v = \dfrac{\pi D_1 N_1}{60 \times 1000} = \dfrac{\pi \times 375 \times 500}{60 \times 1000} = 9.82\,m/s$

$$\therefore\; H_{kW} = \mu P v = 0.2 \times 2.1 \times 9.82 = 6.2\,kW$$

08. 표준스퍼기어의 모듈 4, 잇수 60, 회전수 $480\,rpm$, 치폭 $50\,mm$일 때 다음을 구하라. (단, 기어의 굽힘강도는 $160\,MPa$이고 치형계수는 π를 포함하는 값으로 0.362이다.)
  (1) 기어의 회전속도 $v\,[\,m/\sec\,]$
  (2) 루이스 굽힘강도에 의한 전달하중 $F\,[\,N\,]$

풀이 < 기어 >

  (1) 회전속도 $\quad v = \dfrac{\pi D N}{60 \times 1000} = \dfrac{\pi m Z N}{60 \times 1000} = \dfrac{\pi \times 4 \times 60 \times 480}{60 \times 1000} = 6.03\,m/s$

  (2) 속도계수 $\quad f_v = \dfrac{3.05}{3.05 + v} = \dfrac{3.05}{3.05 + 6.03} = 0.3359$

전달하중 $\quad F = \sigma_b b p y = f_v f_w \sigma_b b \pi m y = f_v f_w \sigma_b b m Y \quad$ (하중계수는 무시)
$\qquad\qquad\quad = 0.3359 \times 160 \times 50 \times 4 \times 0.362 = 3891.07\,N$

09. $400\,rpm$, $7.5\,kW$를 전달하는 평벨트 전동장치가 있다. 접촉각 $180°$의 평행걸기이고 풀리의 직경은 $450\,mm$, 벨트의 나비 $50\,mm$, 두께 $4\,mm$, 장력비는 2.36이다. 다음을 구하라. (단, 벨트의 이음효율은 80%이고 벨트의 굽힘에 대한 보정계수 $K_1 = 0.9$이다.)

 (1) 벨트의 긴장측장력 $T_t\,[\,kN\,]$
 (2) 벨트의 굽힘응력을 고려하는 최대 인장응력 $\sigma_{max}\,[\,MPa\,]$
     (단, 벨트의 종탄성계수 $E = 215\,MPa$이다.)

풀이 < 벨트 (풀리) >

 (1) $v = \dfrac{\pi D N}{60 \times 1000} = \dfrac{\pi \times 450 \times 400}{60 \times 1000} = 9.42\,m/s$

  장력비 $e^{\mu\theta} = \dfrac{T_t}{T_s} = 2.36$ 이므로

  $H = T_t \left(\dfrac{e^{\mu\theta}-1}{e^{\mu\theta}}\right) v \ \Rightarrow\ T_t = \dfrac{H}{\left(\dfrac{e^{\mu\theta}-1}{e^{\mu\theta}}\right)v} = \dfrac{7.5}{\left(\dfrac{2.36-1}{2.36}\right)\times 9.42} = 1.38\,kN$

 (2) 벨트장력에 의한 굽힘응력 $\sigma_t = \dfrac{T_t}{b\,t\,\eta} = \dfrac{1.38 \times 10^3}{50 \times 4 \times 0.8} = 8.625\,MPa$

  벨트강성에 의한 굽힘응력 $\sigma_b = E\epsilon = K_1 \dfrac{E\,t}{D} = 0.9 \times \dfrac{215 \times 4}{450} = 1.72\,MPa$

  $\therefore\ \sigma_{max} = \sigma_t + \sigma_b = 8.625 + 1.72 = 10.35\,MPa$

10. 회전수 $180\,rpm$, $12\,kW$를 제동하고자 하는 단동식 밴드 브레이크가 있다. $350\,mm$ 직경의 드럼과 밴드의 접촉각은 $220°$, 마찰계수는 0.25, 밴드의 허용인장응력은 $50\,MPa$이다. 다음을 구하라. (단, 밴드두께 $t = 3\,mm$이다.)
  (1) 제동력 $Q\,[N]$
  (2) 긴장측 장력 $T_t\,[N]$
  (3) 밴드의 최소폭 $b\,[mm]$ (단, 밴드의 이음효율은 고려하지 않는다.)

풀이 < 브레이크 >

(1) 회전속도 $\quad v = \dfrac{\pi D N}{60 \times 1000} = \dfrac{\pi \times 450 \times 180}{60 \times 1000} = 3.3\,m/s$

제동동력 $\quad H = Qv \;\Rightarrow\;$ 제동력 $\quad Q = \dfrac{H}{v} = \dfrac{12 \times 10^3}{3.3} = 3636.36\,N$

(2) 장력비 $\quad e^{\mu\theta} = e^{0.25 \times 220° \times \frac{\pi}{180}} = 2.61$

$\therefore\; T_t = \dfrac{e^{\mu\theta}}{e^{\mu\theta}-1}\,Q = \dfrac{2.61}{2.61-1} \times 3636.36 = 5894.97\,N$

(3) 인장응력 $\quad \sigma_b = \dfrac{T_t}{bt} \;\Rightarrow\; b = \dfrac{T_t}{\sigma_b t} = \dfrac{5894.97}{50 \times 3} = 39.3\,mm$

11. 재료가 강인 그림과 같은 원통코일스프링이 압축하중을 받고 있다. 하중 $P = 150\,N$, 처짐 $\delta = 8\,mm$, 소선의 지름 $d = 6\,mm$, 코일의 지름 $D = 48\,mm$이며, 전단탄성계수 $G = 8.2 \times 10^4\,MPa$이다. 유효감김수 n 및 전단응력 τ 를 구하라.

(단, 응력수정계수 $K = \dfrac{4C-1}{4C-4} + \dfrac{0.615}{C}$, $C = \dfrac{D}{d}$)

(1) 유효감김수 n
(2) 전단응력 MPa

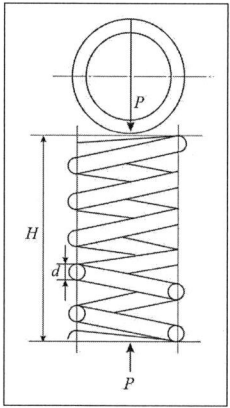

풀이 < 스프링 >

(1) 처짐 $\delta = \dfrac{8nD^3W}{Gd^4} = \dfrac{8nD^3P}{Gd^4}$

$\Rightarrow n = \dfrac{Gd^4\delta}{8D^3P} = \dfrac{8.2 \times 10^4 \times 6^4 \times 8}{8 \times 48^3 \times 150} = 6.4 \quad \therefore 7\,\text{회}$

(2) 스프링지수 $C = \dfrac{D}{d} = \dfrac{48}{6} = 8$

응력수정계수 $K = \dfrac{4C-1}{4C-4} + \dfrac{0.615}{C} = \dfrac{4 \times 8 - 1}{4 \times 8 - 4} + \dfrac{0.615}{8} = 1.18$

비틀림모멘트 $T = \tau_a Z_p = P\dfrac{D}{2}$

$\Rightarrow \tau_{\max} = K\dfrac{PD}{2Z_p} = K\dfrac{PD}{2 \times \dfrac{\pi d^3}{16}} = K\dfrac{8PD}{\pi d^3}$

$= 1.18 \times \dfrac{8 \times 150 \times 48}{\pi \times 6^3} = 106.16\,N/mm^2$

$= 106.16 \times 10^6\,N/m^2 = 106.16\,MPa$

일반기계기사 2016년 4회

01. 안지름 $400\,mm$, 내압 $1\,MPa$의 실린더 커버를 10개의 볼트로 체결하려 한다. 볼트 재료의 허용인장응력을 $48\,MPa$로 할 때 다음을 구하라. (단, 볼트에 작용하는 하중은 실린더 커버 체결력의 $1/3$이다.)
   (1) 볼트의 골지름 $d_1\,[mm]$
   (2) 볼트 1개의 걸리는 압력에 의한 인장하중 $W\,[kN]$

풀이 < 나사 (볼트) >

(1) 실린더 커버 전체 체결력 $\quad Q = pA = p \times \dfrac{\pi D^2}{4}$

볼트에 작용하는 하중 (인장) $\quad P = \sigma_t A n = \sigma_t \times \dfrac{\pi d_1^2}{4} \times n$

볼트에 작용하는 하중 = 실린더 커버의 전체 체결력 $\times 1/3$ 이므로

$$\Rightarrow \sigma_t \times \dfrac{\pi d_1^2}{4} \times n = p \times \dfrac{\pi D^2}{4} \times \dfrac{1}{3}$$

$$\Rightarrow d_1 = \sqrt{\dfrac{pD^2}{3\sigma_t n}} = \sqrt{\dfrac{1 \times 400^2}{3 \times 48 \times 10}} = 10.54\,mm$$

(2) $W = \dfrac{Q}{n} = \dfrac{pA}{n} = \dfrac{1 \times \dfrac{\pi \times 400^2}{4}}{10} = 12566.37\,N \fallingdotseq 12.57\,kN$

02. 지름이 $70\,mm$인 전동축에 회전수 $300\,rpm$으로 $12\,kW$를 전달가능한 묻힘키를 설계하고자 한다. 묻힘키의 폭과 높이는 $20\,mm \times 13\,mm$이고, 키의 허용전단응력은 $20\,MPa$, 키의 허용압축응력은 $80\,MPa$이다. 다음을 구하라. (단, 키의 묻힘깊이는 $h/2$이다.)

 (1) 축의 전달토크 $T\,[\,J\,]$
 (2) 키의 전단응력만 고려한 키의 길이 $l_1\,[\,mm\,]$
 (3) 키의 압축응력만 고려한 키의 길이 $l_2\,[\,mm\,]$

풀이 < 키 >

(1) $H = T\omega \;\Rightarrow\; T = \dfrac{H}{\omega} = \dfrac{12 \times 10^3}{\left(\dfrac{2\pi \times 300}{60}\right)} = 381.97\,N\cdot m = 381.97\,J$

(2) $T = \tau_k A \times \dfrac{d}{2} = \tau_k b l_1 \times \dfrac{d}{2} \;\Rightarrow\; l_1 = \dfrac{2T}{\tau_k b d} = \dfrac{2 \times 381.97 \times 10^3}{20 \times 20 \times 70} = 27.28\,mm$

(3) $T = \sigma_k A_c \times \dfrac{d}{2} = \sigma_k \dfrac{h}{2} l_2 \times \dfrac{d}{2} \;\Rightarrow\; \sigma_k = \dfrac{4T}{h l_2 d}$

$\therefore\; l_2 = \dfrac{4T}{\sigma_k h d} = \dfrac{4 \times 381.97 \times 10^3}{80 \times 13 \times 70} = 20.99\,mm$

03. 그림과 같은 측면 필렛용접 이음에서 허용전단응력이 $40\,N/mm^2$일 때 하중 $W\,[\,kN\,]$를 구하라. (단, 판재두께는 $12\,mm$ 이다.)

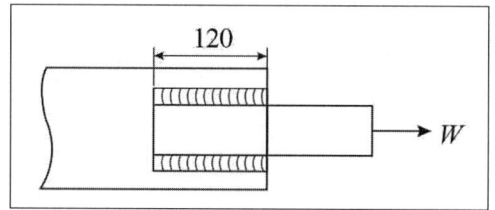

풀이 < 용접 >

$W = \tau_a A = \tau_a (2al) = \tau_a (2h\cos 45°\,l) = 40 \times (2 \times 12 \cos 45° \times 120)$
$\qquad\qquad\qquad\qquad\qquad\qquad\qquad = 81458.7\,N \fallingdotseq 81.46\,kN$

04. 강판의 두께 $14\,mm$, 리벳의 지름 $22\,mm$, 피치 $54\,mm$인 1줄 겹치기 리벳이음이 있다. 1피치당 $13500\,N$의 하중이 작용할 때 다음을 구하라.
   (1) 강판의 인장응력 $\sigma_t\,[MPa]$
   (2) 강판과 리벳사이의 압축응력 $\sigma_c\,[MPa]$
   (3) 리벳의 전단응력 $\tau_r\,[MPa]$
   (4) 강판의 효율 $\eta_p\,[\%]$

풀이 < 리벳 >

(1) $\sigma_t = \dfrac{W}{A_t} = \dfrac{W}{(p-d)t} = \dfrac{13500}{(54-22)\times 14} = 30.13\,MPa$

(2) $\sigma_c = \dfrac{W}{A_c} = \dfrac{W}{d\,t\,n} = \dfrac{13500}{22\times 14\times 1} = 43.83\,MPa$

(3) $\tau_r = \dfrac{W}{A_\tau} = \dfrac{W}{\dfrac{\pi}{4}d^2\times n} = \dfrac{13500}{\dfrac{\pi}{4}\times 22^2\times 1} = 35.51\,MPa$

(4) $\eta_p = 1 - \dfrac{d}{p} = 1 - \dfrac{22}{54} = 0.5926 = 59.26\,\%$

05. 그림과 같이 $22\,kW$, $1750\,rpm$의 전동기에 직결된 기어 감속장치에 $640\,N$의 하중이 축 중앙에 걸린다. 축의 재료는 연강으로 허용전단응력 $34.3\,MPa$, 허용굽힘응력 $68.6\,MPa$, 동적효과계수 $k_m = 2.0$, $k_t = 1.5$로 하여 다음을 구하라. (단, 축은 중공축으로 바깥지름은 $20\,mm$이다.)

(1) 상당 비틀림모멘트 $T_e\,[\,J\,]$
(2) 상당 굽힘모멘트 $M_e\,[\,J\,]$
(3) 축의 무게는 무시하고 중공 축의 안지름 $d_1\,[\,mm\,]$

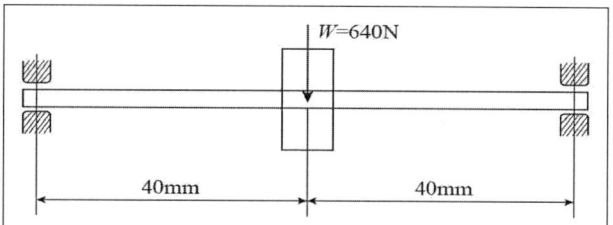

풀이 < 축 >

(1) 축의 동력 $H = T\omega \;\Rightarrow\; T = \dfrac{H}{\omega} = \dfrac{2.2 \times 10^3}{\left(\dfrac{2\pi \times 1750}{60}\right)} = 12\,N\cdot m = 12\,J$

$$M = \dfrac{Pl}{4} = \dfrac{640 \times 0.08}{4} = 12.8\,N\cdot m = 12.8\,J$$

$$T_e = \sqrt{(k_m M)^2 + (k_t T)^2} = \sqrt{(2 \times 12.8)^2 + (1.5 \times 12)^2} = 31.29\,J$$

(2) $M_e = \dfrac{1}{2}\left[(k_m M) + T_e\right] = \dfrac{1}{2}\left[(2 \times 12.8) + 31.29\right] = 28.45\,J$

(3) $M_e = \sigma_a Z = \sigma_a \times \dfrac{\pi(d_2^4 - d_1^4)}{32\,d_2}$

$\Rightarrow d_1 = \sqrt[4]{d_2^4 - \dfrac{32\,d_2\,M_e}{\pi\,\sigma_a}} = \sqrt[4]{20^4 - \dfrac{32 \times 20 \times 28.45 \times 10^3}{\pi \times 68.6}} = 16.58\,mm$

$T_e = \tau_a Z_P = \tau_a \times \dfrac{\pi(d_2^4 - d_1^4)}{16\,d_2}$

$\Rightarrow d_1 = \sqrt[4]{d_2^4 - \dfrac{16\,d_2\,T_e}{\pi\,\tau_a}} = \sqrt[4]{20^4 - \dfrac{16 \times 20 \times 31.29 \times 10^3}{\pi \times 34.3}} = 16.1\,mm$

∴ **2 값 중에서 안전을 고려한 값은** $d_1 = 16.1\,mm$ **이다.**

06. $5.88\,kW$의 동력을 전달하는 중심거리 $450\,mm$의 두 축이 홈마찰차로 연결되어 주동축 회전수가 $400\,rpm$, 종동축 회전수는 $150\,rpm$이며 홈각이 $40°$, 허용접촉선압은 $38\,N/mm$, 마찰계수는 0.3이다. 다음을 구하라.
   (1) 홈마찰차를 미는 힘 $W\,[N]$
   (2) 홈의 수 Z (단, $h = 0.3\sqrt{\mu' \cdot W}$)

풀이 < 마찰차 >

(1) 속도비 $i = \dfrac{N_2}{N_1} = \dfrac{D_1}{D_2} \Rightarrow N_1 D_1 = N_2 D_2 \Rightarrow 400 \times D_1 = 150 \times D_2$

$$\Rightarrow D_2 = \frac{8}{3} D_1$$

축간거리 $C = 450 = \dfrac{D_1 + D_2}{2} \Rightarrow D_1 + D_2 = 2 \times 450 = 900\,mm$

$$\Rightarrow D_1 + \frac{8}{3} D_1 = 900 \Rightarrow D_1 = \frac{900}{\left(1 + \dfrac{8}{3}\right)} = 245.45\,mm$$

회전속도 $v = \dfrac{\pi D_1 N_1}{60 \times 1000} = \dfrac{\pi \times 245.45 \times 400}{60 \times 1000} = 5.14\,m/s$

상당마찰계수 $\mu' = \dfrac{\mu}{\sin\alpha + \mu\cos\alpha} = \dfrac{0.3}{\sin 20° + 0.3\cos 20°} = 0.481$

동력 $H' = \mu' W v \Rightarrow W = \dfrac{H'}{\mu' v} = \dfrac{5.88 \times 10^3}{0.481 \times 5.14} = 2378.31\,N$

(2) $h = 0.3\sqrt{\mu' \cdot W} = 0.3\sqrt{0.481 \times 2378.31} = 10.15\,mm$

$\mu Q = \mu' W \Rightarrow$ **수직력** $Q = \dfrac{\mu' W}{\mu}$

접촉 선압력 $f = \dfrac{Q}{l} \fallingdotseq \dfrac{Q}{2h \cdot Z}$

$$\Rightarrow Z = \dfrac{Q}{2h \cdot f} = \dfrac{\mu' W}{2h \cdot f\mu} = \dfrac{0.481 \times 2378.31}{2 \times 10.15 \times 38 \times 0.3}$$
$$= 4.94 \fallingdotseq 5개$$

07. 다음과 같은 조건을 갖는 스퍼기어의 전달동력을 결정하라. ($\alpha = 20°$)

모 듈	잇 수		회전수	허용 굽힘강도	치형계수	하중계수	접촉 응력계수
$m=4$	$Z_1=40$	$Z_2=60$	$N_1=500$rpm	90MPa	$y=0.154-\dfrac{0.912}{Z_1}$	0.8	0.53MPa

폭 $b = 10\,m$ 이고 치형계수 y 는 π 를 포함하고 있지 않은 값이다.
 (1) 굽힘강도만을 고려한 경우 전달동력 $H_1\,[kW]$
 (2) 면압강도만을 고려한 경우 전달동력 $H_2\,[kW]$

풀이 < 기어 >

(1) 회전속도 $\quad v = \dfrac{\pi D_1 N_1}{60 \times 1000} = \dfrac{\pi m Z_1 N_1}{60 \times 1000} = \dfrac{\pi \times 4 \times 40 \times 500}{60 \times 1000} = 4.19\,m/s$

속도계수 $\quad f_v = \dfrac{3.05}{3.05+v} = \dfrac{3.05}{3.05+4.19} = 0.421$

치형계수 $\quad y = 0.154 - \dfrac{0.912}{Z_1} = 0.154 - \dfrac{0.912}{40} = 0.1312$

하중계수 $\quad f_w = 0.8$

$$F = \sigma_b\,b\,p\,y = f_v\,f_w\,\sigma_b\,b\,\pi\,m\,y$$
$$= 0.421 \times 0.8 \times 90 \times 10 \times 4 \times \pi \times 4 \times 0.1312 = 1999.03\,N$$

$\therefore\ H_1 = Fv = 1999.03 \times 4.19 \times 10^{-3} = 8.38\,kW$

(2) $W = f_v\,K\,b\,m\left(\dfrac{2Z_1 Z_2}{Z_1+Z_2}\right)$

$\qquad = 0.421 \times 0.53 \times 4 \times 10 \times 4 \times \left(\dfrac{2 \times 40 \times 60}{40+60}\right) = 1713.64\,N$

$\therefore\ H_2 = Wv = 1713.64 \times 4.19 \times 10^{-3} = 7.18\,kW$

08. 3000 rpm의 모터에서 V 벨트에 의해 1800 rpm으로 운전되는 종동축 풀리가 있다. 작은 쪽 풀리의 지름은 120 mm이고 축간거리는 375 mm이다. 가죽벨트와 주철제 풀리의 마찰계수는 0.3이고 벨트의 길이당 무게 1.65 N/m, 허용장력은 240 N, 벨트 가닥수는 2개, 접촉각수정계수 $k_1 = 0.98$, 부하수정계수 $k_2 = 0.7$이다. 아래의 표를 이용하여 다음을 구하라.

표 1 ※ 전달동력과 V 벨트의 종류

전달동력 [kW]	V벨트의 속도 [m/s]		
	10 이하	10~17	17 이상
1.5 이하	A	A	A
1.5~3.5	B	B	A, B
3.5~7.4	B, C	B	B
7.4~18.4	C	B, C	B, C
18.4~36	C, D	C	C
36~73	D	C, D	C, D
73~110	E	D	D
110 이상	E	E	E

표 2 ※ V벨트의 강도와 치수

형 별	a [mm]	b [mm]	A(단면적) [mm²]	2α
A	12.5	9.0	83.0	40°
B	16.5	11.0	137.5	40°
C	22.0	14.0	236.7	40°
D	31.5	19.0	467.1	40°
E	38.0	25.5	732.3	40°

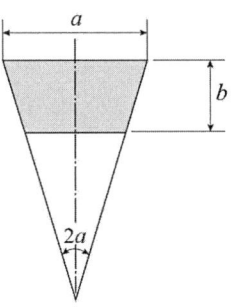

(1) 접촉각 θ_1을 구하라.
(2) 전달동력 H_{kW} [kW]
(3) 벨트의 폭 a [mm]

풀이 < 벨트 (풀리) >

(1) $i = \dfrac{N_2}{N_1} = \dfrac{D_1}{D_2} \Rightarrow D_2 = D_1 \times \dfrac{N_1}{N_2} = 120 \times \dfrac{3000}{1800} = 200 \, mm$

$\therefore \theta = 180° - 2\phi = 180° - 2\sin^{-1}\left(\dfrac{D_2 - D_1}{2C}\right)$

$= 180° - 2\sin^{-1}\left(\dfrac{200 - 120}{2 \times 375}\right) = 167.75°$

(2) $v = \dfrac{\pi D_1 N_1}{60 \times 1000} = \dfrac{\pi \times 120 \times 3000}{60 \times 1000} = 18.85 \, m/s$

⇧ **10 m/s 이상이므로 부가장력 고려**

부가장력 $T_c = ma = \dfrac{wv^2}{g} = \dfrac{1.65 \times 18.85^2}{9.8} = 59.82\,N$

상당마찰계수 $\mu' = \dfrac{\mu}{\sin\alpha + \mu\cos\alpha} = \dfrac{0.3}{\sin 20° + 0.3\cos 20°} = 0.481$

장력비 $e^{\mu'\theta} = e^{0.481 \times 167.75° \times \frac{\pi}{180}} = 4.09$

전달동력 $H = T_e v = (T_t - T_c)\,\dfrac{e^{\mu'\theta} - 1}{e^{\mu'\theta}}\,v$

$$= (240 - 59.82) \times \dfrac{4.09 - 1}{4.09} \times 18.85 \times 10^{-3} = 2.57\,kW$$

$$\therefore\ H_{kW} = k_1 k_2 H Z = 0.98 \times 0.7 \times 2.57 \times 2 = 3.53\,kW$$

(3) 전달동력 $H_{kW} = 3.53\,kW$, 속도 $v = 18.85\,m/s$에 적합한 V 벨트의 종류는 표 1에서 B 형이며, 표 2의 B 형 벨트의 폭 $a = 16.5\,mm$를 확인한다.

09. 그림과 같이 $15\,kW$, $150\,rpm$의 동력을 전달하는 축에 밴드브레이크가 있다. 접촉각 $270°$, 드럼의 지름 $300\,mm$, 두께 $3\,mm$의 석면 직물을 밴드로 $\mu = 0.4$이다. l은 $500\,mm$, a는 $100\,mm$일 때 다음을 구하라. (단, 밴드의 허용인장응력은 $50\,MPa$이고 $e^{\mu\theta} = 6.6$이다.)

  (1) 이완측장력 $T_s\,[N]$
  (2) 레버에 가하는 힘 $F\,[N]$
  (3) 밴드의 나비 $b\,[mm]$

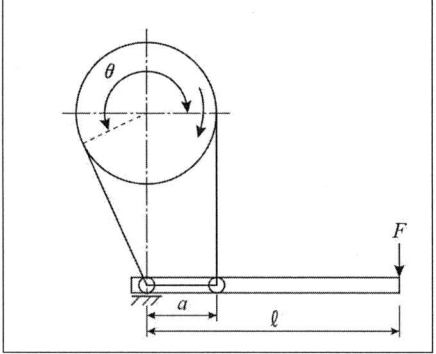

풀이 < 브레이크 >

  (1) 동력 $H = T\omega$

  $$\Rightarrow T = \frac{H}{\omega} = \frac{15 \times 10^3}{\left(\frac{2\pi \times 150}{60}\right)} = 954.93\,N \cdot m$$

  제동토크 $T = T_e \times \frac{D}{2}$ $\Rightarrow$ 유효장력 $T_e = \frac{2T}{D} = \frac{2 \times 954.93}{0.3} = 6366.2\,N$

  이완측 장력 $T_s = T_e \frac{1}{e^{\mu\theta} - 1} = 6366.2 \times \frac{1}{6.6 - 1} = 1136.82\,N$

  (2) $\sum M_o = 0$

  $$\Rightarrow T_s a = Fl \Rightarrow F = \frac{T_s a}{l} = \frac{1136.82 \times 100}{500} = 227.36\,N$$

  (3) 인장측 장력 $T_t = T_s e^{\mu\theta} = 1136.82 \times 6.6 = 7503.01\,N$

  허용인장응력 $\sigma_a = \frac{T_t}{bt}$ $\Rightarrow$ 밴드의 나비 $b = \frac{T_t}{\sigma_a t} = \frac{7503.01}{50 \times 3} = 50.02\,mm$

10. 스프링 강제 코일스프링을 하중 $980\,N$으로 압축한다. 이 코일스프링의 평균지름 $36\,mm$, 소선의 지름 $6\,mm$, 전단탄성계수 $80\,GPa$, 왈의 응력수정계수 $K = \dfrac{4C-1}{4C-4} + \dfrac{0.615}{C}$ 이다. 다음을 구하라. (단, 코일스프링의 유효감김수 $n = 7$이다.)

(1) 스프링의 처짐 $\delta\,[mm]$
(2) 스프링의 전단응력 $\tau\,[MPa]$

풀이 < 스프링 >

(1) 스프링지수 $C = \dfrac{D}{d} = \dfrac{36}{6} = 6$

응력수정계수 $K = \dfrac{4C-1}{4C-4} + \dfrac{0.615}{C} = \dfrac{4\times 6-1}{4\times 6-4} + \dfrac{0.615}{6} = 1.2525$

처짐 $\delta = \dfrac{8nD^3W}{Gd^4} = \dfrac{8nD^3P}{Gd^4} = \dfrac{8\times 7\times 36^3\times 980}{80\times 10^3\times 6^4} = 24.7\,mm$

(2) 비틀림모멘트 $T = \tau Z_p = P\dfrac{D}{2}$

$\Rightarrow$ 전단응력 $\tau = K\dfrac{PD}{2Z_p} = K\dfrac{PD}{2\times \dfrac{\pi d^3}{16}} = K\dfrac{8PD}{\pi d^3}$

$= 1.2525 \times \dfrac{8\times 980\times 36}{\pi\times 6^3}$

$= 520.95\,N/mm^2$

$= 520.95\,MPa$

일반기계기사 2015년 1회

01. 도면은 나사잭의 개략도이다. 최대하중 $W = 50\ kN$으로 최대양정 $H = 200\ mm$인 경우 다음 문제에서 요구하는 식과 답을 써라.

(1) 압축강도에 의하여 수나사의 지름을 계산하여 나사의 호칭을 결정하라. (단, 허용압축응력은 $\sigma_c = 50\ MPa$이다.)

(2) 하중(W)을 올리는데 필요한 모멘트를 구하라. (단, 나사의 마찰계수 $\mu = 0.1$, 하중 받침대와 스러스트 칼라 사이의 구름 마찰계수는 $\mu_1 = 0.01$이고 스러스트 칼라 평균지름 $d_b = 60\ mm$, 나사는 사각나사로 간주하고 계산하라.)

(3) 문제 (1)에서 결정한 나사에 생기는 합성응력(최대 전단응력)을 구하라.

(4) 하중 받침대와 마찰을 고려하고, 나사의 효율을 구하라. (단, 나사는 사다리꼴 나사로 계산하라.)

(5) 암나사부의 길이를 결정하라. (단, 나사산의 허용접촉압력은 $q = 15\ MPa$이다.)

(6) 나사를 돌리는 핸들의 길이 및 지름을 결정하라. (단, 핸들의 허용굽힘응력은 $\sigma_b = 140\ MPa$이다.)

(7) 물체의 운동속도가 $0.6\ m/\min$일 때 소요동력을 구하면 몇 kW인가?

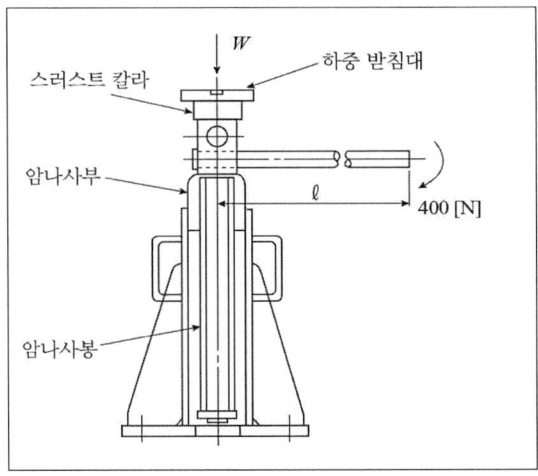

30° 사다리꼴 나사의 기본 치수(단위 : [mm])

호 칭	피 치 (p)	바깥지름 (d_2)	유효지름 (d_e)	골 지름 (d_1)
TM 36	6	36	33.0	29.5
TM 40	6	40	37.0	33.5
TM 45	8	45	41.0	36.5
TM 50	8	50	46.0	41.5
TM 55	8	55	51.0	46.5

풀이 < 나사 >

(1) 압축응력 $\sigma_c = \dfrac{W}{A_c} = \dfrac{W}{\dfrac{\pi d_1^2}{4}} \ \Rightarrow\ d_1 = \sqrt{\dfrac{4W}{\pi \sigma_c}} = \sqrt{\dfrac{4 \times 50 \times 10^3}{\pi \times 50}}$

$$= 35.68\ mm \quad \therefore \text{표에서 } TM45\text{를 선정}$$

(2) $T = T_1 + T_2 = \mu_1 W r_1 + W\left(\dfrac{p + \mu \pi d_e}{\pi d_e - \mu p}\right) \cdot \dfrac{d_e}{2}$

$\qquad = (0.01 \times 50 \times 10^3 \times 30) + 50 \times 10^3 \times \left(\dfrac{8 + 0.1 \times \pi \times 41}{\pi \times 41 - 0.1 \times 8}\right) \times \dfrac{41}{2}$

$\qquad \fallingdotseq 182200.45\ N \cdot mm$

(3) $\sigma_c = \dfrac{W}{A} = \dfrac{4W}{\pi d_1^2} = \dfrac{4 \times 50 \times 10^3}{\pi \times 36.5^2} = 47.79\ N/mm^2 = 47.79\ MPa$

$\quad T_2 = W\left(\dfrac{p + \mu \pi d_e}{\pi d_e - \mu p}\right) \cdot \dfrac{d_e}{2} = 50 \times 10^3 \times \left(\dfrac{8 + 0.1 \times \pi \times 41}{\pi \times 41 - 0.1 \times 8}\right) \times \dfrac{41}{2}$

$\qquad = 167200.45\ N \cdot mm$

$\Rightarrow\ \tau = \dfrac{16 T_2}{\pi d_1^2} = \dfrac{16 \times 167200.45}{\pi \times 36.5^2} = 17.51\ N/mm^2 = 17.51\ MPa$

$\therefore\ \tau_{max} = \dfrac{1}{2}\sqrt{\sigma_c^2 + 4\tau^2} = \dfrac{1}{2}\sqrt{47.79^2 + 4 \times 17.51^2} = 29.62\ MPa$

(4) 상당마찰계수 $\mu' = \dfrac{\mu}{\cos\dfrac{\beta}{2}} = \dfrac{0.1}{\cos\dfrac{30°}{2}} = 0.1035 \ \Leftarrow\ $ **나사산의 각도** $\beta = 30°$

$\Rightarrow\ T = T_1 + T_2 = \mu_1 W r + W\left(\dfrac{p + \mu' \pi d_e}{\pi d_e - \mu' p}\right) \cdot \dfrac{d_e}{2}$

$\qquad = (0.01 \times 50 \times 10^3 \times 30) + 50 \times 10^3 \left(\dfrac{8 + 0.1035 \times \pi \times 41}{\pi \times 41 - 0.1035 \times 8}\right)\dfrac{41}{2}$

$\qquad \fallingdotseq 185847.74\ N \cdot mm$

나사의 효율 $\eta = \dfrac{Wp}{2\pi T} = \dfrac{50 \times 10^3 \times 8}{2\pi \times 185847.74} = 0.3425 = 34.25\%$

(5) 암나사부 길이 $h = \dfrac{Wp}{\dfrac{\pi}{4}(d_2^2 - d_1^2) q_0} = \dfrac{50 \times 10^3 \times 8}{\dfrac{\pi}{4} \times (45^2 - 36.5^2) \times 15} = 49.01\ mm$

(6) $T = M = \sigma_b Z \ \Rightarrow\ \sigma_b = \dfrac{M}{Z} = \dfrac{32M}{\pi d^3}$

$\Rightarrow\ d = \sqrt[3]{\dfrac{32M}{\pi \sigma_b}} = \sqrt[3]{\dfrac{32 \times 185847.74}{\pi \times 140}} = 23.82\ mm$

또한, $T = Fl \ \Rightarrow\ l = \dfrac{T}{F} = \dfrac{185847.74}{400} = 464.62\ mm$

(7) 소요동력 $H = \dfrac{Wv}{\eta} = \dfrac{50 \times \dfrac{0.6}{60}}{0.3425} = 1.46\ kW$

02. 안지름 $400\,mm$, 내압 $0.65\,MPa$의 실린더커버를 8개의 볼트로 체결하려 한다. 볼트 재료의 허용인장응력을 $50\,MPa$로 할 때 다음을 구하라.
   (1) 볼트 1개가 받는 하중 $Q\,[kN]$
   (2) 볼트의 규격을 표에서 선정하라.

호 칭	M10	M11	M12	M14	M16	M18	M20
골지름	8.316	9.376	10.106	11.835	13.835	15.294	17.294

풀이 < 나사 (볼트) >

(1) $Q = \dfrac{pA}{Z} = \dfrac{0.65 \times 10^6 \times \dfrac{\pi \times 0.4^2}{4}}{8} = 10210.18\,N = 10.21\,kN$

(2) $\sigma_a = \dfrac{Q}{A} = \dfrac{4Q}{\pi d_1^2} \Rightarrow d_1 = \sqrt{\dfrac{4Q}{\pi \sigma_a}} = \sqrt{\dfrac{4 \times 10.21 \times 10^3}{\pi \times 50 \times 10^6}}$
$= 0.01612\,m = 16.12\,mm$

∴ 표에서 $M20$을 선정

03. $70\,kW$, $300\,rpm$으로 회전하는 축의 허용전단응력 $\tau_s = 30\,N/mm^2$이고 묻힘키의 폭 b와 높이 h가 같을 때 다음을 구하라. (단, 묻힘키의 허용전단응력은 축의 허용전단응력과 같고 길이 l은 축지름의 1.5배이다.)
   (1) 축의 직경 $d\,[mm]$
   (2) 묻힘키의 호칭 $b \times h \times l\,[mm]$

풀이 < 키 >

(1) 전달동력 $H = T\omega \Rightarrow T = \dfrac{H}{\omega} = \dfrac{70 \times 10^3}{\left(\dfrac{2\pi \times 300}{60}\right)} = 2228.17\,N\cdot m$

$T = \tau_s Z_P = \tau_s \times \dfrac{\pi d^3}{16}$

$\Rightarrow d = \sqrt[3]{\dfrac{16T}{\pi \tau_s}} = \sqrt[3]{\dfrac{16 \times 2228.17}{\pi \times 30}} \times 10^3 = 72.32\,mm$

(2) $\tau_k = \dfrac{2T}{bld} = \dfrac{2T}{b(1.5d)d}$

$\Rightarrow b = \dfrac{2T}{\tau_k 1.5 d^2} = \dfrac{2 \times 2228.17}{30 \times 1.5 \times 72.32^2} \times 10^3 = 18.93\,mm$

$h = b = 18.93\,mm$, $l = 1.5d = 1.5 \times 72.32 = 108.48\,mm$

∴ $b \times h \times l = 18.93 \times 18.93 \times 108.48\,mm$

04. 그림과 같은 측면 필렛용접 이음에서 허용전단응력이 $50\,MPa$일 때 길이 l을 구하라.
(단, 용접 사이즈는 $14\,mm$이고 하중 W는 $150\,kN$이다.)

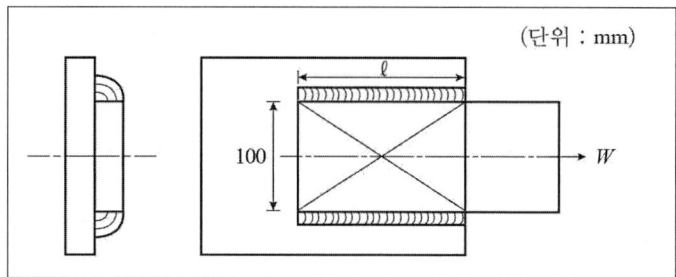

풀이 < 용접 >

$$W = \tau A = \tau(2al) = \tau(2h\cos 45°\, l)$$

$$\Rightarrow l = \frac{W}{2h\cos 45° \times \tau} = \frac{150 \times 10^3}{2 \times 14\cos 45° \times 50} = 151.52\,mm$$

05. $600\,rpm$으로 회전하는 엔드저널 $4000\,N$의 베어링 하중을 지지한다. 허용 베어링압력 $6\,MPa$, 허용압력속도계수 $p_a v = 2\,N/mm^2 \cdot m/s$, 마찰계수 $\mu = 0.006$ 일 때 다음을 구하라.
 (1) 저널의 길이 $[\,mm\,]$
 (2) 저널의 지름 $[\,mm\,]$

풀이 < 저널 >

 (1) $p_a v = \dfrac{\pi W N}{60 \times 1000\, l} \;\Rightarrow\; l = \dfrac{\pi W N}{60 \times 1000\, p_a v} = \dfrac{\pi \times 4000 \times 600}{60 \times 1000 \times 2} = 62.83\,mm$

 (2) $q = \dfrac{W}{A} = \dfrac{W}{d\,l} \;\Rightarrow\; d = \dfrac{W}{q\,l} = \dfrac{4000}{6 \times 62.83} = 10.61\,mm$

06. 클램프 커플링으로 지름 $50\,mm$인 축을 연결하여 $200\,rpm$, $7\,kW$의 동력을 전달하려고 한다. 다음을 구하라. (단, 마찰계수 0.25, 볼트 6 개, 볼트의 지름 $18\,mm$ (골지름 $15.294\,mm$) 이다.)

    (1) 커플링으로 전달한 토크 $T\,[N\cdot m]$
    (2) 볼트 1개가 받는 힘 $Q\,[kN]$
    (3) 볼트 1개에 작용하는 인장응력 $\sigma_t\,[MPa]$

풀이 < 커플링 >

(1) 동력 $H = T\omega \;\Rightarrow\; T = \dfrac{H}{\omega} = \dfrac{7\times 10^3}{\left(\dfrac{2\pi\times 200}{60}\right)} = 334.23\,N\cdot m$

(2) $T = \mu\pi W \dfrac{d}{2} \;\Rightarrow\; W = \dfrac{2T}{\mu\pi d} = \dfrac{2\times 334.23\times 10^3}{0.25\times \pi\times 50} = 17022.19\,N$

한 쪽 축을 조이는 볼트 수는 $\dfrac{Z}{2} = 3$ 이므로

$Q = \dfrac{W}{3} = \dfrac{17022.19}{3}\times 10^{-3} = 5.67\,kN$

(3) $W = \sigma_t \dfrac{\pi\delta^2}{4}\dfrac{Z}{2} \;\Rightarrow\; \sigma_t = \dfrac{8W}{\pi\delta^2 Z} = \dfrac{8\times 17022.19}{\pi\times 15.294^2\times 6} = 30.9\,MPa$

또는 볼트 1개를 적용하여

$\sigma_t = \dfrac{Q}{A} = \dfrac{4Q}{\pi\delta^2} = \dfrac{4\times 5.67\times 10^3}{\pi\times 15.294^2} = 30.88\,MPa$

07. 원동차의 지름이 $400\,mm$, 회전수가 $300\,rpm$, 마찰차의 폭이 $120\,mm$인 외접원통 마찰차의 최대전달동력을 구하고자 할 때 다음을 구하라. (단, 허용압력은 $2.2\,N/mm$ 이고 마찰계수는 0.2 이다.)

    (1) 마찰차를 미는 힘 $[N]$
    (2) 원주속도 $[m/s]$
    (3) 최대전달동력 $[kW]$

풀이 < 마찰차 >

(1) 접촉 허용선압력 $f = \dfrac{P}{b}$

    $\Rightarrow$ 마찰차를 미는 힘 $P = fb = 2.5\times 120 = 300\,N$

(2) $v = \dfrac{\pi D_1 N_1}{60\times 1000} = \dfrac{\pi\times 400\times 300}{60\times 1000} = 6.28\,m/s$

(3) $H = \mu P v = 0.2\times 300\times 10^{-3}\times 6.28 = 0.38\,kW$

08. 표준 스퍼기어의 피니언 회전수 $600\,rpm$, 기어의 회전수 $200\,rpm$, 기어의 굽힘강도 $127.4\,MPa$, 치형계수 0.11, 중심거리 $300\,mm$, 압력각 $14.5°$, 전달동력 $20\,kW$ 일 때 다음을 결정하라. (단, 치폭 $b = 3.18p$로 계산한다.)
  (1) 전달속도 $V\,[m/\sec]$
  (2) 루이스 굽힘강도식을 이용하여 모듈 $[\,m\,]$을 표에서 선정하라.

모듈 [m]	3	4	5	6
	3.5	4.5	5.5	6.5
	3.8	-	-	-

풀이 < 기어 >

(1) $i = \dfrac{N_2}{N_1} = \dfrac{D_1}{D_2} \Rightarrow D_2 = \dfrac{N_1}{N_2}D_1 = \dfrac{600}{200}D_1 = 3D_1$

$C = \dfrac{D_1 + D_2}{2} = \dfrac{D_1 + 3D_1}{2} \Rightarrow D_1 = \dfrac{300}{2} = 150\,mm$

$V = \dfrac{\pi D_1 N_1}{60 \times 1000} = \dfrac{\pi \times 150 \times 600}{60 \times 1000} = 4.71\,m/s$

(2) $H = FV \Rightarrow$ **전달하중** $F = \dfrac{H}{V} = \dfrac{20 \times 10^3}{4.71} = 4246.28\,N$

속도계수 $f_v = \dfrac{3.05}{3.05 + V} = \dfrac{3.05}{3.05 + 4.71} = 0.393$

$F = \sigma_b b p y = f_v f_w \sigma_b b \pi m y \Leftarrow b = 3.18p,\ p = \pi m$ (하중계수 f_w는 무시)

$\Rightarrow m = \sqrt{\dfrac{F}{f_v \sigma_b 3.18 \pi^2 y}} = \sqrt{\dfrac{4246.28}{0.393 \times 127.4 \times 3.18 \times \pi^2 \times 0.11}} = 4.96\,mm$

∴ 표에서 $m = 5$를 선정한다.

09. 평벨트 바로걸기 전동에서 지름이 각각 $150\,mm$, $450\,mm$의 풀리가 $2\,m$ 떨어진 두 축 사이에 설치되어 $1800\,rpm$으로 $5\,kW$를 전달할 때 다음을 계산하라. 벨트의 폭과 두께를 $140\,mm$, $5\,mm$, 벨트의 단위길이 당 무게는 $w = 0.001bh\,[kg_f/m]$, 마찰계수는 0.25이다.

   (1) 유효장력 P_c는 몇 N인가?
   (2) 긴장측장력과 이완측장력은 몇 N인가?
   (3) 벨트에 의하여 축이 받는 최대힘은 몇 N인가?

풀이 < 벨트 (풀리) >

  (1) $v = \dfrac{\pi D_1 N_1}{60 \times 1000} = \dfrac{\pi \times 150 \times 1800}{60 \times 1000} = 11.14\,m/s$

     $P_c = T_e = \dfrac{H}{v} = \dfrac{5 \times 10^3}{11.14} = 353.61\,N$

  (2) $v = 11.14\,m/s$으로 **10 m/s 이상**이므로 부가장력(T_c)을 고려한다.

    부가장력 $T_c = ma = \dfrac{wv^2}{g} = \dfrac{0.001 \times 140 \times 5 \times 9.8 \times 14.14^2}{9.8} = 139.96\,N$

    원동측 접촉각 $\theta = 180° - 2\phi$

      $C\sin\phi = \dfrac{D_2 - D_1}{2} \;\Rightarrow\; \phi = \sin^{-1}\dfrac{D_2 - D_1}{2C} = \sin^{-1}\dfrac{450 - 150}{2 \times 2000} = 4.3012°$

      $\therefore\; \theta = 180° - 2\phi = 180° - 2 \times 4.3012° = 171.4°$

    장력비 $e^{\mu\theta} = e^{0.25 \times 171.4° \times \frac{\pi}{180°}} = 2.11$

    긴장측장력 $T_t = \dfrac{e^{\mu\theta}}{e^{\mu\theta} - 1} \times T_e + T_c = \dfrac{2.11}{2.11 - 1} \times 353.61 + 139.96 = 812.14\,N$

    이완측장력 $T_s = \dfrac{1}{e^{\mu\theta} - 1} \times T_e + T_c = \dfrac{1}{2.11 - 1} \times 353.61 + 139.96 = 458.53\,N$

  (3) T_t 와 T_s 가 이루는 각은 $2\phi = 2 \times 4.3012° \fallingdotseq 8.6°$ 이므로
    축이 받는 최대힘

$$F = \sqrt{T_t^2 + T_s^2 + 2T_t T_s \cos 8.6°}$$
$$= \sqrt{812.14^2 + 458.53^2 + 2 \times 812.14 \times 458.53 \times \cos 8.6°}$$
$$= 1267.37\,N$$

10. $10\,kW$, $450\,rpm$으로 동력을 전달하는 와이어로프 풀리가 있다. 양로프 풀리의 지름이 $500\,mm$, 와이어로프 사이의 마찰계수는 0.15이다. 다음을 구하라. (단, 와이어로프의 종탄성계수는 $196\,GPa$ 이다.)

　(1) 로프의 속도　$V\,[\,m/\sec\,]$
　(2) 로프에 작용하는 인장력　$T_t\,[\,N\,]$
　(3) 1개의 로프에 걸리는 최대응력　$\sigma_{\max}\,[\,MPa\,]$

풀이 < 로프 >

　(1) $V = \dfrac{\pi D N}{60 \times 1000} = \dfrac{\pi \times 500 \times 450}{60 \times 1000} = 11.78\,m/s$

　(2) 양 로프 풀리의 지름이 같으므로 접촉각 $\theta = 180° = \pi\,radian$ 이다.

　　∴ 장력비　$e^{\mu\theta} = e^{0.15 \times \pi} = 1.6$

　　동력　$H = T_t \left(\dfrac{e^{\mu\theta} - 1}{e^{\mu\theta}} \right) V$

　　⇨ $T_t = \dfrac{H}{V}\left(\dfrac{e^{\mu\theta}}{e^{\mu\theta}-1}\right) = \dfrac{10}{11.78} \times \left(\dfrac{1.6}{1.6-1}\right) = 2.264\,kN = 2264\,N$

　(3) 와이어로프이므로 $D \geq 50d$ ⇨ $d \leq \dfrac{D}{50} = \dfrac{500}{50} = 10\,mm$ 에서 $d = 10\,mm$

　　인장응력　$\sigma_t = \dfrac{T_t}{A} = \dfrac{4T_t}{\pi d^2} = \dfrac{4 \times 2264}{\pi \times 10^2} = 28.83\,N/mm^2$

　　굽힘응력　$\sigma_b = \dfrac{3}{8}\dfrac{Ed}{D} = \dfrac{3}{8} \times \dfrac{196 \times 10^3 \times 10}{500} = 1470\,N/mm^2$

　　∴ $\sigma_{\max} = \sigma_t + \sigma_b = 28.83 + 1470 = 1498.83\,N/mm^2 = 1498.83\,MPa$

11. 판의 두께 $10\,mm$, 폭 $50\,mm$, 판의 수 20매인 반타원형 겹친 스프링이 양단지지 거리 $1.5\,m$로 놓여 있다. 굽힘응력이 $350\,MPa$이 될 때 다음을 구하라.
(단, $E = 2.1(10^5)\,MPa$이다.)
 (1) 중심하중 $W\,[N]$:
 (2) 처짐 $\delta\,[mm]$:
 (3) 고유진동수 $f_n\,[Hz]$:

풀이 < 스프링 >

(1) $\sigma_b = \dfrac{3Wl}{2nbh^2} \;\Rightarrow\; W = \dfrac{2nbh^2\sigma_b}{3l} = \dfrac{2 \times 20 \times 50 \times 10^2 \times 350}{3 \times 1500}$
$= 15555.56\,N$

(2) $\delta = \dfrac{3Wl^3}{8nbh^3 E} = \dfrac{3 \times 15555.56 \times 1500^3}{8 \times 20 \times 50 \times 10^3 \times 2.1 \times 10^5} = 93.75\,mm$

(3) $f_n = \dfrac{\omega_c}{2\pi} = \dfrac{1}{2\pi}\sqrt{\dfrac{g}{\delta}} = \dfrac{1}{2\pi}\sqrt{\dfrac{9800}{93.75}} = 1.63\,Hz$

일반기계기사 2015년 2회

01. 나사의 유효지름 $63.5\,mm$, 피치 $4\,mm$의 나사 잭으로 $50\,kN$의 중량을 들어올리는 나사 잭이 있다. 다음을 구하라. (단, 레버에 작용하는 힘을 $300\,N$, 마찰계수를 0.11로 한다.)
  (1) 회전토크 $T\,[\,N\cdot m\,]$
  (2) 레버의 길이 $l\,[\,mm\,]$

풀이 < 나사 >

(1) $T = W\left(\dfrac{p+\mu\pi d_e}{\pi d_e - \mu p}\right)\cdot \dfrac{d_e}{2} = 50\times 10^3 \times \left(\dfrac{4+0.11\times\pi\times 63.5}{\pi\times 63.5 - 0.11\times 4}\right)\times \dfrac{63.5}{2}$
$\quad\quad = 206912.36\,N\cdot mm \fallingdotseq 206.91\,N\cdot m$

(2) $T = Fl \;\Rightarrow\; l = \dfrac{T}{F} = \dfrac{206912.36}{300} = 689.7\,mm$

02. $70\,kW$, $300\,rpm$을 전달하는 축의 지름이 $30\,mm$일 때 묻힘키를 설계하고자 한다. 묻힘키의 폭과 높이는 22×14이고 키 재료의 항복강도는 $330\,MPa$이다. 다음을 구하라. (단, 키의 안전율은 2이다.)
  (1) 회전토크 $T\,[\,N\cdot m\,]$를 구하라.
  (2) 허용전단응력과 안전율을 고려하여 키의 길이 l을 구하라.

풀이 < 키 >

(1) 동력 $H = T\omega \;\Rightarrow\; T = \dfrac{H}{\omega} = \dfrac{70\times 10^3}{\left(\dfrac{2\pi\times 300}{60}\right)} = 2228.17\,N\cdot m$

(2) $\tau_k = \dfrac{\tau_Y}{S} = \dfrac{330}{2} = 165\,MPa$

$\tau_k = \dfrac{2T}{bld} \;\Rightarrow\; l = \dfrac{2T}{bd\tau_k} = \dfrac{2\times 2228.17\times 10^3}{22\times 30\times 165} = 40.92\,mm$

03. 그림과 같은 1줄 겹치기 리벳이음에서 $t = 12\,mm$, $d = 19\,mm$, $p = 75\,mm$ 이다. 1피치의 하중이 $18\,kN$ 이라 할 때 다음을 구하라.

  (1) 강판의 인장응력 : $\sigma_t\,[MPa]$
   (강판 이음부의 인장응력이다.)
  (2) 리벳의 전단응력 : $\tau_r\,[MPa]$
  (3) 리벳이음의 효율 : $\eta\,[\%]$ (강판의 허용인장응력은 $\sigma_a = 40\,MPa$ 이다.)

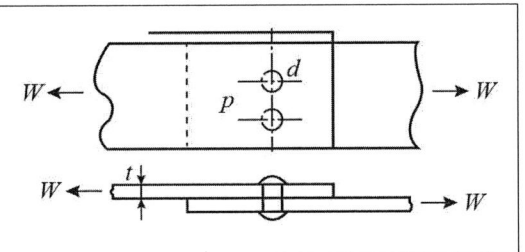

풀이 < 리벳 >

(1) $\sigma_t = \dfrac{W}{A_t} = \dfrac{W}{(p-d)t} = \dfrac{18 \times 10^3}{(75-19) \times 12} = 26.79\,MPa$

(2) $\tau_r = \dfrac{W}{A_\tau} = \dfrac{W}{\dfrac{\pi}{4}d^2 \times n} = \dfrac{18 \times 10^3}{\dfrac{\pi}{4} \times 19^2 \times 1} = 63.49\,MPa$

(3) 리벳이음 효율 $\eta_r = \dfrac{\tau_r \dfrac{\pi}{4}d^2 \times n}{\sigma_a p\,t} = \dfrac{63.49 \times \dfrac{\pi}{4} \times 19^2 \times 1}{40 \times 75 \times 12} = 0.5 = 50\,\%$

강판효율 $\eta_p = \eta_t = 1 - \dfrac{d}{p} = 1 - \dfrac{19}{75} = 0.7467 = 74.7\,\%$

리벳이음 효율은 2계산값 중에서 작은 것을 선택해야 하므로 $50\,\%$ 이다.

04. 복열 자동조심 볼 베어링 1300이 400 rpm으로 4000 N의 레이디얼 하중과 3000 N 의 스러스트 하중을 지지한다. 베어링 수명시간이 40000시간일 때 등가 레이디얼 하중 [N]과 기본 동정격하중[N]을 구하라. (단, 호칭접촉각 $\alpha = 15°$ 이고, 하중계수 $f_w = 1.2$ 이다.)

베어링의 계수 V, X 및 Y값

베어링 형식		내륜회 전하중	외륜회 전하중	단 열		복 열				e
				$F_a/VF_r > e$		$F_a/VF_r \le e$		$F_a/VF_r > e$		
		V		X	Y	X	Y	X	Y	
깊은홈 볼베어링	F_a/C_o= 0.014 = 0.028 = 0.056 = 0.084 = 0.11 = 0.17 = 0.28 = 0.42 = 0.56	1	1.2	0.56	2.30 1.99 1.71 1.55 1.45 1.31 1.15 1.04 1.00	1	0	0.56	2.30 1.99 1.71 1.55 1.45 1.31 1.15 1.04 1.00	0.19 0.22 0.26 0.28 0.30 0.34 0.38 0.42 0.44
앵귤러 볼베어링	$\alpha = 20°$ = 25° = 30° = 35° = 40°	1	1.2	0.43 0.41 0.39 0.37 0.35	1.00 0.87 0.76 0.56 0.57	1	1.00 0.92 0.78 0.66 0.55	0.70 0.67 0.63 0.60 0.57	1.63 1.41 1.24 1.07 0.93	0.57 0.58 0.80 0.95 1.14
자동조심볼베어링		1	1	0.4	0.4× cotα	1	0.42× cotα	0.65	0.65 cotα	1.5× tanα
매그니토볼베어링		1	1	0.5	2.5	–	–	–	–	0.2
자동조심롤러베어링 원추롤러베어링 $\alpha \ne 0$		1	1.2	0.4	0.4× cotα	1	0.45× cotα	0.67	0.67× cotα	1.5× tanα
스러스트 볼베어링	$\alpha = 45°$ = 60° = 70°	–	–	0.66 0.92 1.66	1	1.18 1.90 3.66	0.59 0.54 0.52	0.66 0.92 1.66	1	1.25 2.17 4.67
스러스트롤러베어링		–	–	tanα	1	1.5× tanα	0.67	tanα	1	1.5× tanα

풀이 < 베어링 >

표에서 $V = 1$, $F_a = F_t$, e 값은 $e = 1.5 \tan \alpha = 1.5 \times \tan 15° = 0.402$ 이며

$$\frac{F_a}{VF} = \frac{3000}{1 \times 4000} = 0.75$$ 이므로 $\frac{F_a}{VF} > e$ 인 경우가 되어

레이디얼 계수는 $X = 0.65$
스러스트 계수는 $Y = 0.65 \cot 15° = 2.43$ 이다.

등가레이디얼 하중 $P_r = XVF_r + YF_a$
$$= 0.65 \times 1 \times 4000 + 2.43 \times 3000 = 9800\,N$$

볼 베어링의 $r = 3$, 하중계수 $f_w = 1.2$ 이므로

수명시간 $L_h = 500 \times \dfrac{33.3}{N} \times \left(\dfrac{C}{f_w P_r}\right)^r$ ⇨ $40000 = 500 \times \dfrac{33.3}{400} \times \left(\dfrac{C}{1.2 \times 9800}\right)^3$

∴ **기본 동정격하중** $C = 117115.07\,N$

05. $800\,rpm$ 으로 $20\,kW$의 동력을 전달하는 전동축에 작용하는 굽힘모멘트가 $294\,J$인 경우 축지름을 구하라. (단, 축재료의 허용전단응력을 $49\,MPa$로 하고 동적효과계수 $k_m = 1.6,\ k_t = 1.2$ 이다.)

풀이 < 축 >

축의 동력 $H = T\omega$ ⇨ $T = \dfrac{H}{\omega} = \dfrac{20 \times 10^3}{\left(\dfrac{2\pi \times 800}{60}\right)} = 238.73\,N\cdot m$

동적효과를 고려하는 상당비틀림모멘트 $T_e = \sqrt{(k_m M)^2 + (k_t T)^2}$
$$= \sqrt{(1.6 \times 294)^2 + (1.2 \times 238.73)^2}$$
$$= 550.77\,N\cdot m$$

$T_e = \tau_a Z_P = \tau_a \dfrac{\pi d^3}{16}$

⇨ $d = \sqrt[3]{\dfrac{16\,T_e}{\pi \tau_a}} = \sqrt[3]{\dfrac{16 \times 550.77}{\pi \times 49}} = 0.03854\,m = 38.54\,mm$

06. 축각 $80°$인 원추마찰차의 원동차 $180\,rpm$에서 종동차 $90\,rpm$으로 $3.7\,kW$를 전달한다. 다음을 구하라. (단, 종동차의 바깥지름 $600\,mm$, 폭 $150\,mm$, 마찰계수 0.3 이다.)
   (1) 원동차의 원추반각 $\alpha\,[\,°\,]$
   (2) 종동축의 축방향하중 $Q\,[\,N\,]$

풀이 < 마찰차 >

(1) $i = \dfrac{N_2}{N_1} = \dfrac{90}{180} = \dfrac{1}{2}$

$\tan\alpha = \dfrac{\sin\theta}{\dfrac{1}{i}+\cos\theta} = \dfrac{\sin 80°}{2+\cos 80°} = 0.453$

$\Rightarrow \alpha = \tan^{-1} 0.453 = 24.37°$

(2) $\theta = \alpha + \beta \;\Rightarrow\; \beta = \theta - \alpha = 80° - 24.37° = 55.63°$

$D_2 = D_{m.2} + b\sin\beta$

$\Rightarrow D_{m.2} = D_2 - b\sin\beta = 600 - 150\sin 55.63° = 476.19\,mm$

$v = \dfrac{\pi D_{m.2} N_2}{60\times 1000} = \dfrac{\pi\times 476.19\times 90}{60\times 1000} = 2.24\,m/s$

$H = \mu W v \;\Rightarrow\; W = \dfrac{H}{\mu v} = \dfrac{3.7\times 10^3}{0.3\times 2.34} = 5505.95\,N$

$\therefore\; Q = W\sin\beta = 5505.95\sin 55.63° = 4544.66\,N$

07. 2줄나사로 된 웜의 리드 $l = 55\,mm$이고 잇수 30인 웜기어를 지름피치 $S = 3$인 호브로 깎고자 할 때 다음을 구하라.

    (1) 웜의 리드각 : β
    (2) 웜과 웜기어의 피치원 지름 : $D_w,\ D_g\,[mm]$
    (3) 중심거리 : $A\,[mm]$
    (4) 마찰계수 $\mu = 0.03$이라 할 때 전동효율 : $\eta\,[\%]$

풀이 < 기어 >

(1) $l = Z_w\,p \;\Rightarrow\; p = \dfrac{l}{Z_w} = \dfrac{55}{2} = 27.5\,mm$

$$p_n = \pi m_n = \dfrac{\pi}{p_d}\,[\text{inch}] = \dfrac{25.4\,\pi}{p_d(=S)}\,mm = \dfrac{25.4\,\pi}{3}\,mm = 26.6\,mm$$

$$p = \dfrac{p_n}{\cos\beta} \;\Rightarrow\; \cos\beta = \dfrac{p_n}{p} = \dfrac{26.6}{27.5} = 0.9673$$

$$\therefore\ \text{웜의 리드각}\quad \beta = \cos^{-1}0.9673 = 14.69°$$

(2) $\tan\beta = \dfrac{l}{\pi D_w} \;\Rightarrow\; D_w = \dfrac{l}{\pi\tan\beta} = \dfrac{55}{\pi \times \tan 14.69°} = 66.78\,mm$

$$\pi D_g = p\,Z_g \;\Rightarrow\; D_g = \dfrac{p\,Z_g}{\pi} = \dfrac{27.5 \times 30}{\pi} = 262.61\,mm$$

(3) $A = C = \dfrac{D_w + D_g}{2} = \dfrac{66.78 + 262.61}{2} = 164.7\,mm$

(4) $\tan\rho' = \mu' = \dfrac{\mu}{\cos\alpha_n}$

$$\Rightarrow\ \rho' = \tan^{-1}\dfrac{\mu}{\cos\alpha_n} = \tan^{-1}\dfrac{0.03}{\cos 14.5°} = 1.77°$$

$$\eta = \dfrac{\tan\beta}{\tan(\beta + \rho')} = \dfrac{\tan 14.69°}{\tan(14.69° + 1.77°)} = 0.8873 = 88.73\,\%$$

08. 1150 rpm의 전동기 축에서 300 rpm의 종동축으로 D형 V벨트를 이용하여 동력을 전달하는 기계장치가 있다. V풀리의 지름을 300 mm, 1150 mm로 하고 축간거리는 1500 mm이다. 다음을 구하라. (단, 마찰계수는 0.4, 벨트의 밀도는 1500 kg/m³, 접촉각 수정계수 $k_1 = 1.0$, 부하수정계수 $k_2 = 0.7$, 벨트 가닥수는 2가닥이다.)

V벨트의 치수 및 강도

형	a [mm]	b [mm]	단면적 A [mm²]	α°	인장강도 [N/mm²]	허용장력 [N]
M	10.0	5.5	44.0	40	784 이상	78.4
A	12.5	9.0	83.0	40	1470 이상	147
B	16.5	11.0	137.5	40	2352 이상	235.2
C	22.0	14.0	236.7	40	3920 이상	392
D	31.5	19.0	467.1	40	8428 이상	842.8
E	38.0	25.5	732.3	40	11760 이상	1176

(1) 벨트 1가닥의 허용장력 $T_t\,[N]$
(2) 전체 전달동력 $H\,[kW]$

풀이 < 벨트 (풀리) >

(1) 표에서 $T_t = 842.8\,N$

(2) $v = \dfrac{\pi D_1 N_1}{60 \times 1000} = \dfrac{\pi \times 300 \times 1150}{60 \times 1000} = 18.06\,m/s$ ⇦ 부가장력(T_c) 고려

$w = \gamma A = \rho g A$ ⇨ 부가장력 $T_c = ma = \dfrac{wv^2}{g} = \dfrac{\rho g A v^2}{g} = \rho A v^2$
$= 1500 \times 467.1 \times 10^{-6} \times 18.06^2 = 228.53\,N$

$\theta = 180° - 2\sin^{-1}\left(\dfrac{D_2 - D_1}{2C}\right) = 180° - \sin^{-1}\left(\dfrac{1150 - 300}{2 \times 1500}\right) = 147.08°$

상당마찰계수 $\mu' = \dfrac{\mu}{\sin\dfrac{\alpha}{2} + \mu\cos\dfrac{\alpha}{2}} = \dfrac{0.4}{\sin 20° + 0.4\cos 20°} = 0.56$

장력비 $e^{\mu'\theta} = e^{0.56 \times 147.06° \times \frac{\pi}{180°}} = 4.21$

동력 $H_0 = T_e v = (T_t - T_c)\left(\dfrac{e^{\mu'\theta} - 1}{e^{\mu'\theta}}\right)v$
$= (842.8 - 228.53) \times \left(\dfrac{4.21 - 1}{4.21}\right) \times 18.06 = 8458.63\,W ≒ 8.459\,kW$

∴ $H = k_1 k_2 H_0 Z = 1 \times 0.7 \times 8.459 \times 2 = 11.84\,kW$

09. 50번 롤러체인의 파단하중이 $21.658\,kN$, 피치 $19.05\,mm$, 중심거리 $750\,mm$, 잇수 16 및 18인 체인 전동장치가 있다. 다음을 구하라. (단, 안전율은 15이고 부하계수는 1.0이다.)
 (1) 허용인장력 $P\,[\,kN\,]$
 (2) 링크의 수 L_n

풀이 < 체인 >

(1) $P = \dfrac{F_B}{Sk} = \dfrac{21.658}{15 \times 1} = 1.44\,kN$

(2) $L_n = \dfrac{2C}{p} + \dfrac{Z_1 + Z_2}{2} + \dfrac{0.00257p\,(Z_2 - Z_1)^2}{C}$

$= \dfrac{2 \times 750}{19.05} + \dfrac{16 + 48}{2} + \dfrac{0.0257 \times 19.05 \times (48 - 16)^2}{750} = 111.41$

∴ 112 개

10. 그림과 같은 밴드 브레이크 장치에서 마찰계수 $\mu = 0.4$, 밴드의 두께 $3\,mm$, $e^{\mu\theta} = 6.59$일 때 다음을 구하라.

(1) 제동력 : $f\,[N]$
(2) 제동동력 : $H'\,[kW]$
(3) 밴드의 폭 : $b\,[mm]$ (단, 허용인장응력 $\sigma_t = 60\,MPa$, 이음효율 $\eta = 1$이다.)

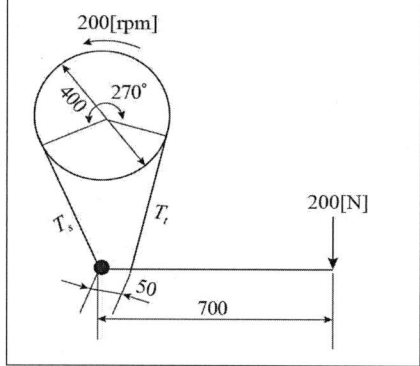

풀이 < 브레이크 >

(1) $\sum M_o = 0 \;:\; T_t a = Fl \;\Rightarrow\; T_t = \dfrac{Fl}{a} = \dfrac{200 \times 700}{50} = 2800\,N$

장력비 $\quad e^{\mu\theta} = \dfrac{T_t}{T_s} \;\Rightarrow\; T_s = \dfrac{T_t}{e^{\mu\theta}} = \dfrac{2800}{6.59} = 424.89\,N$

제동력은 유효장력과 동일하므로

$T_e = f = T_t - T_s = 2800 - 424.89 = 2375.11\,N$

(2) 제동토크 $\quad T = f\dfrac{D}{2} = 2375.11 \times \dfrac{0.4}{2} = 475.02\,N\cdot m$

$\therefore$ 제동동력 $\quad H' = T\omega = 475.02 \times \dfrac{2\pi \times 200}{60} \times 10^{-3} = 9.95\,kW$

(3) 인장응력 $\quad \sigma_t = \dfrac{T_t}{b\,t\,\eta} \;\Rightarrow\;$ 밴드의 폭 $\quad b = \dfrac{T_t}{\sigma_t\,t\,\eta} = \dfrac{2800}{60 \times 3 \times 1} = 15.56\,mm$

11. 전체중량이 $2000\,N$인 건설장비를 8개소에서 균등하게 지지하여 처짐이 $\delta = 50\,mm$가 생기는 코일스프링 소선의 지름 $d = 16\,mm$이다. 이 스프링의 유효권수 n과 소선에 작용하는 전단응력 $\tau\,[MPa]$를 구하라. (단, $C = 9$, $K = 1.15$, $G = 8.1 \times 10^4\,MPa$ 이다.)

풀이 < 스프링 >

스프링지수 $C = \dfrac{D}{d}$ ⇨ 코일스프링 지름 $D = Cd = 9 \times 16 = 144\,mm$

처짐 $\delta = \dfrac{8nD^3W}{Gd^4} = \dfrac{8nD^3P}{Gd^4}$

⇨ $n = \dfrac{Gd^4\delta}{8D^3P} = \dfrac{8.1 \times 10^4 \times 16^4 \times 50}{8 \times 144^3 \times \left(\dfrac{20000}{8}\right)} = 4.44$ ∴ 5회

비틀림모멘트 $T = \tau Z_p = P\dfrac{D}{2}$

⇨ 전단응력 $\tau = K\dfrac{PD}{2Z_p} = K\dfrac{PD}{2 \times \dfrac{\pi d^3}{16}} = K\dfrac{8PD}{\pi d^3}$

$= 1.15 \times \dfrac{8 \times \left(\dfrac{20000}{8}\right) \times 144}{\pi \times 16^3}$

$= 257.38\,N/mm^2$

$= 257.38 \times 10^6\,N/m^2$

$= 257.38\,MPa$

일반기계기사 2015년 4회

01. 외경 $50\,mm$로서 $25\,mm$ 전진시키는데 2.5회전을 요하는 4각나사가 하중 W를 올리는데 쓰인다. 마찰계수 $\mu = 0.2$일 때 다음을 계산하라. (단, 너트의 유효지름은 $0.74\,d$로 한다.)

   (1) 너트에 $100\,mm$ 길이의 스패너를 $30\,N$의 힘으로 돌리면 몇 N의 하중을 올릴 수 있는가?

   (2) 나사의 효율을 구하라. $[\%]$

풀이 < 나사 >

   (1) $l = np \;\;\Rightarrow\;\; p = \dfrac{l}{n} = \dfrac{25}{2.5} = 10\,mm$

$$T = Fl = W\left(\dfrac{p + \mu\pi d_e}{\pi d_e - \mu p}\right) \cdot \dfrac{d_e}{2}$$

$$\Rightarrow\;\; W = \dfrac{Fl}{\left(\dfrac{p + \mu\pi d_e}{\pi d_e - \mu p}\right) \cdot \dfrac{d_e}{2}} = \dfrac{30 \times 100}{\left(\dfrac{10 + 0.2 \times \pi \times 0.74 \times 50}{\pi \times 0.74 \times 50 - 0.2 \times 10}\right) \times \dfrac{0.74 \times 50}{2}}$$

$$= 557.2\,N$$

   (2) $\eta = \dfrac{pW}{2\pi T} = \dfrac{10 \times 557.2}{2\pi \times 30 \times 100} = 0.2956 = 29.56\,\%$

02. 그림과 같은 스플라인 축에 있어서 전달동력 $[kW]$을 구하라. (단, 회전수 $N=1023$ rpm, 허용면압력 $q_a = 10\, MPa$, 보스의 길이 $l = 100\, mm$, 잇수 $Z = 6$, $d_2 = 50$ mm, $d_1 = 46\, mm$, 모따기 $C = 0.4\, mm$, 이높이 $h = 2\, mm$, 이나비 $b = 9\, mm$, 접촉효율 $\eta = 0.75$ 이다.)

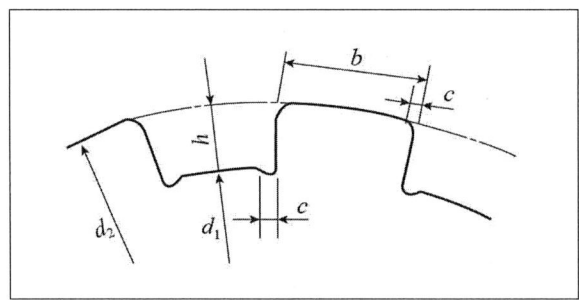

풀이 < 스플라인 >

전달토크 $T = \eta q_0 A_q \times Z \times \dfrac{D_m}{2} = \eta q_0 (h - 2c) l \times Z \times \left(\dfrac{d_2 + d_1}{4} \right)$

$\qquad = 0.75 \times 10 \times (2 - 2 \times 0.4) \times 100 \times 6 \times \left(\dfrac{50 + 46}{4} \right)$

$\qquad = 129.6 \times 10^3\, N \cdot mm = 129.6\, N \cdot m$

전달동력 $H = T\omega = 129.6 \times 10^{-3} \times \dfrac{2\pi \times 1023}{60} = 13.88\, kW$

03. $147\, kN$의 인장하중을 받는 양쪽덮개판 맞대기 이음에서 리벳이음이 $22\, mm$이다. 리벳의 허용전단응력을 $68.6\, MPa$이라 할 때 리벳은 몇 개가 필요한가?

풀이 < 리벳 >

$W = \tau_a A \times 1.8 n = \tau_a \dfrac{\pi d^2}{4} \times 1.8 n$

$\Rightarrow n = \dfrac{4W}{1.8 \tau_a \pi d^2} = \dfrac{4 \times 147 \times 10^3}{1.8 \times 68.6 \times \pi \times 22^2} = 3.13 \fallingdotseq 4\,개$

04. 안지름 $5\,m$인 용기압력이 $1.96\,MPa$이고 리벳의 이음효율이 $80\,\%$이다. 판의 인장강도가 $441.45\,MPa$일 때 두께를 구하라. (단, 안전율은 6이고 부식여유는 $1.5\,mm$로 한다.)

풀이 < 리벳 >

$$\sigma_a = \frac{\sigma_u}{S} = \frac{441.45}{6} = 73.58\,MPa$$

$$t = \frac{pD}{2\sigma_a\eta} + C = \frac{1.96 \times 5 \times 10^3}{2 \times 73.58 \times 0.8} + 1.5 = 84.74\,mm$$

05. 단열 레이디얼 볼 베어링($No.6308,\ C = 32\,kN$)에 그리스 윤활로 $1.6\,kN$의 레이디얼 하중이 작용한다. 다음을 구하라. (단, 한계속도 지수 $dN = 180000$이다.)
  (1) 이 베어링의 내경 d는 몇 mm인가?
  (2) 이 베어링의 최대 사용회전수 N은 몇 rpm인가?
  (3) 이 때 베어링의 수명시간 L_h는 몇 시간인가? (단, 하중계수 $f_w = 1.5$이다.)

풀이 < 베어링 >

  (1) $d = 8 \times 5 = 40\,mm$

  (2) $N = N_{\max} = \dfrac{dN}{d} = \dfrac{180000}{40} = 4500\,rpm$

  (3) $L_h = 500 \times \dfrac{33.3}{N} \times \left(\dfrac{C}{f_w P}\right)^r$, (볼 베어링 $r = 3$)

  $\Rightarrow L_h = 500 \times \dfrac{33.3}{4500} \times \left(\dfrac{32}{1.5 \times 1.6}\right)^3 = 8770.37\,hr$

06. $200\,rpm$으로 $36.75\,kW$를 전달하는 전동축을 플랜지 커플링을 하였다. 볼트의 전단응력은 $19.6\,N/mm^2$, 볼트 6개를 사용했을 경우 다음을 계산하라. (단, 볼트구멍의 피치원 지름은 $300\,mm$이다.)
   (1) 커플링이 전달하는 토크 $T\,[\,N\cdot m\,]$
   (2) 볼트의 지름 $\delta\,[\,mm\,]$

풀이 < 커플링 >

(1) 동력 $H = T\omega \Rightarrow$ 전달토크 $T = \dfrac{H}{\omega} = \dfrac{36.75 \times 10^3}{\left(\dfrac{2\pi \times 200}{60}\right)} = 1754.68\,N\cdot m$

(2) 전달토크 $T = F_s \dfrac{Z}{2} \Rightarrow F_s = \dfrac{2T}{Z} \Rightarrow \tau_B = \dfrac{F_s}{A} \times \dfrac{1}{D_B} = \dfrac{\dfrac{2T}{Z}}{\dfrac{\pi \delta^2}{4}} \times \dfrac{1}{D_B}$

$\Rightarrow \delta = \sqrt{\dfrac{8T}{\pi \tau_B D_B Z}} = \sqrt{\dfrac{8 \times 1754.68 \times 10^3}{\pi \times 19.6 \times 300 \times 6}} = 11.25\,mm$

07. 홈붙이 마찰차(홈각도 $40°$)에서 원동차의 지름(홈의 평균지름)이 $250\,mm$, 회전수 $750\,rpm$, 종동차의 지름 $500\,mm$로 하여 $3.7\,kW$를 전달하려고 한다. 얼마의 힘으로 밀어붙여야 하는가? 또, 홈의 깊이와 홈의 수를 구하라. (단, 허용접촉압력 $p_0 = 30\,N/mm$, 마찰계수 $\mu = 0.15$로 한다.)

풀이 < 마찰차 >

회전속도 $v = \dfrac{\pi D_1 N_1}{60 \times 1000} = \dfrac{\pi \times 250 \times 750}{60 \times 1000} = 9.82\,m/s$

상당마찰계수 $\mu' = \dfrac{\mu}{\sin\alpha + \mu\cos\alpha} = \dfrac{0.15}{\sin 20° + 0.15\cos 20°} = 0.31$

전달동력 $H' = \mu' W v \Rightarrow W = \dfrac{H'}{\mu' v} = \dfrac{3.7 \times 10^3}{0.31 \times 9.82} = 1215.43\,N$

홈의 깊이 $h = 0.28\sqrt{\mu' W} = 0.28\sqrt{0.31 \times 1215.43} = 5.44\,mm$

$\mu Q = \mu' W \Rightarrow$ 수직력 $Q = \dfrac{\mu' W}{\mu} = \dfrac{0.31 \times 1215.43}{0.15} = 2511.89\,N$

홈의 수 $Z = \dfrac{Q}{2hp_0} = \dfrac{2511.89}{2 \times 5.44 \times 30} = 7.7 \fallingdotseq 8$개

08. 압력각 $14.5°$, 속도비 $1/3.5$, 피니언이 $720\,rpm$으로 $22.05\,kW$를 전달하는 스퍼기어 전동장치가 있다. 이 스퍼기어의 모듈이 5.0, 치폭이 $50\,mm$, 피치원상의 원주속도 $2.64\,m/s$일 때 다음을 구하라. (단, 치형계수는 아래표를 이용하도록 한다.)
 (1) 피치원과 기어의 잇수 Z_1, Z_2
 (2) 전달하중 $F\,[N]$
 (3) 피니언과 기어의 재질을 결정하기 위한 굽힘강도 $\sigma_1\,[N/mm^2]$, $\sigma_2\,[N/mm^2]$

Z \ α	$14.5°$	$20°$
12	0.237	0.277
13	0.249	0.292
14	0.261	0.308
15	0.270	0.319
⋮	⋮	⋮
43	0.352	0.411
49	0.357	0.422
60	0.369	0.433

풀이 < 기어 >

 (1) 회전속도 $\quad v = \dfrac{\pi D_1 N_1}{60 \times 1000} = \dfrac{\pi m Z_1 N_1}{60 \times 1000}$

 $\quad\Rightarrow Z_1 = \dfrac{60 \times 1000\,v}{\pi m N_1} = \dfrac{60 \times 1000 \times 2.64}{\pi \times 5 \times 720} = 14\,개$

 속도비 $\quad i = \dfrac{N_2}{N_1} = \dfrac{1}{3.5} = \dfrac{14}{Z_2} \Rightarrow Z_2 = 3.5 \times 14 = 49\,개$

 (2) 동력 $\quad H = Fv \Rightarrow$ 전달하중 $\quad F = \dfrac{H}{v} = \dfrac{22.05 \times 10^3}{2.64} = 8352.27\,N$

 (3) 속도계수 $\quad f_v = \dfrac{3.05}{3.05 + v} = \dfrac{3.05}{3.05 + 2.64} = 0.536$

 $p = \pi m$
 $F = \sigma_b b p y = f_v f_w \sigma_b b \pi m y$
 $Z_1 = 14\,개,\ \alpha = 14.5°,\ Y_1 = \pi y = 0.261$ (**표 참조**)

 $\quad\Rightarrow \sigma_1 = \dfrac{F}{f_v f_w b m Y_1} = \dfrac{8352.27}{0.536 \times 1 \times 50 \times 5 \times 0.261} = 238.81\,N/mm^2$

 $Z_2 = 49\,개,\ \alpha = 14.5°,\ Y_2 = \pi y = 0.357$ (**표 참조**)

 $\quad\Rightarrow \sigma_2 = \dfrac{F}{f_v f_w b m Y_2} = \dfrac{8352.27}{0.536 \times 1 \times 50 \times 5 \times 0.357} = 174.59\,N/mm^2$

09. 웜기어 동력전달 장치에서 감속비가 $1/20$, 웜축의 회전수 $1500\,rpm$, 웜의 모듈 6, 압력각 $20°$, 줄수 3, 피치원 지름 $56\,mm$, 웜휠의 치폭 $45\,mm$, 유효 이나비는 $36\,mm$이다. 다음을 구하라. (단, 웜 재질은 담금질강, 웜휠은 인청동을 사용한다.)

  (1) 웜의 리드각 $\beta\,[\deg]$
  (2) 웜의 치직각 피치 $p_n\,[mm]$
  (3) 최대전달동력 $H_{kW}\,[kW]$
    - 웜휠의 굽힘응력 $\sigma_b = 166.6\,N/mm^2$
    - 치형계수 $y = 0.125$
    - 웜의 리드각에 의한 계수 $\phi = 1.25$, $\beta = 10 \sim 25°$

내마멸계수 K

웜의 재료	웜휠의 재료	$K\,[N/mm^2]$
강	인청동	411.6×10^{-3}
담금질 강	주철	343×10^{-3}
담금질 강	인청동	548.8×10^{-3}
담금질 강	합성수지	833×10^{-3}
주철	인청동	1038.8×10^{-3}

풀이 < 기어 >

(1) $l = Z_w p = Z_w \pi m = 3 \times \pi \times 6 = 56.55\,mm$

$\tan\beta = \dfrac{l}{\pi D_w} \;\Rightarrow\; \beta = \tan^{-1}\left(\dfrac{l}{\pi D_w}\right) = \tan^{-1}\left(\dfrac{56.55}{\pi \times 56}\right) = 17.82°$

(2) $p_n = p\cos\beta = \pi m \cos\beta = \pi \times 6 \times \cos 17.82° = 17.95\,mm$

(3) $v_g = \dfrac{\pi D_g N_g}{60 \times 1000} = \dfrac{\pi \times 360 \times 75}{60 \times 1000} = 1.41\,m/s$

금속재료이므로 $f_v = \dfrac{6}{6 + v_g} = \dfrac{6}{6 + 1.41} = 0.81$

굽힘강도를 고려한 전달하중
$$F_1 = f_v \sigma_b b\, p_n y = 0.81 \times 166.6 \times 45 \times 17.95 \times 0.125 = 13625.33\,N$$

면압강도를 고려한 전달하중
$$F_2 = f_v \phi D_g b_e K = 0.81 \times 1.25 \times 360 \times 36 \times 548.8 \times 10^{-3} = 7201.35\,N$$

안전을 고려하여 작은 값을 선택해야 하므로
최대전달동력 $H_{kW} = F_2 v_g = 7201.35 \times 1.41 = 10153.9\,N \cdot m/s$
$\qquad\qquad\qquad\qquad\qquad = 10153.9\,W \fallingdotseq 10.15\,kW$

10. 그림과 같은 벨트 전동장치가 $N = 800\,rpm$으로 $20\,kW$를 전달한다. 풀리의 자중을 $W = 600\,N$, $T_t = 1220\,N$, $T_s = 610\,N$이라 할 때 다음을 구하라.

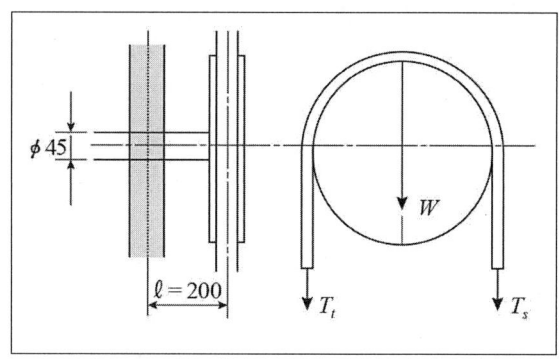

(1) 축에 작용하는 굽힘모멘트 : $M\,[N \cdot mm]$
(2) 축에 작용하는 비틀림모멘트 : $T\,[N \cdot mm]$
(3) 상당 굽힘모멘트 : $M_e\,[N \cdot mm]$
(4) 축에 발생하는 굽힘응력 : $\sigma_b\,[MPa]$

풀이 < 벨트 (풀리) >

(1) $M = Pl = (W + T_t + T_s)l = (600 + 1200 + 610) \times 200 = 486000\,N \cdot m$

(2) $H = T\omega \Rightarrow$ **전달토크** $T = \dfrac{H}{\omega} = \dfrac{20 \times 10^3}{\left(\dfrac{2\pi \times 800}{60}\right)} = 238732.41 \times 10^{-3}\,N \cdot m$

$\qquad\qquad\qquad\qquad\qquad\qquad\qquad\qquad\quad = 238732.41\,N \cdot mm$

(3) $M_e = \dfrac{1}{2}(M + \sqrt{M^2 + T^2}) = \dfrac{1}{2}(486000 + \sqrt{486000^2 + 238732.41^2})$

$\qquad\qquad\qquad\qquad\qquad\qquad\quad = 513734.72\,N \cdot mm$

(4) $M_e = \sigma_b Z \Rightarrow \sigma_b = \dfrac{M_e}{Z} = \dfrac{513734.72}{\left(\dfrac{\pi \times 45^3}{32}\right)} = 57.43\,MPa$

11. 자동 브레이크에서 그림과 같이 $P = 3410\,N$이 원둘레에 작용하고 벨트의 마찰계수 $\mu = 0.18,\ \theta = 240°,\ a = 5\,mm,\ b = 15\,mm,\ l = 80\,mm$일 때 다음을 구하라.

 (1) 브레이크 밴드의 장력 $T_1,\ T_2\,[N]$
 (2) 레버 끝에 가하는 힘 $F\,[N]$

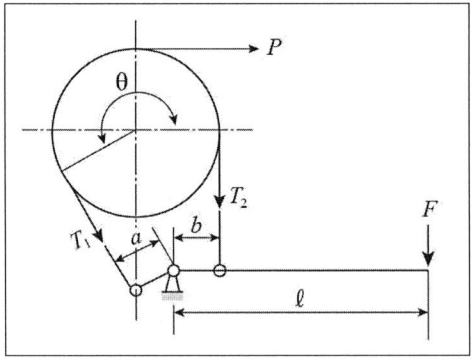

풀이 < 브레이크 >

 (1) $P = f = T_t - T_s = 3410\,N$

  장력비 $e^{\mu\theta} = e^{0.18 \times 240° \times \frac{\pi}{180°}} = 2.13$

  $$T_1 = T_t = \frac{Pe^{\mu\theta}}{e^{\mu\theta} - 1} = \frac{3410 \times 2.13}{2.13 - 1} = 6427.7\,N$$

  $$T_2 = T_s = \frac{P}{e^{\mu\theta} - 1} = \frac{3410}{2.13 - 1} = 3017.7\,N$$

 (2) $T_1 a = T_2 b - Fl$

  $\Rightarrow F = \dfrac{T_2 b - T_1 a}{l} = \dfrac{3017.1 \times 15 - 6427.7 \times 5}{80} = 164.09\,N$

일반기계기사 2014년 1회

01. 유효경 $51\,mm$, 피치 $8\,mm$, 나사산의 각 $30°$인 미터사다리꼴(Tr) 나사잭의 줄수 1, 축하중 $6000\,N$이 작용한다. 너트부 마찰계수는 0.15이고, 자릿면 마찰계수는 0.01, 자릿면 평균지름은 $64\,mm$일 때 다음을 구하라.
  (1) 회전토크 T는 몇 $N\cdot m$인가?
  (2) 나사잭의 효율은 몇 %인가?
  (3) 축하중을 들어올리는 속도가 $0.6\,m/\min$일 때 전달동력은 몇 kW인가?

풀이 < 나사 >

(1) 나사산의 각도가 $\beta = 30°$ 이므로

상당마찰계수 $\quad \mu' = \dfrac{\mu}{\cos\dfrac{\beta}{2}} = \dfrac{0.15}{\cos\dfrac{30°}{2}} = 0.1553$

$\tan\rho' = \mu' \;\Rightarrow\; \rho' = \tan^{-1}\mu' = \tan^{-1}0.1553 = 8.8275°$

$\tan\alpha = \dfrac{np}{\pi d_e} \;\Rightarrow\; \alpha = \tan^{-1}\dfrac{np}{\pi d_e} = \tan^{-1}\left(\dfrac{1\times 8}{\pi\times 51}\right) = 2.8585°$

$T = W\tan(\rho' + \alpha)\cdot\dfrac{d_e}{2} + \mu_m W\dfrac{D_m}{2}$

$\quad = 6000\times\tan(8.8275° + 2.8585°)\times\dfrac{51}{2} + 0.01\times 6000\times\dfrac{64}{2}$

$\quad = 33565.79\,N\cdot mm = 33.57\,N\cdot m$

(2) $\eta = \dfrac{Wp}{2\pi T} = \dfrac{6000\times 8}{2\pi\times 33.57\times 10^3} = 0.2276 = 22.76\,\%$

(3) $v = 0.6\,m/\min = 0.6\times\dfrac{1}{60}\,m/s = 0.01\,m/s$

전달동력 $\quad H = \dfrac{Wv}{\eta} = \dfrac{6000\times 0.01}{0.2276} = 263.62\,W \fallingdotseq 0.26\,kW$

02. 다음과 같은 두께 $10\,mm$인 사각형의 강판에 **M16** (골지름 $13.835\,mm$) 볼트 4개를 사용하여 채널에 고정하고 끝단에 $20\,kN$의 하중을 수직으로 가하였을 때 볼트에 작용하는 최대전단응력은? $[MPa]$

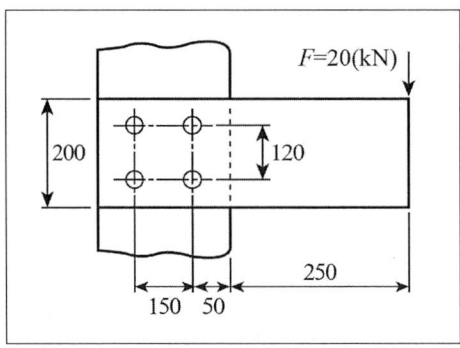

풀이 < 나사 (볼트) >

F에 의한 전단응력은 볼트부의 중심으로 이전시켜 렌치를 구성하는 직접전단과 회전 모멘트 M에 의한 굽힘전단으로 구분하여 적용한다.

볼트에 작용하는 직접전단하중 (P_1)

$$P_1 = \frac{F}{A} = \frac{20 \times 10^3}{4} = 5000\,N$$

회전모멘트 M에 의한 굽힘전단하중 (P_2)

$$M = Fl = nP_2 r \Rightarrow Fl = 4P_2 r \Rightarrow 20 \times 10^3 \times 375 = 4 \times P_2 \times \sqrt{60^2 + 75^2}$$

$$P_2 = 19572.72\,N$$

한편, $r_{\max} = \sqrt{60^2 + 75^2} = 96\,mm$, $\cos\theta = \dfrac{75}{r_{\max}} = \dfrac{75}{96} = 0.78$

전단하중의 합
$$P_{\max} = \sqrt{P_1^2 + P_2^2 + 2P_1 P_2 \cos\theta}$$
$$= \sqrt{5000^2 + 19521.72^2 + 2 \times 5000 \times 19521.72 \times 0.78}$$
$$= 23629.79\,N$$

최대전단응력 $\tau_{\max} = \dfrac{P_{\max}}{A} = \dfrac{P_{\max}}{\dfrac{\pi d^2}{4}} = \dfrac{23629.79}{\dfrac{\pi \times 13.835^2}{4}} = 157.19\,MPa$

03. 300 rpm으로 8 kW를 전달하는 스플라인 축이 있다. 이 측면의 허용면압을 35 MPa로 하고 잇수는 6개, 이 높이는 2 mm, 모따기는 0.15 mm이다. 아래의 표로부터 스플라인 규격을 선정하라. (단, 전달효율 75%, 보스의 길이는 58 mm이다.)

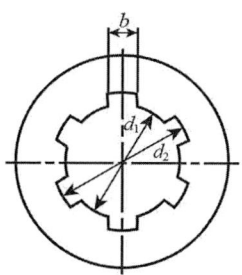

각형 스플라인의 기본치수

스플라인의 규격

(단위 : mm)

형식	1형						2형					
잇수	6		8		10		6		8		10	
호칭지름 d	큰지름 d_2	나비 b	큰지름 d_2	나비 b	큰지름 d_2	나비 b	큰지름 d_2	나비 b	큰지름 d_2	나비 b	큰지름 d_2	나비 b
11	-	-	-	-	-	-	14	3	-	-	-	-
13	-	-	-	-	-	-	16	3.5	-	-	-	-
16	-	-	-	-	-	-	20	4	-	-	-	-
18	-	-	-	-	-	-	22	5	-	-	-	-
21	-	-	-	-	-	-	25	5	-	-	-	-
23	26	6	-	-	-	-	28	6	-	-	-	-
26	30	6	-	-	-	-	32	6	-	-	-	-
28	32	7	-	-	-	-	34	7	-	-	-	-
32	36	8	36	6	-	-	38	8	38	6	-	-
36	40	8	40	7	-	-	42	8	42	7	-	-
42	46	10	46	8	-	-	48	10	48	8	-	-
46	50	12	50	9	-	-	54	12	54	9	-	-
52	58	14	58	10	-	-	60	14	60	10	-	-
56	62	14	62	10	-	-	65	14	65	10	-	-
62	68	16	68	12	-	-	72	16	72	12	-	-
72	78	18	-	-	78	12	82	18	-	-	82	12
82	88	20	-	-	88	12	92	20	-	-	92	12
92	98	22	-	-	98	14	102	22	-	-	102	14
102	-	-	-	-	108	16	-	-	-	-	112	16
112	-	-	-	-	120	18	-	-	-	-	125	18

풀이 < 스플라인 >

스플라인 평균직경 $D_m = \dfrac{d_1 + d_2}{2}$, 스플라인의 높이 $h = \dfrac{d_2 - d_1}{2}$

동력 $H = T\omega \Rightarrow T = \dfrac{H}{\omega} = \dfrac{8 \times 10^3}{\left(\dfrac{2\pi \times 300}{60 \times 1000}\right)} = 254.65 \times 10^3 \, N \cdot mm$

$T = q A_q \times Z \times \dfrac{D_m}{2}$

$\Rightarrow T = \eta q A_q \times Z \times \dfrac{D_m}{2} = \eta q (h - 2c) l \times Z \times \dfrac{D_m}{2}$ ⇐ **접촉효율과 모따기 고려**

$\Rightarrow 254.65 \times 10^3 = 0.75 \times 35 \times (2 - 2 \times 0.15) \times 58 \times 6 \times \dfrac{d_1 + d_2}{4}$

$\Rightarrow d_1 + d_2 = 65.59 \, mm$ ……… ❶

$h = \dfrac{d_2 - d_1}{2} \Rightarrow d_2 - d_1 = 2h = 2 \times 2 = 4 \, mm$ ……… ❷

❶과 ❷식으로부터 $d_2 = 34.8 \, mm$

∴ **표에서의 스플라인 규격은** $d_2 = 36 \, mm$, $d_1 = 32 \, mm$, $b = 8 \, mm$ **이고 호칭지름은** $d = 32 \, mm$ **를 선정한다.**

04 그림과 같이 축의 중앙에 $539.55 \, N$의 기어를 설치하였을 때, 축의 자중을 무시하고 축의 위험속도를 구하라. (단, 종탄성계수 $E = 2.06 \, GPa$이다.)

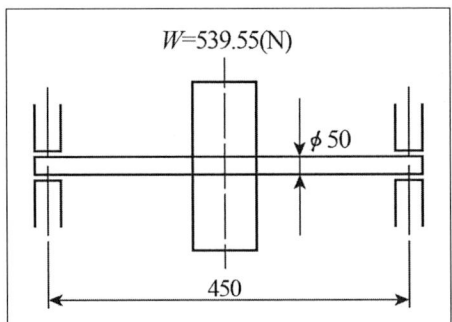

풀이 < 축 >

$\delta = \dfrac{Pl^3}{48EI} = \dfrac{539.55 \times 0.45^3}{48 \times 2.06 \times 10^9 \times \dfrac{\pi \times 0.05^4}{64}} \times 10^3 = 1.62 \, mm$

축의 위험속도 $N_c = \dfrac{30}{\pi} \sqrt{\dfrac{g}{\delta}} = \dfrac{30}{\pi} \sqrt{\dfrac{9800}{1.62}} = 742.72 \, rpm$

05. $420\,rpm$으로 $18\,kN$을 받치는 끝 저널에서 다음을 구하라.

    (1) 압력속도계수 $pv = 2\,N/mm^2 \cdot m/s$ 라 할 때 저널의 길이 : $l\,[mm]$
    (2) 저널의 허용굽힘응력이 $\sigma_b = 60\,MPa$ 이라면 저널의 지름 : $d\,[mm]$
    (3) 베어링에 작용하는 평균압력 : $p\,[MPa]$

풀이 < 저널 >

    (1) 압력속도계수 $pv = \dfrac{\pi WN}{60 \times 1000 \times l} \;\Rightarrow\; l = \dfrac{\pi WN}{60 \times 1000 \times pv}$

$$= \dfrac{\pi \times 18 \times 10^3 \times 420}{60 \times 1000 \times 2} = 197.92\,mm$$

    (2) $d = \sqrt[3]{\dfrac{16\,Wl}{\pi\,\sigma_b}} = \sqrt[3]{\dfrac{16 \times 18 \times 10^3 \times 197.92}{\pi \times 60}} = 67.12\,mm$

    (3) $p = \dfrac{W}{dl} = \dfrac{18 \times 10^3}{67.12 \times 197.92} = 1.35\,N/mm^2 = 1.35\,MPa$

06. 그림과 같은 에반스 마찰차에서 속도비가 $1/3 \sim 3$ 의 범위로 주동차가 $750\,rpm$ 으로 $2\,kW$ 를 전달한다. 양측사이의 중심거리를 $300\,mm$ 라 할 때 다음을 구하라. (단, 가죽의 허용 접촉면 압력은 $14.7\,N/mm$, 마찰계수는 0.2 이다.)

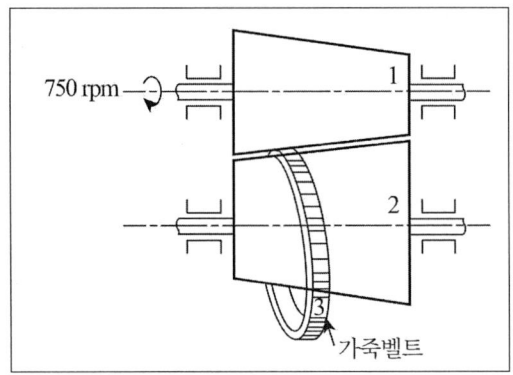

(1) 주동차와 종동차의 지름을 결정하라. (D_1, D_2 [mm])
(2) 주동차와 종동차를 밀어붙이는 최대힘을 구하라. (F [kN])
(3) 가죽벨트의 폭 b [mm]

풀이 < 마찰차 >

(1) 속도비 $\quad i = \dfrac{N_2}{N_1} = \dfrac{D_1}{D_2} = \dfrac{1}{3} \quad \Rightarrow \quad D_2 = 3D_1$

축간거리 $\quad C = \dfrac{D_1 + D_2}{2} = \dfrac{D_1 + 3D_1}{2} = 300 \quad \Rightarrow \quad 4D_1 = 600$

$\qquad \Rightarrow \quad D_1 = 150\,mm \qquad \therefore \ D_2 = 3D_1 = 3 \times 150 = 450\,mm$

(2) $\quad v = \dfrac{\pi D_1 N_1}{60 \times 1000} = \dfrac{\pi \times 150 \times 750}{60 \times 1000} = 5.89\,m/s$

$\quad H' = \mu F v \ \Rightarrow\ $ **전달하중** $\quad F = \dfrac{H'}{\mu v} = \dfrac{2}{2 \times 5.89} = 1.7\,kN$

(3) 접촉면 압력 $\quad f = \dfrac{F}{b} \ \Rightarrow\ $ **벨트 폭** $\quad b = \dfrac{F}{f} = \dfrac{1.7 \times 10^3}{14.7} = 115.65\,mm$

07. 50번 롤러체인(Roller chain : 파단하중 $21.67\,kN$, 피치 $15.875\,mm$)으로 $900\,rpm$의 구동축을 $300\,rpm$으로 감속운전하고자 한다. 구동 스프라켓(sprocket)의 잇수 25개, 안전율 15로 할 때 다음을 구하라.

   (1) 체인속도 $v\,[m/s]$
   (2) 최대전달동력 $H'\,[kW]$
   (3) 피동스프라켓의 피치원 지름 $D_2\,[mm]$
   (4) 양 스프라켓의 중심거리를 $900\,mm$로 할 경우 체인의 길이 $L\,[mm]$

풀이 < 체인 >

(1) $v = \dfrac{p\,Z_1 N_1}{60 \times 1000} = \dfrac{15.875 \times 25 \times 900}{60 \times 1000} = 5.95\,m/s$

(2) $H' = Fv = \dfrac{F_B}{S}v = \dfrac{21.67}{15} \times 5.95 = 8.6\,kW$

(3) $i = \dfrac{N_2}{N_1} = \dfrac{Z_1}{Z_2} \;\Rightarrow\; Z_2 = Z_1 \times \dfrac{N_1}{N_2} = 25 \times \dfrac{900}{300} = 75\,개$

$D_2 = \dfrac{p}{\sin\dfrac{180}{Z_2}} = \dfrac{15.875}{\sin\dfrac{180}{75}} = 379.1\,mm$

(4) 체인링크 수 $L_n = \dfrac{2C}{p} + \dfrac{Z_1 + Z_2}{2} + \dfrac{0.0257\,p(Z_2 - Z_1)^2}{C}$

$= \dfrac{2 \times 900}{15.875} + \dfrac{25 + 75}{2} + \dfrac{0.0257 \times 15.875(75 - 25)^2}{C}$

$= 164.52 \fallingdotseq 166\,개$

체인길이 $L = L_n \times p = 166 \times 15.875 = 2635.25\,mm$

08. 다음 블록브레이크에서 $F = 200\,N$이고 드럼의 회전속도가 $30\,m/s$이며, $a = 600\,mm$, $b = 200\,mm$, $c = 50\,mm$, $\mu = 0.25$일 때 다음에 답하라.

(1) 블록 브레이크의 제동동력 $[kW]$은?

(2) 블록 브레이크 용량이 $5\,MPa \cdot m/s$일 때 마찰면적은 얼마인가? $[mm^2]$

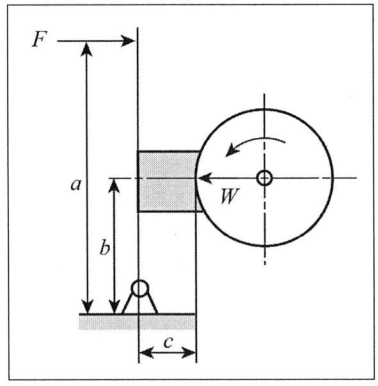

풀이 < 브레이크 >

(1) 수직반력이 W이므로 마찰력은 $F_f = \mu W$ (↓)

$$\sum M_o = 0$$

$$\Rightarrow Fa + \mu Wc = Wb$$

$$\Rightarrow W = \frac{Fa}{(b - \mu c)} = \frac{200 \times 600}{(200 - 0.25 \times 50)} = 640\,N$$

$$\therefore H = \mu Wc = 0.25 \times 640 \times 10^{-3} \times 30 = 4.8\,kW$$

(2) $\mu q v = \dfrac{H}{A} \Rightarrow A = \dfrac{H}{\mu q v} = \dfrac{4.8 \times 10^3}{5 \times 10^6} = 0.00096\,m^2 = 960\,mm^2$

09. 코일의 직경이 $60\,mm$, 스프링지수가 7 인 원통형 코일스프링에서 $196.25\,N$의 축방향 하중이 작용할 때 처짐이 $20\,mm$, 탄성계수가 $78.08\times10^3\,MPa$ 이라고 할 때 다음을 구하라.
 (1) 소선의 직경 $[mm]$
 (2) 코일의 최대전단응력 $[MPa]$
 (3) 코일의 감김수

풀이 < 스프링 >

(1) 스프링지수 $C = \dfrac{D}{d}$ ⇨ 소선의 지름 $d = \dfrac{D}{C} = \dfrac{60}{7} = 8.57\,mm$

(2) 응력수정계수 $K = \dfrac{4C-1}{4C-4} + \dfrac{0.615}{C} = \dfrac{4\times7-1}{4\times7-4} + \dfrac{0.615}{7} = 1.21$

비틀림모멘트 $T = \tau_a Z_p = P\dfrac{D}{2}$

$$\Rightarrow \tau_{max} = K\dfrac{PD}{2Z_p} = K\dfrac{PD}{2\times\dfrac{\pi d^3}{16}} = K\dfrac{8PD}{\pi d^3}$$

$$= 1.21 \times \dfrac{8\times 196.25 \times 60}{\pi \times 8.57^3}$$

$$= 57.64\,N/mm^2$$

$$= 57.64\times 10^6\,N/m^2$$

$$= 57.64\,MPa$$

(3) 처짐 $\delta = \dfrac{8nD^3W}{Gd^4} = \dfrac{8nD^3P}{Gd^4}$

$$\Rightarrow n = \dfrac{Gd^4\delta}{8D^3P} = \dfrac{78.08\times10^3 \times 8.57^4 \times 20}{8\times 60^3 \times 196.25} = 24.84 \quad \therefore 25\,회$$

10. $18\,kW$, $400\,rpm$의 4사이클 단기통 기관에서 플라이 휠의 림 안지름 mm을 계산하라. (단, 각속도 변동률 $\delta = 1/80$, 에너지 변동계수는 1.3, 플라이 휠의 바깥지름은 $1.8\,m$, 림 부분의 나비는 $18\,cm$이고, 주철의 비중량은 $0.0073\,N/cm^3$이다.)

풀이 < 플라이 휠 >

동력 $H = T\omega \Rightarrow T = \dfrac{H}{\omega} = \dfrac{18 \times 10^3}{\left(\dfrac{2\pi \times 400}{60}\right)} = 429.72\,N \cdot m$

1 사이클동안 플라이 휠이 수행한 일 에너지 량

$$E = 4\pi T = 4\pi \times 429.72 = 5400.02\,J$$

1 사이클동안 플라이 휠의 에너지 변화량

$$\triangle E = 1.3 \times 5400.02\,J = 7020.03\,J$$

$\omega = \dfrac{2\pi N}{60} = \dfrac{2\pi \times 400}{60} = 41.89\,rad/s$ **이므로**

$\triangle E = I\omega^2 \delta \Rightarrow I = \dfrac{\triangle E}{\omega^2 \delta} = \dfrac{7020.03}{41.89^2 \times 1/80} = 320.04\,J \cdot s^2$

$I = \dfrac{\gamma b \pi (D_2^4 - D_1^4)}{32g}$

$\Rightarrow D_1 = \sqrt[4]{D_2^4 - \dfrac{32gI}{\gamma b \pi}} = \sqrt[4]{1800^4 - \dfrac{32 \times 9800 \times 320.04 \times 10^3}{0.073 \times 10^{-3} \times 180 \times \pi}}$

$\fallingdotseq 1685.27\,mm$

일반기계기사 2014년 2회

01. 나사의 유효지름 $63.5\,mm$, 피치 $3.17\,mm$, 나사잭으로 $50\,kN$의 중량을 들어올리려 할 때 다음을 구하라. 단, 레버를 누르는 힘을 $200\,N$, 마찰계수를 0.1로 한다.
  (1) 회전토크 $T\,[\,N\cdot m\,]$
  (2) 레버의 길이 $l\,[\,mm\,]$

풀이 < 나사 >

(1) $\tan\rho = \mu \;\Rightarrow\; \rho = \tan^{-1}\mu = \tan^{-1}0.1 = 5.7106°$

$\tan\alpha = \dfrac{p}{\pi d_e} \;\Rightarrow\; \alpha = \tan^{-1}\dfrac{p}{\pi d_e} = \tan^{-1}\left(\dfrac{3.17}{\pi \times 63.5}\right) = 0.9104°$

$W = 50\,kN = 50000\,N$

$T = W\tan(\rho+\alpha)\cdot \dfrac{d_e}{2}$

$\quad = 50000 \times \tan(5.7106° + 0.9104°) \times \dfrac{63.5}{2}$

$\quad = 184269.68\,N\cdot mm = 184.27\,N\cdot m$

(2) $T = F\,l \;\Rightarrow\; l = \dfrac{T}{F} = \dfrac{184.97}{200} \times 10^3 = 921.35\,mm$

02. 그림과 같은 브래킷을 $M20$ 볼트 3개로 고정시킬 때 1개의 볼트에 생기는 인장응력, 전단응력 및 주응력설에 의한 σ_{max}는? (단, 볼트 1개당 단면적은 $A = 214.5\,mm^2$ 이다.

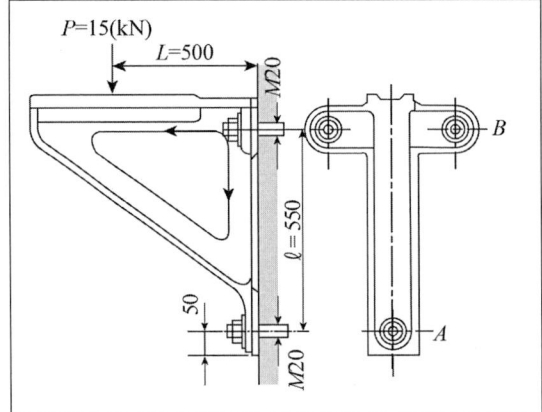

풀이 < 나사 (볼트) >

저점을 기준으로

$$\sum M_{저점} = 0 \;\Rightarrow\; 15 \times 10^3 \times 500 = R_A \times 50 + 2 \times R_B \times 600 \;\;\text{......①}$$

저점을 기준으로 하는 비례식으로부터

$$R_A : R_B = 50 : 600 \;\Rightarrow\; R_B = \frac{600}{50} R_A \;\;\text{......②}$$

② → ① $\;\Rightarrow\; 15 \times 10^3 \times 500 = R_A \times 50 + 2 \times \frac{600}{50} R_A \times 600$

$$\therefore\; R_A = 519.03\,N,\;\; R_B = 6228.36\,N$$

$$\sigma_t = \frac{R_B}{A_{\sigma_t}} = \frac{6228.36}{214.5} = 29.04\,MPa$$

볼트 1개당 작용하는 전단하중 $F = \dfrac{15 \times 10^3}{3} = 5000\,N$ 이므로

$$\tau = \frac{F}{A_\tau} = \frac{5000}{214.5} = 23.31\,MPa$$

$$\sigma_{max} = \frac{1}{2}\sigma_t + \frac{1}{2}\sqrt{\sigma_t^2 + 4\tau^2}$$

$$= \frac{1}{2} \times 29.04 + \frac{1}{2}\sqrt{29.04^2 + 4 \times 23.31^2} = 41.98\,MPa$$

02. 그림과 같은 코터 이음에서 축에 작용하는 인장하중이 $30\,kN$이고 로드의 지름 $d = 80\,mm$, 로드 소켓 내의 지름 $d_1 = 95\,mm$, 코터의 두께 $t = 25\,mm$, 코터의 나비 $b = 100\,mm$, 소켓 내의 바깥지름 $D = 160\,mm$, 소켓 끝에서 코터 구멍까지의 거리 $h = 50\,mm$일 때 다음을 구하라.

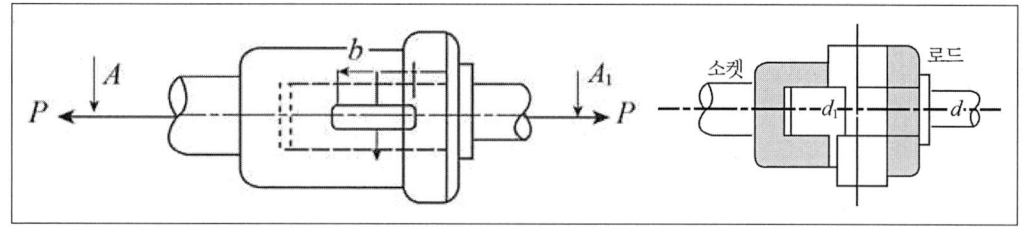

(1) 코터(cotter)의 전단응력 $[\,MPa\,]$
(2) 로드의 최대 인장응력 : $\sigma_{\max}\,[\,MPa\,]$

풀이 < 코터 >

(1) $\tau = \dfrac{P}{2 \times t \times b} = \dfrac{30 \times 10^3}{2 \times 25 \times 100} = 6\,MPa$

(2) $\sigma_{\max} = \dfrac{P}{\dfrac{\pi d_1^2}{4} - d_1 t} = \dfrac{30 \times 10^3}{\dfrac{\pi \times 95^2}{4} - 95 \times 25} = 6.37\,MPa$

04. 한 줄 겹치기 리벳이음에서 판 두께 $12\,mm$, 리벳직경 $25\,mm$, 피치 $50\,mm$, 리벳 중심에서 판끝까지의 거리 $35\,mm$이다. 1피치 당 하중을 $24.5\,kN$으로 할 때 다음을 계산하라.

    (1) 판의 인장응력은 몇 N/mm^2인가?
    (2) 리벳의 전단응력은 몇 N/mm^2인가?
    (3) 리벳이음의 효율은 몇 %인가?

풀이 < 리벳 >

    (1) $\sigma_t = \dfrac{W}{A_t} = \dfrac{W}{(p-d)t} = \dfrac{24.5 \times 10^3}{(50-25) \times 12} = 81.67\,N/mm^2$

    (2) $\tau_r = \dfrac{W}{A_\tau} = \dfrac{W}{\dfrac{\pi}{4}d^2 \times n} = \dfrac{24.5 \times 10^3}{\dfrac{\pi}{4} \times 25^2 \times 1} = 49.91\,N/mm^2$

    (3) 리벳이음 효율 $\eta_r = \dfrac{\tau_r \dfrac{\pi}{4}d^2 \times n}{\sigma_t\,p\,t} = \dfrac{49.91 \times \dfrac{\pi}{4} \times 25^2 \times 1}{81.67 \times 50 \times 12} = 0.5 = 50\,\%$

    강판효율 $\eta_p = \eta_t = 1 - \dfrac{d}{p} = 1 - \dfrac{25}{50} = 0.5 = 50\,\%$

05. 원통 롤러 베어링 $N206\,(C = 14.5\,kN)$이 $500\,rpm$으로 $1800\,N$의 베어링 하중을 받치고 있다. 이 때 수명은 몇 시간인가? (단, 하중계수 $f_w = 1.5$이다.)

풀이 < 베어링 >

    롤러 베어링의 $r = \dfrac{10}{3}$, 하중계수 $f_w = 1.5$이므로

    수명시간 $L_h = 500 \times \dfrac{33.3}{N} \times \left(\dfrac{C}{f_w P}\right)^r = 500 \times \dfrac{33.3}{500} \times \left(\dfrac{14.5 \times 10^3}{1.5 \times 1800}\right)^{\frac{10}{3}}$
                                                           $= 9032.16\,hr$

06. 축지름 $90\,mm$의 클램프 커플링(clamp coupling)에서 볼트 8개를 사용하여 $40\,kW$, $240\,rpm$으로 동력을 전달하고자 한다. 마찰력으로만 동력을 전달한다고 할 때 다음을 구하라. (단, 마찰계수 $\mu = 0.2$, 볼트의 골지름 $d_1 = 22.2\,mm$이다.)

   (1) 전동토크 : $T\,[\,N \cdot mm\,]$
   (2) 축을 졸라매는 힘 : $W\,[\,N\,]$
   (3) 볼트에 생기는 인장응력 : $\sigma_t\,[\,MPa\,]$

풀이 < 커플링 >

   (1) 동력 $H = T\omega \;\Rightarrow\; T = \dfrac{H}{\omega} = \dfrac{40 \times 10^6}{\left(\dfrac{2\pi \times 240}{60}\right)} = 1591.55 \times 10^3\;N \cdot mm$

   (2) 토크 $T = \mu\pi W \dfrac{d}{2} \;\Rightarrow\; W = \dfrac{2T}{\mu\pi d} = \dfrac{2 \times 1591.55 \times 10^3}{0.2 \times \pi \times 90} = 56289.57\;N$

   (3) 한 쪽 축을 조이는 볼트 수 $\dfrac{Z}{2}$

      $W = \sigma_t \dfrac{\pi\delta^2}{4}\dfrac{Z}{2} \;\Rightarrow\; \sigma_t = \dfrac{8W}{\pi\delta^2 Z} = \dfrac{8 \times 56289.57}{\pi \times 22.2^2 \times 8} = 36.36\;MPa$

07. 원동차의 표면에 가죽, 종동차에 주철을 사용하는 마찰차에 있어서 원동차의 지름 $D = 18\,cm$, 매분 회전수 $N = 800\,rpm$, $H' = 3.7\,kW$를 전달시키는데 필요한 바퀴의 폭 b는 얼마인가? (단, 허용압력 $f = 7\,N/mm$, 마찰계수 $\mu = 0.2$이다.)

풀이 < 마찰차 >

   동력 $H' = T\omega \;\Rightarrow\; T = \dfrac{H'}{\omega} = \dfrac{3.7 \times 10^3}{\left(\dfrac{2\pi \times 800}{60}\right)} = 44.17\;N \cdot m$

   전달토크 $T = \mu P \dfrac{D}{2} \;\Rightarrow\; P = \dfrac{2T}{\mu D} = \dfrac{2 \times 44.17 \times 10^3}{0.2 \times 180} = 2453.89\;N$

   전달력 $P = fb \;\Rightarrow\; b = \dfrac{P}{f} = \dfrac{2453.89}{7} = 350.56\;mm$

08. 모듈 4, 잇수가 각각 $Z_1 = 21$, $Z_2 = 37$ 이고 압력각 $20°$ 인 한 쌍의 기어에서 다음을 구하라. (단, 압력각 $20°$ 의 $\text{inv}\, 20° = 0.0149$, 전위계수는 각각 $x_1 = 0.55$, $x_2 = 0.32$ 이다.)
  (1) 표준스퍼기어의 물림율
  (2) 전위기어의 물림 압력각 $\text{inv}\, \alpha_b$

풀이 < 기어 >

(1) 피치원지름 $D_1 = mZ_1 = 4 \times 21 = 84\,mm$, $D_2 = mZ_2 = 4 \times 37 = 148\,mm$

법선피치 $p_n = \pi m \cos \alpha = \pi \times 4 \times \cos 20° = 11.81\,mm$

접근 물림길이 $l_a = \sqrt{(R_2 + m)^2 - (R_2 \cos \alpha)^2} - R_2 \sin \alpha$

$$= \sqrt{\left(\frac{148}{2} + 4\right)^2 - \left(\frac{148}{2} \cos 20°\right)^2} - \frac{148}{2} \sin 20°$$

$$= 10.03\,mm$$

이탈 물림길이 $l_r = \sqrt{(R_1 + m)^2 - (R_1 \cos \alpha)^2} - R_1 \sin \alpha$

$$= \sqrt{\left(\frac{84}{2} + 4\right)^2 - \left(\frac{84}{2} \cos 20°\right)^2} - \frac{84}{2} \sin 20°$$

$$= 9.26\,mm$$

전체 물림길이 $l = l_a + l_r = 10.03 + 9.26 = 19.29\,mm$

$\therefore$ 물림율 $\epsilon = \dfrac{l}{p_n} = \dfrac{19.29}{11.81} = 1.63$

(2) 물림압력각 $\text{inv}\, \alpha_b = 2 \times \left(\dfrac{x_1 + x_2}{Z_1 + Z_2}\right) \tan \alpha + \text{inv}\, \alpha$

$$= 2 \times \left(\frac{0.55 + 0.32}{21 + 37}\right) \times \tan 20° + \text{inv}\, 20° = 0.0258$$

⇧

$$\text{inv}\, \alpha° = \tan \alpha° - \pi \times \frac{\alpha°}{180}$$

09. $1500\,rpm$, $150\,mm$ 평벨트 풀리가 $300\,rpm$의 축으로 $8\,kW$를 전달하고 있다. 마찰계수가 0.3이고 단위길이 당 질량이 $0.35\,kg/m$일 때 다음을 구하라.
(단, 축간거리는 $1800\,mm$ 이다.)
 (1) 종동풀리의 지름 $D_2\,[mm]$?
 (2) 긴장측 장력 $T_t\,[N]$는?
 (3) 벨트의 길이 $L\,[mm]$? (벨트는 바로걸기이다.)

풀이 < 벨트 (풀리) >

 (1) 속도비 $i = \dfrac{N_2}{N_1} = \dfrac{D_1}{D_2}$ $\Rightarrow$ $D_2 = \dfrac{D_1}{i} = 150 \times 5 = 750\,mm$

 (2) $v = \dfrac{\pi D_1 N_1}{60 \times 1000} = \dfrac{\pi \times 150 \times 1500}{60 \times 1000} = 11.78\,m/s$

⇧ **10 m/s 이상이므로 부가장력 고려**

부가장력 $T_c = m v^2 = 0.35 \times 11.78^2 = 48.57\,N$

원동측 접촉각 $\theta = 180° - 2\phi$

$C \sin \phi = \dfrac{D_2 - D_1}{2}$

$\Rightarrow \phi = \sin^{-1} \dfrac{D_2 - D_1}{2C} = \sin^{-1} \dfrac{750 - 150}{2 \times 1800} = 9.5941°$

$\therefore \theta = 180° - 2\phi = 180° - 2 \times 9.5941° = 160.81°$

장력비 $e^{\mu \theta} = e^{0.3 \times 160.81° \times \frac{\pi}{180°}} = 2.321$

전달동력 $H = T_e v$ $\Rightarrow$ $T_e = \dfrac{H}{v} = \dfrac{8 \times 10^3}{11.78} = 679.12\,N$

$\therefore T_t = \dfrac{e^{\mu \theta}}{e^{\mu \theta} - 1} \times T_e + T_c = \dfrac{2.321}{2.321 - 1} \times 679.12 + 48.57 = 1241.79\,N$

 (3) 바로걸기이므로

벨트길이 $L = 2C + \dfrac{\pi(D_2 + D_1)}{2} + \dfrac{(D_2 - D_1)^2}{4C}$

$= 2 \times 1800 + \dfrac{\pi(750 + 150)}{2} + \dfrac{(750 - 150)^2}{4 \times 1800} = 5063.72\,mm$

10. 그림과 같은 좌회전하는 단동식 밴드 브레이크에서 $F=170\,N$이면 전동축이 250 rpm일 때, 몇 kW를 제동할 수 있는가? (단, $\mu=0.35$, $\theta=250°$)

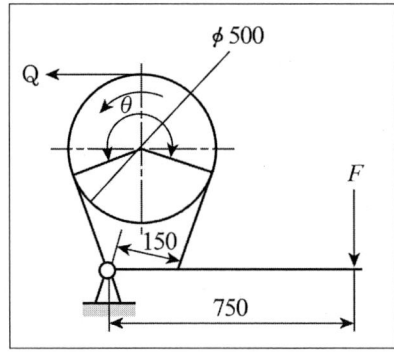

풀이 < 브레이크 >

$$\sum M_o = 0 \;:\; T_t\,a = Fl \;\Rightarrow\; T_t = \frac{Fl}{a} = \frac{170 \times 750}{150} = 850\,N$$

장력비 $\quad e^{\mu\theta} = e^{0.35 \times 250° \times \frac{\pi}{180°}} = 4.6$

긴장측 장력 $\quad T_t = Q\dfrac{e^{\mu\theta}}{e^{\mu\theta}-1}$

$$\Rightarrow\; Q = T_t\left(\frac{e^{\mu\theta}-1}{e^{\mu\theta}}\right) = 850 \times \left(\frac{4.6-1}{4.6}\right) = 665.22\,N$$

제동토크 $\quad T = Q \times \dfrac{D}{2} = 665.22 \times \dfrac{0.5}{2} = 166.31\,N\cdot m$

제동동력 $\quad H = \dfrac{T\omega}{1000} = \dfrac{166.31}{1000} \times \dfrac{2\pi \times 250}{60} = 4.35\,kW$

11. 스프링 지수 $C = 8$인 압축 코일스프링에서 하중이 $700\,N$에서 $500\,N$으로 감소되었을 때 처짐의 변화가 $25\,mm$가 되도록 하려고 한다. 스프링 재료로 경강선을 사용했을 때 $\tau = 300\,MPa$, $G = 8 \times 10^4\,MPa$이다. 소선의 지름, 코일의 평균지름, 유효권수를 계산하라. (단, 소선의 지름은 $0.5\,mm$ 단위로 사사오입하라.)
 (1) 소선의 지름 $[mm]$
 (2) 코일의 평균지름 $[mm]$
 (3) 유효권수

풀이 < 스프링 >

(1) $K = \dfrac{4C-1}{4C-4} + \dfrac{0.615}{C} = \dfrac{4 \times 8 - 1}{4 \times 8 - 4} + \dfrac{0.615}{8} = 1.184$

$T = \tau Z_P = \tau \dfrac{\pi d^3}{16} = P \dfrac{D}{2}$

$\Rightarrow \tau = K \dfrac{8PD}{\pi d^3} = K \dfrac{8PC}{\pi d^3}$ ⇐ 스프링지수 $C = \dfrac{D}{d}$ ⇒ $D = Cd$

$\therefore d = \sqrt{\dfrac{K8PC}{\pi \tau}} = \sqrt{\dfrac{1.184 \times 8 \times 700 \times 8}{\pi \times 300}} = 7.5\,mm$

(2) $C = \dfrac{D}{d}$ ⇒ $D = Cd = 8 \times 7.5 = 60\,mm$

(3) 처짐 $\delta = \dfrac{8nD^3 W}{Gd^4} = \dfrac{8nD^3 P}{Gd^4}$ ⇒ $\delta_1 - \delta_2 = \dfrac{8nD^3(P_1 - P_2)}{Gd^4}$

유효감김수 $n = \dfrac{Gd^4(\delta_1 - \delta_2)}{8D^3(P_1 - P_2)} = \dfrac{80 \times 10^3 \times 7.5^4 \times 25}{8 \times 60^3 \times (700 - 500)} = 18.31 ≒ 19$회

일반기계기사 2014년 4회

01. 바깥지름 $36\,mm$, 골지름 $32\,mm$, 피치 $4\,mm$인 한줄 사각나사의 연강제 나사봉을 갖는 나사잭으로 $19.6\,kN$의 하중을 올리려고 한다. 나사산의 마찰계수는 0.1, 접촉 허용 면압이 $19.6\,MPa$일 때 다음을 결정하라.
  (1) 최대주응력 $\sigma_{max}\,[MPa]$은?
  (2) 너트의 높이 $H\,[mm]$는?

풀이 < 나사 >

(1) $\sigma_t = \dfrac{W}{A} = \dfrac{4 \times W}{\pi d_1^2} = \dfrac{4 \times 19.6 \times 10^3}{\pi \times 32^2} = 24.37\,N/mm^2$

$d_e = \dfrac{d_1 + d_2}{2} = \dfrac{32 + 36}{2} = 34\,mm$

$T = W \left(\dfrac{p + \mu \pi d_e}{\pi d_e - \mu p} \right) \cdot \dfrac{d_e}{2} = 19.6 \times 10^3 \times \left(\dfrac{4 + 0.1 \times \pi \times 34}{\pi \times 34 - 0.1 \times 4} \right) \times \dfrac{34}{2}$

$\qquad = 45969.9\,N \cdot mm$

$T = \tau Z_P \Rightarrow \tau = \dfrac{T}{Z_P} = \dfrac{T}{\dfrac{\pi d_1^3}{16}} = \dfrac{45969.9}{\dfrac{\pi \times 32^3}{16}} = 7.14\,N/mm^2$

$\therefore\ \sigma_{max} = \dfrac{1}{2}\sigma_t + \dfrac{1}{2}\sqrt{\sigma_t^2 + 4\tau^2} = \dfrac{1}{2} \times 24.37 + \dfrac{1}{2}\sqrt{24.37^2 + 4 \times 7.14^2}$

$\qquad\qquad = 26.31\,N/mm^2 = 26.31\,MPa$

(2) $H = \dfrac{Wp}{\dfrac{\pi}{4}(d_2^2 - d_1^2)q_0} = \dfrac{19.6 \times 4}{\dfrac{\pi}{4} \times (36^2 - 32^2) \times 19.6} = 18.72\,mm$

02. 허용전단응력이 $40\,MPa$, 지름이 $55\,mm$인 축에 성크 키 $b \times h = 15 \times 10$으로 회전체가 고정되어 있다. 축의 전 토크를 키로써 전달할 때 다음을 구하라. (단, boss부의 길이는 $85\,mm$이다.)

  (1) 키에 생기는 전단응력 $(\tau_k)\,[MPa]$

  (2) 키에 생기는 면압력 $(q)\,[MPa]$ (단, 축의 키홈의 깊이는 $t = \dfrac{h}{2}$이다.)

풀이 < 키 >

  (1) $T = \tau_a Z_P = 40 \times \dfrac{\pi \times 55^3}{16} = 1.3 \times 10^6\,N \cdot mm$

  $\tau_k = \dfrac{2T}{b\,l\,d_0} = \dfrac{2 \times 1.3 \times 10^6}{15 \times 85 \times 55} = 37.08\,N/mm^2 = 37.07\,MPa$

  (2) $q = \sigma_k = \dfrac{4T}{h\,l\,d_0} = \dfrac{4 \times 1.3 \times 10^6}{10 \times 85 \times 55} = 111.23\,MPa$

03. 두께 $10\,mm$, 폭 $60\,mm$의 강판이 그림과 같이 $d = 16\,mm$의 리벳 (구멍은 $17\,mm$) 2개로 고정되어 있다. 이 때 인장하중이 $30\,kN$이 걸린다. 물음에 답하라.

  (1) 강판의 인장응력은 몇 MPa인가?
  (2) 리벳의 전단응력은 몇 MPa인가?
  (3) 강판의 효율은 몇 %인가?

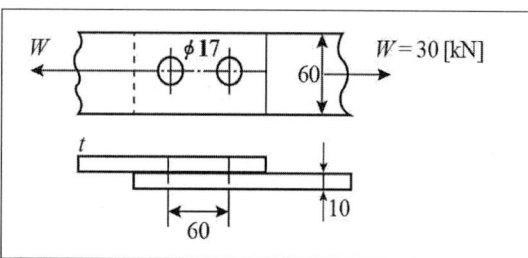

풀이 < 리벳 >

  (1) $\sigma_t = \dfrac{W}{A_t} = \dfrac{W}{(b-d)\,t} = \dfrac{30 \times 10^3}{(60-17) \times 10} = 69.77\,N/mm^2 = 69.77\,MPa$

  (2) $\tau_r = \dfrac{W}{A_\tau} = \dfrac{W}{\dfrac{\pi}{4}d^2 \times n} = \dfrac{30 \times 10^3}{\dfrac{\pi}{4} \times 16^2 \times 2} = 74.6\,N/mm^2 = 74.6\,MPa$

  (3) $\eta_t = 1 - \dfrac{d}{p} = 1 - \dfrac{17}{60} = 0.7167 = 71.67\,\%$

04. 다음 그림과 같이 축 중앙에 $W = 800\,N$의 하중을 받는 연강 중심원 축이 양단에서 베어링으로 자유로 받쳐진 상태에서 $100\,rpm$, $4\,kW$의 동력을 전달한다. 축 재료의 인장응력 $\sigma = 50\,MPa$, 전단응력 $\tau = 40\,MPa$이다.
(단, 키홈의 영향은 무시한다.)

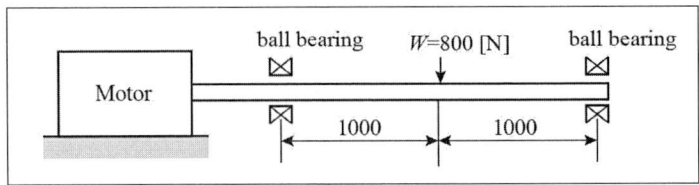

(1) 최대 전단응력설에 의한 축의 직경 [mm] 을 구하라. (단, 축의 자중은 무시하고, 계산으로 구한 축경을 근거로 $50, 55, 60, 65, 70, 80, 85, 90$ 값을 직상위 값의 하중축경으로 선택한다.)

(2) 축 재료의 탄성계수 $E = 2 \times 10^5\,MPa$, 비중량 $\gamma = 78600\,N/m^2$이고 위 문제에서 구한 축경이 $80\,mm$라고 가정할 때 던커레이 실험공식에 의한 이 축의 위험속도 [rpm] 를 구하라.

풀이 < 축 >

(1) 축의 동력 $H = T\omega \;\Rightarrow\; T = \dfrac{H}{\omega} = \dfrac{4 \times 10^3}{\left(\dfrac{2\pi \times 100}{60}\right)} = 381.97\,N \cdot m$

굽힘모멘트 $M = \dfrac{Pl}{4} = \dfrac{800 \times 2}{4} = 400\,N \cdot m$

상당비틀림모멘트 $T_e = \sqrt{M^2 + T^2} = \sqrt{400^2 + 381.97^2} = 553.08\,N \cdot m$

최대전단응력 $\tau_e = \tau_a = \dfrac{1}{2}\sqrt{\sigma^2 + 4\tau^2} = \dfrac{1}{2}\sqrt{50^2 + 4 \times 40^2} = 47.17\,MPa$

$T_e = \tau_a Z_P = \tau_a \dfrac{\pi d^3}{16} \;\Rightarrow\; d = \sqrt[3]{\dfrac{16\,T_e}{\pi\,\tau_a}} = \sqrt[3]{\dfrac{16 \times 553.08 \times 10^3}{\pi \times 47.17}}$

$= 38.09\,mm$

∴ 직상위 값 $d = 50\,mm$을 축경으로 선택한다.

(2) 단위길이당 하중 $w = \gamma A = 78600 \times 10^{-9} \times \dfrac{\pi \times 80^2}{4} = 0.395\,N/mm$

축 자중에 의한 중앙부 처짐

$\delta_0 = \dfrac{5wl^4}{384EI} = \dfrac{5 \times 0.395 \times 2000^4}{384 \times 2 \times 10^5 \times \dfrac{\pi \times 80^4}{64}} = 0.2\,mm$

축 자중에 의한 진동수 $N_0 = \dfrac{30}{\pi}\sqrt{\dfrac{g}{\delta_0}} = \dfrac{30}{\pi}\sqrt{\dfrac{9800}{0.2}} = 2113.83\,rpm$

하중(W)에 의한 중앙부 처짐

$$\delta_1 = \frac{Wl^3}{48EI} = \frac{800 \times 2000^4}{48 \times 2 \times 10^5 \times \frac{\pi \times 80^4}{64}} = 0.33\,mm$$

하중(W)에 의한 진동수 $\quad N_1 = \frac{30}{\pi}\sqrt{\frac{g}{\delta_1}} = \frac{30}{\pi}\sqrt{\frac{9800}{0.33}} = 1645.61\,rpm$

던커레이 위험속도 실험식 $\quad \frac{1}{N_c^2} = \frac{1}{N_0^2} + \frac{1}{N_1^2}$

$$\Rightarrow N_c = \sqrt{\frac{1}{\frac{1}{N_0^2} + \frac{1}{N_1^2}}} = \sqrt{\frac{1}{\frac{1}{2113.83^2} + \frac{1}{1645.61^2}}} = 1298.51\,rpm$$

05. 600 rpm으로 회전하는 엔드저널 4000 N의 베어링 하중을 지지한다. 허용 베어링압력 6 MPa, 허용압력속도계수 $p_a v = 2\,N/mm^2 \cdot m/s$, 마찰계수 $\mu = 0.006$ 일 때 다음을 구하라.
  (1) 저널의 길이 [mm]
  (2) 저널의 지름 [mm]

풀이 < 저널 >

(1) $p_a v = \frac{\pi W N}{60 \times 1000\,l} \quad \Rightarrow \quad l = \frac{\pi W N}{60 \times 1000\,p_a v} = \frac{\pi \times 4000 \times 600}{60 \times 1000 \times 2} = 62.83\,mm$

(2) $q = \frac{W}{A} = \frac{W}{dl} \quad \Rightarrow \quad d = \frac{W}{ql} = \frac{4000}{6 \times 62.83} = 10.61\,mm$

06. $7.5\,kW$를 전달하는 압력각 $20°$인 스퍼기어가 있다. 피니언의 회전수는 $1500\,rpm$이고 기어의 회전수는 $500\,rpm$일 때 다음을 구하라. (단, 축간거리는 $250\,mm$이다.)
 (1) 피니언과 기어의 피치원 지름을 구하라.
 (2) 전달하중 F는 몇 N인가?
 (3) 축 직각하중 F_v는 몇 N인가?
 (4) 전하중 F_n은 몇 N인가?

풀이 < 기어 >

(1) 속도비 $\quad i = \dfrac{N_2}{N_1} = \dfrac{500}{1500} = \dfrac{1}{3} = \dfrac{D_1}{D_2} \;\Rightarrow\; N_1 D_1 = N_2 D_2 \;\Rightarrow\; D_2 = 3D_1$

축간거리 $\quad C = 250 = \dfrac{D_1 + D_2}{2} = \dfrac{D_1 + 3D_1}{2}$

$\Rightarrow\; D_1 = 125\,mm,\; D_2 = 375\,mm$

(2) 회전속도 $\quad v = \dfrac{\pi D_1 N_1}{60 \times 1000} = \dfrac{\pi \times 125 \times 1500}{60 \times 1000} = 9.82\,m/s$

$H = Fv \;\Rightarrow\;$ 전달하중 $\quad F = \dfrac{H}{v} = \dfrac{7.5 \times 10^3}{9.82} = 763.75\,N$

(3) 축 직각하중 $\quad F_v = F \tan \alpha = 763.75 \times \tan 20° = 277.98\,N$

(4) 전하중 $\quad F_n = \dfrac{F}{\cos \alpha} = \dfrac{763.75}{\cos 20°} = 812.77\,N$

07. 출력이 $40\,kW$, 회전수 $1000\,rpm$인 전동기 축에 최소 피치원 지름이 $100\,mm$, 홈의 각은 $36°$의 V벨트 풀리를 설치하여 중심거리가 $1483\,mm$인 종동축을 속도비 $1/3$로 감속운전하려 한다. 안전하게 사용하기 위한 벨트의 가닥수를 정수로 올림하여 구하라. (단, V벨트의 허용장력은 $1\,kN$, 단위길이 당 무게 $5.8\,N/m$, 마찰계수 $\mu = 0.25$, 부하수정계수 $= 0.7$, 접촉각 수정계수 $= 1$ 이다.)

풀이 < 벨트 (풀리) >

$$i = \frac{N_2}{N_1} = \frac{D_1}{D_2} \quad \Rightarrow \quad D_2 = \frac{D_1}{i} = 400 \times 3 = 1200\,mm$$

$$v = \frac{\pi D_1 N_1}{60 \times 1000} = \frac{\pi \times 400 \times 1000}{60 \times 1000} = 20.94\,m/s$$

⇧ **10 m/s 이상이므로 부가장력 고려**

부가장력 $\quad T_c = mv^2 = \frac{w}{g}v^2 = \frac{5.8}{9.8} \times 20.94^2 = 259.51\,N$

상당마찰계수 $\quad \mu' = \dfrac{\mu}{\sin\dfrac{\alpha}{2} + \mu\cos\dfrac{\alpha}{2}} = \dfrac{0.25}{\sin 18° + 0.25\cos 18°} = 0.457$

접촉각 $\quad \theta = 180° - 2\phi = 180° - 2\sin^{-1}\left(\dfrac{D_2 - D_1}{2C}\right)$

$$= 180° - 2\sin^{-1}\left(\dfrac{1200 - 400}{2 \times 1483}\right) = 148.7°$$

장력비 $\quad e^{\mu'\theta} = e^{0.457 \times 148.7° \times \frac{\pi}{180°}} = 3.27$

동력 $\quad H_0 = T_e v = (T_t - T_c)\left(\dfrac{e^{\mu'\theta} - 1}{e^{\mu'\theta}}\right)v$

$$= (1000 - 259.51) \times \left(\dfrac{3.27 - 1}{3.27}\right) \times 20.94$$

$$= 10764\,W = 10.764\,kW$$

가닥수 $\quad Z = \dfrac{H}{k_1 k_2 H_0} = \dfrac{40}{1 \times 0.7 \times 10.76} = 5.31 ≒ 6\,$가닥

08. $No.50$ 롤러체인(roller chain) (파단하중 $22.1\,kN$, 피치 $15.88\,mm$)으로 $750\,rpm$의 구동축을 $250\,rpm$으로 감속운전 하고자 한다. 구동 스프로킷(sprocket)의 잇수를 17개, 안전율을 16으로 할 때 다음을 구하라.
   (1) 체인속도 : $v\,[\,m/s\,]$
   (2) 전달동력 : $H\,'\,[\,kW\,]$
   (3) 피동 스프로킷의 피치원 지름 : $D_2\,[\,mm\,]$

풀이 < 체인 >

   (1) $v = \dfrac{\pi D_1 N_1}{60 \times 1000} = \dfrac{p Z_1 N_1}{60 \times 1000} = \dfrac{15.88 \times 17 \times 750}{60 \times 1000} = 3.38\,m/s$

   (2) $H\,' = F_a v = \dfrac{F_B}{S} v = \dfrac{22.1}{16} \times 3.38 = 4.67\,kW$

   (3) 속도비 $\quad i = \dfrac{N_2}{N_1} = \dfrac{Z_1}{Z_2} \quad \Rightarrow \quad Z_2 = \dfrac{Z_1}{i} = 17 \times 3 = 51$ 개

   스프로킷의 피치원 지름 $\quad D_2 = \dfrac{p}{\sin \dfrac{180°}{Z_2}} = \dfrac{15.88}{\sin \dfrac{180°}{51}} = 257.96\,mm$

09. 축간거리 $12\,m$의 로프풀리에서 로프가 $0.3\,m$ 처졌다. 로프의 지름은 $19\,mm$이고 $1\,m$당 무게가 $0.34\,kg$일 때 다음을 구하라.
   (1) 로프에 작용하는 장력은 몇 N인가?
   (2) 접촉점부터 접촉점까지의 로프길이는 몇 mm인가?

풀이 < 로프 >

   (1) 인장력 $\quad T = \dfrac{w\,l^2}{8h} + wh = \dfrac{0.34 \times 12^2}{8 \times 0.3} + 0.34 \times 0.3 = 20.5\,kg = 200.9\,N$

   (2) 접촉점 간의 로프길이
   $$L = l\left(1 + \dfrac{8h^2}{3l^2}\right) = 12 \times \left(1 + \dfrac{8 \times 0.3^2}{3 \times 12^2}\right) = 12.02\,m = 12020\,mm$$

10. 그림과 같은 블록브레이크에서 조작력이 $200\,N$일 때 다음을 구하라. (단, 허용면압력 $0.2\,MPa$, 마찰계수 0.25, 블록의 길이 $e = 120\,mm$이다.)

   (1) 블록의 나비 $b\,[\,mm\,]$
   (2) 제동력 $Q\,[\,N\,]$

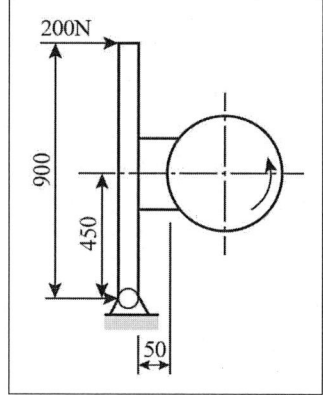

풀이 < 브레이크 >

   (1) 접촉부 수직반력을 W 라 하면 마찰력은 $F_f = \mu W$ (↓) 이므로

$$\sum M_o = 0 \;\;\Rightarrow\;\; Fa - Wb + \mu Wc = 0$$

$$\Rightarrow\;\; W = \frac{Fa}{b - \mu c} = \frac{200 \times 900}{450 - 0.25 \times 50} = 411.43\,N$$

$$q = \frac{W}{be} \;\;\Rightarrow\;\; b = \frac{W}{qe} = \frac{411.43}{0.2 \times 120} = 17.14\,mm$$

   (2) 제동력 $Q = \mu W = 0.25 \times 411.43 = 102.86\,N$

11. 강선의 지름이 $1.6\,mm$인 코일스프링에서 코일의 평균지름과 소선의 지름의 비가 6 이다. $44.1\,N$의 축하중을 받을 때 다음을 결정하라. (단, 코일의 유효감김수는 43권 이며 횡탄성계수는 $80\,GPa$이다.)

(1) 최대전단응력 τ_{max}를 구하고 아래 표에서 사용가능한 모든 스프링의 재질을 선택하라. 코일 스프링의 안전율은 2이다.

재 료	기 호	전단항복강도 [N/mm²]
스프링 강선	SPS	705.6
경강선	HSW	896.7
피아노선	PWR	896.7
스테인레스 강선	STS	637

(2) 코일스프링의 처짐 $\delta\,[cm]$은?

풀이 < 스프링 >

(1) 스프링지수 $C = \dfrac{D}{d}\ \Rightarrow\ D = Cd = 6 \times 1.6 = 9.6\,mm$

응력수정계수 $K = \dfrac{4C-1}{4C-4} + \dfrac{0.615}{C} = \dfrac{4 \times 6 - 1}{4 \times 6 - 4} + \dfrac{0.615}{6} = 1.2525$

비틀림모멘트 $T = \tau_a Z_p = P\dfrac{D}{2}$

$\Rightarrow\ \tau_{max} = K\dfrac{PD}{2Z_p} = K\dfrac{PD}{2 \times \dfrac{\pi d^3}{16}} = K\dfrac{8PD}{\pi d^3}$

$= 1.2525 \times \dfrac{8 \times 44.1 \times 9.6}{\pi \times 1.6^3}$

$= 329.66\,N/mm^2$

안전율이 2이므로 전단항복강도 $\tau_Y = 2\tau_{max} = 2 \times 329.66 = 659.32\,N/mm^2$ 의 값을 얻으며 표에서는 스테인레스 강선을 제외한 모든 재질을 선택할 수 있다.

(2) 처짐 $\delta = \dfrac{8nD^3W}{Gd^4} = \dfrac{8nD^3P}{Gd^4} = \dfrac{8 \times 43 \times 9.6^3 \times 44.1}{80 \times 10^3 \times 1.6^4}$

$= 25.6\,mm = 2.56\,cm$

일반기계기사 2013년 1회

01. 하중 $20\,kN$을 들어올리기 위한 나사산의 각 $30°$인 사다리꼴 나사잭이 있다. 수나사 봉의 유효지름은 $35\,mm$, 골지름은 $30\,mm$, 피치는 $5\,mm$이고 마찰계수가 0.1, 허용 전단응력이 $50\,MPa$인 한줄나사이다. 다음을 결정하라.
  (1) 볼트에 걸리는 토크 $T_B\,[J]$는?
  (2) 볼트에 걸리는 최대전단응력 $\tau_{max}\,[MPa]$는?
  (3) 안전계수 S는?

풀이 < 나사 (볼트) >

(1) 나사산의 각도가 $\beta = 30°$ 이므로

상당마찰계수 $\mu' = \dfrac{\mu}{\cos\dfrac{\beta}{2}} = \dfrac{0.1}{\cos\dfrac{30°}{2}} = 0.1035$

$\tan\rho' = \mu' \;\Rightarrow\; \rho' = \tan^{-1}\mu' = \tan^{-1}0.1035 = 5.9091°$

$\tan\alpha = \dfrac{np}{\pi d_e} \;\Rightarrow\; \alpha = \tan^{-1}\dfrac{np}{\pi d_e} = \tan^{-1}\left(\dfrac{1\times 5}{\pi\times 35}\right) = 2.6036°$

$T_B = W\tan(\rho' + \alpha)\dfrac{d_e}{2} = 20\times 10^3 \times \tan(5.9091° + 2.6036°) \times \dfrac{35}{2}$

$= 52387.17\,N\cdot mm = 52.39\,N\cdot m = 52.39\,J$

(2) 볼트 축방향 인장력과 단면방향의 비틀림을 동시에 받으므로

$\sigma_t = \dfrac{W}{A} = \dfrac{W}{\dfrac{\pi d_1^2}{4}} = \dfrac{20\times 10^3}{\dfrac{\pi\times 30^2}{4}} = 28.29\,N/mm^2$

$\tau = \dfrac{T_B}{Z_P} = \dfrac{T_B}{\dfrac{\pi d_1^3}{16}} = \dfrac{52.39\times 10^3}{\dfrac{\pi\times 30^3}{16}} = 9.88\,N/mm^2$

조합응력의 최대전단응력은

$\tau_{max} = \dfrac{1}{2}\sqrt{\sigma_t^2 + 4\tau^2} = \dfrac{1}{2}\sqrt{28.29^2 + 4\times 9.88^2}$

$= 17.25\,N/mm^2 = 17.25\times 10^6\,N/m^2 = 17.25\,MPa$

(3) 안전계수 $S = \dfrac{\tau_a}{\tau_{max}} = \dfrac{50}{17.25} = 2.9$

02. $3.7\,kW$, $2000\,rpm$을 전달하는 전동축에 묻힘키를 설계하고자 한다. 축의 허용 전단응력은 $19.6\,MPa$이고, 키의 허용전단응력은 $11.76\,MPa$, 키의 허용압축응력은 $23.52\,MPa$이다. 이론적으로 축의 지름과 키의 길이를 같게 하여 묻힘키를 설계하고 축에 키의 묻힘 깊이는 키의 높이의 $1/2$로 하여 다음을 구하라.

(1) 묻힘키의 깊이를 고려하지 말고 전동축의 지름 $d_0\,[mm]$는?

(2) 묻힘키의 폭 $b\,[mm]$는?

(3) 묻힘키의 높이 $h\,[mm]$는?

(4) 묻힘 깊이를 고려한 축직경 $d = \dfrac{d_0}{\beta}$이다. β가 다음과 같을 때 $d\,[mm]$는?

$$\beta = 1.0 + 0.2\left(\dfrac{b}{d_0}\right) - 1.1\left(\dfrac{t}{d_0}\right) \quad \text{여기서, } t \text{는 키의 묻힘 깊이이다.}$$

풀이 < 키 >

(1) 동력 $H = T\omega \Rightarrow T = \dfrac{H}{\omega} = \dfrac{3.7 \times 10^6}{\left(\dfrac{2\pi \times 2000}{60}\right)} = 17666.2\,N\cdot mm$

$$T = \tau_0 Z_P = \tau_0 \dfrac{\pi d_0^3}{16}$$

$$\Rightarrow d_0 = \sqrt[3]{\dfrac{16T}{\pi \tau_0}} = \sqrt[3]{\dfrac{16 \times 17666.2}{\pi \times 19.6}} = 16.62\,mm$$

(2) $(d_0 = l) \Rightarrow \tau_k = \dfrac{2T}{b\,l\,d_0}$

$$\therefore b = \dfrac{2T}{\tau_k\,l\,d_0} = \dfrac{2 \times 17666.2}{11.76 \times 16.62 \times 16.62} = 10.88\,mm$$

(3) $\left(h = \dfrac{l}{2} = \dfrac{d_0}{2}\right) \Rightarrow \sigma_k = \dfrac{2T}{b\,l\,h}$

$$\therefore h = \dfrac{4T}{\sigma_k\,l\,d_0} = \dfrac{4 \times 17666.2}{23.52 \times 16.62 \times 16.62} = 10.88\,mm$$

(4) $\left(t = \dfrac{h}{2} = \dfrac{b}{2}\right) \Rightarrow \beta = 1.0 + 0.2\left(\dfrac{b}{d_0}\right) - 1.1\left(\dfrac{t}{d_0}\right)$

$$\Rightarrow \beta = 1.0 + 0.2\left(\dfrac{10.88}{16.62}\right) - 1.1\left(\dfrac{10.88/2}{16.62}\right) = 0.77$$

$$\therefore d = \dfrac{d_0}{\beta} = \dfrac{16.62}{0.77} = 21.58\,mm$$

03. 용접작업 시 용접부에 생기는 잔류응력을 없애는 방법 3가지를 적으시오.

풀이 < 용접 >

❶ 풀림처리(annealing) : 용접물을 가열로에 넣고 500~600 ℃로 일정시간 유지한 후 서랭하여 용접작업에서 발생한 열 잔류응력을 제거한다.
❷ 피닝(peening)법 : 용접부의 표면을 끝이 둥근 해머 등으로 연속해서 두드리면 열 잔류 응력이 제거되며, 통상 자동 유압장치를 이용한다.
❸ 기계식 응력완화법

04. $600\,rpm$ 으로 $1.47\,kN$ 을 지지하는 단열 레이디얼 볼 베어링의 수명시간을 계산하라. 기본 동정격하중은 $18.4\,kN$, 하중계수는 1.5 이다.

풀이 < 베어링 >

$$L_h = 500 \times \frac{33.3}{N} \times \left(\frac{C}{f_w P_r}\right)^r = 500 \times \frac{33.3}{600} \times \left(\frac{18.4}{1.5 \times 1.47}\right)^3 = 16124.36\,hr$$

05. $50\,kN$ 의 베어링 하중을 받는 엔드저널 베어링의 허용 굽힘응력이 $49.05\,MPa$, 허용 베어링 압력은 $3.92\,MPa$ 일 때 다음을 구하라.
 (1) 저널의 지름 $d\,[mm]$ 는?
 (2) 저널의 폭 $l\,[mm]$ 은?

풀이 < 저널 >

 (1) 폭경비 $\dfrac{l}{d} = \sqrt{\dfrac{\pi\sigma_a}{16q}} = \sqrt{\dfrac{\pi \times 49.05}{16 \times 3.92}} = 1.57 \;\;\Rightarrow\;\; l = 1.57d$

$$q = \frac{W}{A} = \frac{W}{dl} = \frac{W}{d \times 1.57d}$$

$$\Rightarrow\; d = \sqrt{\frac{W}{1.57q}} = \sqrt{\frac{50 \times 10^3}{1.57 \times 3.92}} = 90.13\,mm$$

 (2) $l = 1.57d = 1.57 \times 90.13 = 141.5\,mm$

06. 접촉면의 평균지름이 $100\,mm$, 원추각이 $30°$인 원추클러치에서 $1200\,rpm$, $3.68\,kW$를 전달한다. 접촉면의 허용면압력이 $343\,kPa$, 마찰계수가 0.1일 때 다음을 구하라.
  (1) 접촉폭 (나비) $b\,[mm]$는?
  (2) 축방향으로 누르는 힘 $W\,[kN]$는?

풀이 < 클러치 >

(1) $q = 343 \times 10^3\,N/m^2 = 343 \times 10^{-3}\,N/mm^2$

$H = T\omega$

$\Rightarrow T = \dfrac{H}{\omega} = \dfrac{3.68 \times 10^3}{\left(\dfrac{2\pi \times 1200}{60}\right)} = 29.28451\,N\cdot m = 29284.51\,N\cdot mm$

$T = \mu Q \times \dfrac{D_m}{2} = \mu q \pi D_m b \times \dfrac{D_m}{2}$

$\Rightarrow b = \dfrac{2T}{\mu q \pi D_m^2} = \dfrac{2 \times 29284.51}{0.1 \times 343 \times 10^{-3} \times \pi \times 100^2} = 54.35\,mm$

(2) 원추반각 $\alpha = \dfrac{30°}{2} = 15°$

$W = Q(\sin\alpha + \mu\cos\alpha) = q\pi D_m b(\sin\alpha + \mu\cos\alpha)$

$= 343 \times 10^{-3} \times \pi \times 100 \times 54.35(\sin 15° + 0.1\cos 15°)$

$= 2081.49\,N = 2.08\,kN$

07. 홈붙이 마찰차에서 원동차의 지름이 $300\,mm$, 회전수 $300\,rpm$, 전달동력 $3.68\,kW$, 속도비 $1/1.5$, 홈의 각도 $40°$, 허용 선압력 $24.4\,N/mm$, 마찰계수 0.25, 홈의 높이 $12\,mm$일 때 다음을 구하라.
  (1) 축간거리 $C\,[mm]$는?
  (2) 마찰차를 밀어붙이는 힘 $W\,[N]$는?
  (3) 홈의 수 Z는?

풀이 < 마찰차 >

(1) $i = \dfrac{N_2}{N_1} = \dfrac{D_1}{D_2} \Rightarrow D_2 = \dfrac{D_1}{i} = 300 \times 1.5 = 450\,mm$

$\therefore C = \dfrac{D_1 + D_2}{2} = \dfrac{300 + 450}{2} = 375\,mm$

(2) $\mu' = \dfrac{\mu}{\sin\alpha + \mu\cos\alpha} = \dfrac{0.25}{\sin 20° + 0.25\cos 20°} = 0.433$

$v = \dfrac{\pi D_1 N_1}{60 \times 1000} = \dfrac{\pi \times 300 \times 300}{60 \times 1000} = 4.71\,m/s$

$H' = \mu' W v \Rightarrow W = \dfrac{H'}{\mu' v} = \dfrac{3.68 \times 10^3}{0.433 \times 4.71} = 1804.43\,N$

(3) $\mu P = \mu' W \Rightarrow$ **수직력** $P = \dfrac{\mu' W}{\mu} = \dfrac{0.433 \times 1804.43}{0.25} = 3125.27\,N$

접촉 선압력 $f = \dfrac{P}{l} \fallingdotseq \dfrac{P}{2h \cdot Z}$

$\Rightarrow Z = \dfrac{P}{2h \cdot f} = \dfrac{3125.27}{2 \times 12 \times 24.4} = 5.34 \fallingdotseq 6\,개$

08. $1500\,rpm$, $44\,kW$를 전달하는 베벨기어의 피니언 지름이 $150\,mm$, 속도비 $1/2$일 때 다음을 구하라. (단, 각각의 반 원추각 $\gamma_2 = 63°$, $\gamma_1 = 26°$ 이다.)

 (1) 종동기어의 피치원 지름 $D_2[mm]$는?
 (2) 모선의 길이 $L[mm]$은?
 (3) 전달력 $P[N]$는?

풀이 < 기어 >

(1) $i = \dfrac{N_2}{N_1} = \dfrac{D_1}{D_2} \ \Rightarrow\ D_2 = \dfrac{D_1}{i} = 150 \times 2 = 300\,mm$

(2) $L \sin\gamma_1 = \dfrac{D_1}{2} \ \Rightarrow\ L = \dfrac{D_1}{2\sin\gamma_1} = \dfrac{150}{2\sin 26°} = 171.09\,mm$

(3) $v = \dfrac{\pi D_1 N_1}{60 \times 1000} = \dfrac{\pi \times 150 \times 1500}{60 \times 1000} = 11.78\,m/s$

$H = Pv \ \Rightarrow\ P = \dfrac{H}{v} = \dfrac{44 \times 10^3}{11.78} = 3735.14\,N$

09. 원동차의 회전속도는 $1800\,rpm$, 지름은 $150\,mm$, 축간거리는 $1100\,mm$ 인 **V** 벨트 풀리가 있다. 전달동력은 $5\,kW$, 속도비는 $1/4$, 마찰계수는 0.32, 벨트길이 당 하중은 $0.12\,kg/m$, 홈의 각도는 $40°$ 이다. 다음을 구하라.
　(1) 벨트의 길이 $L\,[mm]$ 은?
　(2) 벨트의 접촉각 $\theta\,[\deg]$ 는?
　(3) 벨트의 긴장측 장력 $T_t\,[kN]$ 는?

풀이 < 벨트 (풀리) >

(1) $i = \dfrac{N_2}{N_1} = \dfrac{D_1}{D_2} \;\Rightarrow\; D_2 = \dfrac{D_1}{i} = 150 \times 4 = 600\,mm$

$$L = 2C + \dfrac{\pi(D_2 + D_1)}{2} + \dfrac{(D_2 - D_1)^2}{4C}$$

$$= 2 \times 1100 + \dfrac{\pi(600 + 150)}{2} + \dfrac{(600 - 150)^2}{4 \times 1100} = 3424.12\,mm$$

(2) 접촉각 $\theta = 180° - 2\phi = 180° - 2\sin^{-1}\left(\dfrac{D_2 - D_1}{2C}\right)$

　긴장측 $\theta_1 = 180° - 2\sin^{-1}\left(\dfrac{600 - 150}{2 \times 1100}\right) = 156.39°$

　이완측 $\theta_2 = 180° + 2\sin^{-1}\left(\dfrac{600 - 150}{2 \times 1100}\right) = 203.61°$

(3) $v = \dfrac{\pi D_1 N_1}{60 \times 1000} = \dfrac{\pi \times 150 \times 1800}{60 \times 1000} = 14.14\,m/s$

　　　　　　　　　　　　　　⇧ **10 m/s 이상이므로 부가장력 고려**

　부가장력 $T_c = mv^2 = 0.12 \times 14.14^2 = 23.99\,N$

　상당마찰계수 $\mu' = \dfrac{\mu}{\sin\dfrac{\alpha}{2} + \mu\cos\dfrac{\alpha}{2}} = \dfrac{0.32}{\sin 20° + 0.32\cos 20°} = 0.498$

　장력비 $e^{\mu'\theta} = e^{0.498 \times 156.39° \times \frac{\pi}{180°}} = 3.89$ ⇐ **긴장측 접촉각 적용**

　전달동력 $H_0 = T_e v = (T_t - T_c)\left(\dfrac{e^{\mu'\theta} - 1}{e^{\mu'\theta}}\right)v$

$$\Rightarrow T_t = \dfrac{e^{\mu'\theta}}{e^{\mu'\theta} - 1} \times T_e + T_c$$

$$= \dfrac{3.89}{3.89 - 1} \times \dfrac{5}{14.14} + 23.99 \times 10^{-3} \fallingdotseq 0.5\,kN$$

10. 드럼축에 $100\,rpm$, $8.21\,kW$의 전달동력이 작용하고 있는 그림과 같은 차동식 밴드 브레이크 장치가 있다. 마찰계수 0.3, 밴드접촉각 $240°$, 장력비 $e^{\mu\theta}=3.5$일 때 다음을 구하라.
   (1) 긴장측 장력 $T_t\,[N]$는?
   (2) 그림에서 브레이크 레버에 걸리는 조작력 $F\,[N]$는 얼마인가?
   (3) 브레이크를 자동제동시키려면 $a\,[mm]$의 길이를 얼마로 해야 하는가?

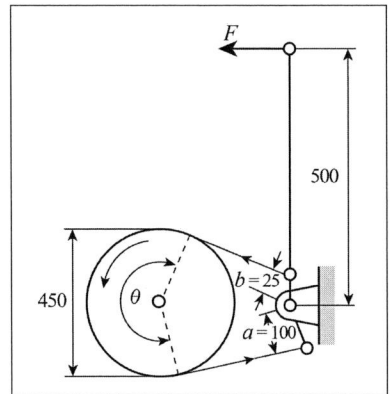

풀이 < 브레이크 >

(1) $H = T\omega$

$$\Rightarrow T = \frac{H}{\omega} = \frac{8.21 \times 10^3}{\left(\frac{2\pi \times 100}{60}\right)} = 784\,N \cdot m$$

$$T = T_e \times \frac{D}{2}$$

$\Rightarrow$ 유효장력 $T_e = \frac{2T}{D} = \frac{2 \times 784}{0.45} = 3484.44\,N$

긴장측 장력 $T_t = T_e \frac{e^{\mu\theta}}{e^{\mu\theta}-1} = 3484.44 \times \frac{3.5}{3.5-1} = 4878.22\,N$

(2) 이완측 장력 $T_s = T_e \frac{1}{e^{\mu\theta}-1} = 3484.44 \times \frac{1}{3.5-1} = 1393.78\,N$

$\sum M_o = 0$

$\Rightarrow T_s \times 100 = F \times 500 + T_t \times 25$

$\Rightarrow F = \frac{T_s \times 100 - T_t \times 25}{500} = \frac{1393.78 \times 100 - 4878.22 \times 25}{500} = 34.85\,N$

(3) 자동제동 조건은 조작력이 없어도 제동되는 조건($F=0$)이므로

$$T_s \times a \le T_t \times 25 \quad \Rightarrow \quad a \le 25 \times \frac{T_t}{T_s} = 25 \times e^{\mu\theta} = 25 \times 3.5 = 87.5\,mm$$

11. 강선의 지름이 $10\,mm$인 정방형 코일스프링이 있다. 스프링의 평균지름은 $100\,mm$, 감김수 $n=8$, 전단탄성계수 G는 $76.41\,GPa$, 허용전단응력은 $300\,MPa$이다. 다음을 구하라.

 (1) 최대 안전하중 P는 몇 $[kN]$인가?
 (2) 그 때의 처짐 δ는 몇 $[mm]$인가?

풀이 < 스프링 >

(1) $C = \dfrac{D}{d} = \dfrac{100}{10} = 10$

응력수정계수 $K = \dfrac{4C-1}{4C-4} + \dfrac{0.615}{C} = \dfrac{4 \times 10 - 1}{4 \times 10 - 4} + \dfrac{0.615}{10} = 1.1448$

$\tau_{\max} \leq \tau_a = 300\,N/mm^2$ .... ❶

$T = \tau_a Z_p = P\dfrac{D}{2} \Rightarrow \tau_a = \dfrac{PD}{2Z_p} = \dfrac{PD}{2 \times \dfrac{\pi d^3}{16}} = K\dfrac{8PD}{\pi d^3} \Rightarrow P = \dfrac{\tau_a \pi d^3}{8KD}$ ... ❷

❶, ❷ 식으로부터

$P \leq \dfrac{\tau_a \pi d^3}{8KD} = \dfrac{300 \times \pi \times 10^3}{8 \times 1.1448 \times 100} = 1029.09\,N \fallingdotseq 1.03\,kN$

(2) $\delta = \dfrac{8nD^3W}{Gd^4} = \dfrac{8nD^3P}{Gd^4} = \dfrac{8 \times 8 \times 100^3 \times 1.03 \times 10^3}{76.41 \times 10^3 \times 10^4} = 86.27\,mm$

일반기계기사 2013년 2회

01. 그림과 같은 아이볼트에 $F_1 = 6\,kN$, $F_2 = 8\,kN$의 하중과 $F = 15\,kN$이 작용할 때 다음을 구하라.
  (1) T의 각도 $\theta\,[\deg]$ 와 크기$[kN]$ 는?
  (2) 호칭지름 $10\,cm$, 피치 $3\,cm$, 골지름 $8\,cm$일때 최대 인장응력은 몇 $[MPa]$ 인가?

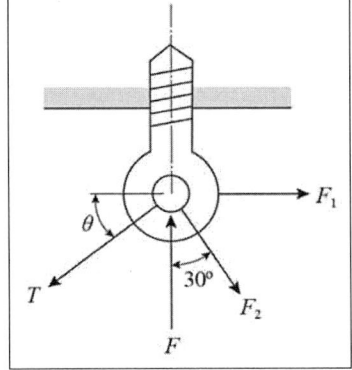

풀이 < 나사 (볼트) >

(1) 아이볼트의 eye 중심부에 대한 힘의 평형으로부터

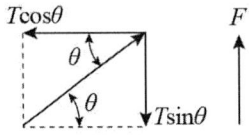 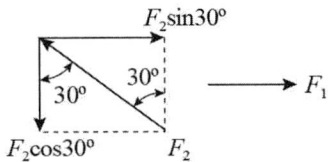

$$\sum F_x = 0 \;\Rightarrow\; T\cos\theta = F_1 + F_2 \sin 30°$$
$$\Rightarrow\; T\cos\theta = 6 + 8\sin 30° = 10\,kN \ldots\ldots \textbf{❶}$$

$$\sum F_y = 0 \;\Rightarrow\; T\sin\theta = F - F_2 \cos 30°$$
$$\Rightarrow\; T\sin\theta = 15 - 8\cos 30° = 8.07\,kN \ldots\ldots \textbf{❷}$$

❷ / ❶ $\;\Rightarrow\; \tan\theta = \dfrac{8.07}{10}$

$\therefore\; \theta = \tan^{-1} 0.807 = 38.9°$ $\;\Rightarrow\;$ ❶식에서 $T = \dfrac{10}{\cos 38.9°} = 12.58\,kN$

(2) $\sigma_{\max} = \dfrac{F}{A} = \dfrac{F}{\dfrac{\pi}{4}d_1^2} = \dfrac{15 \times 10^3}{\dfrac{\pi}{4} \times 80^2} = 2.9842\,N/mm^2 \fallingdotseq 2.98\,MPa$

02. 지름이 $70\,mm$인 축에 보스를 끼웠을 때 사용한 묻힘키의 호칭이 $18 \times 12 \times 100\,mm$이다. 이 축이 $350\,rpm$, $7.35\,kW$로 회전할 때 키의 전단응력과 압축응력은 각각 몇 $[N/mm^2]$인가?

풀이 < 키 >

$$H = T\omega \Rightarrow T = \frac{H}{\omega} = \frac{7.35 \times 10^3}{\left(\frac{2\pi \times 350}{60}\right)} \times 10^3 = 200535.23\,N \cdot mm$$

$$T = \tau_k A_\tau \times \frac{d_0}{2} = \tau_k b l \times \frac{d_0}{2}$$

$\Rightarrow$ 키의 전단응력 $\tau_k = \dfrac{2T}{bld_0} = \dfrac{2 \times 200535.23}{18 \times 100 \times 70} = 3.18\,N/mm^2$

$$T = \sigma_k A_\sigma \times \frac{d_0}{2} = \sigma_k \frac{h}{2} l \times \frac{d_0}{2}$$

$\Rightarrow$ 키의 압축응력 $\sigma_k = \dfrac{4T}{hld_0} = \dfrac{4 \times 200535.23}{12 \times 100 \times 70} = 9.55\,N/mm^2$

03. 4축 필렛 용접이음에 편심하중이 $50\,kN$ 작용할 때 최대전단응력은 몇 $[MPa]$인가? 그림에서 $a = 250\,mm$, 용접사이즈 $8\,mm$, 편심거리 $l = 375\,mm$이다.

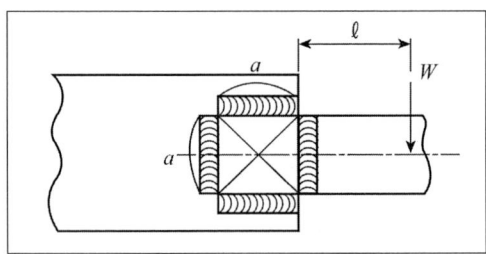

풀이 < 용접 >

W에 의한 전단응력은 작용하중과 굽힘모멘트를 필렛부의 중심으로 이전시켜 렌치를 구성하는 직접전단(τ_1)과 굽힘모멘트에 의한 굽힘전단(τ_2)으로 구분하여 적용한다.

직접전단 (τ_1)

목두께 $t = h\cos 45° = 0.707h$ 이므로

$$\tau_1 = \frac{W}{A} = \frac{W}{4at} = \frac{50 \times 10^3}{4 \times 250 \times 0.707 \times 8} = 8.84\,N/mm^2 = 8.84\,MPa$$

회전모멘트 M에 의한 굽힘전단 (τ_2)

$$r_{max} = \sqrt{\left(\frac{a}{2}\right)^2 + \left(\frac{a}{2}\right)^2} = \sqrt{125^2 + 125^2} = 176.78\,mm\text{ 이며}$$

$$I_P = t\frac{(l+b)^3}{6} = 0.707h\frac{(a+a)^3}{6} = 0.707 \times 8 \times \frac{(2 \times 250)^3}{6} = 117.83 \times 10^6\,mm^4$$

$$\tau_2 = \frac{T\,r_{max}}{I_P}$$

$$\Rightarrow \tau_2 = \frac{W\left(l + \frac{a}{2}\right)r_{max}}{I_P} = \frac{50 \times 10^3 \times \left(375 + \frac{250}{2}\right) \times 176.78}{117.83 \times 10^6}$$

$$= 37.5\,N/mm^2 = 37.5\,MPa$$

∴ **최대전단응력**
$$\tau_{max} = \sqrt{\tau_1^2 + \tau_2^2 + 2\tau_1\tau_2\cos\theta}$$
$$= \sqrt{8.84^2 + 37.5^2 + 2 \times 8.84 \times 37.5 \times \cos 45°}$$
$$= 44.2\,MPa$$

04. 단열 레이디얼 볼 베어링 6308을 레이디얼 하중 $1.6\,kN$, 기본동정격 하중 C의 값은 $32\,kN$, 한계속도지수 $dN = 200000\,mm \cdot rpm$일 때 다음을 구하라.
 (1) 베어링의 안지름은 몇 $[mm]$인가?
 (2) 최대회전수는 몇 $[rpm]$인가?
 (3) 하중계수가 1.5일 때 수명시간은 몇 $[hr]$인가?

풀이 < 베어링 >

 (1) 베어링의 안지름은 6308로부터 $d = 8 \times 5 = 40\,mm$

 (2) $N_{\max} = \dfrac{dN}{d} = \dfrac{dN}{40} = \dfrac{200000}{40} = 5000\,rpm$

 (3) $L_h = 500 \times \dfrac{33.3}{N} \times \left(\dfrac{C}{f_w P}\right)^r$, (볼 베어링 $r = 3$)

 $= 500 \times \dfrac{33.3}{5000} \times \left(\dfrac{32 \times 10^3}{1.5 \times 1.6 \times 10^3}\right)^3 = 7893.33\,hr$

05. 길이 $l = 200\,cm$인 축이 $900\,rpm$, $33.1\,kW$를 전달한다. 무게 $65\,kg$의 풀리를 축의 중앙에 붙일 때 이 축의 지름을 결정하고자 한다. 축 재료는 연강이고 키홈은 무시하며 허용전단응력은 $34.3\,MPa$이다. 다음 순서에 따라 계산하라.
 (1) 축 토크는 몇 $[J]$인가?
 (2) 굽힘모멘트는 몇 $[J]$인가?
 (3) 상당 비틀림모멘트를 고려하면 축 지름은 몇 $[mm]$인가?

풀이 < 축 >

 (1) 축의 동력 $H = T\omega \;\Rightarrow\; T = \dfrac{H}{\omega} = \dfrac{33.1 \times 10^3}{\left(\dfrac{2\pi \times 900}{60}\right)} = 351.2\,N \cdot m = 351.2\,J$

 (2) $M = \dfrac{Pl}{4} = \dfrac{65 \times 9.8 \times 2}{4} = 318.5\,N \cdot m = 318.5\,J$

 (3) 상당 비틀림모멘트 $T_e = \sqrt{M^2 + T^2} = \sqrt{318.5^2 + 351.2^2} = 474.11\,N \cdot m$

 $T_e = \tau_a Z_P = \tau_a \dfrac{\pi d^3}{16}$

 $\Rightarrow d = \sqrt[3]{\dfrac{16\,T_e}{\pi \tau_a}} = \sqrt[3]{\dfrac{16 \times 474.11}{\pi \times 34.3 \times 10^6}} = 0.04129\,m = 41.29\,mm$

06. 축간거리 $C = 500\,mm$, $N_A = 500\,rpm$, $N_B = 300\,rpm$인 외접 원통마찰차가 있다. 선압 $20\,N/mm$, 폭 $75\,mm$, 마찰계수 0.2일 때 다음을 구하라.
   (1) 주동차와 종동차의 직경 $[mm]$
   (2) 최대전달동력 $[kW]$

풀이 < 마찰차 >

(1) 속도비 $i = \dfrac{N_B}{N_A} = \dfrac{D_A}{D_B}$ ⇒ $N_A D_A = N_B D_B$ ⇒ $500 \times D_A = 300 \times D_B$

$$\Rightarrow D_B = \frac{5}{3} D_A$$

$$C = 500 = \frac{D_A + D_B}{2} = \frac{D_A + \frac{5}{3}D_A}{2} \Rightarrow \frac{8}{3}D_A = 1000 \Rightarrow D_A = 375\,mm$$

$$D_B = \frac{5}{3}D_A = \frac{5}{3} \times 375 = 625\,mm$$

(2) $H = \mu P v = \mu q b v = 0.2 \times 20 \times 75 \times \dfrac{\pi \times 375 \times 500}{60 \times 1000} \times 10^{-3} \fallingdotseq 2.95\,kW$

07. $250\,rpm$, $7.5\,kW$의 동력을 전달하는 외접 스퍼기어에서 속도비 $1/5$, 굽힘강도 $200\,MPa$, 치형계수 $Y = \pi y = 0.35$, 비응력 계수 $K = 1.05\,MPa$, 치폭 $b = 10\,m$, 속도계수 $f_v = \dfrac{3.05}{3.05 + v}$, 피니언 피치원 지름 $D_1 = 100\,mm$일 때 다음을 계산하라.

 (1) 굽힘강도에 의한 모듈 (모듈을 올림하여 정수로 결정한다.)
 (2) 면압강도에 의한 모듈
 (3) 이 나비는 몇 $[mm]$가 적합한가?

풀이 < 기어 >

(1) $\sigma_b = 200\,MPa = 200 \times 10^6\,N/m^2 = 200\,N/mm^2$

회전속도 $v = \dfrac{\pi D_1 N_1}{60 \times 1000} = \dfrac{\pi \times 100 \times 250}{60 \times 1000} = 1.31\,m/s$

속도계수 $f_v = \dfrac{3.05}{3.05 + v} = \dfrac{3.05}{3.05 + 1.31} = 0.7$

전달동력 $H = Fv \ \Rightarrow\ F = \dfrac{H}{v} = \dfrac{7.5 \times 10^3}{1.31} = 5725.19\,N$

전달하중 $F = \sigma_b\, b\, p\, y = f_v\, f_w\, \sigma_b\, b\, \pi\, m\, y$

⇧ 하중계수 f_w 무시, $Y = \pi y = 0.35$

$\Rightarrow\ m = \sqrt{\dfrac{F}{f_v\, \sigma_b\, b\, Y}} = \sqrt{\dfrac{5725.19}{0.7 \times 200 \times 10 \times 0.35}}$

$= 3.42\,mm \fallingdotseq 4\,mm$

(2) 모듈 기본식 $D = mZ$

속도비 $i = \dfrac{N_2}{N_1} = \dfrac{D_1}{D_2}\ \Rightarrow\ D_2 = \dfrac{D_1}{i} = \dfrac{100}{1/5} = 500\,mm$

$F = f_v K b m \left(\dfrac{2 Z_1 Z_2}{Z_1 + Z_2} \right) = f_v K b m \left(\dfrac{2\dfrac{D_1}{m} \times \dfrac{D_2}{m}}{\dfrac{D_1}{m} + \dfrac{D_2}{m}} \right) = f_v K b m \left(\dfrac{2 D_1 D_2}{D_1 + D_2} \right)$

$m = \dfrac{F}{f_v K b m \left(\dfrac{2 D_1 D_2}{D_1 + D_2} \right)} = \dfrac{5725.19}{0.7 \times 1.05 \times 10 \times \left(\dfrac{2 \times 100 \times 500}{100 + 500} \right)}$

$= 4.67\,mm \fallingdotseq 5\,mm$

(3) 2 계산값 중에서 안전을 고려한 모듈값은 $4\,mm$이며 $b = 10 \times 4 = 40\,mm$이다.

08. 1500 rpm, 8 kW를 800 rpm, 510 mm의 종동풀리로 동력을 전달하는 바로걸기의 평벨트 전동장치가 있다. 마찰계수는 0.28, 주동풀리의 접촉각 165°, $m = 0.3\,kg/m$ 일 때 다음을 구하라.
  (1) 회전속도 v는 몇 $[m/\sec]$인가?
  (2) 긴장측 장력 T_t는 몇 $[N]$인가?
  (3) 벨트의 폭 b는 몇 $[mm]$인가?
     (단, 벨트의 두께는 5 mm, 허용인장강도가 2 MPa, 전달효율은 80 % 이다.)

풀이 < 벨트 (풀리) >

(1) $v = \dfrac{\pi D_1 N_1}{60 \times 1000} = \dfrac{\pi \times 510 \times 800}{60 \times 1000} = 21.36\,m/s$

⇧ **10 m/s 이상이므로 부가장력(T_c) 고려**

(2) $e^{\mu\theta} = e^{0.28 \times 165° \times \frac{\pi}{180}} = 2.24$

$T_c = m\,a = m\dfrac{v^2}{r} = \dfrac{m}{r}v^2 = 0.3 \times 21.36^2 = 136.87\,N$

$H = T_e\,v = (T_t - T_c)\dfrac{e^{\mu\theta}-1}{e^{\mu\theta}}\,v$

⇨ $T_t = \dfrac{e^{\mu\theta}}{e^{\mu\theta}-1} \times \dfrac{H}{v} + T_c = \left(\dfrac{2.24}{2.24-1}\right) \times \dfrac{8 \times 10^3}{21.36} + 136.87 = 813.44\,N$

(3) $\sigma_a = \dfrac{T_t}{b\,t\,\eta}$ ⇨ $b = \dfrac{T_t}{\sigma_a\,t\,\eta} = \dfrac{813.44}{2 \times 5 \times 0.8} = 101.68\,mm$

09. 50번 롤러체인의 평균속도가 $7\,m/\sec$일 때 다음을 구하라.
  (단, 안전율 $S = 20$, 부하계수 $k = 1.0$, 파단하중 $P = 14\,kN$이다.)
  (1) 허용장력 F는 몇 $[N]$인가?
  (2) 최대 전달동력은 몇 $[kW]$인가?

풀이 < 체인 >

(1) $F = \dfrac{P}{S\,k} = \dfrac{14 \times 10^3}{20 \times 1} = 700\,N$

(2) $H = F\,v = 700 \times 7 = 4900\,W = 4.9\,kW$

10. $4\,kW$, $250\,rpm$으로 회전하고 있는 $250\,mm$의 드럼을 제동시키기 위한 블록 브레이크가 있다. 다음을 구하라.
   (1) 제동토크 T는 몇 $[J]$인가? (단, 마찰계수는 0.25이다.)
   (2) 제동력 Q는 몇 $[N]$인가?
   (3) 조작대에 작용하는 힘 F는 몇 $[N]$인가?

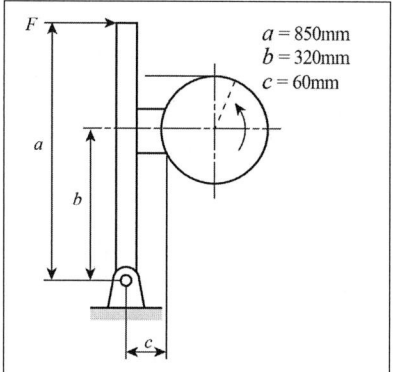

$a = 850mm$
$b = 320mm$
$c = 60mm$

풀이 < 브레이크 >

(1) $H = T\omega \;\Rightarrow\; T = \dfrac{H}{\omega} = \dfrac{4 \times 10^3}{\left(\dfrac{2\pi \times 250}{60}\right)} = 152.79\,N\cdot m = 152.79\,J$

(2) $Q = F_f$

$T = F_f \times \dfrac{D}{2} \;\Rightarrow\; Q = F_f = \dfrac{2T}{D} = \dfrac{2 \times 152.79}{0.25} = 1222.32\,N$

(3) 수직반력을 N이라 하면 마찰력은 $F_f = \mu N$

$\sum M_o = 0$

$\Rightarrow Fa - Nb + \mu N c = 0$

$\Rightarrow F = \dfrac{N(b - \mu c)}{a} = \dfrac{\dfrac{F_f}{\mu}(b - \mu c)}{a} = \dfrac{\dfrac{1222.32}{0.25} \times (320 - 0.25 \times 60)}{850}$

$\qquad\qquad = 1754.39\,N$

11. 스프링 지수가 8인 코일스프링에 압축하중이 $800 \sim 300\,N$ 사이에서 변동할 때 수축량은 $25\,mm$이며 최대전단응력은 $300\,MPa$, 스프링의 전단탄성계수는 $80\,GPa$이다. 왈의 응력수정계수는 $K = \dfrac{4C-1}{4C-4} + \dfrac{0.615}{C}$, 최대하중이 $800\,N$일 때 다음을 구하라.

 (1) 코일스프링 소선의 최소지름은 몇 $[\,mm\,]$인가?
 (2) 코일스프링의 평균유효지름은 몇 $[\,mm\,]$인가?
 (3) 코일스프링의 유효감김수는?

풀이 < 스프링 >

 (1) $K = \dfrac{4C-1}{4C-4} + \dfrac{0.615}{C} = \dfrac{4\times 8-1}{4\times 8-4} + \dfrac{0.615}{8} = 1.184$

  최소지름인 경우에 최대전단응력이 발생하므로

  $$T = \tau_{\max} Z_P = \tau_{\max} \dfrac{\pi d^3}{16} = P\dfrac{D}{2}$$

  $\Rightarrow \tau_{\max} = K\dfrac{8PD}{\pi d_{\min}^3} = K\dfrac{8PC}{\pi d_{\min}^2}$ $\Leftarrow$ 스프링지수 $C = \dfrac{D}{d}$ $\Rightarrow D = Cd$

  $\therefore\ d_{\min} = \sqrt{\dfrac{K\,8PC}{\pi\,\tau_{\max}}} = \sqrt{\dfrac{1.184\times 8\times 800\times 8}{\pi\times 300}} = 8.02\,mm$

 (2) $C = \dfrac{D}{d} \Rightarrow D = Cd = 8\times 8.02 = 64.16\,mm$

 (3) 처짐 $\delta = \dfrac{8nD^3W}{Gd^4} = \dfrac{8nD^3P}{Gd^4} \Rightarrow \delta_1 - \delta_2 = \dfrac{8nD^3(P_1-P_2)}{Gd^4}$

  유효감김수 $n = \dfrac{Gd^4(\delta_1-\delta_2)}{8D^3(P_1-P_2)} = \dfrac{80\times 10^3\times 8.02^4\times 25}{8\times 64.16^3\times (800-300)} = 7.83 \fallingdotseq 8회$

일반기계기사 2012년 1회

01. 나사의 유효지름 $63.5\,mm$, 피치 $3.17\,mm$, 나사잭으로 $3\,ton$의 중량을 올리기 위해 렌치에 작용하는 힘 $294.3\,N$, 마찰계수 0.1일 때 다음을 구하라.
  (1) 나사잭을 들어올리는 토크는 몇 $N\cdot m$인가?
  (2) 렌치의 길이는 몇 mm인가?
  (3) 렌치의 직경은 몇 mm인가? (단, 렌치의 굽힘응력은 $100\,MPa$이다.)

풀이 < 나사 >

(1) $\tan\rho = \mu \;\Rightarrow\; \rho = \tan^{-1}\mu = \tan^{-1}0.1 = 5.7106°$

$\tan\alpha = \dfrac{p}{\pi d_e} \;\Rightarrow\; \alpha = \tan^{-1}\dfrac{p}{\pi d_e} = \tan^{-1}\left(\dfrac{3.17}{\pi\times 63.5}\right) = 0.9104°$

$W = 3000\,kg_f = 3000\times 9.8 = 29400\,N$

$T = W\tan(\rho+\alpha)\cdot\dfrac{d_e}{2} = 29400\times\tan(5.7106°+0.9104°)\times\dfrac{63.5}{2}$

$\quad = 108350.57\,N\cdot mm = 108.35\,N\cdot m$

(2) $T = Fl \;\Rightarrow\; l = \dfrac{T}{F} = \dfrac{108.35}{294.3}\times 10^3 = 368.16\,mm$

(3) $\sigma_b = 100\times 10^6\,N/m^2 = 100\,N/mm^2$

$T = M = \sigma_b Z = \sigma_b\dfrac{\pi d^3}{32}$

$\Rightarrow d = \sqrt[3]{\dfrac{32M}{\pi\sigma_b}} = \sqrt[3]{\dfrac{32\times 108350.57}{\pi\times 100}} = 22.26\,mm$

02. 지름이 $100\,mm$인 축에 보스를 끼웠을 때 사용한 묻힘키의 길이가 $300\,mm$, 나비가 $28\,mm$, 높이가 $16\,mm$이다. 이 축을 $500\,rpm$, $4\,kW$로 운전할 때 키의 전단응력과 압축응력은 몇 MPa인가?

풀이 < 키 >

$$H = T\omega \Rightarrow T = \frac{H}{\omega} = \frac{4 \times 10^3}{\left(\frac{2\pi \times 500}{60}\right)} \times 10^3 = 76.39 \times 10^3\,N \cdot mm$$

$$T = \tau_k A_\tau \times \frac{d_0}{2} = \tau_k bl \times \frac{d_0}{2}$$

⇒ 키의 전단응력 $\tau_k = \dfrac{2T}{bld_0} = \dfrac{2 \times 76.39 \times 10^3}{28 \times 300 \times 100} = 0.1819\,MPa$

$$T = \sigma_k A_\sigma \times \frac{d_0}{2} = \sigma_k \frac{h}{2} l \times \frac{d_0}{2}$$

⇒ 키의 압축응력 $\sigma_k = \dfrac{4T}{hld_0} = \dfrac{4 \times 76.39 \times 10^3}{16 \times 300 \times 100} = 0.64\,MPa$

03. 1줄 겹치기 리벳이음에서 판두께 $12\,mm$, 리벳직경 $25\,mm$, 피치 $50\,mm$, 리벳중심에서 판끝까지의 길이 $35\,mm$이다. 1피치당 하중을 $24.5\,kN$으로 할 때 다음을 계산하라.
 (1) 판의 인장응력은 몇 N/mm^2인가?
 (2) 리벳의 전단응력은 몇 N/mm^2인가?
 (3) 리벳이음의 효율은 몇 %인가?

풀이 < 리벳 >

(1) $\sigma_t = \dfrac{W}{A_t} = \dfrac{W}{(p-d)t} = \dfrac{24.5 \times 10^3}{(50-25) \times 12} = 81.67\,N/mm^2$

(2) $\tau_r = \dfrac{W}{A_\tau} = \dfrac{W}{\frac{\pi}{4}d^2 \times n} = \dfrac{24.5 \times 10^3}{\frac{\pi}{4} \times 25^2 \times 1} = 49.91\,N/mm^2$

(3) 리벳이음 효율 $\eta_r = \dfrac{\tau_r \frac{\pi}{4}d^2 \times n}{\sigma_t p t} = \dfrac{49.91 \times \frac{\pi}{4} \times 25^2 \times 1}{81.67 \times 50 \times 12} = 0.5 = 50\,\%$

  강판효율 $\eta_p = \eta_t = 1 - \dfrac{d}{p} = 1 - \dfrac{25}{50} = 0.5 = 50\,\%$

04. 복열 자동조심 롤러 베어링의 접촉각 $\alpha = 25°$, 레이디얼 하중 $2\,kN$, 트러스트 하중 $1.5\,kN$, $1500\,rpm$으로 $60000\,hr$의 베어링 수명을 갖는다. 하중계수가 1.2일 때 다음을 계산하라. 하중은 내륜 회전하중이다.
  (1) 등가레이디얼 하중은 몇 N인가?
  (2) 베어링과 기존동정격하중은 몇 N인가? $[\,h_r\,]$ (하중계수는 1.2이다.)

베어링의 계수 V, X 및 Y값

베어링 형식		내륜회전하중	외륜회전하중	단열 $F_a/VF_r > e$	복열 $F_a/VF_r \leq e$		복열 $F_a/VF_r > e$		e
		V		X Y	X	Y	X	Y	
깊은홈 볼베어링	$F_a/C_o = 0.014$ $= 0.028$ $= 0.056$ $= 0.084$ $= 0.11$ $= 0.17$ $= 0.28$ $= 0.42$ $= 0.56$	1	1.2	0.56 2.30 1.99 1.71 1.55 1.45 1.31 1.15 1.04 1.00	1	0	0.56	2.30 1.99 1.71 1.55 1.45 1.31 1.15 1.04 1.00	0.19 0.22 0.26 0.28 0.30 0.34 0.38 0.42 0.44
앵귤러 볼베어링	$\alpha = 20°$ $= 25°$ $= 30°$ $= 35°$ $= 40°$	1	1.2	0.43 1.00 0.41 0.87 0.39 0.76 0.37 0.56 0.35 0.57	1	1.00 0.92 0.78 0.66 0.55	0.70 0.67 0.63 0.60 0.57	1.63 1.41 1.24 1.07 0.93	0.57 0.58 0.80 0.95 1.14
자동조심볼베어링		1	1	0.4 $0.4 \times \cot\alpha$	1	$0.42 \times \cot\alpha$	0.65	$0.65 \times \cot\alpha$	$1.5 \times \tan\alpha$
매그니토볼베어링		1	1	0.5 2.5	–	–	–	–	0.2
자동조심롤러베어링 원추롤러베어링 $\alpha \neq 0$		1	1.2	0.4 $0.4 \times \cot\alpha$	1	$0.45 \times \cot\alpha$	0.67	$0.67 \times \cot\alpha$	$1.5 \times \tan\alpha$
스러스트 볼베어링	$\alpha = 45°$ $= 60°$ $= 70°$	–	–	0.66 1 0.92 1.66	1.18 1.90 3.66	0.59 0.54 0.52	0.66 0.92 1.66	1	1.25 2.17 4.67
스러스트롤러베어링		–	–	$\tan\alpha$ 1	$1.5 \times \tan\alpha$	0.67	$\tan\alpha$	1	$1.5 \times \tan\alpha$

풀이 < 베어링 >

(1) 표에서 $V = 1$, $F_a = F_t$, e값은 $e = 1.5\tan\alpha = 1.5 \times \tan 25° = 0.7$이며

$$\frac{F_a}{VF} = \frac{F_t}{VF} = \frac{1.5 \times 10^3}{1 \times 2 \times 10^3} = 0.75 \text{ 이므로}$$

$\dfrac{F_a}{VF} > e$ 인 경우가 되어

레이디얼 계수는 $X = 0.67$

트러스트 계수는 $Y = 0.67 \cot 25° = 0.67 \times \dfrac{1}{\tan 25°} = 1.44$

∴ 등가레이디얼 하중 $P_r = XVF_r + YF_t$
$= 0.67 \times 1 \times 2 \times 10^3 + 1.44 \times 1.5 \times 10^3 = 3500\,N$

(2) 롤러 베어링은 $r = \dfrac{10}{3}$, 하중계수 $f_w = 1.2$ 이므로

수명시간 $L_h = 500 \times \dfrac{33.3}{N} \times \left(\dfrac{C}{f_w P_r}\right)^r$

$\Rightarrow\ C = f_w P_r \times \left(\dfrac{L_h N}{500 \times 33.3}\right)^{\frac{1}{r}}$

$= 1.2 \times 3500 \times \left(\dfrac{60000 \times 1500}{500 \times 33.3}\right)^{\frac{3}{10}} = 55347.47\,N$

05. 지름 $90\,mm$인 축을 8개의 클램프커플링으로 체결하였다. 축이 $120\,rpm$, $36.8\,kW$의 동력을 받을 때 다음을 구하라. (단, 마찰계수는 0.25이고 마찰력만으로 동력을 전달하고 있다.)
 (1) 클램프가 축을 누르는 힘은 몇 N인가?
 (2) 볼트지름은 몇 mm인가? (단, 볼트의 허용인장응력은 $142.1\,MPa$이다.)

풀이 < 커플링 >

(1) 축의 동력 $H = T\omega\ \Rightarrow\ T = \dfrac{H}{\omega} = \dfrac{36.8 \times 10^6}{\left(\dfrac{2\pi \times 120}{60}\right)} = 2928.45 \times 10^3\,N\cdot mm$

$T = \mu \pi W \dfrac{d}{2}\ \Rightarrow\ W = \dfrac{2T}{\mu \pi d} = \dfrac{2 \times 2928.45 \times 10^3}{0.25 \times \pi \times 90} = 82858.19\,N$

(2) 한 쪽 축을 조이는 볼트 수는 $\dfrac{Z}{2}$ 이므로

$W = \sigma_t \dfrac{\pi \delta^2}{4} \dfrac{Z}{2}\ \Rightarrow\ \delta = \sqrt{\dfrac{8W}{\sigma_t \pi Z}} = \sqrt{\dfrac{8 \times 82858.19}{142.1 \times \pi \times 8}} = 13.62\,mm$

06. $500\,rpm$, $1.1\,kW$를 전달하는 외접 평마찰차가 있다. 축간거리 $250\,mm$, 속도비 $1/3$, 접촉허용선 압력 $9.8\,N/mm$, 마찰계수 0.3일 때 다음을 구하라.
  (1) 마찰차의 회전속도는 몇 $m/\sec$인가?
  (2) 마찰차를 누르는 힘은 몇 N인가?
  (3) 마찰차의 길이(폭)는 몇 mm인가?

풀이 < 마찰차 >

(1) $i = \dfrac{N_2}{N_1} = \dfrac{D_1}{D_2} = \dfrac{1}{3} \Rightarrow D_2 = 3D_1$

$C = 250 = \dfrac{D_1 + D_2}{2} = \dfrac{D_1 + 3D_1}{2} \Rightarrow D_1 = 125\,mm$

$\therefore\ v = \dfrac{\pi D_1 N_1}{60 \times 1000} = \dfrac{\pi \times 125 \times 500}{60 \times 1000} = 3.27\,m/s$

(2) $H = F_f v = \mu P v \Rightarrow$ **수직력** $P = \dfrac{H}{\mu v} = \dfrac{1.1 \times 10^3}{0.3 \times 3.27} = 1121.3\,N$

(3) $P = f b \Rightarrow b = \dfrac{P}{f} = \dfrac{1121.3}{9.8} = 114.42\,mm$

07. 헬리컬기어의 이직각모듈 5, 압력각 20°, 비틀림 각 30°, 피니언 잇수 30, 기어 잇수 90, 피니언의 회전수 $500\,rpm$, 굽힘응력 $108\,MPa$, 접촉면 응력계수 $1.84\,N/mm^2$, 하중계수 0.8, 치폭이 $60\,mm$, 피니언과 기어의 치형계수 $Y_{c_1} = 0.414$, $Y_{c_2} = 0.457$ 일 때, 다음을 계산하라. (단, 면압계수 $C_w = 0.75$, 속도계수 $f_v = \dfrac{3.05}{3.05+v}$ 이다.)

   (1) 피니언의 굽힘강도에 의한 전달하중은 몇 N인가?
   (2) 기어의 굽힘강도에 의한 전달하중은 몇 N인가?
   (3) 면압강도에 의한 전달하중은 몇 N인가?

풀이 < 기어 >

(1) 비틀림 각 β, 축직각모듈 m_s

이직각모듈 $m_n = m_s \cos\beta$, 이직각피치 $p_n = p_s \cos\beta$

굽힘응력 $\sigma_b = 108\,MPa = 108 \times 10^6\,N/m^2 = 108\,N/mm^2$

$$v = \frac{\pi D_{s_1} N_1}{60 \times 1000} = \frac{\pi m_s Z_1 N_1}{60 \times 1000} = \frac{\pi \dfrac{m_n}{\cos\beta} Z_1 N_1}{60 \times 1000}$$

$$= \frac{\pi \times \dfrac{5}{\cos 30°} \times 30 \times 500}{60 \times 1000} = 4.53\,m/s$$

속도계수 $f_v = \dfrac{3.05}{3.05+v} = \dfrac{3.05}{3.05+4.53} = 0.4024$

$$\therefore F_1 = \sigma_b b p_n y = f_v f_w \sigma_b b \pi m_n y = f_v f_w \sigma_b b m_n Y_{c_1}$$
$$= 0.4024 \times 0.8 \times 108 \times 60 \times 5 \times 0.414 = 4318.11\,N$$

(2) $F_2 = \sigma_b b p_n y = f_v f_w \sigma_b b \pi m_n y = f_v f_w \sigma_b b m_n Y_{c_2}$
$$= 0.4024 \times 0.8 \times 108 \times 60 \times 5 \times 0.457 = 4766.61\,N$$

(3) $P = f_v K b m_s \dfrac{C_w}{\cos^2\beta} \dfrac{2 Z_1 Z_2}{Z_1+Z_2} = f_v K b \dfrac{m_n}{\cos\beta} \dfrac{C_w}{\cos^2\beta} \dfrac{2 Z_1 Z_2}{Z_1+Z_2}$

$$= 0.4024 \times 1.84 \times 60 \times \frac{5 \times 0.75}{\cos^3 30°}\left(\frac{2 \times 30 \times 90}{30+90}\right) = 11541.94\,N$$

08. 평벨트 바로걸기 전동에서 지름이 각각 $150\,mm$, $450\,mm$의 풀리가 $2\,m$ 떨어진 두 축 사이에 설치되어 $1800\,rpm$으로 $5\,kW$를 전달할 때 다음을 계산하라. 벨트의 폭과 두께를 $140\,mm$, $5\,mm$, 벨트의 단위길이 당 무게는 $w = 0.001bh\,[kg_f/m]$, 마찰계수는 0.25이다.

  (1) 유효장력 P_c는 몇 N인가?
  (2) 긴장측장력과 이완측장력은 몇 N인가?
  (3) 벨트에 의하여 축이 받는 최대힘은 몇 N인가?

풀이 < 벨트 (풀리) >

(1) $v = \dfrac{\pi D_1 N_1}{60 \times 1000} = \dfrac{\pi \times 150 \times 1800}{60 \times 1000} = 11.14\,m/s$

$P_c = T_e = \dfrac{H}{v} = \dfrac{5 \times 10^3}{11.14} = 353.61\,N$

(2) $v = 11.14\,m/s$ 으로 **10 m/s** 이상이므로 부가장력(T_c)을 고려한다.

부가장력 $T_c = ma = \dfrac{wv^2}{g} = \dfrac{0.001 \times 140 \times 5 \times 9.8 \times 14.14^2}{9.8} = 139.96\,N$

원동측 접촉각 $\theta = 180° - 2\phi$

$C\sin\phi = \dfrac{D_2 - D_1}{2} \Rightarrow \phi = \sin^{-1}\dfrac{D_2 - D_1}{2C} = \sin^{-1}\dfrac{450 - 150}{2 \times 2000} = 4.3012°$

$\therefore \theta = 180° - 2\phi = 180° - 2 \times 4.3012° = 171.4°$

장력비 $e^{\mu\theta} = e^{0.25 \times 171.4° \times \frac{\pi}{180°}} = 2.11$

긴장측장력 $T_t = \dfrac{e^{\mu\theta}}{e^{\mu\theta} - 1} \times T_e + T_c = \dfrac{2.11}{2.11 - 1} \times 353.61 + 139.96 = 812.14\,N$

이완측장력 $T_s = \dfrac{1}{e^{\mu\theta} - 1} \times T_e + T_c = \dfrac{1}{2.11 - 1} \times 353.61 + 139.96 = 458.53\,N$

(3) T_t 와 T_s 가 이루는 각은 $2\phi = 2 \times 4.3012° ≒ 8.6°$ 이므로
  축이 받는 최대힘

$F = \sqrt{T_t^2 + T_s^2 + 2T_t T_s \cos 8.6°}$
$= \sqrt{812.14^2 + 458.53^2 + 2 \times 812.14 \times 458.53 \times \cos 8.6°}$
$= 1267.37\,N$

09. 그림과 같은 밴드 브레이크에서 마찰계수 0.4, 밴드두께 3 mm, 브레이크 길이 $l = 700\,mm$, 링크와 밴드길이 $a = 50\,mm$, 드럼의 직경 $400\,mm$, 작용하는 힘 $F = 353.2\,N$이다. 다음을 구하라.
 (1) 제동력은 몇 kN인가? (단, 접촉각은 270°이다.)
 (2) 이완측장력은 몇 kN인가?
 (3) 밴드폭은 몇 mm인가? (단, 인장응력은 $100\,MPa$이고 이음효율은 0.9이다.)

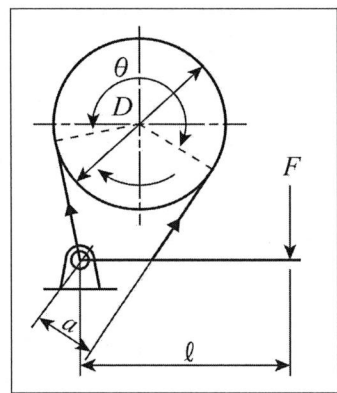

풀이 < 브레이크 >

 (1) $\sum M_o = 0 : T_s a = Fl \Rightarrow T_s = \dfrac{Fl}{a} = \dfrac{353.2 \times 700}{50} = 4944.8\,N$

 장력비 $e^{\mu\theta} = e^{0.4 \times 270° \times \frac{\pi}{180°}} = 6.5861$

 제동력은 유효장력과 동일하므로

 $T_e = T_t - T_s$ 와 $e^{\mu\theta} = \dfrac{T_t}{T_s}$ 식으로부터

 $T_e = T_t - T_s = T_s e^{\mu\theta} - T_s = 4944.8 \times (6.5861 - 1) \times 10^{-3} = 27.62\,kN$

 (2) $T_s = 4944.8\,N = 4.94\,kN$

 (3) $\sigma_t = 100\,N/mm^2$, $T_t = T_s e^{\mu\theta} = 4.94 \times 10^3 \times 6.5861 = 32535.33\,N$

 $\sigma_t = \dfrac{T_t}{b\,t\,\eta} \Rightarrow b = \dfrac{T_t}{\sigma_t\,t\,\eta} = \dfrac{32535.33}{100 \times 3 \times 0.9} = 120.5\,mm$

10. 스팬의 길이 $1500\,mm$, 하중 $14.7\,kN$, 폭 $100\,mm$, 밴드의 나비 $100\,mm$, 두께 $12\,mm$, 판 수 5개, 스프링의 유효길이 $l_e = l - 0.6e$, 종탄성계수 $206\,GPa$인 겹판 스프링의 처짐과 굽힘응력을 계산하라.
  (1) 처짐 δ는 몇 mm인가?
  (2) 굽힘응력은 몇 MPa인가?

풀이 < 스프링 >

(1) $l_e = l - 0.6e \Rightarrow l_e = 1500 - 0.6 \times 100 = 1440\,mm$

$$\delta = \frac{3Pl_e^3}{8nbh^3E} = \frac{3 \times 14.7 \times 10^3 \times 1440^3}{8 \times 5 \times 100 \times 12^3 \times 206 \times 10^3} = 92.48\,mm$$

(2) $\sigma_{max} = \dfrac{M_{max}}{Z} = \dfrac{\dfrac{P}{2}\dfrac{l_e}{2}}{n\dfrac{bh^2}{6}} = \dfrac{3}{2}\dfrac{Pl_e}{nbh^2} = \dfrac{3}{2} \times \dfrac{14.7 \times 10^3 \times 1440}{5 \times 100 \times 12^2}$

$$= 441\,N/mm^2 = 441\,MPa$$

11. 내경 $700\,mm$인 원관에 $1\,MPa$의 물이 흐를 때 관 두께는 몇 mm인가? (단, 관의 허용 인장응력은 $80\,MPa$이고, 부식여유는 $1\,mm$이며, 관 효율은 0.85이다.)

풀이 < 배관 >

$$\sigma = \frac{pd}{2t} \Rightarrow t = \frac{pd}{2\sigma\eta} + C = \frac{1 \times 700}{2 \times 80 \times 0.85} + 1 = 6.15\,mm$$

일반기계기사 2012년 2회

01. $TM50\,(d=50\,mm,\ d_2=46\,mm,\ p=8\,mm,\ \theta=30°)$인 나사잭으로 $4\,ton$의 하중물을 들어올리려고 한다. 나사부 마찰계수는 0.15, 자릿면 마찰계수는 0.01, 자릿면 평균지름 $50\,mm$일 때 다음을 구하라.
 (1) 회전토크는 몇 $N\cdot m$ 인가?
 (2) 나사잭의 효율은 몇 % 인가?
 (3) 소요동력은 몇 kW인가? (단, 나사를 들어올리는 속도는 $0.3\,m/\min$이다,)

풀이 < 나사 >

(1) 나사산의 각도가 $\beta = 30°$ 이므로

상당마찰계수 $\mu' = \dfrac{\mu}{\cos\dfrac{\beta}{2}} = \dfrac{0.15}{\cos\dfrac{30}{2}} = 0.1553$

$\tan\rho' = \mu' \ \Rightarrow\ \rho' = \tan^{-1}\mu' = \tan^{-1} 0.1553 = 8.8275°$

$d_e = d - \dfrac{p}{2} = 50 - \dfrac{8}{2} = 46\,mm$ ⇐ **KS 규격**

$\tan\alpha = \dfrac{np}{\pi d_e} \ \Rightarrow\ \alpha = \tan^{-1}\dfrac{np}{\pi d_e} = \tan^{-1}\left(\dfrac{1\times 8}{\pi \times 46}\right) = 3.1686°$

$T = W\tan(\rho' + \alpha)\cdot \dfrac{d_e}{2} + \mu_m W \dfrac{D_m}{2}$

$= 4000\times 9.8 \tan(8.8275° + 3.1686°) \times \dfrac{46}{2} + 0.01 \times 4000 \times 9.8 \times \dfrac{50}{2}$

$= 201.38\,N\cdot m$

(2) $\eta = \dfrac{Wp}{2\pi T} = \dfrac{4000 \times 9.8 \times 8}{2\pi \times 201.38 \times 10^3} = 0.2478 = 24.78\,\%$

(3) $v = 0.3\,m/\min = 0.3 \times \dfrac{1}{60}\,m/s = 0.005\,m/s$

전달동력 $H = \dfrac{Wv}{\eta} = \dfrac{4000 \times 9.8 \times 0.005}{0.2478} = 790.96\,W \fallingdotseq 0.79\,kW$

02. 1줄 겹치기 리벳이음에서 강판의 두께가 $12\,mm$, 리벳의 지름 $14\,mm$일 때 효율을 최대로 하기 위한 피치를 mm로 구하고 강판의 효율은 몇 %인가? (단, 강판의 인장응력은 $39.2\,N/mm^2$, 리벳의 전단응력은 $29.4\,N/mm^2$이다.)

풀이 < 리벳 >

$n = 1, \quad \tau_r = \sigma_t$

$\tau_r \dfrac{\pi}{4} d^2 \times n = \sigma_t (p-d) t$

$\Rightarrow p = \dfrac{\tau_r \pi d^2 \times n}{4\sigma_t t} + d = \dfrac{29.4 \times \pi \times 14^2 \times 1}{4 \times 39.2 \times 12} + 14 = 23.62\,mm$

강판효율 $\eta_t = 1 - \dfrac{d^1}{p} = 1 - \dfrac{14}{23.62} = 0.4073 = 40.73\,\%$

03. 엔드저널 베어링에서 베어링하중 5톤, 저널지름 $100\,mm$, 마찰계수 0.15, $200\,rpm$으로 회전할 때 마찰열은 몇 $kcal/\min$ 인가?

풀이 < 베어링 >

$v = \dfrac{\pi D N}{60 \times 1000} = \dfrac{\pi \times 100 \times 100}{60 \times 1000} = 1.05\,m/s$

일의 열당량 $A = 427\,Kcal/kg_f \cdot m$

마찰열 $Q = \dfrac{F_f v}{A} = \dfrac{\mu W v}{427} = \dfrac{0.15 \times 5000 \times 1.05}{427}$

$\qquad\qquad\qquad = 1.8442\,Kcal/s = 110.66\,Kcal/\min$

04. 그림과 같이 전동기와 플랜지 커플링으로 연결된 평벨트 전동장치가 있다. 원동풀리의 접촉각은 $162°$로 $35\,kW$, $1200\,rpm$을 바로걸기로 종동풀리에 전달하고 있으며 플랜지 커플링의 볼트 전단응력은 $19.6\,MPa$, 볼트의 피치원직경 $80\,mm$, 볼트 수 4개일 때 다음을 구하라.

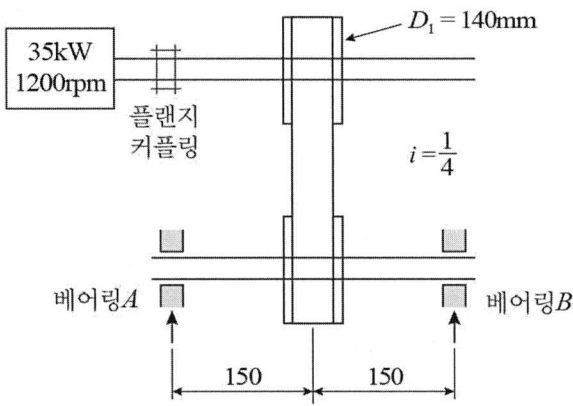

(1) 플랜지 커플링의 볼트지름은 몇 mm인가?
(2) 긴장측장력은 몇 N인가? (단, 벨트풀리를 운전하는 데 마찰계수는 0.2이다.)
(3) 베어링 A에 걸리는 베어링하중은 몇 N인가? (단, 풀리의 자중은 $637\,N$이고 장력과 직각방향이다.)
(4) 베어링의 동정격하중은 몇 kN인가? (단, 베어링은 볼베어링으로 수명시간은 60000시간이고 하중계수는 1.8이다.)

풀이 < 축, 베어링, 커플링, 벨트 (풀리) >

(1) $\tau = 19.6\,N/mm^2$

$$T = \frac{H}{\omega} = \frac{35 \times 10^3}{\left(\dfrac{2\pi \times 1200}{60}\right)} = 278.52\,N \cdot m = 278.52 \times 10^3\,N \cdot mm$$

$$T = \tau A_\tau \frac{D_B}{2} = \tau \frac{\pi \delta^2}{4} \times Z \times \frac{D_B}{2}$$

$$\Rightarrow \delta = \sqrt{\frac{8T}{\tau \pi Z D_B}} = \sqrt{\frac{8 \times 278.52 \times 10^3}{19.6 \times \pi \times 4 \times 80}} = 10.63\,mm$$

(2) $v = \dfrac{\pi D N}{60 \times 1000} = \dfrac{\pi \times 140 \times 1200}{60 \times 1000} = 8.8\,m/s$

⇧ **10 m/s 이하, 부가장력(T_c) 무시**

장력비 $e^{\mu\theta} = e^{0.2 \times 102° \times \frac{\pi}{180°}} = 1.76$

전달동력 $H = T_e v$ ⇨ **유효장력** $T_e = \dfrac{H}{v} = \dfrac{35 \times 10^3}{8.8} = 3977.27\,N$

긴장측장력 $T_t = \dfrac{e^{\mu\theta}}{e^{\mu\theta}-1} \times T_e = \dfrac{1.76}{1.76-1} \times 3977.27 = 9210.52\,N$

(3) 이완측장력 $T_s = \dfrac{1}{e^{\mu\theta}-1} \times T_e = \dfrac{1}{1.76-1} \times 3977.27 = 5233.25\ N$

장력의 합 $W = \sqrt{T_t^2 + T_s^2 - 2T_tT_s\cos162°}$
$= \sqrt{9210.52^2 + 5233.25^2 - 2\times 9210.52 \times 5233.25 \times \cos162°}$
$= 14279.5\ N$

풀리의 자중과 장력은 서로 직각방향이므로 $F = \sqrt{14279^2 + 637^2} = 14293.7\ N$

A 베어링에 걸리는 베어링 하중은 $P = \dfrac{W}{2} = \dfrac{14297.5}{2} = 7146.85\ N$

(4) $L_h = 500 \times \dfrac{33.3}{N} \times \left(\dfrac{C}{f_wP}\right)^r$ ⇐ 속도(감속)비 $i = \dfrac{N_{종동}}{N_{원동}} = \dfrac{1}{4} = \dfrac{300}{1200}$

⇒ $C = f_wP \times \left(\dfrac{L_hN_{종동}}{500 \times 33.3}\right)^{\frac{1}{r}} = 1.8 \times 7146.85 \times \left(\dfrac{60000 \times 300}{500 \times 33.3}\right)^{\frac{1}{3}}$
$= 132030.19\ N = 132.03\ kN$

05. 폭 $25\ mm$, 평균지름 $100\ mm$인 원판클러치가 있다. 접촉면 압력이 $0.49\ MPa$, 마찰계수 0.15, $600\ rpm$으로 회전할 때 다음을 구하라.
 (1) 축 하중은 몇 N인가?
 (2) 전달동력은 몇 kW인가?

풀이 < 클러치 >

(1) $q = 0.49 \times 10^6\ N/m^2 = 0.49\ N/mm^2$
$P = q \cdot A_q = q\pi D_m b = 0.49 \times \pi \times 100 \times 25 = 3848.45\ N$

(2) $v = \dfrac{\pi DN}{60 \times 1000} = \dfrac{\pi \times 100 \times 600}{60 \times 1000} = 3.14\ m/s$

전달동력 $H = F_f v = \mu Pv = 0.15 \times 3848.45 \times 3.14 = 1812.62\ W$
$≒ 1.81\ kW$

06. $36.79\,kW$, $400\,rpm$, 속도비 $1/1.5$로 동력을 전달하는 외접스퍼기어가 있다. 다음을 구하라. (단, 축간거리 $90\,mm$, 허용굽힘응력 $490.5\,MPa$. 치폭 $b = 1.5 \times m$, 치형계수 $Y = \pi y = \pi \times 0.125$, 속도계수 $f_v = \dfrac{3.05}{3.05 + v}$, 면압강도는 고려하지 않는다.)

   (1) 전달하중은 몇 kN인가?
   (2) 모듈은 얼마인가?
   (3) 잇수는 몇 개인가?

풀이 < 기어 >

(1) $i = \dfrac{N_2}{N_1} = \dfrac{D_1}{D_2} = \dfrac{1}{1.5} \Rightarrow D_2 = 1.5\,D_1$

$$C = \dfrac{D_1 + D_2}{2} = \dfrac{D_1 + 1.5\,D_1}{2} \Rightarrow 2.5\,D_1 = 2 \times 90 \Rightarrow D_1 = 72\,mm$$

$$v = \dfrac{\pi D_1 N_1}{60 \times 1000} = \dfrac{\pi \times 72 \times 400}{60 \times 1000} = 1.51\,m/s$$

$H = Fv \Rightarrow$ **전달하중** $F = \dfrac{H}{v} = \dfrac{36.79 \times 10^3}{1.51} = 24364.21\,N \fallingdotseq 24.36\,kN$

(2) 속도계수 $f_v = \dfrac{3.05}{3.05 + v} = \dfrac{3.05}{3.05 + 1.51} = 0.67$

$\sigma_b = 490.5\,MPa = 490.5 \times 10^6\,N/m^2 = 490.5\,N/mm^2$, $p = \pi m$, $Y = \pi y$

$F = \sigma_b\,b\,p\,y = f_v\,f_w\,\sigma_b\,b\,\pi\,m\,y$ $\Leftarrow$ **하중계수 f_w 는 무시**

$$\therefore\ m = \sqrt{\dfrac{F}{f_v\,\sigma_b\,b\,Y}} = \sqrt{\dfrac{24.36 \times 10^3}{0.67 \times 490.5 \times 1.5 \times \pi \times 0.125}} = 11.22\,mm$$

(3) $m = \dfrac{D}{Z} \Rightarrow Z = \dfrac{D}{m} \Rightarrow Z_1 = \dfrac{D_1}{m} = \dfrac{72}{11.22} = 6.42 \fallingdotseq 6$ **개**

$i = \dfrac{N_2}{N_1} = \dfrac{D_1}{D_2} = \dfrac{Z_1}{Z_2} = \dfrac{1}{1.5} \Rightarrow Z_2 = \dfrac{Z_1}{i} = \dfrac{6}{\tfrac{1}{1.5}} = 9$ **개**

07. 웜기어 장치에서 웜의 피치가 $31.4\,mm$, 4줄 나사이며, 피치원 지름이 $64\,mm$, 웜의 회전수 $900\,rpm$으로 $22\,kW$를 전달한다. 압력각이 $14.5°$, 마찰계수가 0.1일 때 다음을 구하라.

 (1) 웜의 리드각 β는 몇 도인가?
 (2) 웜의 피치원에 작용하는 접선력은 몇 N인가?
 (3) 웜 휠에 작용하는 접선력은 몇 N인가?

풀이 < 기어 >

(1) 웜의 리드각(진입각)

$$\tan\beta = \frac{l}{\pi D_w} = \frac{np}{\pi D_w} \Rightarrow \beta = \tan^{-1}\frac{np}{\pi D_w} = \tan^{-1}\left(\frac{4\times 31.4}{\pi\times 64}\right) = 31.99°$$

(2)
$$v = \frac{\pi D_w N_w}{60\times 1000} = \frac{\pi\times 64\times 900}{60\times 1000} = 3.02\,m/s$$

$H = P_t v \Rightarrow$ 접선력 $\quad P_t = \dfrac{H}{v} = \dfrac{22\times 10^3}{3.02} = 7284.77\,N$

(3) 웜의 피치원 상에서의 저항력

$$F_n = \frac{P_t}{\cos\phi_n \sin\beta + \mu\cos\beta} = \frac{7284.77}{\cos 14.5°\times sin\,31.99° + 0.1\cos 31.99°}$$
$$= 12187.78\,N$$

웜 휠의 피치원 상에서 축방향으로 작용하는 접선력

$$F_s = F_n \cos\phi_n \cos\beta - \mu F_n \sin\beta$$
$$= 12187.78\times cos\,14.5°\times cos\,31.99° - 0.1\times 12187.78\times sin\,31.99°$$
$$= 9362.02\,N$$

08. 축간거리 $12\,m$의 로프 풀리에서 로프가 $0.3\,m$ 처졌다. 로프의 지름은 $19\,mm$이고 $1\,m$당 무게가 $0.34\,kg_f$일 때 다음을 구하라.
   (1) 로프에 작용하는 장력은 몇 N인가?
   (2) 접촉점부터 접촉점까지의 로프길이는 몇 mm인가?

풀이 < 로프 >

(1) $w = 0.34\,kg_f/m = 0.34 \times 9.8\,N/m = 3.332\,N/m$

로프장력 $T = \dfrac{wl^2}{8h} + wh = \dfrac{3.332 \times 12^2}{8 \times 0.3} + 3.332 \times 0.3 = 200.92\,N$

(2) 접촉점 간의 로프길이

$$L = l\left(1 + \dfrac{8h^2}{3l^2}\right) = 12\left(1 + \dfrac{8 \times 0.3^2}{3 \times 12^2}\right) \times 10^3 = 12020\,mm$$

09. 직경 $600\,mm$의 회전하고 있는 드럼을 밴드브레이크로 제동하려 한다. 밴드의 긴장측 장력이 $1.18\,kN$일 때 제동토크는 몇 $N \cdot m$인가? (단, 장력비 $e^{\mu\theta} = 3.2$이다.)

풀이 < 브레이크 >

$T_e = \dfrac{e^{\mu\theta} - 1}{e^{\mu\theta}} \times T_t = \dfrac{3.2 - 1}{3.2} \times 1.18 \times 10^3 = 811.25\,N$

제동토크 $T = T_e \dfrac{D}{2} = 811.25 \times \dfrac{0.6}{2} = 243.3\,N \cdot m$

10. 나비 $90\,mm$, 두께 $10\,mm$의 스프링 강을 사용하여 최대하중 $1\,ton$일 때 허용굽힘응력이 $337\,MPa$인 겹판스프링을 만들고자 한다. 판의 길이가 $780\,mm$, 밴드의 나비가 $80\,mm$, 유효 스팬의 길이 $l_e = l - 0.6e$이다. 판의 수는 몇 개인가?

풀이 < 스프링 >

$l_e = l - 0.6e = 780 - 0.6 \times 80 = 732\,mm$

$\sigma_b = \dfrac{3}{2}\dfrac{Pl_e}{nbh^2} \Rightarrow n = \dfrac{3}{2}\dfrac{Pl_e}{\sigma_b bh^2} = \dfrac{3}{2} \times \dfrac{1000 \times 9.8 \times 732}{337 \times 90 \times 10^2} = 3.55 \fallingdotseq 4$ **개**

일반기계기사 2011년 1회

01. 나사의 풀림방지법 5 가지를 적어라.

풀이 < 나사 >

❶ 와셔(스프링와셔, 고무와셔, 톱니붙이 와셔)에 의한 방법
❷ 로크 너트(lock nut)에 의한 방법
❸ 분할핀(split pin)에 의한 방법
❹ 자동 죔 너트에 의한 방법
❺ 멈춤나사에 의한 방법
❻ 스프링 너트에 의한 방법
❼ 플라스틱 플러그에 의한 방법

02. 지름이 $40\,mm$ 인 축의 회전수 $800\,rpm$, 동력 $20\,kW$ 를 전달시키고자 할 때, 이 축에 작용하는 묻힘키의 길이를 결정하라. (단, 키의 $b \times h = 12 \times 8$ 이고, 묻힘길이 $t = h/2$ 이며 키의 허용전단응력은 $29.43\,N/mm^2$, 허용압축응력은 $78.48\,N/mm^2$ 이다.)
 (1) 키의 허용전단응력을 이용하여 키의 길이를 mm 로 구하라.
 (2) 키의 허용압축응력을 이용하여 키의 길이를 mm 로 구하라.
 (3) 묻힘키의 최대길이를 결정하라.

길이 l 의 표준값

6	8	10	12	14	16	18	20	22	25	28	32	36
40	45	50	56	63	70	80	90	100	110	125	140	160

풀이 < 키 >

(1) 동력 $H = T\omega \;\Rightarrow\; T = \dfrac{H}{\omega} = \dfrac{20 \times 10^6}{\left(\dfrac{2\pi \times 800}{60}\right)} = 238.73 \times 10^3 \; N \cdot mm$

$$T = \tau_k A \times \dfrac{d}{2} = \tau_k\, b\, l \times \dfrac{d}{2}$$

$$\Rightarrow\; l = \dfrac{2T}{\tau_k\, b\, d} = \dfrac{2 \times 238.73 \times 10^3}{29.43 \times 12 \times 40} = 33.8\,mm$$

(2) $T = \sigma_k A_c \times \dfrac{d}{2} = \sigma_k \dfrac{h}{2} l \times \dfrac{d}{2} \;\Rightarrow\; \sigma_k = \dfrac{4T}{h\,l\,d}$

$$\therefore\; l = \dfrac{4T}{\sigma_k\, h\, d} = \dfrac{4 \times 238.73 \times 10^3}{78.48 \times 8 \times 40} = 38.02\,mm$$

(3) 2 계산값 중, 안전을 고려한 길이는 $38.02\,mm$ 이며 표에서 $40\,mm$ 를 선정한다.

03. 스플라인 안지름 $82\,mm$, 바깥지름 $88\,mm$, 잇수 6개, $200\,rpm$으로 회전할 때 다음을 구하라. (단, 이 측면의 허용접촉면 압력은 $19.62\,N/mm^2$, 보스길이 $150\,mm$, 접촉효율은 0.75 이다.)

    (1) 전달토크 $T\,[\,N\cdot m\,]$
    (2) 전달동력 $H\,[\,kW\,]$

풀이 < 스플라인 >

    (1) 스플라인 평균직경 $D_m = \dfrac{d_1+d_2}{2} = \dfrac{82+88}{2} = 85\,mm$

        스플라인의 높이 $h = \dfrac{d_2-d_1}{2} = \dfrac{88-82}{2} = 3\,mm$

$$T = qA_q \times Z \times \dfrac{D_m}{2}$$

$$\Rightarrow T = \eta qA_q \times Z \times \dfrac{D_m}{2} = \eta qhl \times Z \times \dfrac{D_m}{2} \quad (\text{접촉효율 고려, 모따기 없음})$$

$$= 0.75 \times 19.62 \times 3 \times 150 \times 6 \times \dfrac{85}{2}$$

$$= 1688546.25\,N\cdot mm \fallingdotseq 1688.55\,N\cdot m$$

    (2) 동력 $H = T\omega = T \times \dfrac{2\pi N}{60} = 1688.55 \times \dfrac{2\pi \times 200}{60}$

$$= 35364.91\,W \fallingdotseq 35.37\,kW$$

---

04. 리벳의 구멍지름 $25\,mm$, 피치 $68\,mm$, 판두께 $19\,mm$인 양쪽 덮개판 1줄 리벳 맞대기 이음의 효율을 계산하라. (단, 리벳의 전단강도는 판의 인장강도의 $85\,\%$이다. 리벳 1개에 대한 전단면이 2개인 복전단으로 1.8배로 계산하라.)

    (1) 판의 효율 $\eta_p\,[\%]$
    (2) 리벳효율 $\eta_r\,[\%]$
    (3) 리벳이음의 효율은 몇 $\%$인가?

풀이 < 리벳 >

    (1) $\eta_p = \eta_t = 1 - \dfrac{d^1}{p} = 1 - \dfrac{25}{68} = 0.6324 = 63.24\%$

    (2) $n = 1$, $\tau_r = 0.85\,\sigma_t$

$$\eta_r = \dfrac{\tau_r \dfrac{\pi}{4} d^2 \times 1.8\,n}{\sigma_t\,p\,t} = \dfrac{0.85\,\sigma_t \times \dfrac{\pi}{4} \times 25^2 \times 1.8 \times 1}{\sigma_t \times 68 \times 19} = 0.5813 = 58.13\%$$

    (3) 리벳이음 효율은 2 계산값 중에서 작은 것을 선택해야 하므로 58.13%로 리벳 이음 강도를 결정한다.

05. 베어링 번호 6312의 단열 레이디얼 볼 베어링에 그리스(grease) 윤활로 30000시간의 수명을 주려고 한다. 다음을 구하라. (단, dN의 값은 180000, C 값은 81550 N이다.)
   (1) 최대 사용회전수 $N\,[\,rpm\,]$
   (2) 이때 베어링 하중은 몇 kN인가? (단, 하중계수 $f_w = 1.0$이다.)

풀이 < 베어링 >

(1) 베어링의 내경은 6312로부터 $d = 12 \times 5 = 60\,mm$ 이므로

$$\therefore\ N_{max} = \frac{dN}{d} = \frac{dN}{60} = \frac{180000}{60} = 3000\,rpm$$

(2) $L_h = 500 \times \frac{33.3}{N} \times \left(\frac{C}{f_w P}\right)^r$, (볼 베어링 $r = 3$)

$$\Rightarrow 30000 = 500 \times \frac{33.3}{3000} \times \left(\frac{81550}{1 \times P}\right)^3 \quad \therefore\ P = 4646.75\,N \fallingdotseq 4.65\,kN$$

06. 길이 $2\,m$의 연강제 중실 둥근축이 $3.68\,kW$, $200\,rpm$으로 회전하고 있다. 비틀림 각이 전 길이에 대하여 $0.25°$ 이내로 하기 위해서는 지름을 얼마로 하면 되는가?
(단, 가로탄성계수 $G = 81.42 \times 10^3\,N/mm^2$ 이다.)

풀이 < 축 >

축의 동력 $H = T\omega\ \Rightarrow\ T = \dfrac{H}{\omega} = \dfrac{3.68 \times 10^6}{\left(\dfrac{2\pi \times 200}{60}\right)} = 175.71 \times 10^3\,N \cdot mm$

비틀림 각 $\theta = 0.25° \times \dfrac{\pi}{180°} = 0.004363\,rad,\ l = 2000\,mm$

$\theta = \dfrac{T\,l}{G\,I_p}\ \Rightarrow\ \theta = \dfrac{T\,l}{G \times \dfrac{\pi d^4}{32}}$

$\Rightarrow d = \sqrt[4]{\dfrac{32\,T\,l}{G\,\theta\,\pi}} = \sqrt[4]{\dfrac{32 \times 175.71 \times 10^3 \times 2000}{81.42 \times 10^3 \times 0.004363 \times \pi}} = 56.34\,mm$

07. 접촉면의 평균지름 $300\,mm$, 원추각 $30°$의 주철제 원추클러치가 있다. 이 클러치의 축방향으로 누르는 힘이 $588.6\,N$일 때 회전토크는 몇 $N\cdot m$인가? (단, 마찰계수는 0.3이다.)

풀이 < 클러치 >

원추반각 $\quad \alpha = \dfrac{30°}{2} = 15°$

상당마찰계수 $\quad \mu' = \dfrac{\mu}{\sin\alpha + \mu\cos\alpha} = \dfrac{0.3}{\sin 15° + 0.3\cos 15°} = 0.54685$

접촉면 평균지름 $\quad D_m = 0.3\,m$

축방향으로 누르는 하중 $\quad W = 588.6\,N$

$\therefore \; T = F_f \dfrac{D_m}{2} = \mu' W \dfrac{D_m}{2} = 0.54685 \times 588.6 \times \dfrac{0.3}{2} = 48.28\,N\cdot m$

또는

원추방향으로 누르는 하중 $\quad Q = \dfrac{W}{\sin\alpha + \mu\cos\alpha} = \dfrac{588.6}{\sin 15° + 0.3\cos 15°} = 1072.92\,N$

접촉면 평균지름 $\quad D_m = 300\,mm = 0.3\,m$

$T = F_f \dfrac{D_m}{2} = \mu Q \dfrac{D_m}{2} = 0.3 \times 1072.92 \times \dfrac{0.3}{2} = 48.28\,N\cdot m$

08. 외접 원통마찰차의 축간거리 $300\,mm$, $N_1 = 200\,rpm$, $N_2 = 100\,rpm$인 마찰차의 지름 $D_1,\,D_2$는 각각 얼마인가?

풀이 < 마찰차 >

속도비 $\quad i = \dfrac{N_2}{N_1} = \dfrac{D_1}{D_2} \;\Rightarrow\; N_1 D_1 = N_2 D_2 \;\Rightarrow\; 200 \times D_1 = 100 \times D_2$

$\Rightarrow\; D_2 = 2 D_1$

축간거리 $\quad C = 300 = \dfrac{D_1 + D_2}{2} = \dfrac{D_1 + 2D_1}{2} \;\Rightarrow\; 3D_1 = 600$

$\Rightarrow\; D_1 = 200\,mm \quad \therefore \; D_2 = 2D_1 = 2 \times 200 = 400\,mm$

09. $7.5\,kW$, $480\,rpm$으로 회전하는 스퍼기어의 모듈이 5, 압력각이 $20°$이다. 축간거리 $250\,mm$, 소기어의 회전수는 $1440\,rpm$, 치폭이 $50\,mm$일 때 다음을 구하라.
(단, 치형계수는 0.369이다.)
 (1) 피치원과 기어의 잇수 Z_1, Z_2?
 (2) 전달하중 F는 몇 N 인가?
 (3) 굽힘응력 σ_b는 몇 N/mm^2 인가?

풀이 < 기어 >

소기어 = 피니언 (원동기어)

(1) 속도비 $i = \dfrac{N_2}{N_1} = \dfrac{480}{1440} = \dfrac{1}{3} = \dfrac{Z_1}{Z_2} \Rightarrow N_1 Z_1 = N_2 Z_2 \Rightarrow Z_2 = 3 Z_1$

모듈 $m = \dfrac{D}{Z} \Rightarrow D = mZ$ (서로 맞물려 돌아가려면 모듈이 같아야 한다.)

축간거리 $C = 250 = \dfrac{D_1 + D_2}{2} = \dfrac{m(Z_1 + Z_2)}{2} = \dfrac{5(Z_1 + 3Z_1)}{2}$

$\Rightarrow Z_1 = 25$ 개

$\therefore Z_2 = 3Z_1 = 3 \times 25 = 75$ 개

(2) 회전속도 $v = \dfrac{\pi D_1 N_1}{60 \times 1000} = \dfrac{\pi m Z_1 N_1}{60 \times 1000} = \dfrac{\pi \times 5 \times 25 \times 1440}{60 \times 1000} = 9.42\,m/s$

$H = Fv \Rightarrow$ 전달하중 $F = \dfrac{H}{v} = \dfrac{7.5 \times 10^3}{9.42} = 796.18\,N$

(3) 속도계수 $f_v = \dfrac{3.05}{3.05 + v} = \dfrac{3.05}{3.05 + 9.42} = 0.24$

$p = \pi m$, $Y = \pi y$

$F = \sigma_b b p y = f_v f_w \sigma_b b \pi m y$ (하중계수 f_w 는 무시한다.)

$\therefore \sigma_b = \dfrac{F}{f_v b m Y} = \dfrac{796.18}{0.24 \times 50 \times 5 \times 0.369} = 35.96\,N/mm^2$

10. $1500\,rpm$, $150\,mm$ 평벨트 풀리가 $300\,rpm$의 축으로 $8\,kW$를 전달하고 있다. 마찰계수가 0.3이고 단위길이 당 질량이 $0.35\,kg/m$일 때 다음을 구하라.
(단, 축간거리는 $1800\,mm$ 이다.)
 (1) 종동풀리의 지름 $D_2\,[mm]$?
 (2) 긴장측 장력 $T_t\,[N]$는?
 (3) 벨트의 길이 $L\,[mm]$? (벨트는 바로걸기이다.)

풀이 < 벨트 (풀리) >

(1) 속도비 $i = \dfrac{N_2}{N_1} = \dfrac{D_1}{D_2}$ $\Rightarrow$ $D_2 = \dfrac{D_1}{i} = 150 \times 5 = 750\,mm$

(2) $v = \dfrac{\pi D_1 N_1}{60 \times 1000} = \dfrac{\pi \times 150 \times 1500}{60 \times 1000} = 11.78\,m/s$

⇧ **10 m/s 이상이므로 부가장력 고려**

부가장력 $T_c = mv^2 = 0.35 \times 11.78^2 = 48.57\,N$

원동측 접촉각 $\theta = 180° - 2\phi$

$C \sin \phi = \dfrac{D_2 - D_1}{2}$

$\Rightarrow \phi = \sin^{-1} \dfrac{D_2 - D_1}{2C} = \sin^{-1} \dfrac{750 - 150}{2 \times 1800} = 9.5941°$

$\therefore \theta = 180° - 2\phi = 180° - 2 \times 9.5941° = 160.81°$

장력비 $e^{\mu\theta} = e^{0.3 \times 160.81° \times \frac{\pi}{180°}} = 2.321$

전달동력 $H = T_e v$ $\Rightarrow$ $T_e = \dfrac{H}{v} = \dfrac{8 \times 10^3}{11.78} = 679.12\,N$

$\therefore T_t = \dfrac{e^{\mu\theta}}{e^{\mu\theta} - 1} \times T_e + T_c = \dfrac{2.321}{2.321 - 1} \times 679.12 + 48.57 = 1241.79\,N$

(3) 바로걸기이므로

벨트길이 $L = 2C + \dfrac{\pi(D_2 + D_1)}{2} + \dfrac{(D_2 - D_1)^2}{4C}$

$= 2 \times 1800 + \dfrac{\pi(750 + 150)}{2} + \dfrac{(750 - 150)^2}{4 \times 1800} = 5063.72\,mm$

11. 그림과 같은 브레이크에서 $98.1\ N\cdot m$의 토크를 지지하고 있다. 레버 끝에 가하는 힘 F는 몇 N인가? (단, 마찰계수 $\mu = 0.2$로 한다.)

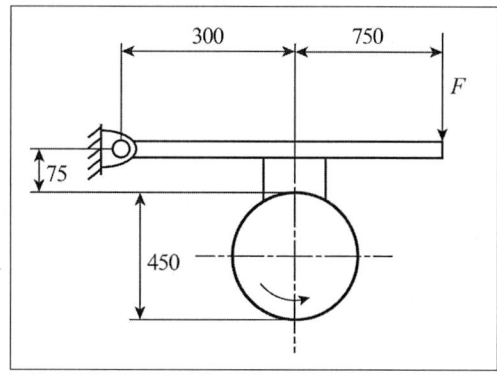

풀이 < 브레이크 >

접촉부 수직반력을 W라 하면 마찰력은 $F_f = \mu W$이므로

$$T = F_f \times \frac{D}{2} = \mu W \times \frac{D}{2} \Rightarrow W = \frac{2T}{\mu D} = \frac{2 \times 98.1 \times 10^3}{0.2 \times 450} = 2180\ N$$

$\sum M_o = 0$

$\Rightarrow Fa - Wb + \mu Wc = 0$

$\Rightarrow F = \dfrac{Wb - \mu Wc}{a} = 0$

$\Rightarrow F = \dfrac{2180 \times 300 - 0.2 \times 2180 \times 75}{1050} = 591.71\ N$

12. 스팬의 길이 $2500\,mm$, 강판의 폭 $60\,mm$, 두께 $15\,mm$, 강판의 수 6개, 허리 조임의 폭 $120\,mm$인 겹판스프링에서 스프링의 허용굽힘응력을 $350\,N/mm^2$, 세로탄성계수를 $206\times 10^3\,N/mm^2$라 할 때 다음을 구하라. (단, $l_e = l - 0.6e$로 계산하고 여기서 l은 스팬의 길이, e는 허리조임의 폭이다.)
 (1) 스프링이 받칠 수 있는 최대하중은 몇 kN인가?
 (2) 처짐은 몇 mm인가?

풀이 < 스프링 >

(1) $l_e = l - 0.6e \;\Rightarrow\; l_e = 2500 - 0.6 \times 120 = 2428\,mm$

$$\sigma_{\max} = \frac{M_{\max}}{Z} = \frac{\dfrac{P}{2}\times\dfrac{l_e}{2}}{n\dfrac{bh^2}{6}} = \frac{3}{2}\frac{Pl_e}{nbh^2}$$

$$\Rightarrow P_{\max} = \frac{2\sigma_{\max} n b h^2}{3\,l_e} = \frac{2\times 350\times 6\times 60\times 15^2}{3\times 2428}$$

$$= 7784.18\,N = 7.78\,kN$$

(2) 겹판스프링의 처짐 $\delta = \dfrac{3Pl_e^3}{8nbh^3 E} = \dfrac{3\times 7.78\times 10^3 \times 2.428^3}{8\times 6\times 60\times 15^3 \times 206\times 10^3}$

$$= 166.85\,mm$$

일반기계기사 2011년 4회

01. 유효경 $51\,mm$, 피치 $8\,mm$, 나사산의 각 $30°$인 미터사다리꼴(Tr) 나사잭의 줄수 1, 축하중 $6000\,N$이 작용한다. 너트부 마찰계수는 0.15이고, 자릿면 마찰계수는 0.01, 자릿면 평균지름은 $64\,mm$일 때 다음을 구하라.
   (1) 회전토크 T는 몇 $N\cdot m$인가?
   (2) 나사잭의 효율은 몇 %인가?
   (3) 축하중을 들어올리는 속도가 $0.6\,m/\min$일 때 전달동력은 몇 kW인가?

풀이 < 나사 >

(1) 나사산의 각도가 $\beta = 30°$이므로

상당마찰계수 $\mu' = \dfrac{\mu}{\cos\dfrac{\beta}{2}} = \dfrac{0.15}{\cos\dfrac{30°}{2}} = 0.1553$

$\tan\rho' = \mu' \;\Rightarrow\; \rho' = \tan^{-1}\mu' = \tan^{-1}0.1553 = 8.8275°$

$\tan\alpha = \dfrac{np}{\pi d_e} \;\Rightarrow\; \alpha = \tan^{-1}\dfrac{np}{\pi d_e} = \tan^{-1}\left(\dfrac{1\times 8}{\pi\times 51}\right) = 2.8585°$

$T = W\tan(\rho'+\alpha)\cdot\dfrac{d_e}{2} + \mu_m W\dfrac{D_m}{2}$

$\quad = 6000\times\tan(8.8275°+2.8585°)\times\dfrac{51}{2} + 0.01\times 6000\times\dfrac{64}{2}$

$\quad = 33565.79\,N\cdot mm = 33.57\,N\cdot m$

(2) $\eta = \dfrac{Wp}{2\pi T} = \dfrac{6000\times 8}{2\pi\times 33.57\times 10^3} = 0.2276 = 22.76\%$

(3) $v = 0.6\,m/\min = 0.6\times\dfrac{1}{60}\,m/s = 0.01\,m/s$

전달동력 $H = \dfrac{Wv}{\eta} = \dfrac{6000\times 0.01}{0.2276} = 263.62\,W \fallingdotseq 0.26\,kW$

02. 지름이 $80\,mm$인 축의 회전수가 초당 4회전하며, 동력 $66.22\,kW$를 전달시키고자 할 때 다음을 구하라. (단, 키의 길이는 $56\,mm$, 키의 허용전단응력은 $49.05\,MPa$, 키의 허용압축응력은 $147.15\,MPa$이다.)
 (1) 키의 폭을 구하라. $[\,mm\,]$
 (2) 키의 높이를 구하라. $[\,mm\,]$

풀이 < 키 >

(1) 회전수 $N = 4\,rev/s = \dfrac{4}{1/60}\,rev/\min = 240\,rev/\min = 240\,rpm$

동력 $H = T\omega \;\Rightarrow\; T = \dfrac{H}{\omega} = \dfrac{66.22 \times 10^3}{\left(\dfrac{2\pi \times 240}{60}\right)} \times 10^3$

$$= 2634.81 \times 10^3\,N\cdot mm$$

전달토크 $T = \tau_k A_\tau \times \dfrac{d_0}{2} = \tau_k b l \times \dfrac{d_0}{2} \;\Rightarrow\;$ 키의 허용전단응력 $\tau_k = \dfrac{2T}{bld_0}$

$$\therefore\; b = \dfrac{2T}{\tau_k l d_0} = \dfrac{2 \times 2634.81 \times 10^3}{49.05 \times 56 \times 80} = 23.98\,mm$$

(2) 전달토크 $T = \sigma_k A_\sigma \times \dfrac{d_0}{2} = \sigma_k \dfrac{h}{2} l \times \dfrac{d_0}{2}$

$\Rightarrow$ 키의 허용압축응력 $\sigma_k = \dfrac{4T}{h l d_0}$

$$\therefore\; h = \dfrac{4T}{\sigma_k l d_0} = \dfrac{4 \times 2634.81 \times 10^3}{147.15 \times 56 \times 80} = 15.99\,mm$$

03. $20\,mm$ 두께의 강판이 그림과 같이 용접다리길이(h) $8\,mm$로 필렛용접되어 하중을 받고 있다. 용접부 허용전단응력이 $140\,MPa$이라면 허용하중 $F\,[N]$을 구하라.
 (단, $b = d = 50\,mm$, $a = 150\,mm$이고 용접부 단면의 극단면모멘트는
$$I_P = 0.707\,h \times \frac{(3d^2 + b^2)b}{6}$$ 이다.)

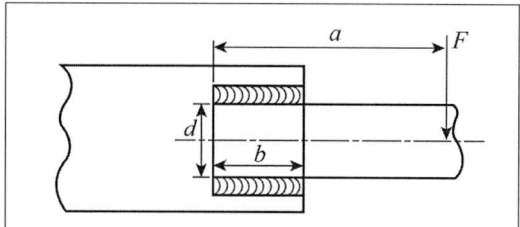

풀이 < 용접 >

F에 의한 전단응력은 작용하중과 굽힘모멘트를 필렛부의 중심으로 이전시켜 렌치를 구성하는 직접전단(τ_1)과 굽힘모멘트에 의한 굽힘전단(τ_2)으로 구분하여 적용한다.

직접전단 (τ_1)

목두께 $t = h\cos 45° = 0.707\,h$ 이므로

$$\tau_1 = \frac{F}{A} = \frac{F}{2bt} = \frac{F}{2 \times 50 \times 0.707 \times 8} \times 10^6 = 1768.03\,F\ Pa$$

회전모멘트 M에 의한 굽힘전단 (τ_2)

$$r_{max} = \sqrt{\left(\frac{b}{2}\right)^2 + \left(\frac{d}{2}\right)^2} = \sqrt{25^2 + 25^2}\ \text{이며},$$

$$\tau_2 = \frac{T\,r_{max}}{I_P} \quad \Rightarrow \quad \tau_2 = \frac{F\left(a - \frac{b}{2}\right)r_{max}}{I_P} = \frac{F\left(150 - \frac{50}{2}\right)r_{max}}{I_P}$$

$$= \frac{125 \times F \times \sqrt{25^2 + 25^2}}{0.707 \times 8 \times \frac{(3 \times 50^2 + 50^2) \times 50}{6}} \times 10^6 = 9376.42\,F\ Pa$$

용접부 허용 전단응력은 $140\,MPa$이므로

$$\tau_a = \sqrt{\tau_1^2 + \tau_2^2 + 2\tau_1\tau_2\cos\theta}$$
$$= \sqrt{(1768.03F)^2 + (9376.42F)^2 + 2 \times 1768.03F \times 9376.42F \times \cos 45°}$$
$$= 10699.89\,F$$

$$\therefore\ 140 \times 10^6 = 10699.89\,F \quad \Rightarrow \quad F = \frac{140 \times 10^6}{10699.89} = 13084.25\,N$$

04. 복열 자동조심 볼 베어링을 사용하여 $200\,rpm$으로 레이디얼 하중 $4.91\,kN$, 스러스트 하중 $2.96\,kN$을 동시에 받게 하고 기본동정격하중 $C = 47.58\,kN$, $C_0 = 35.32\,kN$ 이다.

(1) 레이디얼계수 X, 스러스트계수 Y를 구하라. (단, $\alpha = 10.57°$ 이다.)
(2) 등가레이디얼 하중 P_r을 구하라. [kN]
(3) 베어링 수명시간 L_h을 구하라. [h_r] (하중계수는 1.2 이다.)

베어링의 계수 V, X 및 Y값

베어링 형식		내륜회전하중	외륜회전하중	단 열			복 열			e
					$F_a/VF_r > e$		$F_a/VF_r \leq e$		$F_a/VF_r > e$	
		V		X	Y	X	Y	X	Y	
깊은홈 볼베어링	F_a/C_o = 0.014 = 0.028 = 0.056 = 0.084 = 0.11 = 0.17 = 0.28 = 0.42 = 0.56	1	1.2	0.56	2.30 1.99 1.71 1.55 1.45 1.31 1.15 1.04 1.00	1	0	0.56	2.30 1.99 1.71 1.55 1.45 1.31 1.15 1.04 1.00	0.19 0.22 0.26 0.28 0.30 0.34 0.38 0.42 0.44
앵귤러 볼베어링	$\alpha = 20°$ = 25° = 30° = 35° = 40°	1	1.2	0.43 0.41 0.39 0.37 0.35	1.00 0.87 0.76 0.56 0.57	1		1.00 0.92 0.78 0.66 0.55	0.70 0.67 0.63 0.60 0.57	1.63 1.41 1.24 1.07 0.93	0.57 0.58 0.80 0.95 1.14
자동조심볼베어링		1	1	0.4	$0.4 \times \cot\alpha$	1	$0.42 \times \cot\alpha$	0.65	$0.65 \cot\alpha$	$1.5 \times \tan\alpha$
매그니토볼베어링		1	1	0.5	2.5	–	–	–	–	0.2
자동조심롤러베어링 원추롤러베어링 $\alpha \neq 0$		1	1.2	0.4	$0.4 \times \cot\alpha$	1	$0.45 \times \cot\alpha$	0.67	$0.67 \times \cot\alpha$	$1.5 \times \tan\alpha$
스러스트 볼베어링	$\alpha = 45°$ = 60° = 70°	–	–	0.66 0.92 1.66	1	1.18 1.90 3.66	0.59 0.54 0.52	0.66 0.92 1.66	1	1.25 2.17 4.67
스러스트롤러베어링		–	–	$\tan\alpha$	1	$1.5 \times \tan\alpha$	0.67	$\tan\alpha$	1	$1.5 \times \tan\alpha$

풀이 < 베어링 >

(1) 표에서 $V = 1$, $F_a = F_t$, e값은 $e = 1.5\tan\alpha = 1.5 \times tan\,10.57° = 0.28$ 이며

$$\frac{F_a}{VF} = \frac{F_t}{VF} = \frac{2.96 \times 10^3}{1 \times 4.91 \times 10^3} = 0.603\,\text{이므로}$$

$\dfrac{F_a}{VF} > e$ 인 경우가 되어

레이디얼 계수는 $X = 0.65$

스러스트 계수는 $Y = 0.65 \cot 10.57° = 3.48$ 이다.

(2) 등가레이디얼 하중 $P_r = XVF_r + YF_t$
$$= 0.65 \times 1 \times 4.91 + 3.48 \times 2.96 = 13.49 \, kN$$

(3) 볼 베어링의 $r = 3$, 하중계수 $f_w = 1.2$ 이므로

수명시간 $L_h = 500 \times \dfrac{33.3}{N} \times \left(\dfrac{C}{f_w P_r}\right)^r$
$$= 500 \times \dfrac{33.3}{200} \times \left(\dfrac{47.58}{1.2 \times 13.49}\right)^3 = 2113.87 \, hr$$

05. 동일한 회전토크를 가했을 시, 지름 $80 \, mm$인 중실축과 비틀림 응력이 같은 안과 밖의 지름비 0.6인 중공축의 바깥지름[mm]을 구하라.

풀이 < 축 >

$T = \tau Z_P \Rightarrow Z_P = \dfrac{T}{\tau}$

T와 τ가 동일하므로 Z_p가 같아야 한다.

$Z_P = \dfrac{\pi d_0^3}{16} = \dfrac{\pi d_2^3}{16}(1-x^4) \Rightarrow \dfrac{\pi \times 80^3}{16} = \dfrac{\pi d_2^3}{16}(1-0.6^4)$

$$\Rightarrow d_2 = \dfrac{80}{\sqrt[3]{1-0.6^4}} = 83.79 \, mm$$

06. 표준 평기어에서 모듈은 4, 회전수 $700\,rpm$, 잇수 25, 이 나비 $35\,mm$, 굽힘응력 $294.3\,MPa$, 치형계수 $Y = \pi y = 0.32$인 피니언이 있다.
   (1) 속도를 구하라. $[m/\sec]$
   (2) 전달하중 F를 구하라. $[N]$
   (3) 전달동력을 구하라. $[kW]$

풀이 < 기어 >

   (1) 회전속도 $\quad v = \dfrac{\pi DN}{60 \times 1000} = \dfrac{\pi m ZN}{60 \times 1000} = \dfrac{\pi \times 4 \times 25 \times 700}{60 \times 1000} = 3.67\,m/s$

   (2) 속도계수 $\quad f_v = \dfrac{3.05}{3.05 + v} = \dfrac{3.05}{3.05 + 3.67} = 0.4539$

   굽힘응력 $\quad \sigma_b = 294.3 \times 10^6\,N/m^2 = 294.3\,N/mm^2$

   전달하중 $\quad F = \sigma_b b p y = f_v f_w \sigma_b b \pi m y \quad$ (하중계수 f_w 는 무시한다.)
   $\qquad\qquad\quad = 0.4539 \times 294.3 \times 35 \times 4 \times 0.32 = 5984.51\,N$

   (3) 전달동력 $\quad H = Fv = 5984.51 \times 3.67 \times 10^{-3} = 21.96\,kW$

07. 언더컷 방지법 3가지를 서술하라.

풀이 < 기어 >
   ❶ 압력각을 증대시킨다.
   ❷ 한계잇수 이상으로 한다.
   ❸ 이의 높이를 낮춘다.
   ❹ 전위기어를 사용한다.
   ❺ 피니언 잇수를 최소화 한다.

08. 롤러체인의 피치 $19.05\,mm$, 파단하중 $31.38\,kN$, 안전율 8 이고, 잇수 $Z_1 = 40$, $Z_2 = 25$ 이며 구동스프로킷의 회전수는 $300\,rpm$, 축간거리는 $650\,mm$ 이다.

　(1) 구동스프로킷의 피치원 지름 D_1을 구하라. [mm]
　(2) 전달동력 H [kW]
　(3) 체인의 링크 수 L_n을 구하라. (단, 짝수로 결정하라.)

풀이 < 체인 >

　(1) $D_1 = \dfrac{p}{\sin\left(\dfrac{180°}{Z_1}\right)} = \dfrac{19.05}{\sin\left(\dfrac{180°}{40}\right)} = 242.8\,mm$

　(2) $v = \dfrac{\pi D_1 N_1}{60 \times 1000} = \dfrac{p Z_1 N_1}{60 \times 1000} = \dfrac{19.05 \times 40 \times 300}{60 \times 1000} = 3.81\,m/s$

　　허용하중　$F_a = \dfrac{F_B}{S} = \dfrac{31.38}{8} \fallingdotseq 3.92\,kN$

　　전달동력　$H = F_a v = 3.92 \times 3.81 = 14.94\,kW$

　(3) $L_n = \dfrac{2C}{p} + \dfrac{Z_1 + Z_2}{2} + \dfrac{0.00257 p (Z_2 - Z_1)^2}{C}$

　　　$= \dfrac{2 \times 650}{19.05} + \dfrac{40 + 25}{2} + \dfrac{0.0257 \times 19.05 \times (25 - 40)^2}{650} = 100.91$

　　$\therefore$ 102 개

09. 축간거리 $40\,m$ 의 로프풀리에서 로프가 $750\,mm$ 처졌다. 로프 단위길이 당 무게 $w = 7.85\,N/m$ 이다. 다음을 구하라.
　(1) 로프에 생기는 인장력 T는 몇 N인가?
　(2) 풀리와 로프의 접촉점에서 접촉점까지의 길이 L은 몇 m인가?

풀이 < 로프 >

　(1) 로프 인장력　$T = \dfrac{w l^2}{8 h} + w h = \dfrac{7.85 \times 40^2}{8 \times 0.75} + 7.85 \times 0.75 = 2099.22\,N$

　(2) 접촉점 간의 로프길이　$L = l\left(1 + \dfrac{8 h^2}{3 l^2}\right) = 40\left(1 + \dfrac{8 \times 0.75^2}{3 \times 40^2}\right) = 40.04\,m$

10. 다음 그림과 같은 내부확장식 브레이크에서 $600\,rpm$, $10\,kW$의 동력을 제동하려고 한다. (단, 마찰계수는 0.35이다.)
 (1) 브레이크 제동력 Q는 몇 N인가?
 (2) 실린더를 미는 조작력 F는 몇 N인가?
 (3) 제동에 필요한 실린더 작용압력은 몇 MPa인가?

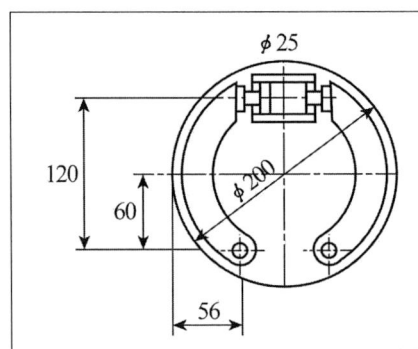

풀이 < 브레이크 >

 (1) $H = T\omega$

$$\Rightarrow T = \frac{H}{\omega} = \frac{10 \times 10^3}{\left(\frac{2\pi \times 600}{60}\right)} = 159.15\,N\cdot m$$

제동력 $Q = F_f$, $T = Q \times \frac{D}{2}$

$$\Rightarrow Q = \frac{2T}{D} = \frac{2 \times 159.15 \times 10^3}{200} = 1591.5\,N$$

 (2) $Q = f_1 + f_2 = \mu N_1 + \mu N_2 = \mu(N_1 + N_2)$

$$\Rightarrow N_1 + N_2 = \frac{Q}{\mu} = \frac{1591.5}{0.35} = 4547.14\,N \quad \text{················ ❶}$$

자유물체도(FBD)로부터

$$\sum M_{o_1} = 0 \Rightarrow N_1 \times 60 = \mu N_1 \times 56 + F \times 120$$

$$\Rightarrow N_1 = \frac{F \times 120}{(60 - \mu \times 56)} = \frac{F \times 120}{(60 - 0.35 \times 56)} = 2.97F \quad \text{········ ❷}$$

$$\sum M_{o_2} = 0 \Rightarrow F \times 120 = \mu N_2 \times 56 + N_2 \times 60$$

$$\Rightarrow N_2 = \frac{F \times 120}{(60 + \mu \times 56)} = \frac{F \times 120}{(60 + 0.35 \times 56)} = 1.51F \quad \text{········ ❸}$$

❷와 ❸식을 ❶식에 대입하면
$$2.97F + 1.51F = 4547.14 \Rightarrow F = 1014.99\,N$$

 (3) $q = \frac{F}{A} = \frac{1014.99}{\frac{\pi}{4} \times 25^2} = 2.07\,MPa$

11. 코일스프링에 작용하는 압축하중 $P = 2.94\,kN$, 수축량 $15\,mm$, 코일의 평균직경 $D = 70\,mm$이며 스프링지수 5, 전단탄성계수 $G = 78.48\,GPa$이다. 다음을 구하라.
 (1) 유효감김수 n을 정수로 구하라.
 (2) 비틀림에 의한 최대전단응력은 몇 MPa인가?

풀이 < 스프링 >

(1) 스프링지수 $C = \dfrac{D}{d}$ ⇨ 소선의 지름 $d = \dfrac{D}{C} = \dfrac{70}{5} = 14\,mm$

처짐 $\delta = \dfrac{8nD^3W}{Gd^4} = \dfrac{8nD^3P}{Gd^4}$

⇨ $n = \dfrac{Gd^4\delta}{8D^3P} = \dfrac{78.48 \times 10^3 \times 14^4 \times 15}{8 \times 70^3 \times 2.94 \times 10^3} = 5.61$ ∴ 6회

(2) 응력수정계수 $K = \dfrac{4C-1}{4C-4} + \dfrac{0.615}{C} = \dfrac{4\times5-1}{4\times5-4} + \dfrac{0.615}{5} = 1.3105$

비틀림모멘트 $T = \tau_a Z_p = P\dfrac{D}{2}$

⇨ $\tau_{max} = K\dfrac{PD}{2Z_p} = K\dfrac{PD}{2 \times \dfrac{\pi d^3}{16}} = K\dfrac{8PD}{\pi d^3}$

$= 1.3105 \times \dfrac{8 \times 2.94 \times 10^3 \times 70}{\pi \times 14^3}$

$= 250.29\,N/mm^2$
$= 250.29 \times 10^6\,N/m^2$
$= 250.29\,MPa$

일반기계기사 실기
필답형 과년도(2025)

초판 1쇄 발행 2022년 04월 20일
초판 2쇄 발행 2023년 03월 20일
초판 3쇄 발행 2024년 02월 20일
초판 4쇄 발행 2025년 03월 20일

지은이 | 이상만
펴낸이 | 이주연
펴낸곳 | **명인북스**
등 록 | 제 409-2021-000031호

주 소 | 인천시 서구 완정로65번안길 10, 114동 605호
전 화 | 032-565-7338
팩 스 | 032-565-7348
E-mail | phy4029@naver.com
정 가 | 26,000원

ISBN 979-11-94269-01-4(13550)

이 책에서 내용의 일부 또는 도해를 다음과 같은 행위자들이 사전 승인없이 인용할 경우에는
저작권법 제93조 「손해배상청구권」에 적용 받습니다.
  ① 단순히 공부할 목적으로 부분 또는 전체를 복제하여 사용하는 학생 또는 복사업자
  ② 공공기관 및 사설교육기관(학원, 인정직업학교), 단체 등에서 영리를 목적으로 복제·배포하는 대표, 또는 당해 교육자
  ③ 디스크 복사 및 기타 정보 재생 시스템을 이용하여 사용하는 자

※ 파본은 구입하신 서점에서 교환해 드립니다.